U0299240

跟我一起学 人工智能

玩转OpenCV

基于Python的原理详解与项目实践

刘　爽 ◎ 编著

清華大學出版社
北京

内 容 简 介

本书专注于传统计算机视觉处理技术，以 Python 为工具，以实践为向导，从基础概念、基本原理、典型算法、代码复现、实用技术等多维度详细讲解 OpenCV 常用的计算机视觉算法。本书从初学者的角度尽可能清楚地表达原理的含义，并用代码复现算法，帮助读者不仅知其然，还知其所以然。此外，通过案例加强读者对相关知识点的理解。

全书共 14 章，内容涉及数字图像处理和识别技术的方方面面，包括图像的数学运算、逻辑运算、线性和非线性变换、色彩空间处理、阈值分割、几何变换、图像平滑、形态学处理、图像轮廓处理、频域滤波、图像特征提取等内容。

全书结构紧凑，内容深入浅出，讲解图文并茂，适合于相关专业的本科生、研究生、工作在图像处理一线的工程技术人员、对于数字图像处理和机器视觉感兴趣且具备必要预备知识的所有读者。

图书在版编目（CIP）数据

玩转 OpenCV ：基于 Python 的原理详解与项目实践 / 刘爽编著. -- 北京 ：清华大学出版社，2025. 1. --（跟我一起学人工智能）. -- ISBN 978-7-302-68005-5

Ⅰ. TP312. 8

中国国家版本馆 CIP 数据核字第 2025K0J878 号

责任编辑：赵佳霓
封面设计：吴　刚
责任校对：时翠兰
责任印制：刘　菲

出版发行：清华大学出版社
网　　址：https://www.tup.com.cn，https://www.wqxuetang.com
地　　址：北京清华大学学研大厦 A 座　　**邮　　编**：100084
社 总 机：010-83470000　　**邮　　购**：010-62786544
投稿与读者服务：010-62776969，c-service@tup.tsinghua.edu.cn
质量反馈：010-62772015，zhiliang@tup.tsinghua.edu.cn
课件下载：https://www.tup.com.cn，010-83470236
印 装 者：河北鹏润印刷有限公司
经　　销：全国新华书店
开　　本：186mm×240mm　　**印　　张**：23.75　　**字　　数**：535 千字
版　　次：2025 年 3 月第 1 版　　**印　　次**：2025 年 3 月第1 次印刷
印　　数：1～1500
定　　价：99.00 元

产品编号：104503-01

前言

PREFACE

计算机视觉是人工智能的一个重要分支，其核心是让计算机和系统能够从图像、视频或其他视觉输入中获取有价值的信息，并根据这些信息采取行动或提供建议。计算机视觉对商业、娱乐、运输、医疗保健、日常生活起着重要作用。

OpenCV 提供了一套简单而且可扩展的计算机视觉库，视觉库中包括很多函数，这些函数可以高效地实现计算机视觉算法，使它能够方便地在实际应用、研究、开发中使用。OpenCV 有极广的应用领域，它包括但不限于图像拼接、图像降噪、产品质检、人机交互、动作识别、动作跟踪、无人驾驶、人脸识别、物体识别、图像、视频分析、图像合成和三维重建等方面。

本书深入浅出地探讨 OpenCV 库在图像处理中的应用。从基本概念、操作到复杂的图像变换，书中以详尽的原理解释和代码复现带领读者步入 OpenCV 的理论学习与实践应用中。

本书主要内容

第 1 章主要介绍 OpenCV 的安装和简单的数字图像处理方法。数字图像处理方法包括数字图像的类型、像素操作、逻辑运算等。

第 2 章主要介绍图像变换，包括反色变换、线性变换、对数变换、Gamma 变换、分段线性变换。通过图像变换调整图像灰度分布以实现图像增强。

第 3 章主要介绍几类常用的色彩空间，包括 RGB 色彩空间、GRAY 色彩空间、HSV 色彩空间及不同色彩空间的转换。

第 4 章主要介绍阈值分割，包括二值化、反二值化、截断阈值化、超阈值零处理、低阈值零处理、直方图阈值分割、三角法阈值分割、迭代法阈值分割、大津法（OTSU）阈值分割、自适应阈值分割。

第 5 章主要介绍图像的几何变换，指用数学方法处理图像，包括图像缩放、翻转、平移、错切、旋转及仿射变换、投射变换。

第 6 章主要介绍常用的图像平滑方法，包括方框滤波、均值滤波、高斯滤波。非线性滤波包括中值滤波和双边滤波。

第 7 章主要介绍图像形态学，运算包括图像腐蚀、膨胀及开运算、闭运算、梯度运算、礼帽运算、黑帽运算、击中击不中。

第 8 章主要介绍图像梯度和边缘检测知识，详细讲解 Prewitt 算子、Roberts 算子、Sobel 算子、Scharr 算子、Laplacian 算子和 Canny 边缘检测算法。

第 9 章主要介绍高斯图像金字塔和拉普拉斯图像金字塔。

第 10 章主要介绍图像轮廓和轮廓特征，包括轮廓位置、面积、周长、质心、方向等内容。

第 11 章主要介绍直方图均衡化、直方图反向投影、直方图规定化、模板匹配。

第 12 章主要介绍对图像通过傅里叶变换以获取高频信息或低频信息。

第 13 章主要介绍霍夫直线检测和霍夫圆检测。

第 14 章主要介绍 HOG 特征、LBP 特征、Haar 特征、Harris 角点、Shi-Tomasi 角点、FAST 角点、SIFT 算法、ORB 特征点。

资源下载提示

本书源码：扫描目录上方的二维码下载。

致谢

感谢心中最珍贵的人，在写作过程中给予的理解和支持，使我得以全身心投入写作工作中。

由于时间仓促，书中难免存在不妥之处，请读者见谅，并提出宝贵意见。

刘　爽

2025 年 1 月

目录
CONTENTS

本书源码

第1章 图像基础

本章主要介绍数字图像处理的基本操作，包括数字图像的类型、像素操作、数学运算、逻辑运算。通过对本章的学习，读者将了解简单的数字图像处理方法，为后续学习复杂算法打好基础。

1.1 OpenCV 安装及基本使用

本节主要介绍 OpenCV 及如何安装 OpenCV。

1.1.1 OpenCV 简介

OpenCV(Open Source Computer Vision Library)是一个开源的计算机视觉库，它提供了很多函数，这些函数非常高效地实现了计算机视觉算法(从最基本的滤波到高级的物体检测皆有涵盖)。OpenCV 使用 C/C++开发，同时也提供了 Python、Java、MATLAB 等其他语言的接口。OpenCV 是跨平台的，可以在 Windows、Linux、macOS、Android、iOS 等操作系统上运行。OpenCV 的应用领域非常广泛，包括图像拼接、图像降噪、产品质检、人机交互、人脸识别、动作识别、动作跟踪、无人驾驶等。OpenCV 还提供了机器学习模块，包括正态贝叶斯、*K* 最近邻、支持向量机、决策树、随机森林、人工神经网络等机器学习算法。

OpenCV 包含了数百个计算机视觉算法。它有一个模块化的结构，主要囊括了以下几个共享的或静态的库。

(1) Core Functionality(核心功能)：一个简洁、基本且模块化的数据结构，包含多维数组(矩阵)和用于其他模块的基本功能。

(2) Image Processing(图像处理)：包括线性和非线性的图像滤波、几何图像转换(缩放、仿射和透视调整)、颜色模式转换、直方图等。

(3) Video(视频)：一个视频分析模块，其包含运动估计、背景消除和目标跟踪算法。

(4) Calib3d：提供基本的多视图几何算法、平面和立体影像校正、物体定位、立体通信算法和三维重建。

(5) Features2d：显著特征探测器、描述符和描述符匹配器。

(6) Objdetect：检测对象和预定义的类的实例(例如脸部、眼睛、杯子、人、车等)。

(7) Highgui(图形界面)：提供一个简单易用的GUI。

(8) Video I/O：提供一个简单易用的视频捕获和编码解码界面。

(9) GPU：来自不同的OpenCV模块的GPU加速算法。

除此之外还包含一些其他的辅助模块，例如FLANN(神经网络)和谷歌测试封装、Python绑定等。

1.1.2 OpenCV 安装

OpenCV可以安装在Windows、Linux、macOS、Android、iOS等操作系统上。本书以macOS系统为例，展示OpenCV的安装过程。OpenCV、Python、Anaconda的版本分别为3.4.18、3.10.10、23.1.0。

OpenCV的安装步骤如下：

(1) 安装Anaconda。打开官网https://www.anaconda.com/，单击Download按钮进行下载，如图1-1所示。

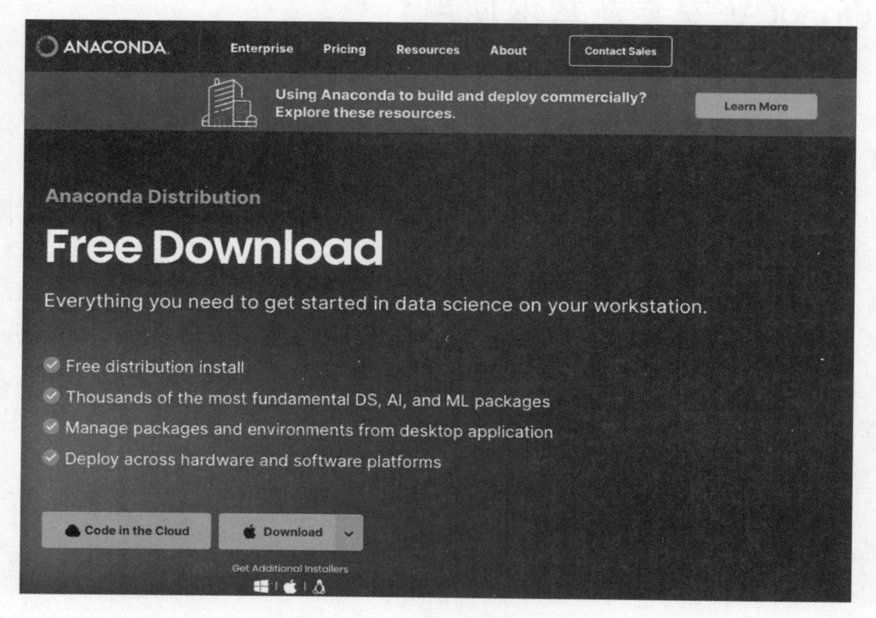

图1-1 Anaconda下载界面

(2) 安装PyCharm。打开官网https://www.jetbrains.com/pycharm/，单击Download按钮进行下载，如图1-2所示。

(3) 设置PyCharm编译器。打开PyCharm编译器界面，在菜单栏中选择PyCharm，在下拉菜单中打开preferences页面，选择Python Interpreter→Add Interpreter→Virtualenv Environment→Existing→Base interpreter，在Base interpreter中添加Anaconda的python.exe，单击OK按钮，如图1-3所示。

图 1-2　PyCharm 下载界面

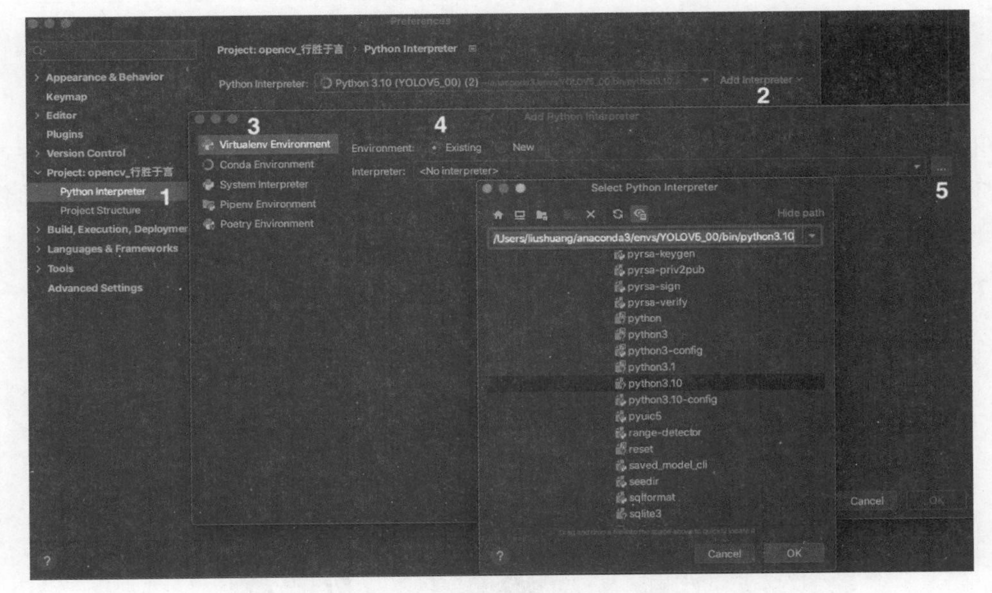

图 1-3　设置 PyCharm 编译器

（4）设置虚拟环境。在终端输入以下命令。第 1 行“-n”后面跟的是自定义的虚拟环境名称。第 2 行命令用于启动自定义虚拟环境。

```
conda create -n YOLOV5_00
source activate YOLOV5_00
```

（5）安装 opencv-python、opencv-python-contrib。在上一步激活的虚拟环境中输入以下命令。

```
pip install opencv-python -i https://pypi.tuna.tsinghua.edu.cn/simple
pip install opencv-python-contrib -i
https://pypi.tuna.tsinghua.edu.cn/simple
```

(6) 验证。在 PyCharm 的 Python Console 下导入 OpenCV 库。如果显示版本号,则说明安装成功。

```
import cv2
cv2.__version__
```

(7) 处理异常。新版本的异常错误如下:

```
ImportError: libGL.so.1: cannot open shared object file: No such file or directory
```

解决方法,在终端输入以下命令。

```
apt-get update
apt install libgl1-mesa-glx
```

1.2 图像基本表示

由于图像是以数组的方式被读取的,因此可以把图像当作数组处理,例如获取、修改数组中的数值,对数组进行切片以获取感兴趣区域等操作。本节介绍数字图像类型、图像读取、显示、保存、获取图像属性等内容。

1.2.1 图像表示类型

数字图像分为彩色图、灰度图、二值图,如图 1-4 所示。

(a) 彩色图

(b) 灰度图

(c) 二值图

图 1-4 3 种图像表示方法

二值图、灰度图都是二维数组,维数分别代表高和宽;两者的区别是二值图用两个数值表示,一般情况下用 0 表示黑色,用 255 表示白色,如图 1-4(c)所示。灰度图像素的取值范围为 0～255,随着数值的增大,亮度增加,相比于二值图,颜色更有辨识度,如图 1-4(b)所示。彩色图是三维数组,前两维表示图像的高和宽,第三维有 3 或 4 个通道,前 3 个通道分别代表红色、绿色、蓝色，即每个像素由 3 个数值表示，可以表示 256×256×256 种颜色。第 4 个通道表示图像透明度。图像的 3 种表示类型的区别与联系见表 1-1。

表 1-1 3 种图像表示方法对比

分类	尺　寸	像素范围	通道	图像深度
二值图	[height, width]	0～1	1	1
灰度图	[height, width]	0～255	1	8
彩色图	[height, width, 3|4]	0～255	3|4	24|32

在图像处理过程中，一般先把彩色图转换为灰度图，可以获取灰度图的直方图，分析像素的分布、取值范围等信息。如果要寻找图像轮廓，则可通过阈值分割把灰度图转换为二值图。

【例 1-1】 以数组的形式展示二值图、灰度图、彩色图。

解：

(1) 生成二值图。生成尺寸为[11,11]的全零数组，数组类型为无符号整型 8。将感兴趣的区域的数值设置为 255。

(2) 生成灰度图。生成尺寸为[11,11]的灰度图，以 2 为间隔，依次取 0～242 的整数作为灰度值。

(3) 生成彩色图。先在 0～255 上随机生成 3 个尺寸为[11,11,1]的三维数组作为彩色图像的通道，再把 3 个数组合并成[11,11,3]的数组以构成彩色图像。

(4) 查看图像尺寸及数组数值，代码如下：

```
#chapter1_1.py
import cv2
import numpy as np
import matplotlib.pyplot as plt

#1.二值图
binary = np.zeros([11, 11], np.uint8)
#将感兴趣的区域的数值设为 255
binary[1:2, 2:9] = binary[9:10, 2:9] = binary[1:-1, 5:6] = binary[5:6, 2:9] = 255
#2.灰度图
gray = np.array(range(0, 11 * 11 * 2, 2), np.uint8).reshape([11, 11])
#3.彩色图
np.random.seed(123)
col1 = np.random.randint(0, 256, [11, 11, 1])
col2 = np.random.randint(0, 256, [11, 11, 1])
col3 = np.random.randint(0, 256, [11, 11, 1])
color = np.concatenate([col1, col2, col3], -1).astype(np.uint8)
#4.显示图像尺寸
print('binary.shape: ', binary.shape)
print('gray.shape:   ', gray.shape)
print('color.shape:  ', color.shape)
#5.以数组形式显示数字图像
print('binary:\n', binary)
print('gray:\n', gray)
```

```
print('color:\n', color[:3, :3])
#6.显示图像
plt.subplot(131)
plt.imshow(binary, 'gray')
plt.axis('off')
plt.subplot(132)
plt.axis('off')
plt.imshow(gray, 'gray')
plt.subplot(133)
plt.axis('off')
plt.imshow(color[..., ::-1])
plt.show()
#7.运行结果
'''
binary.shape: (11, 11)
gray.shape:   (11, 11)
color.shape:  (11, 11, 3)
binary:
[[ 0  0   0   0   0   0   0   0   0  0  0]
 [ 0  0 255 255 255 255 255 255 255  0  0]
 [ 0  0   0   0   0 255   0   0   0  0  0]
 [ 0  0   0   0   0 255   0   0   0  0  0]
 [ 0  0   0   0   0 255   0   0   0  0  0]
 [ 0  0 255 255 255 255 255 255 255  0  0]
 [ 0  0   0   0   0 255   0   0   0  0  0]
 [ 0  0   0   0   0 255   0   0   0  0  0]
 [ 0  0   0   0   0 255   0   0   0  0  0]
 [ 0  0 255 255 255 255 255 255 255  0  0]
 [ 0  0   0   0   0   0   0   0   0  0  0]]
gray:
[[  0   2   4   6   8  10  12  14  16  18  20]
 [ 22  24  26  28  30  32  34  36  38  40  42]
 [ 44  46  48  50  52  54  56  58  60  62  64]
 [ 66  68  70  72  74  76  78  80  82  84  86]
 [ 88  90  92  94  96  98 100 102 104 106 108]
 [110 112 114 116 118 120 122 124 126 128 130]
 [132 134 136 138 140 142 144 146 148 150 152]
 [154 156 158 160 162 164 166 168 170 172 174]
 [176 178 180 182 184 186 188 190 192 194 196]
 [198 200 202 204 206 208 210 212 214 216 218]
 [220 222 224 226 228 230 232 234 236 238 240]]
color:
[[[254  98 185]
  [109   3 163]
  [126 139  18]]
 [[ 57 230 139]
  [214 211 154]
  [225 121  92]]
 [[111  74 151]
  [153  99  25]
  [ 83 116  27]]]
'''
```

运行结果如图 1-5 所示。

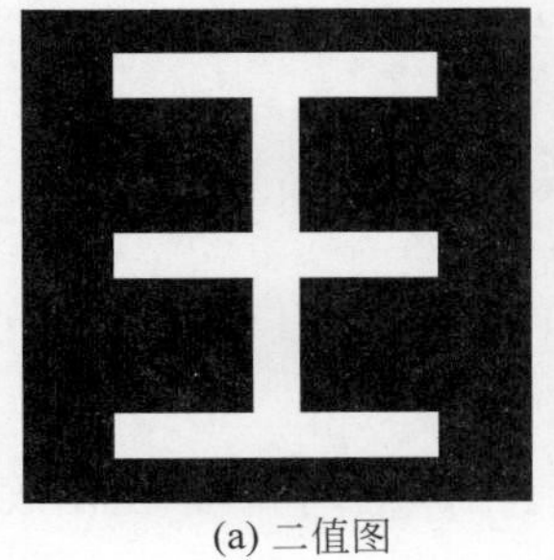

(a) 二值图

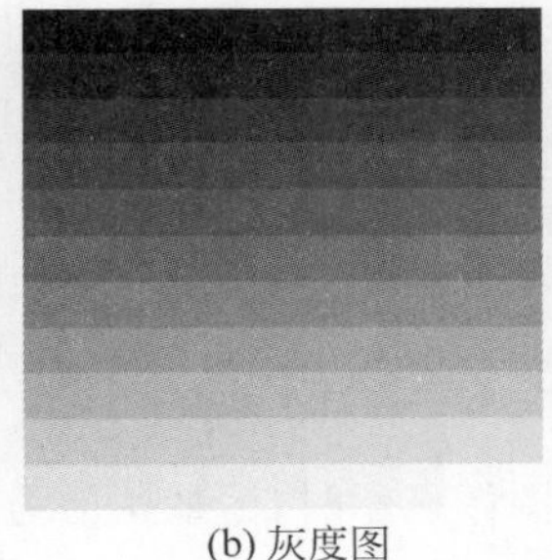

(b) 灰度图

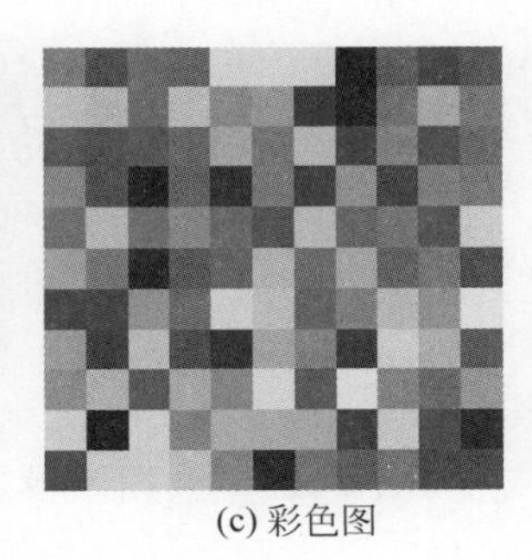

(c) 彩色图

图 1-5　例 1-1 的运行结果

根据例 1-1 的运行结果可知，二值图、灰度图均用二维数组表示，每个数值代表一像素；彩色图用三维数组表示，一像素用 3 个数值表示。二值图用 0、255 这两个数值表示，0 代表黑色，255 代表白色，如图 1-5(a)所示。灰度图像素可以用 0～255 共 256 个数值表示，如图 1-5(b)所示，随着数值的增大，灰度值由黑逐渐变白。彩色图有 3 种颜色通道，每个通道像素可以用 0～255 共 256 个数值表示，如图 1-5(c)所示。

1.2.2　图像基本处理

本节主要介绍图像处理、显示、保存及图像属性等内容。

1. 图像读取

OpenCV 可以读取各类扩展名的图像格式，如 *.bmp、*.dib、*.jpeg、*.jpg、*.jpe、*.jp2、*.png、*.webp、*.pbm、*.pgm、*.ppm、*.pxm、*.pnm、*.sr、*.ras、*.tiff、*.tif、*.exr、*.hdr、*.pic、Raster、Vector。OpenCV 调用 cv2.imread()函数来读取图像，语法函数如下：

retval=cv2.imread(filename[,flag])

(1) retval：返回值，其值是读取的图像。如果未读取到图像，则返回 None，但是不会报错，只是无法正常显示图像。

(2) filename：读取图像的路径。

(3) flag：读取标记。表示控制读取文件的类型，也可以用数值替代，见表 1-2。flag 标记值有多种类型，本书只列举常用的集中类型。

表 1-2　flag 标记值

flag	含　义	数　值
cv2.IMREAD_UNCHANGED	读取格式与原格式一致	−1
cv2.IMREAD_GRAYSCALE	灰度图像	0
cv2.IMREAD_COLOR	BGR 图像，该值是默认值	1

2. 图像显示

OpenCV 提供了多个与显示有关的函数，下面对常用的几个函数进行简单介绍。

1）cv2.imshow()

OpenCV 调用 cv2.imshow()函数显示图像。如果图像地址有误，则不能读入图像，在调用显示图像函数时，程序会报错。cv2.imshow()语法函数如下：

None=cv2.imshow(winname,img)

（1）winname：自主命名窗口名称，自行设定。

（2）img：要显示的图像。

2）cv2.waitKey()

cv2.waitKey()函数用于设定图像显示时长，默认值为 0，表示无限等待，语法函数如下：

key=cv2.waitKey([delay])

（1）key：返回值。如果没有按键被按下，则返回 -1；如果有按键被按下，则返回该按键的 ASCII 码。

（2）delay：等待键盘触发的时间，单位是 ms。当该值是负数或者零时，表示无限等待。该值默认为 0。如果参数 delay 的值为一个正数，则在这段时间内，程序等待按下键盘按键。当有按下键盘按键的事件发生时，就继续执行后续程序语句；如果在 delay 参数所指定的时间内一直没有这样的事件发生，则超过等待时间后，继续执行后续的程序。

3）cv2.destroyWindow()

cv2.destroyWindow()函数用来释放（销毁）指定窗口，cv2.destroyAllWindows()函数用来释放（销毁）所有窗口，释放内存，语法函数如下：

None=cv2.destroyWindow(winname)

winname：窗口的名称。

None=cv2.destroyAllWindows()

3. 图像保存

OpenCV 提供了 cv2.imwrite()函数，用来保存图像，语法函数如下：

retval=cv2.imwrite(filename,img[,params])

（1）retval：返回值。如果保存成功，则返回逻辑值真（True）；如果保存不成功，则返回逻辑值假（False）。

（2）filename：要保存的目标文件的完整路径名。

（3）img：被保存图像的名称。

（4）params：保存类型参数，可选项。

4. 图像属性

图像包含图像的大小、像素数目、数据类型等属性，常用属性如下：

（1）图像 shape。如果是彩色图，则返回行数、列数、通道数；如果是二值图或者灰度图，则仅返回行数和列数。通过查看该属性的返回值是否包含通道数，可以判断一张图像是灰度图（或二值图）还是彩色图。

（2）图像 size。返回图像的像素数目，其值为“行×列×通道数”，灰度图或者二值图的通道数为 1。

(3) 图像 dtype。返回图像的数据类型。读入的图像均为 uint8。

【例 1-2】 使用 cv2.imread()读取图像、显示图像属性并保存。

解：

(1) 分别以灰度图和彩色图的方式读取图像。

(2) 把灰度图转换成二值图。

(3) 显示图像。

(4) 将图像保存到 pictures 文件夹。

(5) 获取图像特征,代码如下：

```
#chapter1_2.py
import cv2
import numpy as np
import matplotlib.pyplot as plt

#1.读取图像
#0 代表读取灰度图
img1 = cv2.imread('pictures/L2.png', 0)
#1 代表读取彩色图
img2 = cv2.imread('pictures/L2.png', 1)
#把灰度图像转换为二值图像
_, img0 = cv2.threshold(img1, 80, 255, cv2.THRESH_BINARY)
#2.显示图像
#前两位数字 13 表示在窗口内有 1 行 3 列,3 张图像。最后一位数字 1 表示显示第 1 张图像
plt.subplot(131)
plt.imshow(img0, cmap='gray')
plt.axis('off')
#最后一位数字 2 表示显示第 2 张图像
plt.subplot(132)
plt.axis('off')
plt.imshow(img1, 'gray')
#最后一位数字 3 表示显示第 3 张图像
plt.subplot(133)
plt.axis('off')
#img2[...::-1]表示把图像的第 3 通道由 BGR 通道转换成 RGB 通道
plt.imshow(img2[..., ::-1])
plt.show()
#3.将图像保存到 imgs_re 文件夹
cv2.imwrite('pictures/p1_6_01.png', img0)
cv2.imwrite('pictures/p1_6_02.jpeg', img1)
cv2.imwrite('pictures/p1_6_03.jpeg', img2)
#4.打印图像特征
print(f'img0 的 shape:{img0.shape}, img0 的 size: {img0.size}, img0 的 dtype:
{img0.dtype}')
print(f'img1 的 shape:{img1.shape}, img1 的 size: {img1.size}, img1 的 dtype:
{img1.dtype}')
print(f'img2 的 shape:{img2.shape}, img2 的 size: {img2.size}, img2 的 dtype:
{img2.dtype}')
#5.运行结果如下
'''
```

```
img0 的 shape:(479, 358),img0 的 size: 171482,img0 的 dtype: uint8
img1 的 shape:(479, 358),img1 的 size: 171482,img1 的 dtype: uint8
img2 的 shape:(479, 358, 3),img2 的 size: 514446,img2 的 dtype: uint8
'''
```

运行结果如图 1-6 所示。

(a) 二值图　(b) 灰度图　(c) 彩色图

图 1-6　3 种图像表示方法

1.3　图像数组操作

OpenCV 以数组形式读入图像,因此可以对图像像数组一样操作。本节介绍图像像素操作、通道分解与合并。

1.3.1　图像像素操作

图像像素操作包括生成图像、访问像素、修改像素、获取感兴趣区域。数字图像是特殊的数组,像素的取值范围为 0～255,数据类型为 uint8,因此只要生成符合图像要求的数组就可以被 OpenCV 读取并显示。根据图像像素坐标可以访问像素,也可以对图像进行切片操作以获取感兴趣区域,同样也可以修改像素设置图像颜色。

【例 1-3】 图像像素操作。

解:

(1) 生成图像尺寸为[100,90,3]、类型为 uint8、像素全为随机值的三维数组。

(2) 查看任意位置的像素。

(3) 把图像列均分成红、绿、蓝 3 种颜色。

(4) 获取图像中心区域的图像。

(5) 显示图像,代码如下:

```
#chapter1_3.py
import cv2
import numpy as np
```

```
import matplotlib.pyplot as plt

#1.生成图像
img = np.random.randint(0, 255, [100, 90, 3], dtype=np.uint8)
#查看图像尺寸
print(f'img.shape: {img.shape}')
#2.查看任意位置的像素
img0 = img.copy()
#打印像素
print(f'img0[0,0,0]位置上的像素：{img0[0, 0, 0]}')
#3. 把图像列均分成红、绿、蓝 3 种颜色
img0[:, 0:30] = [255, 0, 0]      #把图像前 30 列设置成红色
img0[:, 30:60] = [0, 255, 0]     #把图像 30~ 60 列设置成绿色
img0[:, 60:90] = [0, 0, 255]     #把图像后 30 列设置成蓝色
#4.获取图像中心区域的图像
img1 = img0[30:70, 20:70]
#5.显示图像
plt.subplot(131)
plt.axis('off')
plt.imshow(img)
plt.subplot(132)
plt.axis('off')
plt.imshow(img0)
plt.subplot(133)
plt.axis('off')
plt.imshow(img1)
#6.运行结果如下
'''
img.shape: (100, 90, 3)
img0[0,0,0]位置上的像素：80
'''
```

运行结果如图 1-7 所示。

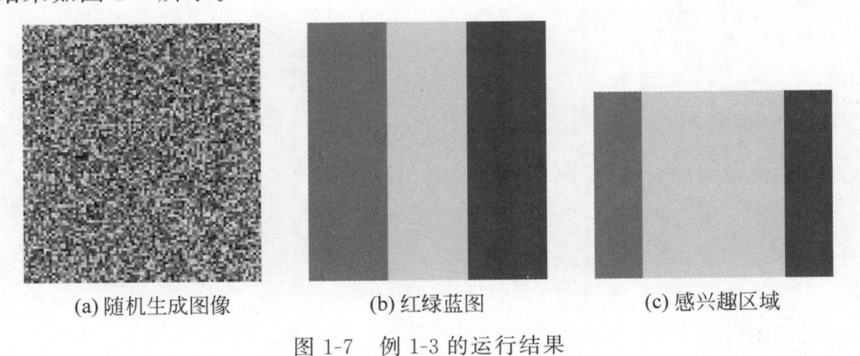

(a) 随机生成图像　　(b) 红绿蓝图　　(c) 感兴趣区域

图 1-7　例 1-3 的运行结果

【例 1-4】 脸部马赛克。

图像马赛克原理是把感兴趣区域分成若干尺寸一致的小窗口，遍历每个窗口，使每个窗口的所有数据用左上角数据填充。感兴趣区域马赛克化的步骤：首先设置马赛克区域(感兴趣区域)。感兴趣区域高的起始值与终值为(y_0,y_1)，宽的起始值与终值为(x_0,x_1)，其次

把感兴趣区域划分成小窗口。遍历感兴趣区域的高和宽，步长为 10。最后把每个小窗口所有的数值都替换成窗口左上角的数值。

解：

(1) 读取图像。

(2) 脸部马赛克。

(3) 显示图像，代码如下：

```
#chapter1_4.py
import cv2
import numpy as np
import matplotlib.pyplot as plt

def msk(img, y0, y1, x0, x1):
    '''
    马赛克函数
    :param img: 图像
    :param y0: 高的起始值
    :param y1: 高的终值
    :param x0: 宽的起始值
    :param x1: 宽的终值
    :return: 马赛克后的图像
    '''
    for i in range(y0, y1, 10):
        for j in range(x0, x1, 10):
            img[i:i + 10, j:j + 10] = img[i, j]
    return img

if __name__ == '__main__':
    #1.读取图像
    img = cv2.imread('pictures/L3.png', 1)
    #2.脸部马赛克
    img1 = msk(img.copy(), 90, 269, 121, 280)
    #3.显示图像
    plt.subplot(121)
    plt.axis('off')
    plt.imshow(img[..., ::-1])
    plt.subplot(122)
    plt.axis('off')
    plt.imshow(img1[..., ::-1])
    #4.保存图像
    re = np.hstack([img, img1])
    cv2.imwrite('pictures/p1_8.png', re)
```

运行结果如图 1-8 所示。

1.3.2 通道分解与合并

彩色图像处理过程中需要先对第三通道进行拆分，然后对每个通道进行变换或者根据通道提取特征。通过拆分通道，可以分析各个通道像素的分布，调整各个通道像素大小，还

(a) 原图

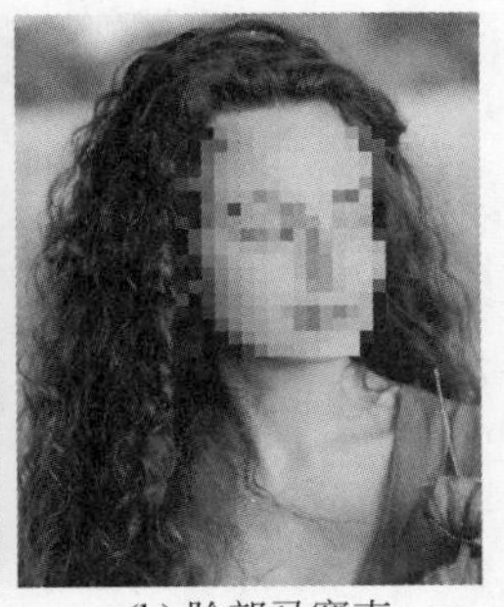
(b) 脸部马赛克

图 1-8　例 1-4 的运行结果

可以根据像素获取特定颜色。图像通道拆分和合并在图像处理过程中应用广泛。本节主要讲解通道分解与合并。

1. 通道分解

OpenCV 调用 cv2.split()函数分解通道。cv2.split()拆分原理是把第三维通道的每维读取出来，语法函数如下：

b,g,r=cv2.split(img)

(1) img：输入图像。

(2) b,g,r：分别代表蓝色通道、绿色通道、红色通道。

【例 1-5】 图片通道拆分。

解：

(1) 读取彩色图像。

(2) 调用 cv2.split()函数拆分彩色图像最后一维的 3 个通道。

(3) 按照数组的方式拆分通道。

(4) 显示各个通道。拆分后的各通道变成二维数组，以灰度图的方式显示图像，代码如下：

```
#chapter1_5.py
import cv2
import numpy as np
import matplotlib.pyplot as plt

#1.读取彩色图像
img = cv2.imread('pictures/L2.png', 1)
#2.cv2.split()分解通道
b, g, r = cv2.split(img)      #OpenCV 读取图像是按照 BGR 顺序排列的
#3.按照数组的方式拆分通道
b1 = img[..., 0]
g1 = img[..., 1]
r1 = img[..., 2]
#4.显示各个通道
plt.subplot(231)
plt.axis('off')
```

```
#'gray'表示以灰度图的方式显示图片
plt.imshow(b, 'gray')
plt.subplot(232)
plt.axis('off')
plt.imshow(g, 'gray')
plt.subplot(233)
plt.axis('off')
plt.imshow(r, 'gray')
plt.subplot(234)
plt.axis('off')
plt.imshow(b1, 'gray')
plt.subplot(235)
plt.axis('off')
plt.imshow(g1, 'gray')
plt.subplot(236)
plt.axis('off')
plt.imshow(r1, 'gray')
```

运行结果如图 1-9 和图 1-10 所示。

(a) b通道　(b) g通道　(c) r通道

图 1-9　cv2.split()拆分通道

(a) b通道　(b) g通道　(c) r通道

图 1-10　以数组的方式拆分通道

根据程序运行结果图 1-9 和图 1-10，两种拆分的效果一致。b 通道、g 通道颜色较深，r 通道颜色相对较浅。

2. 通道合并

OpenCV 调用 cv2.merge()函数合并通道，其原理是把拆分的通道在最后一维增加一维度，通道由二维[height，width]变为三维[height，width，1]，再把各通道在第三维合并在一起，成为彩色图像[height，width，3]，语法函数如下：

img=cv2.merge([b,g,r])

(1) img：合并通道后的图像。

(2) [b,g,r]：把蓝色通道、绿色通道、红色通道放在列表内传入函数。

【例 1-6】 图像通道合并。

解：

(1) 读取彩色图像。

(2) 调用 cv2.split()函数拆分图像通道。

(3) 调用 cv2.merge()函数合并通道。

(4) 按照数组的方式合并通道。

(5) 显示图像。合并后的图像通道按照 bgr 顺序排列，当用 matplotlib 库里的函数显示图像时，需要通过 img[…，::－1]代码把图像由 bgr 通道转换成 rgb 通道，以便正常显示图像，代码如下：

```
#chapter1_6.py
import cv2
import numpy as np
import matplotlib.pyplot as plt

#1.读取彩色图像
img = cv2.imread('pictures/L1.png', 1)
#2.cv2.split()分解通道
b, g, r = cv2.split(img)
#3.cv2.merge()合并通道
img0 = cv2.merge([b, g, r])
#4.按照数组的方式合并通道
#4.1 合并原理 b[...,None]是给 b 增加一个维度,例如由[512,512]变为[512,512,1]
#4.2 np.concatenate()把 b,g,r 按照第 3 个通道堆叠在一起
img1 = np.concatenate([b[..., None], g[..., None], r[..., None]], axis=-1)
#5.显示图像
plt.subplot(131)
plt.axis('off')
#将 bgr 通道转换为 rgb 通道
plt.imshow(img[..., ::-1])
plt.subplot(132)
plt.axis('off')
plt.imshow(img0[..., ::-1])
plt.subplot(133)
plt.axis('off')
plt.imshow(img1[..., ::-1])
plt.show()
```

运行结果如图 1-11 所示。

(a) 原图

(b) cv2.merge()函数合并通道

(c) 以数组方式合并通道

图 1-11 例 1-6 的运行结果

如图 1-11 显示，两种合并方式的效果一样。通过学习按照数组的方式合并通道，了解 cv2.merge()函数合并通道的原理。

1.4 图像算术运算

图像算术运算包括加法、减法、乘法、除法。图像算术运算可以用于数据增强，也可以寻找图像间的不同点。

1.4.1 图像加法

图像相加可以用于向图像添加背景、图像融合、消除噪声、数据增强等操作。

图像加法有 3 种方式：运用"+"运算、调用 cv2.add()函数、调用 cv2.addweights()函数。图像像素的取值范围为 0～255，三者运算的不同之处在于加法运算后对像素和大于 255 的像素的处理。

当运用"+"运算时，如果像素和大于 256，则取像素和与 256 的余数；反之，数值不变。例如两像素的和为 310，新的像素为 mod(310,256)=54，因此，当像素和大于 256 时，图像相加之后会变暗。

$$x+y=\begin{cases}x+y & x+y\leqslant 255\\ \mathrm{mod}(x+y,256) & x+y>255\end{cases} \tag{1-1}$$

当调用 cv2.add()函数时，如果像素和大于 256，则新的像素为 255；反之，数值不变。例如两像素的和为 310，新的像素为 255，因此，当像素的和大于 256 时，图像相加之后会变亮。

$$x+y=\begin{cases}x+y, & x+y\leqslant 255\\ 255, & x+y>255\end{cases} \tag{1-2}$$

cv2.addweights()函数与前两个的不同之处在于，对两张图像赋予不同的权重，使相加后图像物体的明显程度不一样，公式如下：

$$dst = saturate(src_1 \times \alpha + src_2 \times \beta + \gamma) \quad (1\text{-}3)$$

其中，函数 saturate()表示取饱和值(最大值)，src_1、src_2 是两张尺寸一样的图像。

cv2.addweights()语法函数如下：

$$dst = cv2.addWeighted(src_1, alpha, src_2, beta, gamma)$$

(1) dst：运算结果。

(2) src_1，src_2：两张尺寸一样的图像。

(3) alpha，beta：两张图像的权重，权重和为 1。

(4) gamma：常数，用来调节图像亮度。

【例 1-7】 运用 3 种图像加法实现图像融合。

解：

(1) 读取两张图像。

(2) 把两张图像调整到统一尺寸，方便对图像做加法运算。

(3) 加法运算。

(4) 调用 cv2.add()函数。

(5) 调用 cv2.addweights()函数。

(6) 显示图像，代码如下：

```
#chapter1_7.py
import cv2
import numpy as np
import matplotlib.pyplot as plt

#1.读取两张图像
img1 = cv2.imread('pictures/dog.png', 1)
img2 = cv2.imread('pictures/cat.png', 1)
#转换颜色通道
img1 = cv2.cvtColor(img1, cv2.COLOR_BGR2RGB)
img2 = cv2.cvtColor(img2, cv2.COLOR_BGR2RGB)
#2.把两张图像调整到统一尺寸
img1 = cv2.resize(img1, (900, 800), interpolation=cv2.INTER_AREA)
img2 = cv2.resize(img2, (900, 800), interpolation=cv2.INTER_AREA)
#3.加法运算
re1 = img1 + img2
#4.调用 cv2.add()函数
re2 = cv2.add(img1, img2)
#5.调用 cv2.addweights()函数
re3 = cv2.addWeighted(img1, 0.3, img2, 0.7, 0)
#图像水平放置
re = np.hstack([img1, img2, re1, re2, re3])
#6.显示图像
plt.axis('off')
plt.imshow(re)
plt.show()
```

运行结果如图 1-12 所示。

图 1-12　例 1-7 的运行结果

如图 1-12 显示，加法运算使图 1-12(c)图像失真。调用 cv2.add()函数使图 1-12(d)变亮。图 1-12(e)中猫图的权重为 0.7，狗图的权重为 0.3，因此猫更为显著。

1.4.2　图像减法

图像减法用于寻找相似图像的差异，其语法格式如下：

$$dst = cv2.substract(src_1, src_2)$$

(1) dst：计算结果。

(2) src_1, src_2：尺寸一样的图像。

【例 1-8】　图像相减。

解：

(1) 读取两张图像。

(2) 图像相减。

(3) 图像拼接。

(4) 显示图像，代码如下：

```
#chapter1_8.py
import cv2
import numpy as np
import matplotlib.pyplot as plt

#1.读取两张图像
#背景
img_0 = cv2.imread('pictures/34.jpeg', -1)
img_1 = cv2.imread('pictures/35.jpeg', -1)
#2.图像相减，相加的图像尺寸需一致
img_sub = cv2.subtract(img_0, img_1)
#3.图像拼接
re = np.hstack([img_0, img_1, img_sub])
#4.显示图像
plt.axis('off')
plt.imshow(re)
plt.show()
```

运行结果如图 1-13 所示。

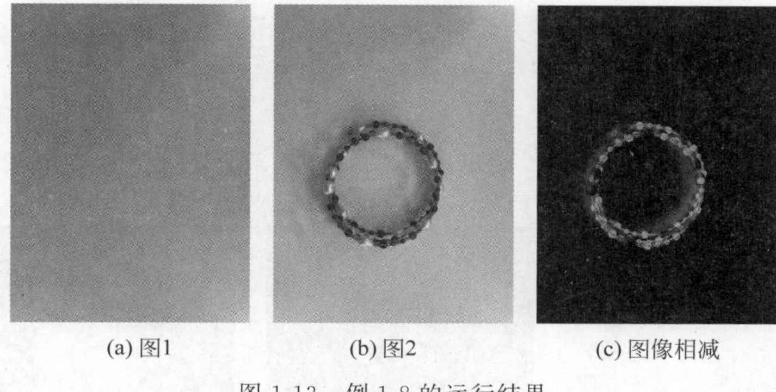

(a) 图1　(b) 图2　(c) 图像相减

图 1-13　例 1-8 的运行结果

如图 1-13 所示，图 1-13(a)为背景图，图 1-13(b)为带目标的图像，背景图减去带目标的图像可以得到图像中的目标。

1.4.3 图像乘法

图像相乘用于获取图像感兴趣区域。例如要获取图像中的人脸，首先生成一个跟原图尺寸一样的数值全为 0 的模板，模板感兴趣区域的像素为 1，其他部分的像素为 0。当原图和模板相乘时，原图与模板中的 1 相乘，像素保持不变。原图与模板中的 0 相乘，像素为 0，这样就获取了原图感兴趣区域。

【例 1-9】 图像相乘。

解：

(1) 读取图像。

(2) 设置模板。首先生成全 0 模板，把感兴趣区域像素设为 1。打开原图，将鼠标放在图像上，在图像左下角可以显示鼠标所在像素的坐标，这样便可以获取感兴趣区域。

(3) 图像与模板相乘。

(4) 显示图像，代码如下：

```
#chapter1_9.py
import cv2
import numpy as np
import matplotlib.pyplot as plt

#1.读取图像
img = cv2.imread('pictures/L3.png', -1)
#2.设置模板
mask = np.zeros_like(img, np.uint8)
#2.1 将感兴趣区域的像素设为 1
mask[90:269, 121:280] = 1
#3.图像与模板相乘
img_mul = cv2.multiply(img, mask)
```

```
#4.图像拼接
re = np.hstack([img, mask, img_mul])
#5.显示图像
plt.axis('off')
plt.imshow(re[..., ::-1])
plt.show()
```

运行结果如图 1-14 所示。

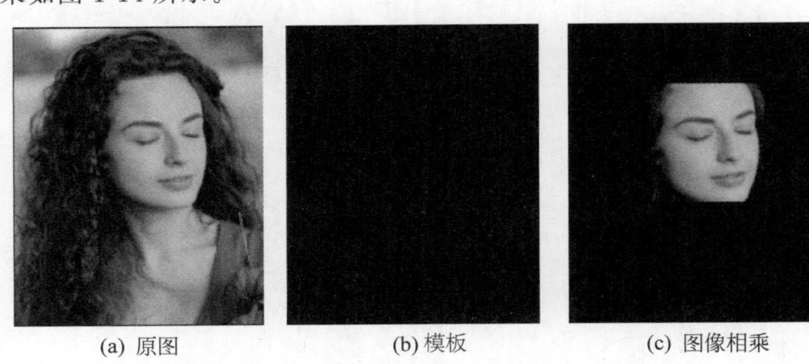

(a) 原图 (b) 模板 (c) 图像相乘

图 1-14 例 1-9 的运行结果

图 1-14(b)为模板，模板中感兴趣区域为 1，肉眼对像素 1 和 0 不敏感，因此图 1-14(b)呈现的是黑色。原图与模板相乘得到图像人脸。

1.4.4 图像除法

图像除法与图像减法有相似的功能，它们都可以用来寻找图像差异点。

【例 1-10】 图像相除。

解：

(1) 读取图像。读取原图和有噪声的图像。

(2) 图像相除。

(3) 显示图像，代码如下：

```
#chapter1_10.py
import cv2
import numpy as np
import matplotlib.pyplot as plt

#1.读取图像
img = cv2.imread('pictures/L5.png', 0)
img_noise = cv2.circle(img.copy(), (178, 223), 130, (0, 0, 255), 5)
#2.图像相除
img_div = cv2.divide(img_noise, img)
#3.显示图像
plt.subplot(131)
plt.axis('off')
plt.imshow(img, cmap='gray')
```

```
plt.subplot(132)
plt.axis('off')
plt.imshow(img_noise, cmap='gray')
plt.subplot(133)
plt.axis('off')
plt.imshow(img_div, cmap='gray')
plt.show()
```

运行结果如图 1-15 所示。

(a) 原图

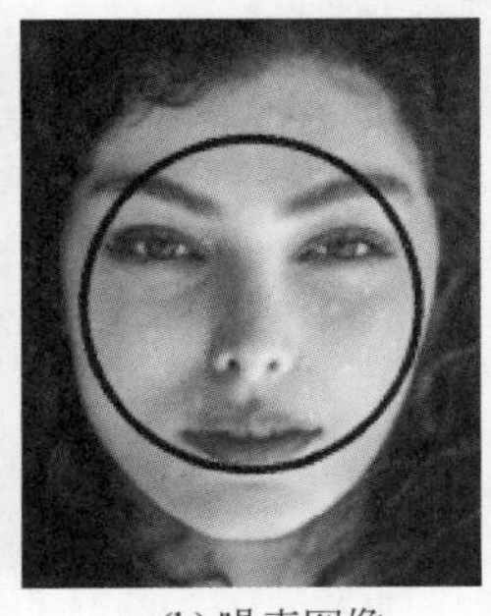
(b) 噪声图像

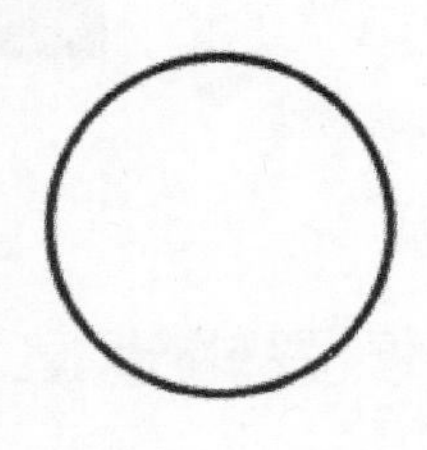
(c) 图像相除

图 1-15　例 1-10 的运行结果

【例 1-11】 调整图像亮度。

解：

（1）读取图像。

（2）白色图像。

（3）图像相加。

（4）图像拼接。

（5）显示图像，代码如下：

```
#chapter1_11.py
import cv2
import numpy as np
import matplotlib.pyplot as plt

#1.读取图像
lena = cv2.imread('pictures/l2_02.png', 1)
#2.白色图像
white = np.ones_like(lena, dtype=np.uint8) *255
#3.图像相加
img = cv2.addWeighted(lena, 0.3, white, 0.7, 0)
#4.图像拼接
re = np.hstack([lena, img])
#5.显示图像
plt.imshow(re[..., ::-1])
plt.axis('off')
```

运行结果如图 1-16 所示。

(a) 原图

(b) 美白图

图 1-16 例 1-11 的运行结果

1.5 图像逻辑运算

逻辑运算是针对二进制的运算,数值以二进制形式存储,因此可以对图像按位进行逻辑运算。常见的逻辑运算包括逻辑与运算、逻辑或运算、逻辑异或运算。

1.5.1 逻辑与运算

在与运算中,设逻辑值为 1 表示真,设逻辑值为 0 表示假,当参与与运算的两个逻辑值都是真时,逻辑与的结果才为真。使用 and 表示与运算,不同逻辑与运算情况见表 1-3。

表 1-3 逻辑与运算

算子 1	算子 2	运 算	结 果
0	0	and(0,0)	0
0	1	and(0,1)	0
1	0	and(1,0)	0
1	1	and(1,1)	1

在数字图像处理中,需要将数字先转换为二进制,再进行逻辑运算。数值间的按位逻辑与运算见表 1-4。

表 1-4 按位逻辑与运算

数 值	十进制	二进制
数值 1	203	1100 1011
数值 2	119	0111 0111
按位与	67	0100 0011

在 OpenCV 中,可以使用 cv2.bitwise_and()函数来实现按位与运算,其语法格式如下:

$$dst = cv2.bitwise\_and(src_1, src_2[, mask])$$

(1) dst:运算结果。

(2) src_1,src_2:数组。

(3) mask：掩码，感兴趣区域。

【例 1-12】 图像逻辑与运算。

解：

(1) 生成一个圆。

(2) 生成一个正方形。

(3) 逻辑与运算。

(4) 显示图像，代码如下：

```
#chapter1_12.py
import cv2
import numpy as np
import matplotlib.pyplot as plt

#1.生成一个圆
img_cir = np.zeros([200, 200], np.uint8)
cv2.circle(img_cir, (100, 100), 100, (255, 255, 255), -1)
#2.生成一个正方形
pts = np.array([[0, 100], [100, 200], [200, 100], [100, 0]],
np.int32).reshape([-1, 1, 2])
img_rec = np.zeros([200, 200], np.uint8)
cv2.fillPoly(img_rec, [pts], (255, 255, 255))
#3.逻辑与运算
img_and = cv2.bitwise_and(img_cir, img_rec)
re = np.hstack([img_cir, img_rec, img_and])
#4.显示图像
plt.imshow(re, 'gray')
plt.axis('off')
plt.show()
```

运行结果如图 1-17 所示。

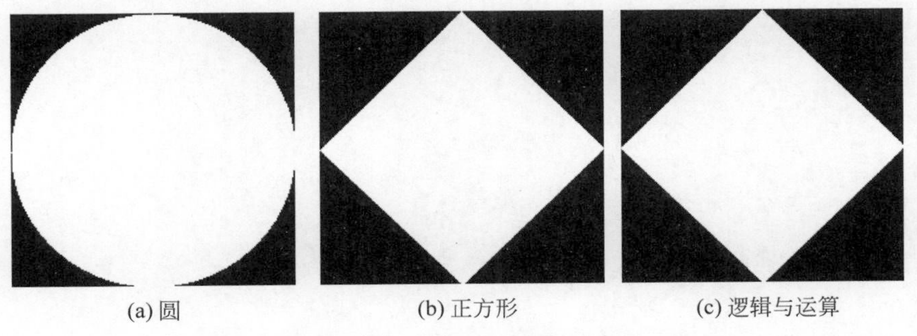

(a) 圆　(b) 正方形　(c) 逻辑与运算

图 1-17 例 1-12 的运行结果

如图 1-17 所示，逻辑与运算可获取两个图像相交的部分。

1.5.2 逻辑或运算

逻辑或运算是两个算子中只要一个为真，结果就是真，使用 or 表示或运算。不同情况的逻辑或运算见表 1-5。

表 1-5 逻辑或运算

算子 1	算子 2	运 算	结 果
0	0	or(0,0)	0
0	1	or(0,1)	1
1	0	or(1,0)	1
1	1	or(1,1)	1

数字逻辑或运算见表 1-6。

表 1-6 按位逻辑或运算

数 值	十进制	二进制
数值 1	203	1100 1011
数值 2	119	0111 0111
按位或	255	1111 1111

在 OpenCV 中，可以使用 cv2. bitwise_or()函数来实现按位或运算，其语法格式如下：

$$dst=cv2.bitwise\_or(src_1, src_2[, mask])$$

(1) dst：运算结果。

(2) src_1, src_2：数组。

(3) mask：掩码，感兴趣区域。

【例 1-13】 图像逻辑或运算。

解：

(1) 生成一个圆。

(2) 生成一个正方形。

(3) 逻辑或运算。

(4) 显示图像，代码如下：

```
#chapter1_13.py
import cv2
import numpy as np
import matplotlib.pyplot as plt

#1.生成一个圆
img_cir = np.zeros([200, 200], np.uint8)
cv2.circle(img_cir, (100, 100), 100, (255, 255, 255), -1)
#2.生成一个正方形
pts = np.array([[0, 100], [100, 200], [200, 100], [100, 0]],
np.int32).reshape([-1, 1, 2])
img_rec = np.zeros([200, 200], np.uint8)
cv2.fillPoly(img_rec, [pts], (255, 255, 255))
#3.逻辑或运算
img_or = cv2.bitwise_or(img_cir, img_rec)
re = np.hstack([img_cir, img_rec, img_or])
#4.显示图像
plt.imshow(re, 'gray')
plt.axis('off')
plt.show()
```

运行结果如图 1-18 所示。

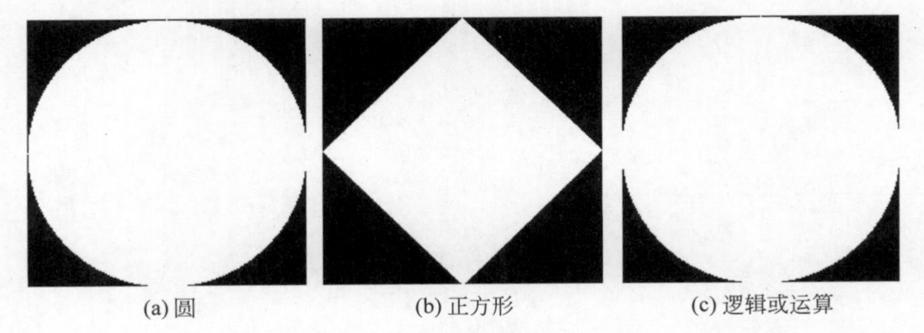

图 1-18 例 1-13 的运行结果

如图 1-18 所示，逻辑或运算可获取两个图像的并集。

1.5.3 逻辑异或运算

逻辑异或运算是两个算子中一个为真，另一个为假，结果就是真，使用 xor 表示异或运算。不同逻辑异或运算情况见表 1-7。

表 1-7 逻辑异或运算

算子 1	算子 2	运 算	结 果
0	0	xor(0,0)	0
0	1	xor(0,1)	1
1	0	xor(1,0)	1
1	1	xor(1,1)	0

数字逻辑异或运算见表 1-8。

表 1-8 按位逻辑异或运算

数 值	十进制	二进制
数值 1	203	1100 1011
数值 2	119	0111 0111
按位或	188	1011 1100

在 OpenCV 中，可以使用 cv2.bitwise_xor()函数来实现按位异或运算，其语法格式如下：

$$dst=cv2.bitwise\_xor(src_1, src_2[, mask])$$

(1) dst：运算结果。

(2) src_1，src_2：数组。

(3) mask：掩码，感兴趣区域。

【例 1-14】 图像逻辑异或运算。

解：

(1) 生成一个圆。

（2）生成一个正方形。

（3）逻辑异或运算。

（4）显示图像，代码如下：

```
#chapter1_14.py
import cv2
import numpy as np
import matplotlib.pyplot as plt

#1.生成一个圆
img_cir = np.zeros([200, 200], np.uint8)
cv2.circle(img_cir, (100, 100), 100, (255, 255, 255), -1)
#2.生成一个正方形
pts = np.array([[0, 100], [100, 200], [200, 100], [100, 0]],
np.int32).reshape([-1, 1, 2])
img_rec = np.zeros([200, 200], np.uint8)
cv2.fillPoly(img_rec, [pts], (255, 255, 255))
#3.逻辑异或运算
img_xor = cv2.bitwise_xor(img_cir, img_rec)
re = np.hstack([img_cir, img_rec, img_xor])
#4. 显示图像
plt.imshow(re, 'gray')
plt.axis('off')
plt.show()
```

运行结果如图 1-19 所示。

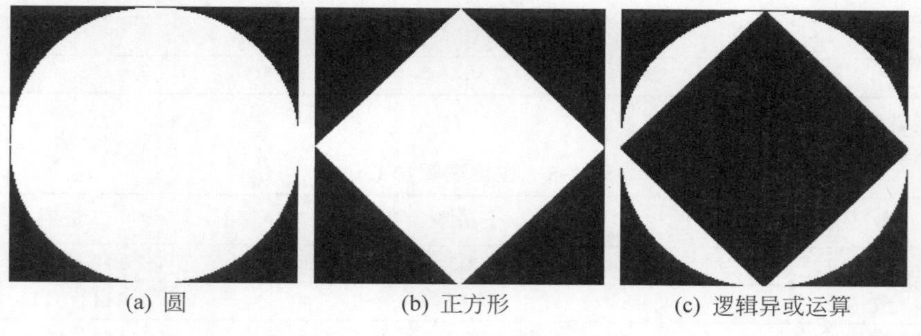

(a) 圆　(b) 正方形　(c) 逻辑异或运算

图 1-19　例 1-14 的运行结果

如图 1-19 所示，逻辑异或运算是两个图像并集减去交集后的结果。

【例 1-15】 获取感兴趣区域。

解：

（1）读取图像。

（2）生成模板。模板是二维数组，宽和高与原图一致，模板感兴趣区域的像素是 255，其他部分为 0。任何非零数值与 255 逻辑与运算为其本身，任何非零数值与 0 逻辑与运算为 0，因此，原图与模板逻辑进行与运算后，感兴趣区域被保留。

（3）逻辑与运算。

（4）显示图像，代码如下：

```
#chapter1_15.py
import cv2
import numpy as np
import matplotlib.pyplot as plt

#1.读取图像
img = cv2.imread('pictures/L3.png',1)
#2.生成模板
mask = np.zeros(img.shape[:2],dtype=np.uint8)
mask = cv2.circle(mask,(200,170),110,(255,255,255),-1)
#3.逻辑与运算
re0 = cv2.bitwise_and(img,img,mask=mask)
#把 mask 变成三通道
mask = cv2.merge([mask,mask,mask])
re = np.hstack([img,mask,re0])
#4.显示图像
plt.imshow(re[...,::-1])
plt.axis('off')
plt.show()
```

运行结果如图 1-20 所示。

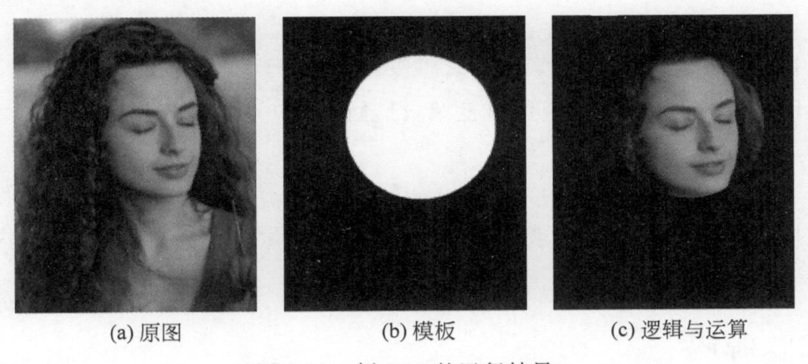

(a) 原图　(b) 模板　(c) 逻辑与运算

图 1-20　例 1-15 的运行结果

第2章 图像变换

图像变换主要通过调节像素数值，调整色彩明暗度，显示图像细节，方便人眼观察。图像变换的本质是调节像素分布。本章主要讲解反色变换、线性变换、对数变换、Gamma变换、分段线性变换。

2.1 反色变换

反色变换是一种非常简单且实用的线性变换，适用于过暗或者过亮的图像，通过反色变换，使暗色区域变得明亮或使亮色区域变暗，凸显图像中关注的部分。

2.1.1 基本原理

反色变换的基本原理是将灰度图像素翻转，即用图像最大值减去所有的像素，使黑白色发生翻转。

2.1.2 源码

反色变换的步骤如下：

(1) 求取图像的最大值。

(2) 最大值减去原像素。遍历每个像素，用最大值减去像素值后的值放入列表table中，把table转换成数组后向下取整，再把table变为uint8类型。最后用cv2.LUT()函数查找img中每个像素经过反色变换后对应的数值。img中有大量重复的像素，先把变换后的像素存储在table中，再用cv2.LUT()函数查找，可以节省时间，提高运算速度，代码如下：

```
def col_invert(img):
    max_p = np.max(img)
    table = [max_p-i for i in range(255)]
    table = np.round(np.array(table)).astype(np.uint8)
    return cv2.LUT(img,table)
```

【例 2-1】 反色变换。

解:

(1) 读取图像。

(2) 反色变换。

(3) 图像拼接。

(4) 显示图像,代码如下:

```
#chapter2_1.py
import cv2
import numpy as np
import matplotlib.pyplot as plt

#反色变换函数
def col_invert(img):
    max_p = np.max(img)
    table = [max_p - i for i in range(256)]
    table = np.round(np.array(table)).astype(np.uint8)
    return cv2.LUT(img, table)

if __name__ == '__main__':
    #1.读取图像
    img = cv2.imread('pictures/f1.png', 0)
    #2.反色变换
    img1 = col_invert(img)
    #3.图像拼接
    re = np.hstack([img, img1])
    #4.显示图像
    plt.imshow(re, 'gray')
    plt.axis('off')
    plt.show()
```

运行结果如图 2-1 所示。

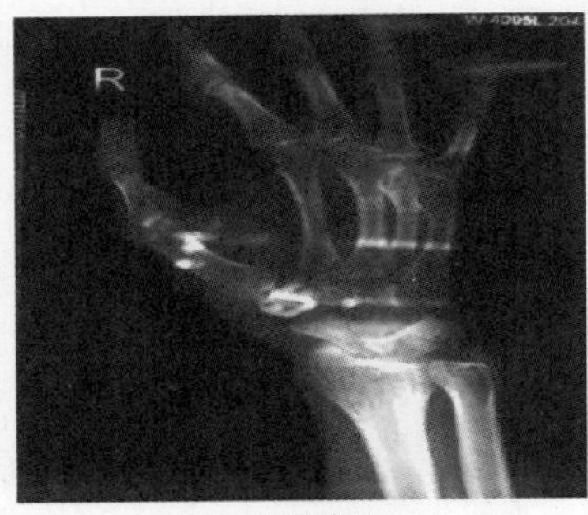

(a) 原图

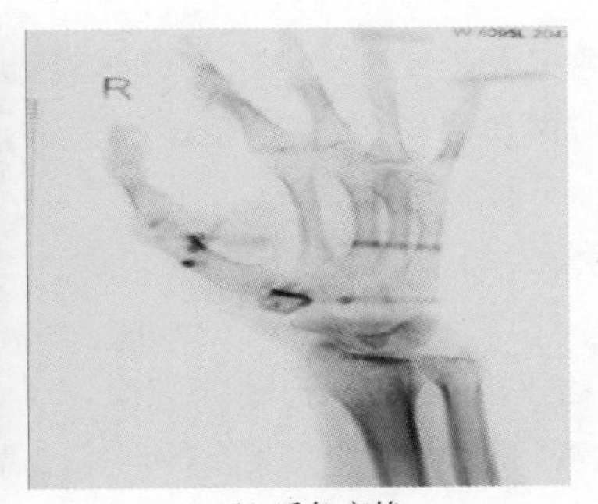

(b) 反色变换

图 2-1　例 2-1 的运行结果

2.2 线性变换

图像通过线性变换可以增加图像的对比度，调节图像亮度。

2.2.1 基本原理

数据经过线性变换后，数值可以被放大，也可以被压缩，或者不变，如图 2-2 所示，当数据介于 0.2～0.4 区间时，经过斜率为 2 的线性变换后，数据取值范围变为 0.4～0.8，数据更加离散。以灰度图为例，像素 2 与像素 3 的肉眼识区别度不大，但两像素都经过斜率为 10 的线性变换后，变为 20 和 30，灰度像素 20 与像素 30 的区别度大大增加，因此当线性变换的斜率大于 1 时，数据经过线性变换，数据更加离散，数据间的对比度增加，图像细节更加突显。

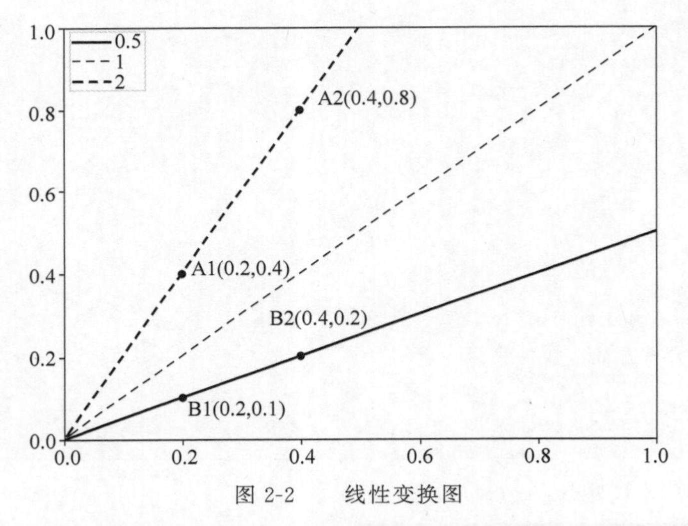

图 2-2　线性变换图

同理，当数据介于 0.2～0.4 区间时，经过斜率为 0.5 的线性变换后，数据取值范围变为 0.1～0.2，数据更加聚集，数据取值范围变小，相当于像素被压缩，从图像上观察，数据对比度下降，图像细节被掩盖。

线性变换公式如下：

$$\text{img}_1 = c \times \text{img} + b \tag{2-1}$$

其中，img_1 为输出图像，img 为输入图像，c 为斜率，b 为常数项。

图像对比度可以通过线性变换的斜率 c 调节，明暗度可以通过常数项 b 调节。例如灰度像素 10，用肉眼观察比较暗，像素 10 加 100 后变为 110，像素 110 明显要亮于 10，因此对图像加上一个正数（负数），使像素变大（变小），从而调整图像的明暗度。

综上所述，图像经过线性变换，便可调整图像的对比度和明暗度。如果图像对比度低，则可以用斜率大于 1 的线性函数增加图像对比度。假设要隐藏图像细节，则可以使用斜率小于1的线性函数。如果图像过于阴暗，则可给图像像素加上一个常数使图像变亮；反之，如果图像过于明亮、曝光严重，则可给图像像素减去一个常数使图像变暗。

2.2.2 源码

线性变换步骤：

(1) 遍历0～255的数值，做线性变换，并把结果存储在table列表中。

(2) 把table列表转换成数组，对所有元素向下取整，并把数据转换成uint8类型。

(3) 通过cv2.LUT()函数，查表table，对图像img做线性变换，代码如下：

```
def line_convert(img,c,b):
    '''
    :param img: 输入图像
    :param c: 斜率
    :param b: 常数项
    :return: 线性变换后的图像
    '''
    table = [c * i+b for i in range(256)]
    table = np.round(np.array(table)).astype(np.uint8)
    return cv2.LUT(img, table)
```

【例2-2】 线性变换。

解：

(1) 读取图像。

(2) 线性变换。观察可知，原图整体偏暗，因此选取斜率大于1的线性变换，从而提高图像像素间的对比度。

(3) 图像拼接。

(4) 显示图像，代码如下：

```
#chapter2_2.py
import cv2
import numpy as np
import matplotlib.pyplot as plt

def line_convert(img, c, b):
    table = [c * i + b for i in range(256)]
    table = np.round(np.array(table)).astype(np.uint8)
    return cv2.LUT(img, table)

if __name__ == '__main__':
    #1.读取图像
    img = cv2.imread('pictures/f4.png', 1)
    #2.线性变换
    img1 = line_convert(img, 3, 1)
    #3.图像拼接
    re = np.hstack([img, img1])
```

```
#4.显示图像
plt.imshow(re, 'gray')
plt.axis('off')
plt.show()
```

运行结果如图 2-3 所示。

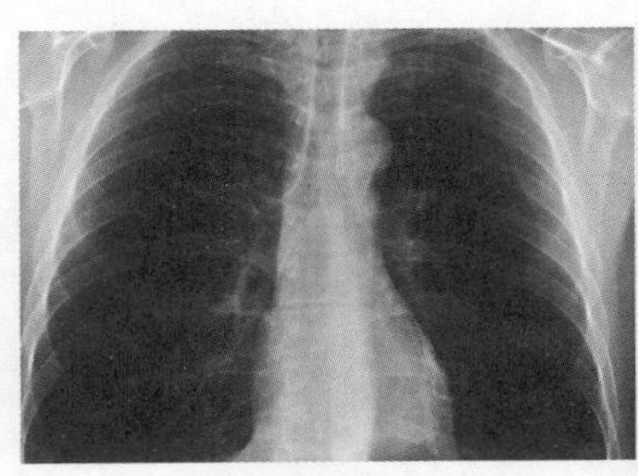
(a) 原图

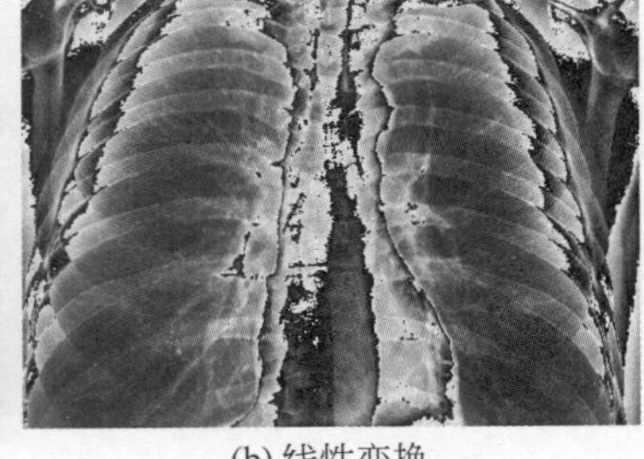
(b) 线性变换

图 2-3　例 2-2 的运行结果

【例 2-3】　加入滚动条的线性变换。

在图像变换中，需要调节超参数斜率 c 和常数项 b，每选择一对超参数需要重新运算一遍代码，耗时耗力，因此在图像变换中加入滚动条调节参数，实时反馈参数变化对图像的调整效果。接下来对部分代码进行解析。

（1）滚动条代码解析如下：

```
    #添加滚动条
    plt.subplots_adjust(bottom=0.3)    #bottom=0.3:滚动条在图像下方 30%的位置
    s1 = plt.axes([0.25,0.1,0.55,0.03],facecolor='lightgoldenrodyellow')
#[0.25,0.1,0.55,0.03]:滚动条的位置参数。0.25 是滚动条距离图像左边界的相对位置。0.1 是
#滚动条距离图像下边界的相对位置。0.55 是滚动条的占宽百分比。0.03 是滚动条占高度的百分比

    slider_1 = Slider(s1,'c',0.,10.,valfmt='%.f',valinit=5.0,valstep=0.5)
#'c'是参数名,0.和 10.是参数'c'的取值范围。valfmt 是参数'c'的数据类型。valinit
#是参数'c'的初始值。valstep 是参数'c'变化的步长

    #把监控到的 gamma 变换传入 update_gamma 函数中
    slider_1.on_changed(update_para)

    s2 = plt.axes([0.25, 0.16, 0.55, 0.03], facecolor='lightgoldenrodyellow')
    slider_2 = Slider(s2, 'b', 0., 255., valfmt='%.f', valinit=0, valstep=1)
    slider_2.on_changed(update_para)

    #更新参数
    slider_1.reset()
    slider_1.set_val(1)

    slider_2.reset()
    slider_2.set_val(1)
```

(2) 接受滚动条参数,代码解析如下：

```
def update_para(val):
    #获取滚动条数值
    c = slider_1.val
    b = slider_2.val

    #线性变换
    img1 = line_convert(img,c,b)

    #显示图像
    ax2.set_title('c=%f,c=%f'%(c,b))
    ax2.imshow(img1[..., ::-1], vmin=0, vmax=255)
```

解：

(1) 读取图像并设置画布。

(2) 添加滚动条。

(3) 把监控到的 gamma 变换传入 update_para 函数中。

(4) 更新滚动条参数,代码如下：

```
#chapter2_3.py
import cv2
import numpy as np
from matplotlib.widgets import Slider, Button, RadioButtons
import matplotlib.pyplot as plt

#线性变换
def line_convert(img, c, b):
    table = [c * i + b for i in range(256)]
    table = np.round(np.array(table)).astype(np.uint8)
    return cv2.LUT(img, table)

#获取滚动条参数
def update_para(val):
    c = slider_1.val
    #得到滚动条数值
    b = slider_2.val
    img1 = line_convert(img, c, b)
    ax2.axis('off')
    ax2.set_title('c=%f,b=%f' % (c, b))
    ax2.imshow(img1[..., ::-1], vmin=0, vmax=255)

if __name__ == '__main__':
    #1.读取图像并设置画布
    img = cv2.imread('pictures/f4.png', 1)
    fig = plt.figure()
    ax0 = fig.add_subplot(121)
    ax0.set_title('original')
    ax0.axis('off')
    ax0.imshow(img[..., ::-1], vmin=0, vmax=255)
```

```
    #设置第 2 张图
    ax2 = fig.add_subplot(122)
    #2.添加滚动条
    plt.subplots_adjust(bottom=0.3)
    s1 = plt.axes([0.25, 0.1, 0.55, 0.03], facecolor='lightgoldenrodyellow')
    slider_1 = Slider(s1, 'c', 0., 10., valfmt='%.f', valinit=5.0, valstep=0.5)
    #3.把监控到的 gamma 变换传入 update_para 函数中
    slider_1.on_changed(update_para)
    s2 = plt.axes([0.25, 0.16, 0.55, 0.03], facecolor='lightgoldenrodyellow')
    slider_2 = Slider(s2, 'b', 0., 255., valfmt='%.f', valinit=0, valstep=1)
    slider_2.on_changed(update_para)
    #4.更新滚动条参数
    slider_1.reset()
    slider_1.set_val(1)
    slider_2.reset()
    slider_2.set_val(1)
```

运行结果如图 2-4 所示。

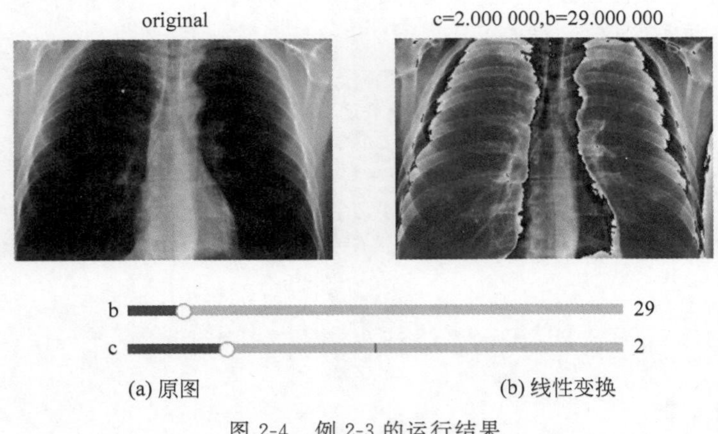

(a) 原图 (b) 线性变换

图 2-4 例 2-3 的运行结果

2.3 对数变换

对数变换是一种非线性变换，相对于线性变换，使不同区间的像素发生不同的变化，对图像的调节具有针对性。

2.3.1 基本原理

在对数变换中，底数越大，变换效果越显著，如图 2-5 所示，当数据在 0.0～0.2 分布时，经过对数变换，数据取值范围扩大，数据更加离散，对比度增加。反之，当数据在 0.8～1.0 区间时，经过对数变换，数据更加集中，因此对于较暗的图像，经过对数变换后，细节更加凸显。过于曝光的图像，经过对数变换后，对比度下降，图像更加不显著。

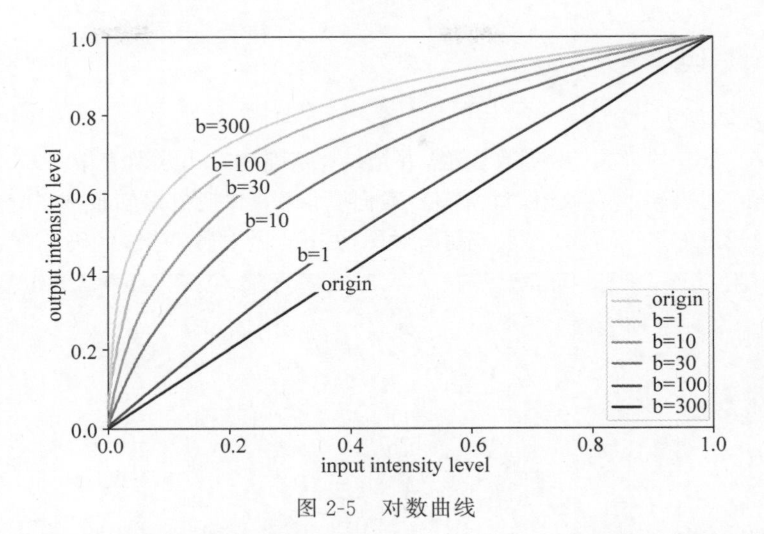

图 2-5　对数曲线

对数变换可提升暗色图像的对比度，如图 2-6(a)所示，原图的像素为[0,5,10,15,20,25,30,35,40,45,50]，把这组数经过以 80 为底的对数变换后，数值为[190,38,74,95,111,124,134,142,150,157,163]，对数变换后的图像为图 2-6(b)。通过两组数据比较发现，像素变大，数值之间的间隔变大，数据更加离散，数值间的对比度增加。

(a) 原图　　(b) 对数变换

图 2-6　对数变换

对数变换可降低亮色区域的对比度，如图 2-7(a)所示，原图的像素为[204,209,214,219,224,229,234,239,244,249,254]，把这组数经过以 80 为底的对数变换后，数值为[190,243,245,246,247,249,250,251,252,254,255]，对数变换后的图像为图 2-7(b)。通过两组数据比较发现，数值之间的间隔变小，数据更加聚集，数值间的对比度下降。

(a) 原图　　(b) 对数变换

图 2-7　对数变换

对数变换公式如下：

$$\text{img}_1 = c \times \log_{(\text{base}+1)}(1 + \text{base} \times \text{img}/255) \times 255 \tag{2-2}$$

img 为输入图像，img_1 为输出图像。img 除以 255 是把像素归一化到 0～1，然后进行对数变换，对数变换后，数值仍介于 0～1，再乘以 255，使输出图像的像素在 0～255 区间。在对数变换中，常数 1 是用来防止出现 log(0)为负无穷大的情况。base 为底数，c 为常数项。

2.3.2 源码

对数变换步骤如下：

(1) 遍历0～255的像素，做对数变换，并把结果存储在table列表中。

(2) 把table列表转换成数组，对所有元素向下取整，并把数据转换成uint8类型。

(3) 通过cv2.LUT()函数，查表table，对图像img做对数变换，代码如下：

```
import cv2
import numpy as np
import matplotlib.pyplot as plt

#任意底的对数函数
def log(base,x):
    return np.log(x)/np.log(base+1)

#对数变换函数
def log_convert(img, base, c):
    '''
    :param img: 输入图像
    :param base: 底数
    :param c: 常数项,用来调节所有像素的对比度
    :return: 对数变换后的图像
    '''
    table =[c *log(base, 1 + (base) *i / 255) *255 for i in range(256)]
    table = np.round(np.array(table)).astype(np.uint8)
    return cv2.LUT(img, table)
```

【例2-4】 对数变换。

解：

(1) 读取图像。

(2) 对数变换。通过观察原图发现，图像较暗，因此选用较大的底数，使较小的像素被放大，增加像素间的对比度。

(3) 图像拼接。

(4) 显示图像，代码如下：

```
#chapter2_4.py
import cv2
import numpy as np
import matplotlib.pyplot as plt

def log(base, x):
    return np.log(x) / np.log(base + 1)

def log_convert(img, base, c):
    table =[c *log(base, 1 + (base) *i / 255) *255 for i in range(256)]
    table = np.round(np.array(table)).astype(np.uint8)
    return cv2.LUT(img, table)
```

```
if __name__ == '__main__':
    #1.读取图像
    img = cv2.imread('pictures/yj.png', 1)
    #2.对数变换
    img1 = log_convert(img, 60, 1.01)
    #3.图像拼接
    re = np.hstack([img, img1])
    #4.显示图像
    plt.imshow(re, 'gray')
    plt.axis('off')
    plt.show()
```

运行结果如图 2-8 所示。

(a) 原图

(b) 对数变换

图 2-8 例 2-4 的运行结果

【例 2-5】 加入滚动条的对数变换。

解：

(1) 读取图像并设置画布。

(2) 添加滚动条。

(3) 把监控到的对数变换传入 update_param 函数中。

(4) 更新滚动条参数,代码如下：

```
#chapter2_5.py
import cv2
import numpy as np
import matplotlib.pyplot as plt
from matplotlib.widgets import Slider

def log(base, x):
    return np.log(x) / np.log(base + 1)

def log_convert(img, base, c=1):
    table = [c * log(base, 1 + (base) * i / 255) * 255 for i in range(256)]
    table = np.round(np.array(table)).astype(np.uint8)
    return cv2.LUT(img, table)

def update_param(val):
    base = slider1.val
```

```
    img1 = log_convert(img, base, c=1)
    ax2.axis('off')
    ax2.set_title('base=%f' % (np.round(base)))
    ax2.imshow(img1[..., ::-1], vmin=0, vmax=255)

if __name__ == '__main__':
    #1.读取图像并设置画布
    img = cv2.imread('pictures/fen1.png', 1)
    fig = plt.figure()
    ax0 = fig.add_subplot(121)
    ax0.set_title('original')
    ax0.axis('off')
    ax0.imshow(img[..., ::-1], vmin=0, vmax=255)
    ax2 = fig.add_subplot(122)
    #2.添加滚动条
    plt.subplots_adjust(bottom=0.2)
    s1 = plt.axes([0.25, 0.1, 0.45, 0.03], facecolor='lightgoldenrodyellow')
    slider1 = Slider(s1, 'base', 0., 200., valfmt='%.f', valinit=50.0, valstep=2)
    #3.把监控到的参数传入 update_param 函数中
    slider1.on_changed(update_param)
    #4.更新滚动条参数
    slider1.reset()
    slider1.set_val(1)
```

运行结果如图 2-9 所示。

(a) 原图　　(b) 对数变换

图 2-9　加入滚动条的对数变换

2.4 Gamma 变换

Gamma 变换相对于对数变换，不仅能处理过于暗色的图像，还能处理过于曝光的图像。

2.4.1 基本原理

如图 2-10 所示，当 $r=0.4$ 时，较小数值通过 Gamma 变换，数据更加离散；较大数值通过 Gamma 变换，数据更加集中，这个功能与对数变换功能相似。当 $r=2.5$ 时，较小数值通过 Gamma 变换，数据更加集中；较大数值通过 Gamma 变换，数据更加离散，因此对于过于曝光的图像，选取 Gamma 值大于 1，使图像变暗。

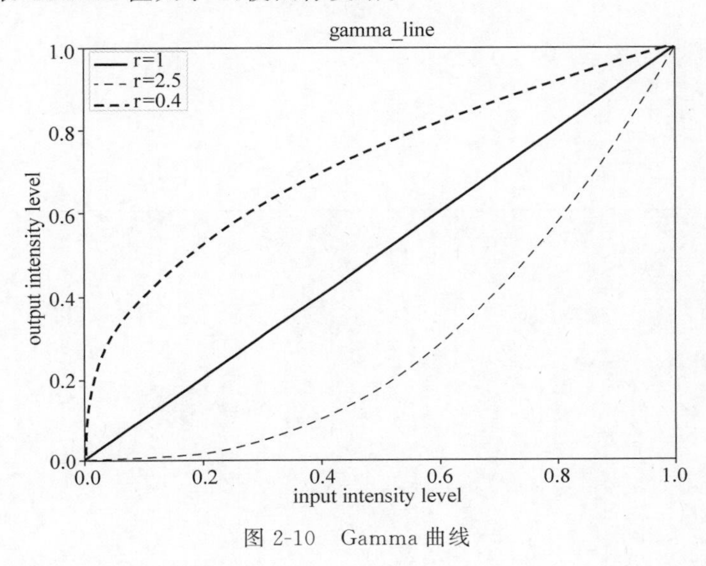

图 2-10　Gamma 曲线

Gamma 变换公式如下：

$$\mathrm{img}_1 = c \times \left(\frac{\mathrm{img} + \varepsilon}{255}\right)^{\gamma} \times 255 \tag{2-3}$$

其中，img 为输入图像，img_1 为输出图像，c 为大于 0 的常数项，γ 为大于零的超参数。ε 通常为大于零的常数，设置 ε 保证 Gamma 变换变换对数值是 0 的像素也有调节作用。

2.4.2 源码

Gamma 变换的步骤如下：

(1) 遍历 0～255 的像素，做 Gamma 变换，并把结果存储在 table 列表中。

(2) 把 table 列表转换成数组，对所有元素向下取整，并把数据转换成 uint8 类型。

(3) 通过 cv2.LUT()函数，查表 table，对图像 img 做 Gamma 变换，代码如下：

```
def gamma_convert(img,c,r):
    '''
    Gamma 变换
    :param img: 输入图像
    :param c: 大于 0 的常数项
    :param r: Gamma 值
```

```
    :return: 输出图像
    '''
    table = [c * ((i+0.1)/255) ** r * 255 for i in range(256)]
    table = np.round(np.array(table)).astype(np.uint8)
    return cv2.LUT(img, table)
```

【例 2-6】 Gamma 变换。

解：

(1) 读取图像。

(2) Gamma 变换。

(3) 图像拼接。

(4) 显示图像，代码如下：

```
#chapter2_6.py
import cv2
import numpy as np
import matplotlib.pyplot as plt

def gamma_convert(img, c, r):
    table = [c * ((i + 0.1) / 255) ** r * 255 for i in range(256)]
    table = np.round(np.array(table)).astype(np.uint8)
    return cv2.LUT(img, table)
#1.读取图像
img = cv2.imread('pictures/fen5.png', 1)
#2.Gamma 变换
img1 = gamma_convert(img, 1.03, 0.5)
#3.图像拼接
re = np.hstack([img, img1])
#4.显示图像
plt.imshow(re[..., ::-1], 'gray')
plt.axis('off')
plt.show()
```

运行结果如图 2-11 所示。

(a) 原图

(b) Gamma变换结果

图 2-11 Gamma 变换

【例 2-7】 加入滚动条的 Gamma 变换。

解：

(1) 读取图像并设置画布。

(2) 添加滚动条。

(3) 把监控到的对数变换传入 update_param 函数中。

(4) 更新滚动条参数,代码如下：

```
#chapter2_7.py
import cv2
import numpy as np
from matplotlib.widgets import Slider
import matplotlib.pyplot as plt

def gamma_convert(img, gamma, eps=0):
    return (255 * (((img + eps) / 255.) **gamma)).astype(np.uint8)

def update_param(val):
    #得到滚动条数值
    gamma = slider1.val
    img1 = gamma_convert(img, gamma, eps=0)
    ax2.set_title('gamma=%f' % (gamma))
    ax0.axis('off')
    ax2.imshow(img1[..., ::-1], vmin=0, vmax=255)

if __name__ == '__main__':
    #1.读取图像并设置画布
    img = cv2.imread('pictures/l2_01.png', 1)
    fig = plt.figure()
    ax0 = fig.add_subplot(121)
    ax0.set_title('origin')
    ax0.axis('off')
    ax0.imshow(img[..., ::-1], vmin=0, vmax=255)
    #设置第 2 张图
    ax2 = fig.add_subplot(122)
    #2.添加滚动条
    plt.subplots_adjust(bottom=0.3)
    s1 = plt.axes([0.25, 0.1, 0.55, 0.03], facecolor='lightgoldenrodyellow')
    slider1 = Slider(s1, 'para :gamma', 0.0, 10.0, valfmt='%.f', valinit=5.0,
valstep=0.1)
    #3.把监控到的 gamma 变换传入 update_param 函数中
    slider1.on_changed(update_param)
    #4.更新滚动条参数
    slider1.reset()
    slider1.set_val(1)
```

运行结果如图 2-12 所示。

(a) 原图　　(b) Gamma变换

图 2-12　加入滚动条的 Gamma 变换

2.5　分段线性变换

分段线性变换属于非线性变换，当像素的直方图分布集中在灰度区间的中间位置时，即像素在灰度级 128 左右分布时，对数变换和 Gamma 变换都失去效果，而分段线性变换可以解决这个问题。

2.5.1　基本原理

分段线性变换可以分多段，这里以 3 段为例。分段线性变换通过对不同区间像素映射，使得区间内像素差异变大，增强对比度。

分段线性变换公式如下：

$$f(x)=\begin{cases}\dfrac{y_1}{x_1}x, & x<x_1\\ \dfrac{y_2-y_1}{x_2-x_1}(x-x_1)+y_1, & x_1\leqslant x\leqslant x_2\\ \dfrac{255-y_2}{255-x_2}(x-x_2)+y_2, & x>x_2\end{cases}\tag{2-4}$$

通过调整图 2-13 中的两个拐点 (x_1,y_1) 和 (x_2,y_2) 的坐标，使位于中间位置的像素经过线性变换后扩大取值范围，增加图像对比度。

2.5.2　源码

分段线性变换函数解析如下：

(1) (x_1,y_1) 和 (x_2,y_2) 为 3 条线性函数的拐点。首先判断 x_1、x_2 取值是否合理。

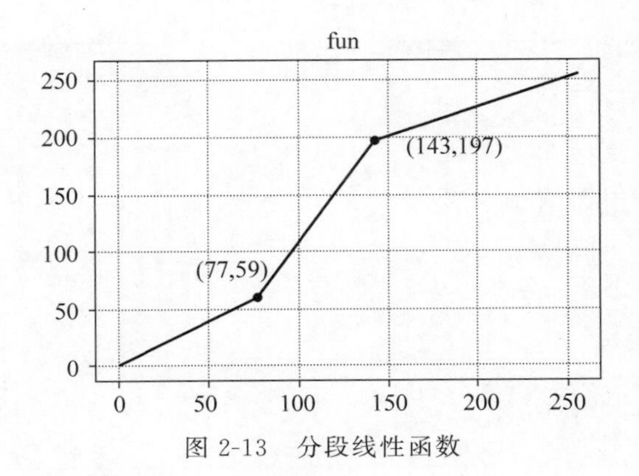

图 2-13　分段线性函数

（2）取出各个区间像素的掩码 m_1、m_2、m_3。

（3）根据各段线性变换函数和掩码对像素进行变换，代码如下：

```
def three_line_convert(img,x1,y1,x2,y2):
    if x1==x2 or x2 == 255:
        return None
    m1 = (img<x1)
    m2 = (x1<=img)&(img<=x2)
    m3 = (img>x2)

    img1 = (y1/x1*img)*m1+((y2-y1)/(x2-x1)*(img-x1)+y1)*m2+((255-y2)/(255-x2)*
(img-x2)+y2)*m3
    img1 = img1.astype(np.uint8)
    return img1
```

【例 2-8】 分段线性变换。

解：

（1）读取图像。

（2）分段线性变换。

（3）图像拼接。

（4）显示图像，代码如下：

```
#chapter2_8.py
import cv2
import numpy as np
import matplotlib.pyplot as plt

def three_line_convert(img, x1, y1, x2, y2):
    if x1 == x2 or x2 == 255:
        return None
    m1 = (img < x1)
    m2 = (x1 <= img) & (img <= x2)
    m3 = (img > x2)
    img1 = (y1 / x1 *img) *m1 + ((y2 - y1) / (x2 - x1) *(img - x1) + y1) *m2 +
              ((255 - y2) / (255 - x2) *(img - x2) + y2) *m3
    img1 = img1.astype(np.uint8)
```

```
    return img1

if __name__ == '__main__':
    #1.读取图像
    img = cv2.imread('pictures/fen3.png', 1)
    #2.分段线性变换
    img1 = three_line_convert(img, 36, 76, 178, 228)
    #3.图像拼接
    re = np.hstack([img, img1])
    #4.显示图像
    plt.imshow(re[..., ::-1])
    plt.axis('off')
    plt.show()
```

运行结果如图 2-14 所示。

(a) 原图

(b) 分段线性变换

图 2-14　例 2-8 的运行结果

【例 2-9】 加入滚动条的分段线性变换。

解：

(1) 读取图像并设置画布。

(2) 添加滚动条。

(3) 把监控到的对数变换传入 update_param 函数中，代码如下：

```
#chapter2_9.py
import cv2
import numpy as np
import matplotlib.pyplot as plt
from matplotlib.widgets import Slider

def three_line_convert(img, x1, y1, x2, y2):
    if x1 == x2 or x2 == 255:
        return None
    m1 = (img < x1)
    m2 = (x1 <= img) & (img <= x2)
```

```
    m3 = (img > x2)
    #分段函数
    img1 = (y1 / x1 * img) * m1 + ((y2 - y1) / (x2 - x1) * (img - x1) + y1) * m2 +
              ((255 - y2) / (255 - x2) * (img - x2) + y2) * m3
    #绘制函数图像
    x_point = np.arange(0, 256, 1)
    cond2 = [True if (i >= x1 and i <= x2) else False for i in x_point]
    y_point = (y1 / x1 * x_point) * (x_point < x1) + \
            ((y2 - y1) / (x2 - x1) * (x_point - x1) + y1) * cond2 + \
            ((255 - y2) / (255 - x2) * (x_point - x2) + y2) * (x_point > x2)
    return img1, x_point, y_point

def update_param(val):
    #读取滚动条的值
    x1, y1 = slider_x1.val, slider_y1.val
    x2, y2 = slider_x2.val, slider_y2.val
    #执行分段线性变换
    img1, x_point, y_point = three_line_convert(img, x1, y1, x2, y2)
    img1 = img1.astype(np.uint8)
    #显示变换结果
    ax2.clear()
    ax2.axis('off')
    ax2.imshow(img1[..., ::-1], vmin=0, vmax=255)
    #绘制函数
    ax3.clear()
    ax3.annotate('(%d,%d)' % (x1, y1), xy=(x1, y1), xytext=(x1 - 15, y1 + 15))
    ax3.annotate('(%d,%d)' % (x2, y2), xy=(x2, y2), xytext=(x2 + 15, y2 - 15))
    ax3.grid(True, linestyle=':', linewidth=1)
    ax3.plot([x1, x2], [y1, y2], 'ro')
    ax3.plot(x_point, y_point, 'g')

if __name__ == '__main__':
    #1.读取图像并设置画布
    img = cv2.imread('hua.png', 1)    #[x1,y1,x2,y2][36,76,178,228]
    fig = plt.figure()
    ax1 = fig.add_subplot(131)
    ax2 = fig.add_subplot(132)
    ax3 = fig.add_subplot(133)
    ax1.axis('off')
    ax1.imshow(img[..., ::-1], vmin=0, vmax=255)
    #2.添加滚动条
    plt.subplots_adjust(bottom=0.3)
    x1 = plt.axes([0.25, 0.20, 0.45, 0.03], facecolor='lightgoldenrodyellow')
    slider_x1 = Slider(x1, 'Para_x1', 0., 255., valfmt='%.f', valinit=100, valstep=1)
    #3.把监控到的对数变换传入 update_param 函数中
    slider_x1.on_changed(update_param)
    y1 = plt.axes([0.25, 0.15, 0.45, 0.03], facecolor='lightgoldenrodyellow')
    slider_y1 = Slider(y1, 'Para_y1', 0., 255., valfmt='%.f', valinit=0, valstep=1)
    slider_y1.on_changed(update_param)
    x2 = plt.axes([0.25, 0.1, 0.45, 0.03], facecolor='lightgoldenrodyellow')
    slider_x2 = Slider(x2, 'Para_x2', 0., 255., valfmt='%.f', valinit=100, valstep=1)
    slider_x2.on_changed(update_param)
```

```
y2 = plt.axes([0.25, 0.05, 0.45, 0.03], facecolor='lightgoldenrodyellow')
slider_y2 = Slider(y2, 'Para_y2', 0., 255., valfmt='%.f', valinit=0, valstep=1)
slider_y2.on_changed(update_param)
```

运行结果如图 2-15 所示。

(a) 原图　(b) 分段线性变换　(c) 分段线性函数

图 2-15　例 2-9 的运行结果

第3章 色彩空间

3.1 色彩类型

图像有多种色彩空间类型,包括 RGB 色彩空间、GRAY 色彩空间、XYZ 色彩空间、YCrCb 色彩空间、HSV 色彩空间、HLS 色彩空间、Bayer 色彩空间等。本章主要介绍几类常用的色彩空间。

3.1.1 RGB 色彩空间

RGB(红、绿、蓝)是构成图像的三原色,即所有颜色都可以通过 RGB 这 3 种颜色混合而成,每个通道的取值范围为 0～255,如图 3-1 所示,蓝色、绿色、红色分别用(0,0,255)、(0,255,0)、(255,0,0)表示,红绿蓝三色混合成白色(255,255,255),红色和绿色混合成黄色(0,255,255),蓝色和绿色混合成青色(255,255,0),红色和蓝色混合成品红(255,0,255)。每种颜色用 3 个通道表示,每个通道有 256 种取值,因此 3 个通道不同取值的组合可以表示 256×256×256 种颜色。

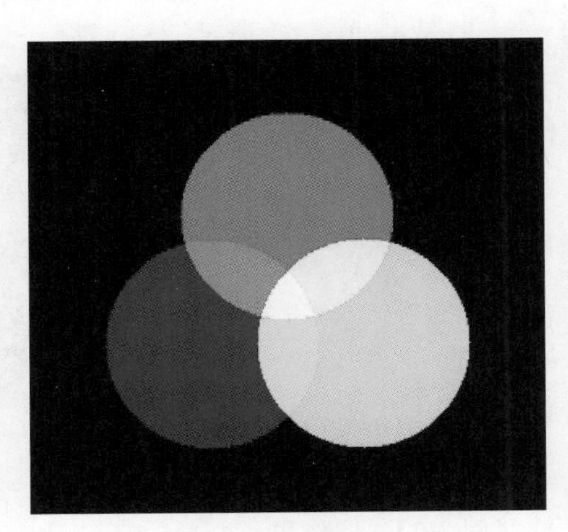

图 3-1　彩色图

【例 3-1】 查看彩色图像颜色通道。

彩色图像每种颜色由 3 个数值表示,通过查看彩色图像的颜色通道,了解各个通道的特性。

解:

(1) 读入彩色图像。OpenCV 以 BGR 的格式读入图像,若要正常显示图像,需要把 BGR 格式转换为 RGB 格式。

(2) 获取图像的各个通道。分别获取每个通道的颜色,将其他通道数值设置为 0。例如当彩色图像只有 B 通道有数值且其他两个通道的数值为 0 时，整个图像呈蓝色。

(3) 显示图像，代码如下：

```
#chapter3_1.py 显示彩色图像的 3 个通道
import cv2
import numpy as np
import matplotlib.pyplot as plt

#1. 读入彩色图像 img
img = cv2.imread('pictures/L1.png', 1)
#2. 获取图像的各个通道 img[...,[b,g,r]]
#获取彩色图像的蓝色通道，并存放在图像 b 中
b = img.copy()
b[..., [1, 2]] = 0
#获取彩色图像的绿色通道，并存放在图像 g 中
g = img.copy()
g[..., [0, 2]] = 0
#获取彩色图像的红色通道，并存放在图像 r 中
r = img.copy()
r[..., [0, 1]] = 0
#3. 显示图像
re = np.hstack([img, b, g, r])
plt.imshow(re[..., ::-1])
cv2.imwrite('pictures/p3_2.jpg',re)
```

运行结果如图 3-2 所示。

(a) 原图　(b) 蓝色通道　(c) 绿色通道　(d) 红色通道

图 3-2　彩色图像颜色通道

【例 3-2】 图像色彩变换。

使用不用的权重对各个通道加权，使图像展现不同的色彩。

解：

(1) 图像预处理。把图像像素设置在 0～1 内。

(2) 通道加权。设置各通道的权重，根据权重对通道加权，实现图像颜色变换的目的。

(3) 显示图像。把原图和变换后的图像水平放置，并显示、保存图像，代码如下：

```
#chapter3_2.py
import cv2
```

```
import numpy as np
import matplotlib.pyplot as plt

#1. 图像预处理
img0 = cv2.imread('huaduo.jpeg', 1)
#归一化
img = img0.copy() / 255.0
#2. 通道加权
#拆分通道
b, g, r = cv2.split(img)
#权重系数
wb1 = 0.5
wg1 = 0.5
wr1 = 0.55
wb2 = 0.25
wg2 = 0.25
wr2 = 0.75
#通道处理
r1 = wr2 * (wb1 *g + (1 - wb1) *b) + (1 - wr2) *r
g1 = wg2 * (wr1 *b + (1 - wr1) *r) + (1 - wg2) *g
b1 = wb2 * (wg1 *r + (1 - wg1) *g) + (1 - wb2) *b
#通道融合
img1 = (cv2.merge([r1, g1, b1]) *255).astype(np.uint8)
#3. 显示图像
re = np.hstack([img0[..., ::-1], img1])
plt.axis('off')
plt.imshow(re)
#cv2.imwrite('imgs_re/chapter_03/p3_3.jpeg', re)
```

运行结果如图 3-3 所示。

(a) 原图　　(b) 通道加权

图 3-3　图像色彩变换

【例 3-3】 生成老照片。

按照固定权重加权图像的各个通道,使图像看起来像老照片。

解:

(1) 图像预处理。把图像像素设置在 0～1 内。

(2) 通道加权。根据固定权重对通道进行加权,再进行通道融合。

(3) 显示图像,代码如下:

```
#chapter3_3.py
import cv2
import numpy as np
import matplotlib.pyplot as plt

#1. 图像预处理
img = cv2.imread('pictures/L3.png', 1)
#归一化
img1 = img.copy() / 255.0
img0 = img1.copy()
#2. 通道加权
#拆分通道
b, g, r = cv2.split(img1)
r1 = 0.393 *r + 0.769 *g + 0.189 *b
g1 = 0.349 *r + 0.686 *g + 0.168 *b
b1 = 0.272 *r + 0.534 *g + 0.131 *b
#合并通道
img1 = cv2.merge([r1, g1, b1])
#像素归一化为 0~1
img1 = (img1 - img1.min()) / (img1.max() - img1.min())
#3. 显示图像
re = np.hstack([img0[..., ::-1], img1])
re = (re *255).astype('uint8')
plt.imshow(re)
cv2.imwrite('pictures/p3_4.jpeg', re[..., ::-1])
```

运行结果如图 3-4 所示。

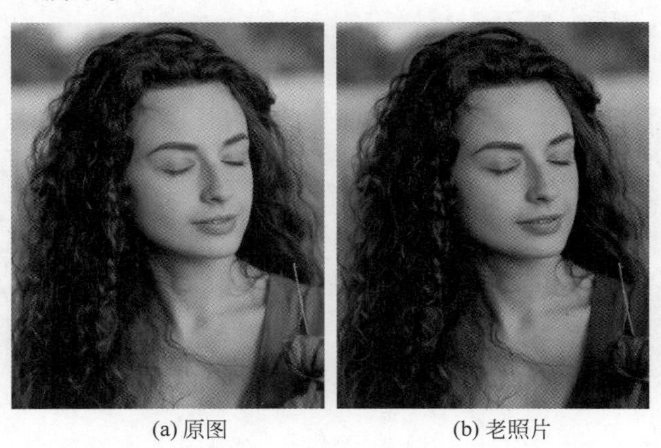

(a) 原图　　(b) 老照片

图 3-4　生成老照片

3.1.2　GRAY 色彩空间

GRAY(灰度图像)通常指 8 位灰度图，只有一个通道，每个像素有 256 个灰度级，像素的范围是[0,255]。在 OpenCV 中，彩色图像通过对各个通道加权得到灰度图像，处理方式如下：

$$Gray = 0.114 \times B + 0.587 \times G + 0.299 \times R \quad (3\text{-}1)$$

其中,B、G、R 分别为彩色图像的蓝、绿、红颜色通道。彩色图像灰度化也可以对 3 个通道求平均值:

$$Gray = (B + G + R)/3 \quad (3\text{-}2)$$

当将灰度图像转换为彩色图时,直接把灰度图像的通道复制 3 遍,堆叠在一起。生成的彩色图像与灰度图像视觉上无异,但是彩色和灰色图像的通道数不一样。

$$\begin{aligned} B &= Gray \\ G &= Gray \\ R &= Gray \end{aligned} \quad (3\text{-}3)$$

【例 3-4】 彩色图像转灰度图。

使用两种不同的方式,把彩色图转换成灰度图。

解:

(1) 读取图像。读入彩色图像和灰度图像,对彩色图进行通道拆分。

(2) 彩色图像转灰度图像。分别用平均法和加权法生成灰度图像。

(3) 显示图像,代码如下:

```
#chapter3_4.py
import cv2
import numpy as np
import matplotlib.pyplot as plt

#1. 读取图像
img = cv2.imread('pictures/L1.png', 1)          #读取彩色图像
img_gray = cv2.imread('pictures/L1.png', 0)     #读取灰度图像
#拆分通道
b, g, r = cv2.split(img)
#2. 彩色图像转灰度图像
#平均法,每个通道的 b、g、r 乘以 1.0,把数据类型由 uint8 转换为浮点型,防止图像失真
img_gray_avg = (b *1.0 + g *1.0 + r *1.0) / 3
#加权法
img_gray_weg = 0.114 *b + 0.587 *g + 0.299 *r
#3. 显示图像
re = np.hstack([img_gray, img_gray_avg, img_gray_weg])
plt.imshow(re, 'gray', vmin=0, vmax=255)
cv2.imwrite('pictures/p3_5.jpeg', re)
```

运行结果如图 3-5 所示。

3.1.3 HSV 色彩空间

HSV 色彩空间是从颜色色度、亮度、饱和度 3 个方面描述色彩空间变化。色调(Hue)是指光的颜色,例如赤橙黄绿青蓝紫。饱和度(Saturation)是指色彩的深浅程度,饱和度越高,颜色越浓;反之,颜色越淡。亮度(Value)指颜色的明暗程度,亮度越高,说明颜色越亮;反之,越暗。

(a) 灰度图像

(b) 通道平均

(c) 通道加权

图 3-5 彩色图像转灰度图像

色度的取值范围为[0,360],饱和的取值范围为[0,1],亮度的取值范围为[0,1]。把彩色图像映射到[0,1]区间上,再通过以下方式可以转换成 HSV 色彩空间:

$$V=\max(\mathrm{R},\mathrm{G},\mathrm{B}) \tag{3-4}$$

$$S=\begin{cases}\dfrac{V-\min(\mathrm{R},\mathrm{G},\mathrm{B})}{V}, & V\neq 0\\ 0, & \text{其他}\end{cases} \tag{3-5}$$

$$H=\begin{cases}\dfrac{60-(\mathrm{G}-\mathrm{B})}{V-\min(\mathrm{R},\mathrm{G},\mathrm{B})}, & V=\mathrm{R}\\ 120+\dfrac{60-(\mathrm{B}-\mathrm{R})}{V-\min(\mathrm{R},\mathrm{G},\mathrm{B})}, & V=\mathrm{G}\\ 240+\dfrac{60-(\mathrm{R}-\mathrm{G})}{V-\min(\mathrm{R},\mathrm{G},\mathrm{B})}, & V=\mathrm{B}\end{cases} \tag{3-6}$$

如果计算得到 $H<0$,则需要对 H 进一步地进行处理:

$$H=\begin{cases}H+360, & H<0\\ H, & \text{其他}\end{cases} \tag{3-7}$$

在图像处理中,把图像从 BGR 格式转换到 HSV 格式,然后确定特定颜色的取值范围,获取特定颜色的掩模,再根据掩模和原图做逻辑运算就可以获取原图上指定颜色区域。常见色彩的 HSV 值见表 3-1。

表 3-1 HSV 色彩区间

HSV	白	红	黑	灰	橙	黄	绿	青	蓝	紫
h_min	0	0|156	0	0	11	26	35	78	100	125
h_max	180	10|180	180	180	25	34	77	99	124	155
s_min	0	43	0	0	43	43	43	43	43	43
s_max	30	255	255	43	255	255	255	255	255	255
v_min	221	46	0	46	46	46	46	46	46	46
v_max	255	255	46	220	255	255	255	255	255	255

3.2 色彩空间转换

色彩空间类型转换是指将图像从一个色彩空间转换到另外一个色彩空间。通过色彩空间转换,可以方便用户根据需求对图像进行操作。例如先把彩色图像转换为灰度图,然后对灰度图阈值化处理使其变为二值图,再根据二值图寻找图像轮廓。

在 OpenCV 内,使用 cv2.cvtColor()函数实现色彩空间变换,其语法格式如下:

dst=cv2.cvtColor(scr,code[,dstCn])

(1) dst:输出图像。

(2) scr:输入图像。

(3) code:色彩空间转换码。色彩空间转换码有多种类型,常用类型有 cv2.COLOR_RGB2BGR、cv2.COLOR_BGR2RGB、cv2.COLOR_BGR2HSV、cv2.COLOR_RGB2HSV、cv2.COLOR_BGR2GRAY、cv2.COLOR_RGB2GRAY、cv2.COLOR_HSV2BGR、cv2.COLOR_HSV2RGB。

(4) dstCn:目标图像通道数。

【例 3-5】 颜色分割。

使用 kmeans 算法对图像像素进行分类。

解:

(1) 图像处理。先读入彩色图像,对图像做高斯模糊去除噪声,再把图像展开成一维,每个像素为一个单元。

(2) 颜色分类。设置分类类别数和分类标准,用 kmeans 算法把像素分为两类,得到类的中心点坐标和每个像素的类别。根据每个像素的类别,把每个像素用所属类别值替代,从而得到分割数据,最后把分割数据缩放到原图尺寸。

(3) 显示图像,代码如下:

```
#chapter3_5.py
import cv2
import numpy as np
import matplotlib.pyplot as plt

#1. 图像处理
img0 = cv2.imread('pictures/knn.png', 1)
img0 = cv2.cvtColor(img0, cv2.COLOR_BGR2RGB)
#高斯模糊
img_g = cv2.GaussianBlur(img0, (13, 13), 10, 10)
h, w, c = img_g.shape #(110, 283, 3)
img_blur = img_g.reshape([-1, 3]).astype('float32') #(31130, 3)
#2. 颜色分类
#分类标准
criteria = (cv2.TERM_CRITERIA_EPS + cv2.TERM_CRITERIA_MAX_ITER, 10, 1.0)
#分类类别数
num_clusters = 2
```

```
#kmean 分类,把像素分为两类,center_color 存储两类颜色的均值
#label 存储每个像素属于哪个类别
_, label, center_color = cv2.kmeans(img_blur, num_clusters,
                                    None, criteria,
                                    num_clusters,
                                    cv2.KMEANS_RANDOM_CENTERS)
#把类别中心转换成 uint8
center_color = center_color.astype(np.uint8)
#img_blur[398396,3],label[398396,1],center[2,3]
#把每个像素用对应类别的中心点像素替代,res[398396,3]
res = center_color[label.ravel()]
#res[398396,3]--> [548,727,3]
res = res.reshape([h, w, c])
#3. 显示图像
re = np.hstack([img0, img_g, res])
plt.imshow(re)
#cv2.imwrite('pictures/p3_6.jpeg', re[..., ::-1])
```

运行结果如图 3-6 所示。

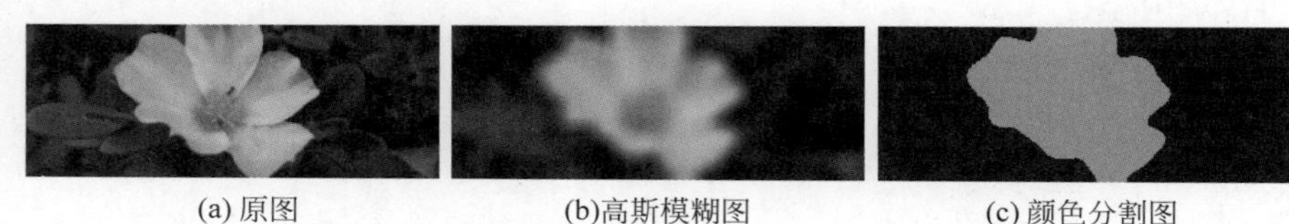

(a) 原图 (b)高斯模糊图 (c) 颜色分割图

图 3-6 图像颜色分割

【例 3-6】 色彩抠图。

抠取图像指定颜色区域。

解:

(1) 图像处理。将图像 img 转换到 HSV 空间。

(2) HSV 色彩抠图。先获取指定颜色像素,把指定颜色转换到 HSV 空间。再根据 HSV 设定指定颜色的阈值。例如要获取图像中的黄色区域,先获取图中任意黄色点的像素。打开并显示彩色图像,将鼠标移动到图像黄色区域,获取黄色点的坐标[y,x]。假设根据坐标获取 img[y,x]的黄色像素为[246,199,67],把黄色像素由 BRG 转换为 HSV 为[98,186,246],然后根据[H－100,100,100]和[H＋100,255,255]设定黄色的取值范围。最后根据阈值构建掩模,通过原图与掩模的逻辑与运算获取指定颜色区域。

(3) 显示图像,代码如下:

```
#chapter3_6.py
import cv2
import numpy as np
import matplotlib.pyplot as plt

#1. 图像处理。读取图像并转换成 HSV
img = cv2.imread('pictures/knn.png', 1)
hsv = cv2.cvtColor(img, cv2.COLOR_BGR2HSV)
```

```
#2. HSV 色彩抠图
#获取指定颜色
yellow = np.uint8([[[246, 199, 67]]])
#把指定颜色转换到 HSV
hsv_yellow = cv2.cvtColor(yellow, cv2.COLOR_BGR2HSV)
print(hsv_yellow) #[[[ 98, 186, 246]]]
#设定指定颜色的阈值 [H-100,100,100] 和 [H+100,255,255]
lower_yellow = np.array([0, 100, 100])
upper_yellow = np.array([198, 255, 255])
#根据阈值构建掩模
mask = cv2.inRange(hsv, lower_yellow, upper_yellow)
#对原图像和掩模进行位运算,从而得到指定颜色
img1 = cv2.bitwise_and(img, img, mask=mask)
#3. 显示图像
re = np.hstack([img, img1])
plt.imshow(re[..., ::-1])
cv2.imwrite('pictures/p3_7.jpeg', re)
```

运行结果如图 3-7 所示。

(a) 原图　　(b) 抠图

图 3-7　色彩抠图

【例 3-7】 根据 HSV 定位车牌。

解：

（1）图像处理。

（2）HSV 色彩抠图。将图像转换到 HSV 空间。车牌由绿色和白色组成，获取绿色、白色像素并转换到 HSV 空间。根据 HSV 设定指定颜色的取值范围。再根据阈值构建掩模，最后通过原图与掩模的逻辑与运算获取指定颜色区域。

（3）显示图像，代码如下：

```
#chapter3_7.py 车牌定位
import cv2
import numpy as np
import matplotlib.pyplot as plt

#1. 读取图像
img = cv2.imread("pictures/che.png", 1)
#2. HSV 色彩抠图
hsv = cv2.cvtColor(img, cv2.COLOR_BGR2HSV)
#设定指定颜色的阈值 [H-100, 100, 100] 和 [H+100, 255, 255]
#绿色取值范围,green[70, 149, 217]
lower_green = np.array([0, 100, 100])
upper_green = np.array([170, 255, 255])
#白色取值范围,white[58, 18, 230]
```

```
lower_white = np.array([0, 100, 100])
upper_white = np.array([158, 255, 255])
#根据阈值构建掩模
mask1 = cv2.inRange(hsv, lower_green, upper_green)
mask2 = cv2.inRange(hsv, lower_white, upper_white)
mask = mask1 & mask2
#对原图像和掩模进行位运算,从而得到指定颜色
img1 = cv2.bitwise_and(img, img, mask=mask)
#3. 显示图像
re = np.hstack([img, img1])
plt.imshow(re[..., ::-1])
cv2.imwrite('pictures/p3_8.jpeg', re)
```

运行结果如图 3-8 所示。

(a) 原图

(b) 车牌

图 3-8 车牌定位

【例 3-8】 去除背景噪声。

解:

(1) 读取图像。

(2) 图像处理。调整图像亮度,设置和原图一样大、像素为 70 的模板 tmp,然后把 tmp 与原图像相加,从而得到图像 out,使原图背景中的黑色阴影淡化。如果想得到更好的效果,则可把图像 out 中的设计草图分割出来,从而得到掩码 m,根据掩码 m 对图像 out 做与运算,从而得到最终图像 out_1。

(3) 显示图像,代码如下:

```
#chapter3_8.py
import cv2
import numpy as np
import matplotlib.pyplot as plt

#1. 读取图像
img = cv2.imread("pictures/tu.jpeg", 1)
#2. 图像处理
#调整图像亮度
tmp = np.ones_like(img) *70
#给原图像的每个像素加 70,从而提升图像亮度
```

```
out = cv2.add(img, tmp)
#分割出图像草图
m = np.array(out[..., 0] > 190).astype(np.int8)
#按位与运算
out1 = cv2.bitwise_and(out, out, mask=m)
#3. 显示图像
re = np.hstack([img, out, out1])
plt.imshow(re)
cv2.imwrite('pictures/p3_9.jpeg', re)
```

运行结果如图 3-9 所示。

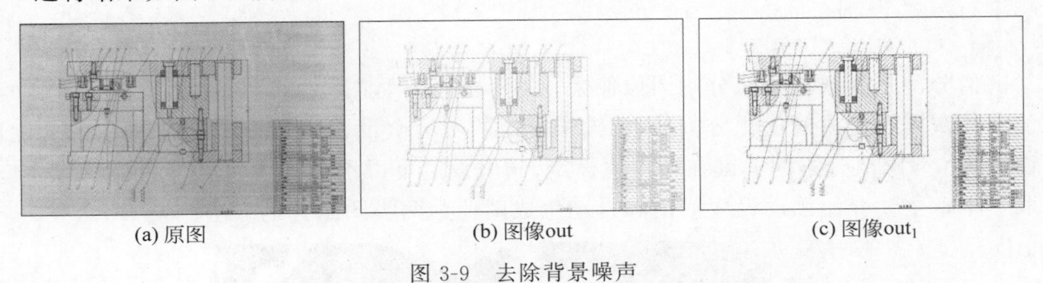

(a) 原图　　(b) 图像out　　(c) 图像out_1

图 3-9　去除背景噪声

第 4 章

阈值分割

阈值分割是指根据阈值分割图像像素，如图 4-1 所示，图 4-1(a)为灰度图，图 4-1(b)为二值图。灰度图经过阈值化分割后，将大于阈值的灰度全设置为 255，将小于阈值的灰度值全设置为 0。阈值分割的关键在于阈值设定，阈值设定可以手动设置，也可以根据算法自动求取。本章主要介绍手动设置阈值和自动生成阈值这两类图像分割方法。

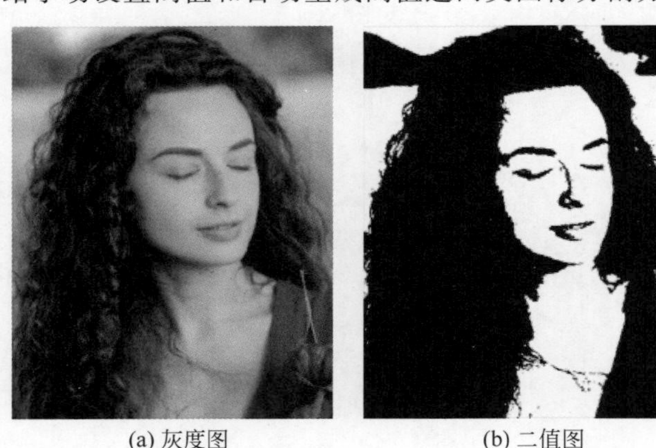

(a) 灰度图　(b) 二值图

图 4-1　阈值分割

4.1　阈值分割函数

OpenCV 3.0 提供了多种阈值化处理方式，如二值化、反二值化、截断阈值化、超阈值零处理、低阈值零处理。

4.1.1　阈值分割类型

如图 4-2 所示，二值化是把所有像素一分为二，将大于阈值的像素设置为设定的最大值(例如设定的最大值为 255)，将小于或等于阈值的像素统一设置为 0，这样图像只有黑白两种颜色，白的更白，黑的更黑。反二值化与二值化相反，把大于阈值的像素设置为 0，把小于或等于阈值的像素统一设置为 255，白的变黑，黑的变白。截断阈值化是将大于阈值的像素设置为该阈值,而小于或等于阈值的像素不变,从而把图像中亮的区域变暗。超阈值零处理是指将大于阈值的像素设置为 0,而小于或等于阈值的像素不变,使图像中亮的区域变得非常暗。低阈值零处理是指大于阈值的像素不变,而将小于或等于阈值的像素设置为 0,使图像中亮的区域不变,暗的区域更暗。

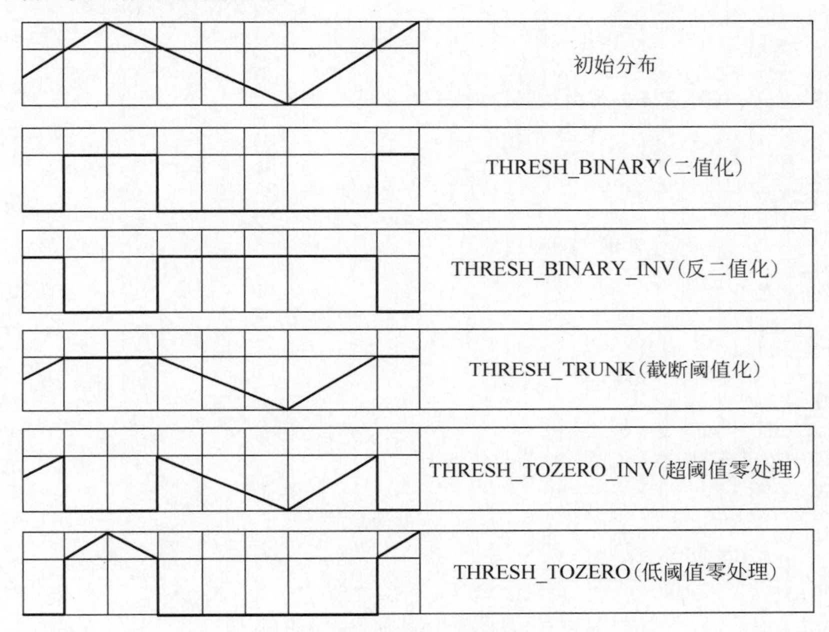

图 4-2 阈值分割类型

代码如下:

```
import cv2
import numpy as np
import matplotlib.pyplot as plt

def binary(img_gray,thre, maxval=255):
    '''
    二值化阈值分割
    :param img_gray: 灰度图
    :param thre: 阈值
    :param maxval: 将大于阈值的像素设置为 maxval
    :return: 阈值、二值图
    '''
    img_out = img_gray.copy()
    #将 img_out 中大于阈值的像素设为 maxval
    img_out[img_gray>thre] = maxval
    #将 img_out 中小于或等于阈值的像素设为 0
    img_out[img_gray <= thre] = 0
    return thre,img_out

def binary_inv(img_gray,thre, maxval=255):
```

```
    '''
    反二值化阈值分割
    :param img_gray: 灰度图
    :param thre: 阈值
    :param maxval: 将小于阈值的像素设置为 maxval
    :return: 阈值、二值图
    '''
    img_out = img_gray.copy()
    #将 img_out 中大于阈值的像素设为 255
    img_out[img_gray>thre] = 0
    img_out[img_gray <= thre] = maxval
    return thre,img_out

def binary_trunk(img_gray,thre):
    '''
    截断阈值化分割
    :param img_gray: 灰度图
    :param thre: 阈值
    :return: 阈值、二值图
    '''
    img_out = img_gray.copy()
    #将 img_out 中大于阈值的像素设为阈值
    img_out[img_gray>thre] = thre
    return thre,img_out

def binary_tozero_inv(img_gray,thre):
    '''
    超阈值零处理,将超过阈值的像素设为 0,其他像素保持不变
    :param img_gray: 灰度图
    :param thre: 阈值
    :return: 阈值、二值图
    '''
    img_out = img_gray.copy()
    #将 img_out 中大于阈值的像素设为阈值
    img_out[img_gray>thre] = 0
    return thre,img_out

def binary_tozero(img_gray,thre):
    '''
    低阈值零处理,将低于阈值的像素设为 0,其他像素保持不变
    :param img_gray: 灰度图
    :param thre: 阈值
    :return: 阈值、二值图
    '''
    img_out = img_gray.copy()
    #将 img_out 中大于阈值的像素设为阈值
    img_out[img_gray<=thre] = 0
    return thre,img_out

if __name__ == '__main__':
```

```
    #随机生成 2×2 的灰度图
    img_gray = np.random.randint(0,255,[2,2],np.uint8)
    _, img_bi = binary(img_gray, 120)
    _, img_bi_inv = binary_inv(img_gray, 120)
    _, img_bi_trunk = binary_trunk(img_gray,120)
    _, img_bi_tozero_inv = binary_tozero_inv(img_gray, 120)
    _, img_bi_tozero =binary_tozero(img_gray, 120)
    print(f'img_gray:\n {img_gray}')
    print(f'img_bi:\n {img_bi}')
    print(f'img_bi_inv:\n {img_bi_inv}')
    print(f'img_bi_trunk:\n {img_bi_trunk}')
    print(f'img_bi_tozero_inv:\n {img_bi_tozero_inv}')
    print(f'img_bi_tozero:\n {img_bi_tozero}')
#运行结果
'''
img_gray:
[[103 147]
[200  33]]
img_bi:
[[ 0 255]
[255  0]]
img_bi_inv:
[[255  0]
[ 0 255]]
img_bi_trunk:
[[103 120]
[120  33]]
img_bi_tozero_inv:
[[103  0]
[ 0  33]]
img_bi_tozero:
[[ 0 147]
[200  0]]
'''
```

4.1.2 语法函数

OpenCV 3.0 使用 cv2.threshold()函数进行阈值化处理，其语法格式为

retval，dst＝cv2.threshold(src，thresh，maxval，type)

(1) retval：返回的阈值。

(2) dst：阈值分割后的图像，与原始图像具有相同的大小和类型。

(3) src：进行阈值分割的图像，可以是多通道的 8 位或 32 位浮点型数值。

(4) thresh：设定的阈值。

(5) maxval：当 type 参数为 THRESH_BINARY 或者 THRESH_BINARY_INV 类型时，需要设定最大值。

(6) type：阈值分割类型，见表 4-1。

表 4-1 分割类型

分割类型	注 释
cv2.THRESH_BINARY	二值化
cv2.THRESH_BINARY_INV	反二值化
cv2.THRESH_TRUNK	截断阈值化
cv2.THRESH_TOZERO_INV	超阈值零处理
cv2.THRESH_TOZERO	低阈值零处理
cv2.THRESH_TRIANGLE	三角法阈值分割
cv.THRESH_OTSU	大津法阈值分割

【例 4-1】 图像阈值分割。

解：

(1) 读取图像。

(2) 阈值分割。

(3) 显示图像，代码如下：

```
#chapter4_1.py
import cv2
import numpy as np
import matplotlib.pyplot as plt

#1. 读取图像
img = cv2.imread('pictures/L3.png', 0)
#2. 阈值分割
thresh1, ret1 = cv2.threshold(img, 80, 255, cv2.THRESH_BINARY)
thresh2, ret2 = cv2.threshold(img, 80, 255, cv2.THRESH_BINARY_INV)
thresh3, ret3 = cv2.threshold(img, 220, 255, cv2.THRESH_TRUNC)
thresh5, ret4 = cv2.threshold(img, 200, 255, cv2.THRESH_TOZERO_INV)
thresh4, ret5 = cv2.threshold(img, 80, 255, cv2.THRESH_TOZERO)
#3. 显示图像
re = np.hstack([ret1, ret2, ret3, ret4, ret5])
plt.imshow(re, 'gray')
cv2.imwrite('pictures/p4_3.jpeg', re)
```

运行结果如图 4-3 所示。

(a) 二值化

(b) 反二值化

(c) 截断阈值化

(d) 超阈值零处理

(e) 低阈值零处理

图 4-3 图像阈值分割

如图 4-3 所示，图 4-3(a)为二值化阈值分割，将原图中大于 127 的像素都设为 255，将小于或等于 127 的像素都设置为 0，图 4-3(b)为反二值化阈值分割，将原图中大于 127 的像素都设为 0，将小于或等于 127 的像素都设置为 255，图 4-3(c)为截断阈值化分割，将原图中大于 127 的像素都设置为 127，其他像素保持不变，图 4-3(d)为超阈值零处理，将原图中大于 127 的像素都设置为 0，其他像素保持不变，图 4-3(e)为低阈值零处理，将原图中小于或等于 127 的像素都设置为 0，其他像素保持不变。

4.2 直方图阈值分割

在阈值分割中，阈值的设定关系到图像分割质量。根据图像灰度直方图确定阈值是一种常用的方法，如图 4-4(b)直方图所示，原图的阈值在灰度级 100 左右。

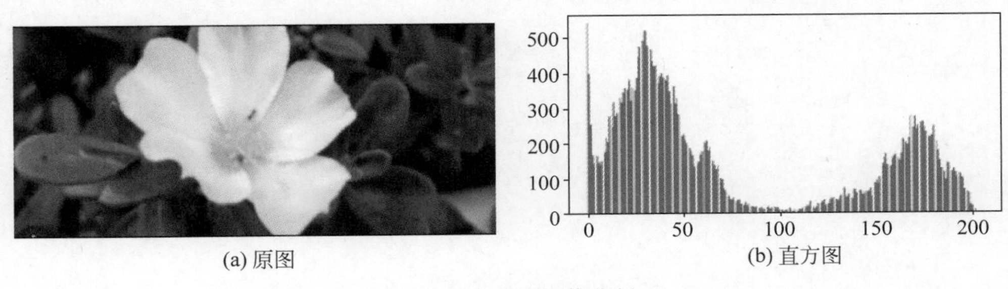

(a) 原图　　(b) 直方图

图 4-4　直方图阈值分割

生成图像直方图的步骤如下：

(1) 设置参数。图像分为彩色图和灰度图，对于彩色图要设置通道 channel，确定计算 channel 的直方图。设置 bins 确定直方图划分多少组，设置像素的最小值 range_min 和最大值 range_max 确定直方图像素区间。

(2) 计算累计直方图。根据 range_min、range_max、bins 确定每组的最大值，假设图像 img 灰度级的取值范围为 0～255，图像尺寸为 100×100，直方图组数 bins 为 3，那么直方图每组的上限与下限 interv 为[0.,85.,170.,255.]。根据 interv 计算小于每组上限的灰度级个数得到累计直方图 hist_cum[3279,6617,9959]，hist_cum 中的数值表示 img 中灰度值小于 85、170、255 的像素分别有 3279、6617、9959 个。

(3) 计算直方图每组灰度级的数量。hist_cum 中第 1 项不变，剩余项用后一项减去前一项，从而得到图像直方图 hist=[3279,6617−3279,9959−6617]=[3279,3338,3342]。图像尺寸为 100×100，即图像有 10 000 像素，hist 中有 9959(3279+3338+3342)像素，这是因为在计算累计直方图 hist_cum 时，灰度级为 255 的像素没有被包含，因此把没有被计算的灰度级放在直方图的最后一组，从而得到图像的最终直方图，代码如下：

```
import numpy as np
def hist(img,channel=0,bins=255,range_min=0,range_max=255):
    '''
```

```
    构建图像直方图
    :param img: 图像
    :param channel: 对图像第 channel 个通道作直方图
    :param bins: 直方图组数
    :param range_min: 最小灰度级,图像一共有 256 个灰度级
    :param range_max: 最大灰度级,根据 range_min、range_max 确定对哪个区间的像素作直方图
    :return: 返回图像直方图
    '''
    #如果图像是彩色图,则需要获取对应的通道 channel
    if len(img.shape)>2:
        img = img[...,channel]
    #直方图每组的上限与下限
    interv = np.linspace(0, 255, bins+1)
    #计算小于每组上限的灰度级个数,hist_cum 为累计直方图
    hist_cum = [len(img[img<i]) for i in interv[1:]]
    #除了 hist_cum 的第 1 组,剩余项中每组减去前一组,从而得到当前组的灰度级数
    hist = [hist_cum[0]]+[hist_cum[i]-hist_cum[i-1] for i in range(1,bins)]
    #在计算累计直方图 hist_cum 时,灰度级为 255 的像素没有被包含,因此把没有被计算的灰
#度级放在最后一组
    if sum(hist)<img.size:
        hist[-1] += img.size-sum(hist)
    return hist

if __name__ == '__main__':
    img = np.random.randint(0,256,[100,100,3],np.uint8)
    #直方图代码复现
    h0 = hist(img, channel=2, bins=8)
    #NumPy 自带函数计算的直方图
    h1 = np.histogram(img[...,2],bins=8)
    print(f'直方图代码复现:\n{h0}')
    print(f'NumPy 自带函数计算的直方图:\n{h1[0]}')
    print(((np.array(h0)-h1[0])==0).all())

#运行结果如下
'''
直方图代码复现:
[1248, 1271, 1282, 1230, 1219, 1278, 1283, 1189]
NumPy 自带函数计算的直方图:
[1248 1271 1282 1230 1219 1278 1283 1189]
True
'''
```

【例 4-2】 直方图阈值分割。

对于图像灰度直方图呈双峰的图像,根据直方图确定前景和背景的分割点。首先生成图像灰度直方图,再根据灰度直方图确定阈值,最后根据阈值分割图像。

解:

(1) 读取图像。

(2) 直方图阈值分割。先根据图像灰度直方图确定阈值,再根据阈值分割图像。

(3) 显示图像,代码如下:

```
#chapter4_2.py
import cv2
import numpy as np
import matplotlib.pyplot as plt

def hist(img, channel=0, bins=255, range_min=0, range_max=255):
    '''
    构建图像直方图
    :param img: 图像
    :param channel: 对图像第 channel 个通道作直方图
    :param bins: 直方图组数
    :param range_min: 最小灰度级,图像一共有 256 个灰度级
    :param range_max: 最大灰度级,根据 range_min、range_max 确定对哪个区间的像素作直方图
    :return: 返回图像直方图
    '''
    #如果图像是彩色图,则需要获取对应的通道 channel
    if len(img.shape) > 2:
        img = img[..., channel]
    #直方图每组的上限与下限
    interv = np.linspace(0, 255, bins + 1)
    #计算小于每组上限的灰度级个数,hist_cum 为累计直方图
    hist_cum = [len(img[img < i]) for i in interv[1:]]
    #除了 hist_cum 的第 1 组,剩余项中每组减去前一组,从而得到当前组的灰度级数
    hist = [hist_cum[0]] + [hist_cum[i] - hist_cum[i - 1] for i in range(1, bins)]
    #在计算累计直方图 hist_cum 时,灰度级为 255 的像素没有被包含,因此把没有被计算的灰
#度级放在最后一组
    if sum(hist) < img.size:
        hist[-1] += img.size - sum(hist)
    return hist

if __name__ == '__main__':
    #1. 读取图像
    img = cv2.imread('pictures/fish.png', 0)
    #2. 直方图阈值分割
    #2.1 图像灰度直方图
    h = hist(img)
    plt.hist(img.ravel(), bins=256, range=[0, 256])
    plt.show()
    #2.2 二值化阈值分割
    _, img_bin = cv2.threshold(img, 115, 255, cv2.THRESH_BINARY)
    #3. 显示图像
    plt.subplot(131)
    plt.hist(img.ravel(), bins=256, range=[0, 256])
    plt.subplot(132)
    plt.axis('off')
    plt.imshow(img, "gray")
    plt.subplot(133)
    plt.axis('off')
    plt.imshow(img_bin, "gray")
```

运行结果如图 4-5 所示。

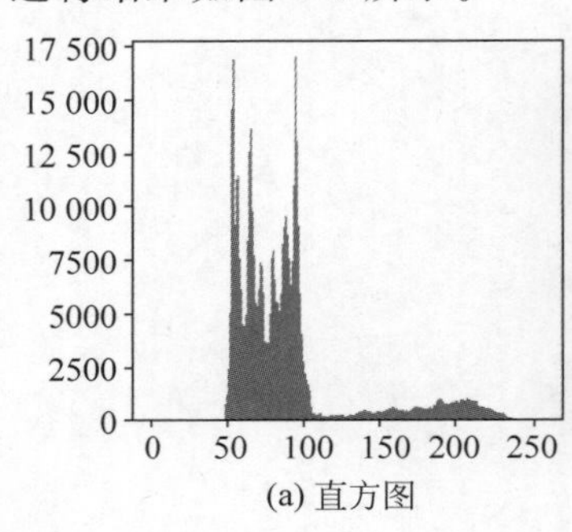

(a) 直方图

(b) 原图

(c) 分割图

图 4-5 直方图阈值分割

4.3 三角法阈值分割

三角法阈值分割对灰度直方图是左偏或右偏的单峰图像有效。算法认为在图像灰度直方图上，到像素频数最高点和像素最小值(最大值)之间连线的距离最大的像素为最佳阈值，如图 4-6 所示，横轴为图像像素，纵轴为像素对应的频数。三角法阈值分割的步骤如下：

(1) 找极值点。在灰度直方图中寻找频数最高的像素(x_2,y_2)，其中，x_2 为像素，y_2 为像素对应的频数。如果 $x_2>127$，则说明直方图是左偏的，再寻找图像像素的最小值及其频数(x_1,y_1)；如果 $x_2<127$，则说明直方图是右偏的，再寻找图像像素的最大值及其频数(x_1,y_1)。

(2) 计算直线。根据点(x_1,y_1)、(x_2,y_2)计算两点所在的直线 $\frac{y_2-y_1}{x_2-x_1}\times x-y+\left(y_1-\frac{y_2-y_1}{x_2-x_1}\times x_1\right)=0$。

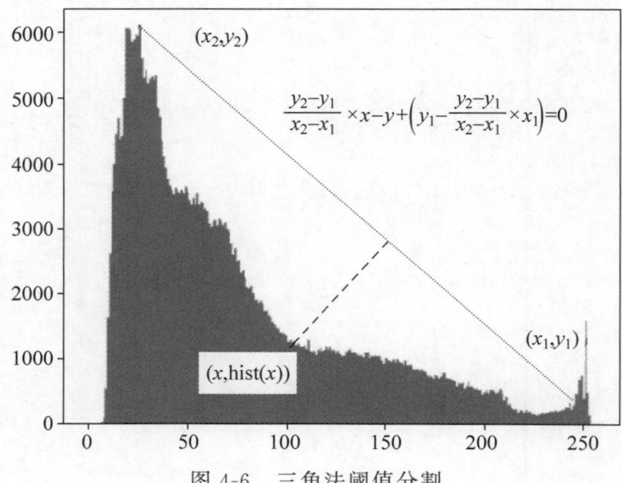

图 4-6 三角法阈值分割

(3) 计算距离。计算 x_1、x_2 之间每个像素及其频数对应的点(x,hist(x))到直线的距离,最大距离对应的像素为阈值。

【例 4-3】 三角法阈值分割。

解:

(1) 读取图像。

(2) 三角法阈值分割。

(3) 显示图像,代码如下:

```
#chapter4_3.py
import cv2
import numpy as np
import matplotlib.pyplot as plt

def hist_img(img):
    '''
    图像灰度直方图
    :param img: 输入灰度图
    :return: x1(极值),x2(频数最大值对应的像素), A(直线斜率),y1-A *x1(直线常数项),
hist(直方图)
    '''
    #图像灰度直方图
    hist = [img[img == i].sum() for i in range(256)]
    #频数最大值对应的像素
    x2 = np.argmax(hist)
    #如果 x2 > 127,则 x1 为图像最小像素;反之 x1 为图像最大像素
    if x2 > 127:
        x1 = min(img.ravel())
    else:
        x1 = max(img.ravel())
    y1 = hist[x1]
    y2 = hist[x2]
    #直线斜率
    A = (y2 - y1) / (x2 - x1)
    return x1, x2, A, y1 - A *x1, hist
def triangle_thresh(img):
    '''
    三角法求阈值
    :param img: 灰度图
    :return: 阈值
    '''
    low, up, A, C, hist = hist_img(img)
    #存储像素
    idx = 0
    #像素到直线的距离
    len = 0
    if A > 0:
        min_v = low
        max_v = up
    else:
        min_v = up
        max_v = low
```

```
    for i in range(min_v, max_v):
        #Ax+By+C=0,y = kx+b,kx-y+b=0
        #点(x,hist(x)) 到直线的距离
        dis = np.abs(A *i - hist[i] + C)
        #判断点(x,hist(x))到直线的距离是否最大
        if dis > len:
            len = dis
            idx = i
    return idx

if __name__ == '__main__':
    #1. 读取图像
    img = cv2.imread('fish.png', 0)
    #2. 三角法阈值分割
    thre = triangle_thresh(img)
    #阈值分割
    #复现代码
    thre0, img_bin = cv2.threshold(img, thre, 255, cv2.THRESH_BINARY)
    #OpenCV 自带函数
    thre1, img_bin_tri = cv2.threshold(img, 0, 255, cv2.THRESH_TRIANGLE)
    #3. 显示图像
    re = np.hstack([img, img_bin, img_bin_tri])
    plt.imshow(re, 'gray')
    cv2.imwrite('imgs_re/chapter_04/4_3.jpeg', re)
    print(f'thre0:{thre0}\t thre1:{thre1}')
    #运行结果
    #thre0 为复现代码阈值,thre1 为 OpenCV 自带函数求解的阈值
    '''
    thre0:106.0    thre1:107.0
    '''
```

运行结果如图 4-7 所示。

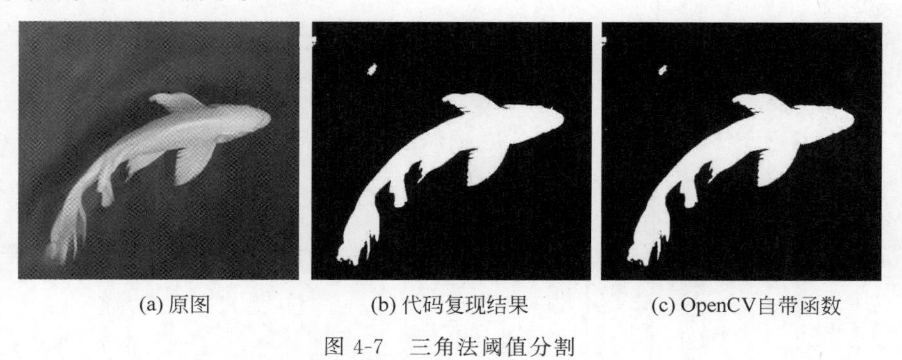

(a) 原图　　(b) 代码复现结果　　(c) OpenCV自带函数

图 4-7　三角法阈值分割

4.4 迭代法阈值分割

迭代法阈值分割算法认为通过不断迭代,使图像前景灰度值的均值 T_1 和背景灰度值的均值 T_2 的均值稳定的阈值为最佳阈值,用公式表示为

$$T_{\text{new}} = \frac{T_1 + T_2}{2} \tag{4-1}$$

迭代法阈值分割的步骤如下：

(1) 设置初始阈值。通常选图像灰度平均值 T 作为初始阈值。

(2) 计算平均灰度。计算前景、背景平均灰度 T_1 和 T_2，根据 T_1 和 T_2 计算新的阈值 $T_{\text{new}} = \frac{T_1 + T_2}{2}$。

(3) 判断。迭代循环，直到 T_{new} 数值稳定时，即当前 T_{new} 与上一轮的 T_{new} 变化不大时，此时 T_{new} 为最终阈值。

【例 4-4】 迭代法阈值分割。

解：

(1) 读取图像。

(2) 迭代法阈值分割获取阈值。

(3) 显示图像，代码如下：

```
#chapter4_4.py
import cv2
import numpy as np
import matplotlib.pyplot as plt

def iteration_thre(img):
    '''
    迭代法阈值分割
    :param img: 灰度图
    :return: 阈值
    '''
    #初始阈值为图像像素平均值
    T = img.mean()
    while True:
        #前景灰度平均值
        T1 = img[img > T].mean()
        #背景灰度平均值
        T2 = img[img <= T].mean()
        t = (T1 + T2) / 2
        if np.abs(t - T) < 0.1:
            break
        T = t
    return int(T)

if __name__ == '__main__':
    #1. 读取图像
    img = cv2.imread('pictures/L3.png',0)
    #2. 迭代法阈值分割获取阈值
    thre = iteration_thre(img)
    #阈值分割,thre = 90
    _, img_bin = cv2.threshold(img, thre, 255, cv2.THRESH_BINARY)
```

```
#3. 显示图像
re = np.hstack([img,img_bin])
plt.imshow(re,'gray')
cv2.imwrite('pictures/p4_8.jpeg',re)
```

运行结果如图 4-8 所示。

(a) 原图

(b) 迭代法分割

图 4-8 迭代法阈值分割

4.5 大津法阈值分割

大津法(OTSU)阈值分割的基本原理是使前景与背景平均灰度变异 σ^2 最大的灰度值是最优阈值。根据初始阈值 T 把图像分为前景与背景,前景和背景占总像素的比例分别为 p_0、p_1,平均灰度分别为 m_0、m_1,变量之间的数学关系如下:

$$\tilde{m} = p_0 \times m_0 + p_1 \times m_1 \tag{4-2}$$

$$\sigma^2 = p_0 \times (m_0 - \tilde{m})^2 + p_1 \times (m_1 - \tilde{m})^2 = p_0 \times p_1 \times (m_0 - m_1)^2 \tag{4-3}$$

大津法阈值分割的步骤如下:

(1) 设置阈值。遍历每个像素作为当前阈值。

(2) 计算变异值。根据当前阈值获取前景、背景的比例和平均灰度,计算平均灰度变异 σ^2。

(3) 判断。如果当前 σ^2 大于之前存储的平均灰度变异,则保留当前 σ^2 与其对应的灰度值。

【例 4-5】 大津法阈值分割。

解:

(1) 读取图像。

(2) 大津法获取阈值。

(3) 显示图像,代码如下:

```
#chapter4_5.py
import cv2
import numpy as np
import matplotlib.pyplot as plt

def ostu(img):
    '''
    大津法阈值分割
    :param img:灰度图
    :return:阈值
    '''
    #初始阈值
    T = 1
    #保存最大的方差 Sigma
    Sigma = 0
    #图像像素起始值
    start, end = img.min(), img.max()
    N = img.size
    #遍历每个像素作为当前阈值,计算平均灰度变异值 s
    for t in range(start, end):
        #背景
        bg = img[img <= t]
        #前景
        fg = img[img > t]
        #背景、前景占总像素的比例
        p0 = bg.size / N
        p1 = fg.size / N
        #前景、背景的平均灰度
        m0 = 0 if bg.size == 0 else bg.mean()
        m1 = 0 if fg.size == 0 else fg.mean()
        #平均灰度变异值
        s = p0 *p1 * (m0 - m1) **2
        #判断 s 是否是最大值
        if s > Sigma:
            T = t
            Sigma = s
    return T

if __name__ == '__main__':
    #1.读取图像
    img = cv2.imread('pictures/L3.png', 0)
    #2.大津法获取阈值
    #大津法代码复现求解的结果
    T = ostu(img)
    th0, img_bin0 = cv2.threshold(img, T, 255, cv2.THRESH_BINARY)
    #OpenCV 自带函数求解的结果,第 2 个参数 120 可以随意设置,不影响结果
    th1, img_bin1 = cv2.threshold(img, 120, 255, cv2.THRESH_OTSU)
    #3.显示图像
    re = np.hstack([img, img_bin0, img_bin1])
    plt.imshow(re, 'gray')
    cv2.imwrite('pictures/p4_9.jpeg', re)
    print(f'thre0:{th0}\t thre1:{th1}')
```

```
#运行结果
'''
thre0:90.0    thre1:90.0
'''
```

运行结果如图 4-9 所示。

(a) 原图

(b) 代码复现

(c) OpenCV自带函数

图 4-9 大津法阈值分割

4.6 自适应阈值分割

自适应阈值分割的本质是局部二值化。对某像素 P，在其周围 $n\times n$ 区域，求区域均值或高斯加权值 T。如果 $P>T$，则将该像素二值化为 255，否则为 0。为了达到更好的分割效果，更新阈值判断条件：如果 $P>T-C$ 或 $P>(1-\alpha)T$，则该像素二值化为 255，否则为 0，其中 C、α 为超参数，$\alpha\in[0,1]$。

自适应阈值分割的步骤如下：

（1）滤波。对灰度图进行均值滤波或高斯滤波，滤波核的尺寸为 $n\times n$。这样便可得到像素周围 $n\times n$ 区域均值或高斯加权值。

（2）判别。根据原图灰度值和滤波后图像的判断条件进行阈值分割。

OpenCV 3.0 使用 cv2.adaptiveThreshold()函数进行阈值化处理，其语法格式为

retval，dst=cv2.adaptiveThreshold(src，maxValue，adaptiveMethod，
thresholdType，blockSize，C)

（1）retval：返回的阈值。

（2）dst：阈值分割结果图像，与原始图像具有相同的大小和类型。

（3）src：要进行阈值分割的图像，可以是多通道的 8 位或 32 位浮点型数值。

（4）maxValue：最大值。

（5）adaptiveMethod：计算自适应阈值方法，包括 cv2.ADAPTIVE_THRESH_MEAN_C 和 cv2.ADAPTIVE_THRESH_GAUSSIAN_C 两种。

（6）thresholdType：阈值处理方法。必须是 cv2.THRESH_BINARY 或者 cv2.THRESH_

BINARY_INV。

(7) blockSize：计算像素阈值时所使用的邻域尺寸，一般为奇数。

(8) C：超参数。

【例 4-6】 自适应阈值分割。

解：

(1) 读取图像。

(2) 自适应阈值分割。

(3) 显示图像，代码如下：

```
#chapter4_6.py
import cv2
import numpy as np
import matplotlib.pyplot as plt

def my_adapt(img,winSize=19,c=None,a=None,gausi=False):
    #1.滤波
    if gausi :
        img_blur = cv2.GaussianBlur(img,(winSize,winSize),5)
    else:
        img_blur = cv2.blur(img,(winSize,winSize))
    #判断
    if c: #P > T-C
        img_bin = (img_blur *1.0 - img *1.0 < c).astype(np.uint8) *255
        return img_bin
    if a: #P > (1-a)T
        img_bin = (img> (1 - a) *img_blur).astype(np.uint8) *255
        return img_bin

if __name__ == '__main__':
    #1.读取图像
    img = cv2.imread('pictures/adp.jpg', 0)
    #2.自适应阈值分割
    #OpenCV 自带函数
    img_0 = cv2.adaptiveThreshold(img, 255, cv2.ADAPTIVE_THRESH_MEAN_C,
                                  cv2.THRESH_BINARY, 19, 12)
    #c != 0 ; a = None
    img_1 = my_adapt(img, winSize=19, c=6, a=None, gausi=False)
    #c = None; a != None
    img_2 = my_adapt(img, winSize=19, c=None, a=0.15, gausi=True)
    #3.显示图像
    re = np.hstack([img, img_0, img_1, img_2])
    plt.imshow(re, 'gray')
    cv2.imwrite('pictures/p4_10.jpeg',re)
```

运行结果如图 4-10 所示。

【例 4-7】 去除背景噪声。

解：

(1) 读取图像。

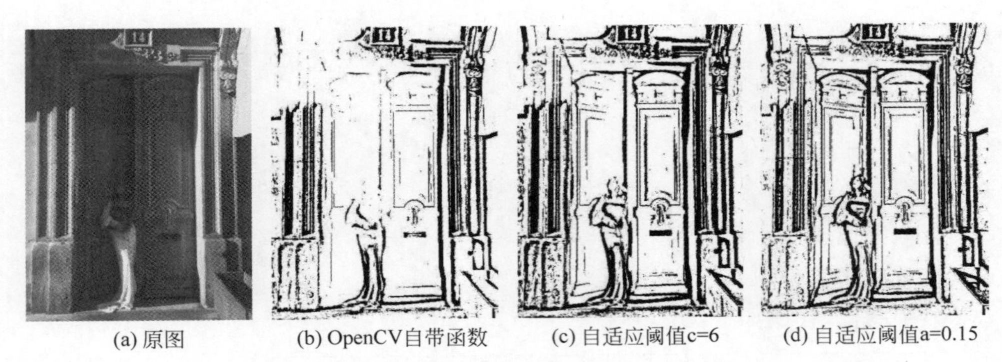

(a) 原图　(b) OpenCV自带函数　(c) 自适应阈值c=6　(d) 自适应阈值a=0.15

图 4-10　自适应阈值分割

(2) 图像处理。用自适应阈值分割去除噪声。

(3) 显示图像,代码如下:

```
#chapter4_7.py
import cv2
import numpy as np
import matplotlib.pyplot as plt

#1. 读取图像
img = cv2.imread("pictures/tu.jpeg", 0)
#2. 图像处理
img_0 = cv2.adaptiveThreshold(img, 255, cv2.ADAPTIVE_THRESH_MEAN_C,
                              cv2.THRESH_BINARY, 29, 22)
#3. 显示图像
re = np.hstack([img, img_0])
plt.imshow(re, 'gray')
cv2.imwrite('pictures/p4_11.jpeg', re)
```

运行结果如图 4-11 所示。

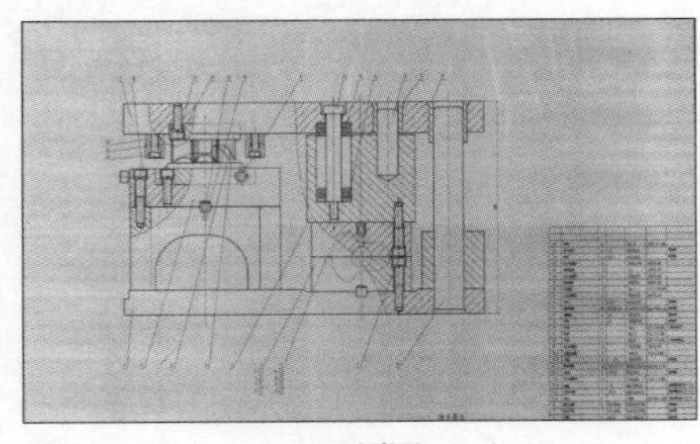

(a) 原图

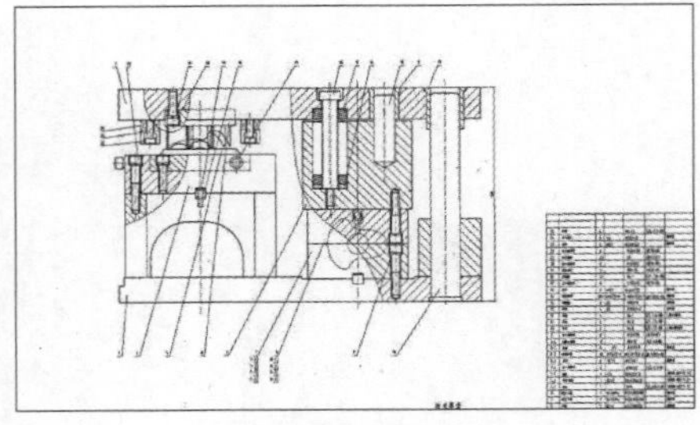

(b) 自适应阈值分割

图 4-11　背景除噪

第5章 几何变换

图像在获取过程中受到多种因素的影响，由于实际获取的图像和预期图像存在差异，因此需要对图像进行调整。例如获取的目标存在偏斜，通过对图像进行透视变换可以矫正图像。当用图像训练模型时，通过对图像进行变换可以获取更多图像特征、样本量。图像的几何变换就是指在不改变图像原有内容的基础上，对图像的像素空间位置进行改变，以达到变换图像中像素位置的目的。图像的几何变换包括图像缩放、翻转、平移、错切、旋转、仿射变换、透视变换。

5.1 图像缩放

图像缩放(Image Scaling)是指调整数字图像的尺寸。图像缩放既会改变图像的大小，也会影响图像的清晰度和平滑度。

5.1.1 基本原理

图像缩放是对图像像素坐标进行映射，已知 s_x、s_y 为缩放系数，原图像素坐标(x_0, y_0)与缩放后像素坐标(x, y)的关系如下：

$$\begin{cases} x = s_x \cdot x_0 \\ y = s_y \cdot y_0 \end{cases} \tag{5-1}$$

用矩阵表示：

$$\begin{bmatrix} x \\ y \\ 1 \end{bmatrix} = \begin{bmatrix} s_x & 0 & 0 \\ 0 & s_y & 0 \\ 0 & 0 & 1 \end{bmatrix} \begin{bmatrix} x_0 \\ y_0 \\ 1 \end{bmatrix} \tag{5-2}$$

图像放缩有多种方法，常用的有最近邻法、双线性插值法。

1. 最近邻

最近邻缩放的原理是根据缩放系数确定新图像每个位置上的像素。已知原图的尺寸为(h, w)，缩放后图像的尺寸为$(\mathrm{nh}, \mathrm{nw})$，缩放系数为$\left(\frac{\mathrm{nh}}{h}, \frac{\mathrm{nw}}{w}\right)$，用新图像坐标除以缩放系数便可得到原图对应的坐标，如图 5-1 所示，原图的尺寸为(6,6)，把原图宽和高缩小为原来的二分之一，缩放后图像比例为(3,3)，缩放系数为$\left(\frac{3}{6},\frac{3}{6}\right)$，新图像坐标(0,0)对应的原图坐标为$\left(\frac{0}{3/6},\frac{0}{3/6}\right)$。新图像坐标(3,3)对应原图$\left(\frac{3}{3/6},\frac{3}{3/6}\right)$坐标的像素。以此类推，得到新图像所有元素的像素，用最近邻放大图像也是同样的原理。

	0	1	2	3	4	5	6
0	100	89	23	45	50	46	20
1	70	156	67	203	87	82	43
2	30	145	32	126	86	62	67
3	60	142	24	56	72	120	78
4	89	89	56	67	75	78	74
5	110	98	36	32	66	38	98
6	120	72	87	87	65	42	10

(a) 原图

	0	1	2	3
0	100	23	50	20
1	30	32	86	67
2	89	56	75	74
3	120	87	65	10

(b) 缩小

图 5-1 最近邻法缩放示例

【例 5-1】 最近邻法缩放图像。

解：

(1) 读取彩色图像。

(2) 最近邻缩放。

(3) 显示图像，代码如下：

```
#chapter5_1.py
import cv2
import numpy as np
import matplotlib.pyplot as plt

def neighbor_size(img,nh,nw):
    '''
    最近邻缩放
    :param img: 读取彩色图像
    :param nh: 新设置的图像高度,new_height
    :param nw: 新设置的图像宽度,new_width
    :return: 新图像
    '''
    h,w,c = img.shape
    #新图像的尺寸
    img_new = np.zeros([nh, nw, c], np.uint8)
    #缩放系数
    h_scale = nh *1.0 / h
    w_scale = nw *1.0 / w
    #计算新图像上每个位置对应的像素
```

```
    for i in range(nh):
        for j in range(nw):
            img_new[i, j] = img[int(i / h_scale), int(j / w_scale)]
    return img_new

if __name__ == '__main__':
    #1. 读取彩色图像
    img = cv2.imread('pictures/L1.png', 1)
    #2. 最近邻缩放
    #缩小
    img1 = neighbor_size(img,nh=40,nw=80)
    #放大
    img2 = neighbor_size(img,nh=1600,nw=800)
    #3. 显示图像
    plt.subplot(131)
    plt.axis('off')
    plt.imshow(img2[..., ::-1])
    plt.subplot(132)
    plt.axis('off')
    plt.imshow(img[..., ::-1])
    plt.subplot(133)
    plt.axis('off')
    plt.imshow(img1[..., ::-1])
```

运行结果如图 5-2 所示。

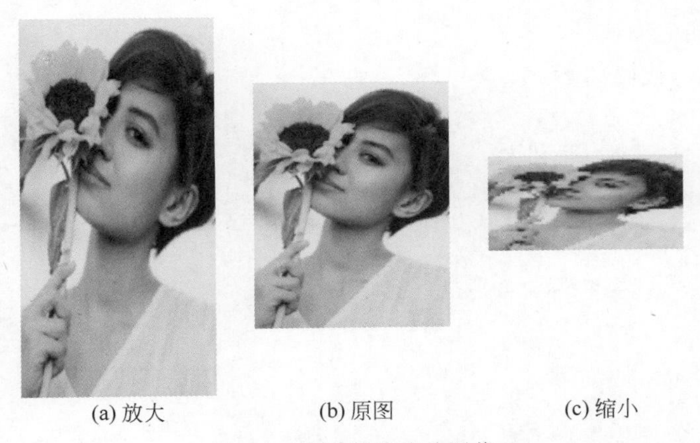

(a) 放大　　(b) 原图　　(c) 缩小

图 5-2　最近邻法缩放图像

2. 双线性插值法

在最近邻法中，根据缩放系数计算新图坐标在原图上的位置可能不是整数。例如缩放系数为 2，新图坐标(7,7)对应原图(3.5,3.5)的位置，最近邻法采取取整方法得到(3,3)，这种方法简单，但是会损失一部分图像信息，而插值法可以弥补最近邻法的不足。

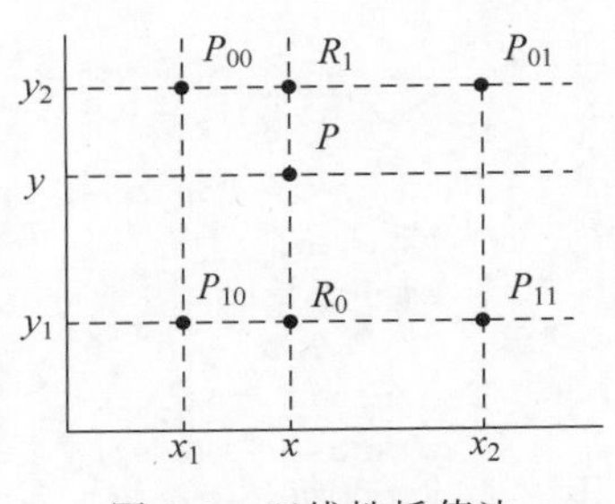

图 5-3　双线性插值法

如图 5-3 所示，已知点 $P_{00}(x_1,y_2)$、$P_{10}(x_1,y_1)$、

$P_{11}(x_2,y_1)$、$P_{01}(x_2,y_2)$，求函数 f 在 $P(x,y)$点的值。先在 x 方向线性插值，根据 P_{10}、P_{11}、P_{00}、P_{01} 计算 $f(R_0)$、$f(R_1)$，再在 y 方向线性插值，根据 $f(R_0)$、$f(R_1)$计算 $f(P)$。

在 x 方向线性插值：

$$f(R_0) \approx \frac{x_2 - x}{x_2 - x_1} f(P_{10}) + \frac{x - x_1}{x_2 - x_1} f(P_{11}) \quad 当 R_0 = (x, y_1) \tag{5-3}$$

$$f(R_1) \approx \frac{x_2 - x}{x_2 - x_1} f(P_{00}) + \frac{x - x_1}{x_2 - x_1} f(P_{01}) \quad 当 R_1 = (x, y_2) \tag{5-4}$$

在 y 方向线性插值：

$$f(P) \approx \frac{y_2 - y}{y_2 - y_1} f(R_0) + \frac{y - y_1}{y_2 - y_1} f(R_1) \tag{5-5}$$

$$\begin{aligned} f(P) = f(x,y) \approx & \frac{y_2 - y}{y_2 - y_1} \times \frac{x_2 - x}{x_2 - x_1} f(P_{10}) + \frac{y_2 - y}{y_2 - y_1} \times \frac{x - x_1}{x_2 - x_1} f(P_{11}) + \\ & \frac{y - y_1}{y_2 - y_1} \times \frac{x_2 - x}{x_2 - x_1} f(P_{00}) + \frac{y - y_1}{y_2 - y_1} \times \frac{x - x_1}{x_2 - x_1} f(P_{01}) \end{aligned} \tag{5-6}$$

【例 5-2】 双线性插值缩放图像。

解：

(1) 读取彩色图像。

(2) 双线性插值缩放。

(3) 显示图像，代码如下：

```
#chapter5_2.py
import cv2
import numpy as np
import matplotlib.pyplot as plt

def insert_size(img, nh, nw):
    '''
    双线性插值
    :param img: 彩色图像
    :param nh: 新图像的高度
    :param nw: 新图像的宽度
    :return: 新图像
    '''
    #1. 根据原图、新图尺寸[nh, nw]计算缩放系数
    #原图尺寸
    h, w, c = img.shape
    #新图像
    img_new = np.zeros([nh, nw, c], np.uint8)
    #缩放系数
    h_scale = nh *1.0 / h
    w_scale = nw *1.0 / w
    #2. 对新图每个位置进行线性插值
```

```
    for i in range(nh):
        for j in range(nw):
            #新图坐标[i,j]在原图上对应的非整数作坐标[i_new,j_new]
            i_new = np.round(i / h_scale, 1)                    #例如 i_new = 0.6
            j_new = np.round(j / w_scale, 1)                    #例如 j_new = 0.8
            #把 i_new 和 j_new 转换成字符串,获取坐标整数部分和小数部分
            i_new1, i_new2 = str(i_new).split('.')              #('0', '6')
            j_new1, j_new2 = str(j_new).split('.')              #('0', '8')
            i_new1, i_new2 = int(i_new1), int(i_new2) *0.1      #0, 0.6
            j_new1, j_new2 = int(j_new1), int(j_new2) *0.1      #0, 0.8
            #获取目标坐标[i_new,j_new]周围 4 个整数坐标的像素 img_00、img_10、img_01、
#img_11
            img_00 = img[i_new1, j_new1]                        #img[0,0] 左上角
            #处理越界像素
            if i_new1 + 1 <= h - 1 and j_new1 + 1 <= w - 1:
                img_10 = img[i_new1 + 1, j_new1]                #img[1,0] 左下角
                img_01 = img[i_new1, j_new1 + 1]                #img[0,1] 右上角
                img_11 = img[i_new1 + 1, j_new1 + 1]            #img[1 1] 右下角
                #双线性插值
                r0 = img_10 * (1 - j_new2) + img_11 *j_new2
                r1 = img_00 * (1 - j_new2) + img_01 *j_new2
                r = r1 * (1 - i_new2) + r0 *i_new2
                img_new[i, j] = r
            else:
                img_new[i, j] = img_00
    return img_new

if __name__ == '__main__':
    #1. 读取彩色图像
    img = cv2.imread('pictures/L1.png', 1)
    #2. 双线性插值缩放
    #缩小
    img1 = insert_size(img, nh=40, nw=80)
    #放大
    img2 = insert_size(img, nh=1600, nw=800)
    #3. 显示图像
    plt.subplot(131)
    plt.axis('off')
    plt.imshow(img2[..., ::-1])
    plt.subplot(132)
    plt.axis('off')
    plt.imshow(img[..., ::-1])
    plt.subplot(133)
    plt.axis('off')
    plt.imshow(img1[..., ::-1])
```

运行结果如图 5-4 所示。

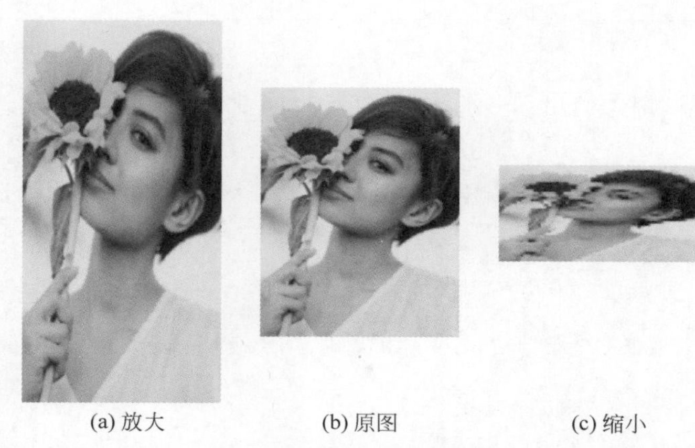

(a) 放大　　(b) 原图　　(c) 缩小

图 5-4　双线性插值缩放图像

5.1.2　语法函数

OpenCV 调用函数 cv2. resize()实现图像缩放，其语法格式为

dst＝cv2. resize(src，dsize，fx，fy，interpolation)

(1) dst：输出图像。

(2) src：输入图像。

(3) dsize：输入图像尺寸。

(4) fx，fy：输入图像与输出图像的尺寸比例。dsize 与 fx、fy 设置一项即可。

(5) interpolation：插值方法，见表 5-1。

表 5-1　插值方法

类　型	注　释
cv2. INTER_LINEAR	双线性插值
cv2. INTER_NEAREST	最邻近插值
cv2. INTER_CUBIC	三次样条插值
cv2. INTER_AREA	区域插值，根据当前像素周边区域的像素实现当前像素的采样
cv2. INTER_LANCZOS4	一种使用 8×8 近邻的 Lanczos 插值方法
cv2. INTER_LINEAR_EXACT	位精确双线性插值
cv2. INTER_MAX	差值编码掩码
cv2. WARP_FILL_OUTLIERS	标志，填补目标图像中的所有像素。如果它们中的一些对应源图像中的奇异点(离群值)，则将它们设置为 0
cv2. WARP_INVERSE_MAP	标志，逆变换

【例 5-3】 图像堆叠。

解：

(1) 读取彩色图像。

(2) 缩放图像并堆叠。

（3）显示图像，代码如下：

```
#chapter5_3.py
import cv2
import matplotlib.pyplot as plt

#1.读取彩色图像
img = cv2.imread('pictures/L3.png', 1)
#2.用 OpenCV 自带函数缩放图像并堆叠
img1 = cv2.resize(img, (120, 120), interpolation=cv2.INTER_LINEAR)
img2 = cv2.resize(img, None, fx=3, fy=3, interpolation=cv2.INTER_NEAREST)
#把缩放后的图像放在一起
img[-120:, -120:] = img1
h, w = img.shape[:2]
img2[-h:, -w:] = img
#3.显示图像
plt.imshow(img2[..., ::-1])
cv2.imwrite('pictures/p5_3.jpg', img2)
```

运行结果如图 5-5 所示。

图 5-5　OpenCV 自带函数缩放图像并堆叠

5.2 图像翻转

图像翻转是指图像沿轴线进行对称变换，包括上下翻转、左右翻转、上下左右翻转。

5.2.1 基本原理

对图像翻转可以视为对多维数组的操作，如图 5-6 所示，对图像进行上下翻转，相当于对图像的行进行对称变换，第 i 行经过翻转后为(height$-i$)行。对图像进行左右翻转，相当于对图像的列进行对称变换，第 i 列经过翻转后为(width$-i$)列。对图像进行上下左右翻转，相当于对图像先进行行对称变换，再对列进行对称变换。

8	7	1
11	6	5
2	1	10

(a) 原图

2	1	10
11	6	5
8	7	1

(b) 上下翻转

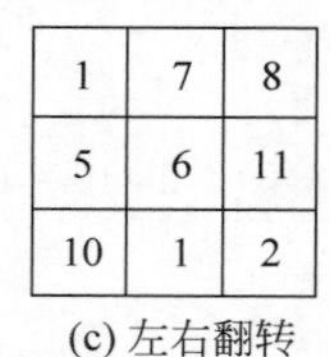

1	7	8
5	6	11
10	1	2

(c) 左右翻转

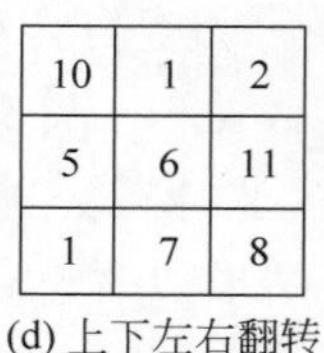

10	1	2
5	6	11
1	7	8

(d) 上下左右翻转

图 5-6 图像翻转

已知原图像素坐标为(x_0, y_0)，对应翻转后图像坐标为(x, y)，原图宽和高为(h, w)。

1. 上下翻转

对图像进行上下翻转操作，(x_0, y_0)与(x, y)的关系如下：

$$\begin{cases} x = x_0 \\ y = h - y_0 \end{cases} \tag{5-7}$$

用矩阵表示：

$$\begin{bmatrix} x \\ y \\ 1 \end{bmatrix} = \begin{bmatrix} 1 & 0 & 0 \\ 0 & -1 & h \\ 0 & 0 & 1 \end{bmatrix} \begin{bmatrix} x_0 \\ y_0 \\ 1 \end{bmatrix} \tag{5-8}$$

用代码表示：

```
#通过处理数组实现翻转
h,w = img.shape[:2]
img_new = img.copy()
for j in range(h):
    img_new[j]= img[h-1-j]

#通过仿射实现翻转
mirrorM = np.array([
    [1, 0, 0],
    [0, -1, h]
], dtype=np.float32)
img4 = cv2.warpAffine(img, mirrorM, dsize=img.shape[:2][::-1])
```

2. 左右翻转

对图像进行左右翻转操作，(x_0, y_0)与(x, y)的关系如下：

$$\begin{cases} x = w - x_0 \\ y = y_0 \end{cases} \tag{5-9}$$

用矩阵表示：

$$\begin{bmatrix} x \\ y \\ 1 \end{bmatrix} = \begin{bmatrix} -1 & 0 & w \\ 0 & 1 & 0 \\ 0 & 0 & 1 \end{bmatrix} \begin{bmatrix} x_0 \\ y_0 \\ 1 \end{bmatrix} \tag{5-10}$$

用代码表示：

```
#通过处理数组实现翻转
h,w = img.shape[:2]
img_new = img.copy()
for j in range(h):
    img_new[::,j]= img[::,w-1-j]

#通过仿射实现翻转
mirrorM = np.array([
    [-1, 0, w],
    [0, 1, 0]
], dtype=np.float32)
img4 = cv2.warpAffine(img, mirrorM, dsize=img.shape[:2][::-1])
```

3. 上下左右翻转

对图像进行上下左右翻转操作，(x_0, y_0)与(x, y)的关系如下：

$$\begin{cases} x = w - x_0 \\ y = h - y_0 \end{cases} \tag{5-11}$$

用矩阵表示：

$$\begin{bmatrix} x \\ y \\ 1 \end{bmatrix} = \begin{bmatrix} -1 & 0 & w \\ 0 & -1 & h \\ 0 & 0 & 1 \end{bmatrix} \begin{bmatrix} x_0 \\ y_0 \\ 1 \end{bmatrix} \tag{5-12}$$

用代码表示：

```
h,w = img.shape[:2]
img_new = img.copy()
img_n = img_new.copy()
for j in range(h):
    img_new[j]= img[h-1-j]
for j in range(w):
    img_n[::,j] = img_new[::,w-1-j]

#通过仿射实现翻转
mirrorM = np.array([
    [-1, 0, h],
```

```
    [0, -1, w]
], dtype=np.float32)
img4 = cv2.warpAffine(img, mirrorM, dsize=img.shape[:2][::-1])
```

【例 5-4】 图像翻转源码复现。

解：

(1) 读取图像。

(2) 图像翻转。

(3) 显示图像,代码如下：

```
#chapter5_4.py
import cv2
import numpy as np
import matplotlib.pyplot as plt

def my_flip(img, flip=0):
    '''
    图像翻转
    :param img: 原图
    :param flip: 0(上下翻转),1(左右翻转),-1(上下左右翻转)
    :return: 翻转图像
    '''
    h, w = img.shape[:2]
    img_new = img.copy()
    if flip == 0:
        for j in range(h):
            img_new[j] = img[h - 1 - j]
    elif flip == 1:
        for j in range(w):
            img_new[::, j] = img[::, w - 1 - j]
    elif flip == -1:
        img_n = img_new.copy()
        for j in range(h):
            img_new[j] = img[h - 1 - j]
        for j in range(w):
            img_n[::, j] = img_new[::, w - 1 - j]
        img_new = img_n
    return img_new

if __name__ == '__main__':
    #1. 读取图像
    img = cv2.imread('pictures/L1.png', 1)
    h, w = img.shape[:2]
    #2. 图像翻转
    img1 = my_flip(img, -1)      #上下左右翻转
    img2 = my_flip(img, 0)       #上下翻转
    img3 = my_flip(img, 1)       #左右翻转
    #通过仿射实现镜像
    mirrorM = np.array([
```

```
        [-1, 0, w],
        [0, 1, 0]
    ], dtype=np.float32)
    img4 = cv2.warpAffine(img, mirrorM, dsize=img.shape[:2][::-1])
    #3. 显示图像
    re = np.hstack([img, img1, img2, img3, img4])
    plt.axis('off')
    plt.imshow(re[..., ::-1])
    cv2.imwrite('pictures/p5_7.jpeg', re)
```

运行结果如图 5-7 所示。

(a) 原图

(b) 上下左右翻转

(c) 上下翻转

(d) 左右翻转1

(e) 左右翻转2

图 5-7　图像翻转

5.2.2　语法函数

OpenCV 调用函数 cv2.flip()实现图像的翻转,其语法函数为

dst=cv2.flip(src,flipCode)

(1) dst：输出图像。

(2) src：原始图像。

(3) flipCode：旋转类型。如果 flipCode 为 0,则表示上下翻转；如果 flipCode 为正数,则表示左右翻转；如果 flipCode 为负数,则表示上下左右翻转。

【例 5-5】 图像翻转。

解：

(1) 读取图像。

(2) 图像翻转。

(3) 显示图像,代码如下：

```
#chapter5_5.py
import cv2
import numpy as np
import matplotlib.pyplot as plt

#1. 读取图像
img = cv2.imread('pictures/L1.png', 1)
#2. 图像翻转
```

```
    img1 = cv2.flip(img, -1)        #上下左右翻转
    img2 = cv2.flip(img, 0)         #上下翻转
    img3 = cv2.flip(img, 1)         #左右翻转
    #3. 显示图像
    re = np.hstack([img, img1, img2, img3])
    plt.imshow(re[..., ::-1])
    cv2.imwrite('pictures/p5_8.jpeg', re)
```

运行结果如图 5-8 所示。

(a) 原图

(b) 上下左右翻转

(c) 上下翻转

(d) 左右翻转

图 5-8　图像翻转

5.3 图像平移

图像平移是指将图像中的所有点按照指定的平移量在水平或垂直方向上移动。

5.3.1 基本原理

已知原图像素坐标为(x_0,y_0)，对应翻转后图像坐标为(x,y)，原图宽和高为(h,w)。对图像进行平移，水平方向和垂直方向的平移量为(r,c)，其中(r,c)可以取正值或负值，平移量绝对值不能大于图像的宽和高。(x_0,y_0)与(x,y)的关系如下：

$$\begin{cases} x = x_0 + r \\ y = y_0 + c \end{cases} \tag{5-13}$$

用矩阵表示：

$$\begin{bmatrix} x \\ y \\ 1 \end{bmatrix} = \begin{bmatrix} 1 & 0 & r \\ 0 & 1 & c \\ 0 & 0 & 1 \end{bmatrix} \begin{bmatrix} x_0 \\ y_0 \\ 1 \end{bmatrix} \tag{5-14}$$

用代码表示：

```
def move(img,r,c):
    '''
    :param img:
    :param r: 水平方向平移量
    :param c: 垂直方向平移量
```

```
    :return: img1 平移后的图像
    '''
    h, w = img.shape[:2]
    img1 = np.ones_like(img, np.uint8)
    for i in range(h):
        for j in range(w):
            l1 = i+c
            l2 = j+r
            if l1>=0 and l1<h and l2>=0 and l2<w:
                img1[l1,l2] = img[i,j]
    return img1
```

【例 5-6】 图像平移代码复现。

解：

(1) 读取彩色图像。

(2) 图像平移。

(3) 显示图像,代码如下：

```
#chapter5_6.py
import cv2
import numpy as np
import matplotlib.pyplot as plt

def move(img, r, c):
    '''
    :param img: 原图
    :param r: 水平方向平移量
    :param c: 垂直方向平移量
    :return: img1 平移后的图像
    '''
    h, w = img.shape[:2]
    img1 = np.ones_like(img, np.uint8)
    for i in range(h):
        for j in range(w):
            l1 = i + c
            l2 = j + r
            if l1 >= 0 and l1 < h and l2 >= 0 and l2 < w:
                img1[l1, l2] = img[i, j]
    return img1

if __name__ == '__main__':
    #1. 读取彩色图像
    img = cv2.imread('pictures/L1.png', 1)
    #2. 图像平移
    img1 = move(img, r=80, c=50)
    img2 = move(img, r=80, c=-80)
    img3 = move(img, r=-80, c=50)
    img4 = move(img, r=-80, c=-80)
    #3. 显示图像
    re = np.hstack([img, img1, img2, img3, img4])
    plt.imshow(re[..., ::-1])
    cv2.imwrite('pictures/p5_9.jpeg', re)
```

运行结果如图 5-9 所示。

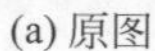

(a) 原图　(b) 向右向下　(c) 向右向上　(d) 向左向下　(e) 向左向上

图 5-9　图像平移

5.3.2　语法函数

图像平移是仿射变换的一种，OpenCV 调用仿射函数 cv2.warpAffine()实现图像平移，其语法格式为

dst＝cv2.warpAffine(src,M,dsize[,flags[,borderMode[,borderValue]]])

(1) dst：仿射后的输出图像。

(2) src：仿射的原始图像。

(3) M：一个 2×3 的平移矩阵。

(4) dsize：输出图像的尺寸。

(5) flags：表示插值方法，包括线性插值(cv2.INTER_LINEAR)、最近邻插值(cv2.INTER_NEAREST)、三次样条插值(cv2.INTER_CUBIC)、区域插值(cv2.INTER_AREA)。

(6) borderMode：边界像素处理模式(可选项)，包括常量填充(cv2.BORDER_CONSTANT)、复制边界像素(cv2.BORDER_REPLICATE)、反射边界(cv2.BORDER_REFLECT)、包裹边界(cv2.BORDER_WRAP)。

(7) borderValue：边界像素填充值，默认值为 0。

【例 5-7】 图像平移。

解：

(1) 读取彩色图像。

(2) 图像平移。

(3) 显示图像。

```
#chapter5_7.py
import cv2
import numpy as np
import matplotlib.pyplot as plt

#1. 读取彩色图像
img = cv2.imread('pictures/L1.png', 1)
h, w = img.shape[:2]
#2. 图像平移
```

```
#向右向下
m1 = np.float32([[1, 0, 80], [0, 1, 80]])
img1 = cv2.warpAffine(img, m1, (w, h))
#向右向上
m2 = np.float32([[1, 0, 80], [0, 1, -80]])
img2 = cv2.warpAffine(img, m2, (w, h))
#向左向下
m3 = np.float32([[1, 0, -80], [0, 1, 80]])
img3 = cv2.warpAffine(img, m3, (w, h))
#向左向上
m4 = np.float32([[1, 0, -80], [0, 1, -80]])
img4 = cv2.warpAffine(img, m4, (w, h))
#3. 显示图像
re = np.hstack([img1, img2, img3, img4])
plt.imshow(re[..., ::-1])
cv2.imwrite('pictures/p5_10.jpeg', re)
```

运行结果如图 5-10 所示。

(a) 向右向下　(b) 向右向上　(c) 向左向下　(d) 向左向上

图 5-10　图像平移

5.4 图像错切

图像错切(shearing)是对图像在水平或垂直方向按照角度 θ 偏移一定的距离。图像错切分为垂直错切和水平错切,如图 5-11(a)所示,图像 y 轴方向坐标不变,x 轴方向坐标向右平移一定距离。在图 5-11(b)中,图像 x 轴方向坐标不变,y 轴方向坐标向下平移一定距离。

(a) 水平错切

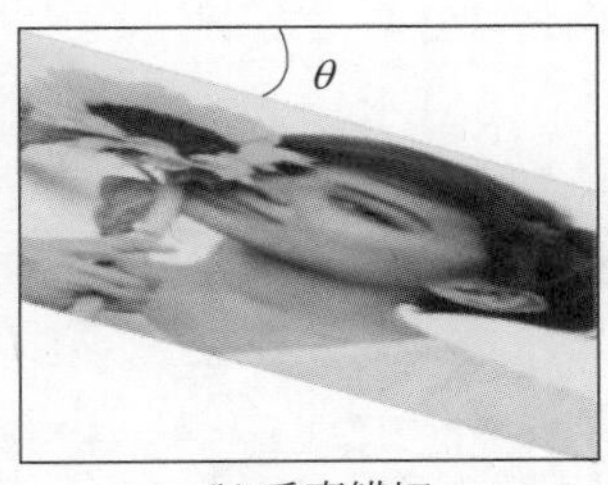

(b) 垂直错切

图 5-11　图像错切

5.4.1 基本原理

已知原图像素坐标为(x_0,y_0)，错切后图像坐标为(x,y)，原图宽和高为(h,w)。对图像进行水平错切，错切角度为θ，(x_0,y_0)与(x,y)的关系如下：

$$\begin{cases} x = x_0 + \tan\theta \times y_0 \\ y = y_0 \end{cases} \tag{5-15}$$

用矩阵表示：

$$\begin{bmatrix} x \\ y \\ 1 \end{bmatrix} = \begin{bmatrix} 1 & \tan\theta & 0 \\ 0 & 1 & 0 \\ 0 & 0 & 1 \end{bmatrix} \begin{bmatrix} x_0 \\ y_0 \\ 1 \end{bmatrix} \tag{5-16}$$

用代码表示：

```
def h_cut(img,t= 0.8):
    '''
    水平错切
    :param img:彩色图像
    :param theta:角度的正切值 tan(theate)
    :return:水平错切图像
    '''
    h, w ,c = img.shape
    img_n = np.zeros([h, 2*w ,c], dtype=np.uint8)
    for i in range(h):
        for j in range(w):
            #t = tan(theate); x_new = x_0+t *y_0 ;y_new = y_0
            ind_r = int(i+t *j)
            if ind_r < 2*w:
                img_n[i,ind_r] = img[i,j]
    return img_n
```

对图像进行垂直错切，错切角度为θ，(x_0,y_0)与(x,y)的关系如下：

$$\begin{cases} x = x_0 \\ y = y_0 + \tan\theta \cdot x_0 \end{cases} \tag{5-17}$$

用矩阵表示：

$$\begin{bmatrix} x \\ y \\ 1 \end{bmatrix} = \begin{bmatrix} 1 & 0 & 0 \\ \tan\theta & 1 & 0 \\ 0 & 0 & 1 \end{bmatrix} \begin{bmatrix} x_0 \\ y_0 \\ 1 \end{bmatrix} \tag{5-18}$$

用代码表示：

```
def v_cut(img,t = 0.8):
    '''
    垂直错切
    :param img:彩色图像
    :param t:角度的正切值 tan(theate)
    :return:垂直错切图像
```

```
    '''
    h, w ,c = img.shape
    img_n = np.zeros([2*h, w ,c], dtype=np.uint8)
    for i in range(h):
        for j in range(w):
            #t = tan(theate); y_new = y_0+t *x_0 ;x_new = x_0
            ind_c = int(j+t *i)
            if ind_c < 2*h:
                img_n[ind_c,j] = img[i,j]
    return img_n
```

【例 5-8】 图像错切。

解：

（1）读取彩色图像。

（2）图像错切。

（3）显示图像，代码如下：

```
#chapter5_8.py
import cv2
import numpy as np
import matplotlib.pyplot as plt

def h_cut(img, t=0.8):
    '''
    水平错切
    :param img:图像
    :param theta:角度的正切值 tan(theate)
    :return:水平错切
    '''
    h, w, c = img.shape
    img_n = np.zeros([h, 2 *w, c], dtype=np.uint8)
    for i in range(h):
        for j in range(w):
            #t = tan(theate); x_new = x_0+t *y_0 ;y_new = y_0
            ind_r = int(i + t *j)
            if ind_r < 2 *w:
                img_n[i, ind_r] = img[i, j]
    return img_n

def v_cut(img, t=0.8):
    '''
    垂直错切
    :param img:图像
    :param theta:角度的正切值 tan(theate)
    :return:垂直错切图像
    '''
    h, w, c = img.shape
    img_n = np.zeros([2 *h, w, c], dtype=np.uint8)
    for i in range(h):
```

```
            for j in range(w):
                #t = tan(theate); y_new = y_0+t *x_0 ;x_new = x_0
                ind_c = int(j + t *i)
                if ind_c < 2 *h:
                    img_n[ind_c, j] = img[i, j]
        return img_n

    if __name__ == '__main__':
        #1. 读取彩色图像
        img = cv2.imread('pictures/L1.png', 1)
        #2. 图像错切
        #水平错切
        img1 = h_cut(img, t=0.8)
        #垂直错切
        img2 = v_cut(img, t=0.8)
        #3. 显示图像
        plt.subplot(131)
        plt.axis('off')
        plt.imshow(img[..., ::-1])
        plt.subplot(132)
        plt.axis('off')
        plt.imshow(img1[..., ::-1])
        plt.subplot(133)
        plt.axis('off')
        plt.imshow(img2[..., ::-1])
```

运行结果如图 5-12 所示。

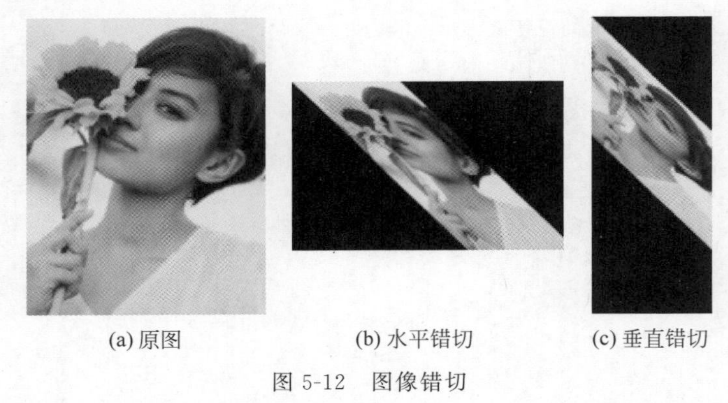

(a) 原图　　(b) 水平错切　　(c) 垂直错切

图 5-12　图像错切

5.4.2　语法函数

图像错切是仿射变换的一种，OpenCV 调用仿射函数 cv2.warpAffine()实现图像错切，参考 5.3.2 节该函数的语法格式。

【例 5-9】 图像错切。

解：

(1) 读取彩色图像。

（2）图像错切。设置错切矩阵，根据错切矩阵对原图进行仿射变换。

（3）显示图像，代码如下：

```
#chapter5_9.py
import cv2
import numpy as np
import matplotlib.pyplot as plt

#1.读取彩色图像
img = cv2.imread('pictures/L1.png', 1)
#2.图像错切
tan0 = 0.5
#水平错切
#水平错切矩阵
transM_h = np.array([
    [1, tan0, 0],
    [0, 1, 0]
], dtype=np.float32)
#仿射变换
img_trans_h = cv2.warpAffine(img, transM_h, dsize=(600, 600))
#垂直错切
#垂直错切矩阵
transM_v = np.array([
    [1, 0, 0],
    [tan0, 1, 0]
], dtype=np.float32)
#仿射变换
img_trans_v = cv2.warpAffine(img, transM_v, dsize=(600, 600))  #transM:平移矩阵;
#dsize:平移后图像的新的宽和高
#3.显示图像
re = np.hstack([img_trans_h, img_trans_v])
plt.imshow(re[..., ::-1])
cv2.imwrite('pictures/p5_13.jpeg', re)
```

运行结果如图 5-13 所示。

(a) 水平错切

(b) 垂直错切

图 5-13　图像错切

5.5 图像旋转

图像旋转是指图像沿着任意点，按顺时针方向把图像的所有像素旋转 θ 角度。

5.5.1 基本原理

如图 5-14 所示，点 P_0 是圆心为 O 半径为 r 的圆上的一点，点 $P_0(x_0,y_0)$ 与水平方向的夹角为 α，点 P_0 按顺时针方向旋转 β 角度后得到 $P(x,y)$。

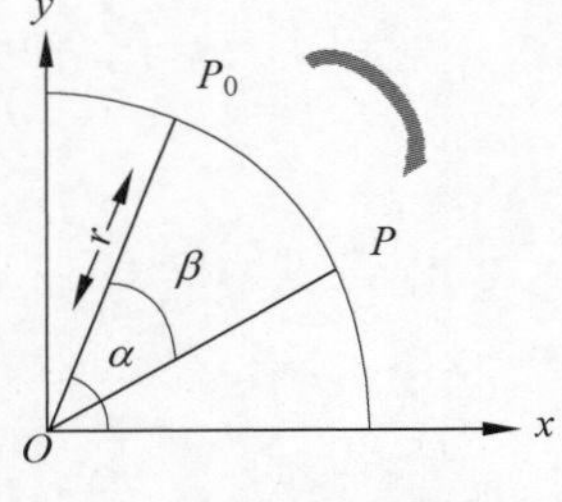

图 5-14 坐标旋转

点 $P_0(x_0,y_0)$ 用极坐标表示：

$$\begin{cases} x_0 = r \times \cos\alpha \\ y_0 = r \times \sin\alpha \end{cases} \tag{5-19}$$

点 $P(x,y)$ 用极坐标表示：

$$\begin{cases} x = r \times \cos(\alpha-\beta) = r \times \cos\alpha \times \cos\beta + r \times \sin\alpha \times \sin\beta \\ y = r \times \sin(\alpha-\beta) = r \times \sin\alpha \times \cos\beta - r \times \cos\alpha \times \sin\beta \end{cases} \tag{5-20}$$

化简得

$$\begin{cases} x = x_0 \times \cos\beta + y_0 \times \sin\beta \\ y = -x_0 \times \sin\beta + y_0 \times \cos\beta \end{cases} \tag{5-21}$$

用矩阵表示：

$$\begin{bmatrix} x \\ y \\ 1 \end{bmatrix} = \begin{bmatrix} \cos\beta & \sin\beta & 0 \\ -\sin\beta & \cos\beta & 0 \\ 0 & 0 & 1 \end{bmatrix} \begin{bmatrix} x_0 \\ y_0 \\ 1 \end{bmatrix} \tag{5-22}$$

旋转矩阵 $\boldsymbol{R}$ 为

$$\boldsymbol{R} = \begin{bmatrix} \cos\beta & \sin\beta & 0 \\ -\sin\beta & \cos\beta & 0 \\ 0 & 0 & 1 \end{bmatrix} \tag{5-23}$$

上述坐标旋转是以图像原点为中心的，如果指定某点作为旋转中心，则图像先以原点(左上角)为中心旋转，再把旋转后的某点平移到旋转前的位置。例如，如果以 $C_0(x_0,y_0)$ 为旋转中心，则旋转后的坐标为 $C(x,y)$，旋转平移量为 $\boldsymbol{CC}_0 = C_0 - C$。用矩阵表示：

$$\boldsymbol{CC}_0 = \begin{bmatrix} \Delta x \\ \Delta y \end{bmatrix} = \begin{bmatrix} x_0 - x \\ y_0 - y \end{bmatrix} = \begin{bmatrix} x_0 \times (1-\cos\beta) - y_0 \times \sin\beta \\ x_0 \times \sin\beta + y_0 \times (1-\cos\beta) \end{bmatrix} \tag{5-24}$$

则平移矩阵 $\boldsymbol{T}$ 为

$$\boldsymbol{T} = \begin{bmatrix} 1 & 0 & \Delta x \\ 0 & 1 & \Delta y \\ 0 & 0 & 1 \end{bmatrix} \tag{5-25}$$

坐标经旋转和平移，对应的矩阵 $\boldsymbol{M}$ 为

$$\boldsymbol{M}=\boldsymbol{TR}=\begin{bmatrix}1 & 0 & \Delta x\\0 & 1 & \Delta y\\0 & 0 & 1\end{bmatrix}\begin{bmatrix}\cos\beta & \sin\beta & 0\\-\sin\beta & \cos\beta & 0\\0 & 0 & 1\end{bmatrix}=\begin{bmatrix}\cos\beta & \sin\beta & \Delta x\\-\sin\beta & \cos\beta & \Delta y\\0 & 0 & 1\end{bmatrix}$$

$$=\begin{bmatrix}\cos\beta & \sin\beta & x_0\times(1-\cos\beta)-y_0\times\sin\beta\\-\sin\beta & \cos\beta & x_0\times\sin\beta+y_0\times(1-\cos\beta)\\0 & 0 & 1\end{bmatrix}\tag{5-26}$$

以图像原点为中心的旋转代码：

```
def rote(img,theta):
    '''
    旋转
    :param img:输入图像
    :param theta:旋转角度
    :return:旋转后的图像
    '''
    h, w = img.shape[:2]
    #存放旋转后的图像
    img1 = np.zeros_like(img, np.uint8)
    #把角度转换成弧度
    t = theta/180*np.pi
    for i in range(h):
        for j in range(w):
            #r 为旋转后图像的行坐标,c 为旋转后图像的列坐标
            r = int(-np.sin(t)*j+np.cos(t)*i)
            c = int(np.cos(t)*j+np.sin(t)*i)
            if r>=0 and r+1<h and c >=0 and c+1<w:
                img1[r,c] = img1[r+1,c+1] = img[i,j]
    return img1
```

以图像任意点为中心进行旋转，代码如下：

```
def rote_center(img,theta,x0,y0):
    '''
    以任意点为旋转中心
    :param img: 输入图像
    :param theta:旋转角度
    :param x0:旋转中心的横坐标
    :param y0:旋转中心的纵坐标
    :return:旋转后的图像
    '''
    h, w = img.shape[:2]
    #存放旋转后的图像
    img1 = np.zeros_like(img, np.uint8)
    #把角度转换成弧度
    t = theta/180*np.pi
    for i in range(h):
        for j in range(w):
            #r 为旋转后图像的行坐标,c 为旋转后图像的列坐标
```

```
            r = int(-np.sin(t)*j+np.cos(t)*i+ x0*np.sin(t) +y0*(1-np.cos(t)))
            c = int(np.cos(t)*j+np.sin(t)*i+x0*(1- np.cos(t)) - y0 *np.sin(t))
            if r>=0 and r+1<h and c>=0 and c+1<h:
                img1[r,c] = img1[r+1,c+1] = img[i,j]
    return img1
```

5.5.2 语法函数

当 OpenCV 调用函数 cv2. warpAffine( ) 对图像进行旋转时，先通过函数 cv2. getRotationMatrix2D()获取旋转矩阵，其语法格式为

retval＝cv2. getRotationMatrix2D(center,angle,scale)

(1) center：旋转的中心点。

(2) angle：旋转角度，正数表示逆时针旋转，负数表示顺时针旋转。

(3) scale：变换尺度(缩放大小)。

【例 5-10】 图像旋转。

解：

(1) 读取彩色图像。

(2) 图像旋转。设置旋转矩阵，根据旋转矩阵对原图进行仿射变换。

(3) 显示图像，代码如下：

```
#chapter5_10.py
import cv2
import numpy as np
import matplotlib.pyplot as plt

def rote(img, theta):
    '''
    旋转
    :param img:输入图像
    :param theta:旋转角度
    :return:旋转后的图像
    '''
    h, w = img.shape[:2]
    #存放旋转后的图像
    img1 = np.zeros_like(img, np.uint8)
    #把角度转换成弧度
    t = theta / 180 *np.pi
    for i in range(h):
        for j in range(w):
            #r为旋转后图像的行坐标,c为旋转后图像的列坐标
            r = int(-np.sin(t) *j + np.cos(t) *i)
            c = int(np.cos(t) *j + np.sin(t) *i)
            if r >= 0 and r + 1 < h and c >= 0 and c + 1 < w:
                img1[r, c] = img1[r + 1, c + 1] = img[i, j]
    return img1

def rote_center(img, theta, x0, y0):
```

```
    '''
    以任意点为旋转中心
    :param img: 输入图像
    :param theta:旋转角度
    :param x0:旋转中心的横坐标
    :param y0:旋转中心的纵坐标
    :return:旋转后的图像
    '''
    h, w = img.shape[:2]
    #存放旋转后的图像
    img1 = np.zeros_like(img, np.uint8)
    #把角度转换成弧度
    t = theta / 180 *np.pi
    for i in range(h):
        for j in range(w):
            #r 为旋转后图像的行坐标,c 为旋转后图像的列坐标
            r = int(-np.sin(t) *j + np.cos(t) *i + x0 *np.sin(t) + y0 *(1 - np.cos(t)))
            c = int(np.cos(t) *j + np.sin(t) *i + x0 *(1 - np.cos(t)) - y0 *np.sin(t))
            if r >= 0 and r + 1 < h and c >= 0 and c + 1 < w:
                img1[r, c] = img1[r + 1, c + 1] = img[i, j]
    return img1

if __name__ == '__main__':
    #1. 读取彩色图像
    img = cv2.imread('pictures/L1.png', 1)
    h, w = img.shape[:2]
    #2. 图像旋转
    #以原点为旋转中心
    img1 = rote(img, theta=30)
    #以任意点为旋转中心
    img2 = rote_center(img, theta=30, x0=h //2, y0=w //2)
    #OpenCV 自带函数旋转
    rotateM = cv2.getRotationMatrix2D((w //2, h //2), 30, 1)
    img_rotate = cv2.warpAffine(img, rotateM, dsize=(w, h))
    #3. 显示图像
    re = np.hstack([img, img1, img2, img_rotate])
    plt.imshow(re[..., ::-1])
    cv2.imwrite('pictures/p5_15.jpeg', re)
```

运行结果如图 5-15 所示。

(a) 原图

(b) 原点旋转

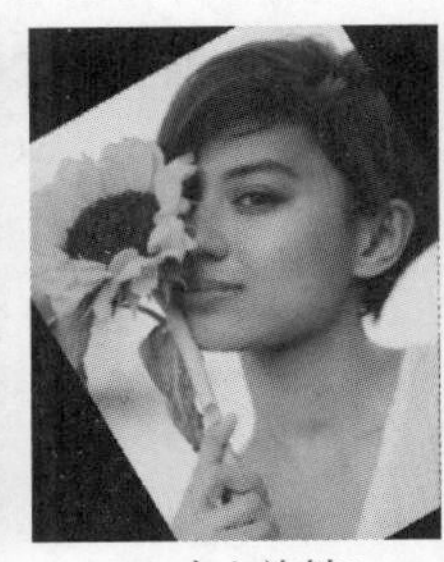
(c) 中心旋转1

(d) 中心旋转2

图 5-15　图像旋转

如图 5-15 所示，图 5-15(a)为原图，图 5-15(b)为以图像左上角为中心，旋转 30°后的图像，图 5-15(c)和图 5-15(d)均为以图像中心为中心，旋转 30°后的图像。

5.6 仿射变换

仿射变换(Affine Transform)指一个向量空间进行一次线性变换并接上一个平移，变成另一个向量空间。图像中原来的直线、平行线经过仿射变换后还是直线、平行线。仿射变换前一条直线上两条线段的比例，在变换后比例不变。

5.6.1 基本原理

仿射变换可以分解为缩放、翻转、旋转和错切的组合。已知原图像素坐标为(x_0, y_0)，仿射变换后图像坐标为(x, y)，s_x、s_y 为缩放系数，φ、θ 为错切角度，β 为旋转角度，r、c 为宽和高平移数据，$\mathbf{A}$ 为仿射变换矩阵。(x_0, y_0)与(x, y)的关系如下：

$$\begin{bmatrix} x \\ y \\ 1 \end{bmatrix} = \begin{bmatrix} s_x & 0 & 0 \\ 0 & s_y & 0 \\ 0 & 0 & 1 \end{bmatrix} \cdot \begin{bmatrix} 1 & \tan\varphi & 0 \\ \tan\theta & 1 & 0 \\ 0 & 0 & 1 \end{bmatrix} \cdot \begin{bmatrix} \cos\beta & \sin\beta & 0 \\ -\sin\beta & \cos\beta & 0 \\ 0 & 0 & 1 \end{bmatrix} \cdot \begin{bmatrix} 1 & 0 & r \\ 0 & 1 & c \\ 0 & 0 & 1 \end{bmatrix} \cdot \begin{bmatrix} x_0 \\ y_0 \\ 1 \end{bmatrix} \tag{5-27}$$

其中，

$$\mathbf{A} = \begin{bmatrix} s_x & 0 & 0 \\ 0 & s_y & 0 \\ 0 & 0 & 1 \end{bmatrix} \cdot \begin{bmatrix} 1 & \tan\varphi & 0 \\ \tan\theta & 1 & 0 \\ 0 & 0 & 1 \end{bmatrix} \cdot \begin{bmatrix} \cos\beta & \sin\beta & 0 \\ -\sin\beta & \cos\beta & 0 \\ 0 & 0 & 1 \end{bmatrix} \cdot \begin{bmatrix} 1 & 0 & r \\ 0 & 1 & c \\ 0 & 0 & 1 \end{bmatrix} = \begin{bmatrix} a_1 & a_2 & a_3 \\ a_4 & a_5 & a_6 \\ 0 & 0 & 1 \end{bmatrix} \tag{5-28}$$

仿射变换化简后可得

$$\begin{bmatrix} x \\ y \\ 1 \end{bmatrix} = \begin{bmatrix} a_1 & a_2 & a_3 \\ a_4 & a_5 & a_6 \\ 0 & 0 & 1 \end{bmatrix} \cdot \begin{bmatrix} x_0 \\ y_0 \\ 1 \end{bmatrix} = \mathbf{A} \cdot \begin{bmatrix} x_0 \\ y_0 \\ 1 \end{bmatrix} \tag{5-29}$$

其中，$\mathbf{A}$ 是线性变换(缩放、旋转、错切)和平移变换的叠加。仿射变换需先求出变换矩阵 $\mathbf{A}$。变换矩阵 $\mathbf{A}$ 中有 6 个未知参数，因此需要至少 3 对不共线的点来求解未知参数。已知原图上的 3 个不共线的点(x_0, y_0)、(x_1, y_1)、(x_2, y_2)和仿射变换后对应的点(x_{00}, y_{00})、(x_{11}, y_{11})、(x_{22}, y_{22})。

用 3 对点写出 6 个方程组：

$$a_1 \cdot x_0 + a_2 \cdot y_0 + a_3 = x_{00}$$

$$a_4 \cdot x_0 + a_5 \cdot y_0 + a_6 = y_{00}$$

$$a_1 \cdot x_1 + a_2 \cdot y_1 + a_3 = x_{11}$$

$$a_4 \cdot x_1 + a_5 \cdot y_1 + a_6 = y_{11}$$

$$a_1 \cdot x_2 + a_2 \cdot y_2 + a_3 = x_{22}$$
$$a_4 \cdot x_2 + a_5 \cdot y_2 + a_6 = y_{22} \tag{5-30}$$

仿射变换矩阵用 $\boldsymbol{X}$ 表示，系数矩阵用 $\boldsymbol{M}$ 表示，变换后的坐标用向量 $\boldsymbol{B}$ 表示：

$$\boldsymbol{X} = [a_1, a_2, a_3, a_4, a_5, a_6]^{\mathrm{T}} \tag{5-31}$$

$$\boldsymbol{B} = [x_{00}, y_{00}, x_{11}, y_{11}, x_{22}, y_{22}]^{\mathrm{T}} \tag{5-32}$$

$$\boldsymbol{M} = \begin{bmatrix} x_0 & y_0 & 1 & 0 & 0 & 0 \\ 0 & 0 & 0 & x_0 & y_0 & 1 \\ x_1 & y_1 & 1 & 0 & 0 & 0 \\ 0 & 0 & 0 & x_1 & y_1 & 1 \\ x_2 & y_2 & 1 & 0 & 0 & 0 \\ 0 & 0 & 0 & x_2 & y_2 & 1 \end{bmatrix} \tag{5-33}$$

$$\boldsymbol{M} \cdot \boldsymbol{X} = \boldsymbol{B} \tag{5-34}$$

直接对 $\boldsymbol{M}$ 求逆，可以求出仿射变换矩阵：

$$\boldsymbol{X} = \boldsymbol{M}^{-1}\boldsymbol{B} \tag{5-35}$$

仿射变换的步骤如下：

(1) 获取仿射变换矩阵。根据原图上的 3 个不共线的点 (x_0, y_0)、(x_1, y_1)、(x_2, y_2) 和仿射变换后对应的点 (x_{00}, y_{00})、(x_{11}, y_{11})、(x_{22}, y_{22}) 获取数矩阵 $\boldsymbol{M}$、变换后的坐标 $\boldsymbol{B}$，根据 $\boldsymbol{X}=\boldsymbol{M}^{-1}\boldsymbol{B}$ 求得参数矩阵 $\boldsymbol{X}$，把仿射变换矩阵 $\boldsymbol{X}$ 变成仿射变换矩阵 $\boldsymbol{A}$。

(2) 仿射变换。将仿射变换矩阵的逆矩阵与目标图像的坐标相乘，便可得到对应原图的坐标，然后把目标图像坐标的像素用原图对应坐标的像素填充。如果想得到更好的变换效果，则可以用双线性插值法获取坐标的像素，代码如下：

```
import cv2
import numpy as np
import matplotlib.pyplot as plt

def get_affine_map(src_points,dst_points):
    '''
    获取仿射变换矩阵
    :param src_points: 数组类型,原图上 3 个不共线的点。shape:(3, 2)
    :param dst_points: 数组类型,原图上 3 个不共线的点透视后对应的 3 个点。shape:(3, 2)
    :return: 仿射变换矩阵
    MX = B;X 为仿射变换参数,B 为目标图像坐标,M 为系数矩阵
    '''
    #变换后的坐标 B
    B = dst_points.flatten().reshape([6,1])
    #系数矩阵 M
    M = np.zeros([6,6])
    for i in range(3):
        p1 = src_points[i]
        M[2*i] = [p1[0],p1[1],1,0,0,0]
```

```
        M[2*i+1] = [0,0,0,p1[0],p1[1],1]
    M = np.mat(M)
    #X为仿射变换矩阵
    X = M.I *B #X.shape:(6,)
    X = X.reshape([2, 3])
    return np.vstack([X,[0,0,1]]) #[2, 3]-->[3,3]

def affine_transform(img,X):
    '''
    仿射变换,根据目标图像坐标得到其在原图上的坐标,根据坐标把原图像素赋值给目标图像
    out_idx = X *img_idx --> img_idx = (X.I) *out_idx
    X为仿射变换矩阵,X.I为X的逆矩阵,img_idx为原图像坐标,out_idx为目标图像坐标
    :param img: 原图
    :param X: 仿射变换矩阵
    :return: 经过仿射变换后的图
    '''
    #仿射变换矩阵的逆矩阵
    X_IV = X.I
    h, w = img.shape[:2]
    #out为目标图像
    out = np.zeros_like(img, np.uint8)
    #遍历目标图像中的每个像素,找到在原图像上对应的位置
    for i in range(h):
        for j in range(w):
            #目标图像坐标
            idx = np.array([j,i,1]).reshape(3,1)
            #原图对应的坐标,p.shape:(3, 1)
            p = np.array(X_IV *idx)
            img_x = int(p[0][0])
            img_y = int(p[1][0])
            #判断原图像坐标是否越界
            if img_y >= 0 and img_y + 1 < h and img_x >= 0 and img_x + 1 < w:
                out[i,j] = img[img_y,img_x]
    return out
```

5.6.2 语法函数

当OpenCV调用函数cv2.warpAffine()对图像进行仿射时,先通过函数cv2.getAffineTransform()获取仿射变换矩阵,其语法格式为

retval=cv2.getAffineTransform(src,dst)

(1) retval:仿射变换矩阵。

(2) src:输入图像的3个点坐标。

(3) dst:输出图像的3个坐标。

【例5-11】 图像仿射变换。

解:

(1) 读取彩色图像。

(2) 仿射变换。分别用OpenCV、复现代码实现仿射变换。

（3）显示图像，代码如下：

```
#chapter5_11.py 仿射变换
import cv2
import numpy as np
import matplotlib.pyplot as plt

def get_affine_map(src_points, dst_points):
    '''
    获取仿射变换矩阵
    :param src_points: 数组类型,原图上 3 个不共线的点。shape:(3, 2)
    :param dst_points: 数组类型,原图上 3 个不共线的点透视后对应的 3 个点。shape:(3, 2)
    :return: 仿射变换矩阵
    MX = B;X 为仿射变换参数,B 为目标图像坐标,M 为系数矩阵
    '''
    #变换后的坐标 B
    B = dst_points.flatten().reshape([6, 1])
    #系数矩阵 M
    M = np.zeros([6, 6])
    for i in range(3):
        p1 = src_points[i]
        M[2 * i] = [p1[0], p1[1], 1, 0, 0, 0]
        M[2 * i + 1] = [0, 0, 0, p1[0], p1[1], 1]
    M = np.mat(M)
    #X 为仿射变换矩阵
    X = M.I * B #X.shape:(6,)
    X = X.reshape([2, 3])
    return np.vstack([X, [0, 0, 1]]) #[3,3]

def affine_transform(img, X):
    '''
    仿射变换 MX=B --> M=(X.I)B 目标图像的坐标对应原图上的坐标
    X 为仿射变换参数,X.I 为 X 的逆矩阵,B 为目标图像坐标,M 为系数矩阵
    :param img: 原图
    :param X: 仿射变换矩阵
    :return: 经过仿射变换后的图
    X.I * np.array([50,50,1]).T
    '''
    #仿射变换矩阵的逆矩阵
    X_IV = X.I
    h, w = img.shape[:2]
    #out 为目标图像
    out = np.zeros_like(img, np.uint8)
    #遍历目标图像中的每个像素,找到在原图像上对应的位置
    for i in range(h):
        for j in range(w):
            #目标图像坐标
            idx = np.array([j, i, 1]).reshape(3, 1)
            #原图对应的坐标,p.shape:(3, 1)
            p = np.array(X_IV * idx)
            img_x = int(p[0][0])
            img_y = int(p[1][0])
            #判断原图像坐标是否越界
```

```
            if img_y >= 0 and img_y + 1 < h and img_x >= 0 and img_x + 1 < w:
                out[i, j] = img[img_y, img_x]
    return out

if __name__ == '__main__':
    #1. 读取彩色图像
    img = cv2.imread('pictures/L1.png', 1)
    #2. 仿射变换
    heigh, width, _ = img.shape
    #2.1 原图不共线的 3 个点 matSrc,仿射变换后对应的点 matDst
    src_points = np.float32([[0, 0], [0, heigh - 1], [width - 1, 0]])
#左上角、左下角及右下角坐标
    dst_points = np.float32([[30, 30], [100, heigh - 20], [width - 30, 100]])
#左上角、左下角及右下角坐标
    #2.2.1 调用 OpenCV 实现仿射变换
    M = cv2.getAffineTransform(src_points, dst_points)
    dst = cv2.warpAffine(img, M, (width, heigh))
    #2.2.2 仿射变换代码复现
    X = get_affine_map(src_points, dst_points)
    out = affine_transform(img, X)
    #3. 显示图像
    re = np.hstack([img, dst, out])
    plt.imshow(re[..., ::-1])
    cv2.imwrite('pictures/p5_16.jpeg', re)
    print(f'M:\n{M}')
    print(f'X:\n{X}')
    #运行结果
    '''
    M:  #代码复现求解的仿射变换矩阵
    [[ 0.82898551  0.15695067 30.  ]
     [ 0.20289855  0.89013453 30.  ]]
    X:  #OpenCV 自带函数求解的仿射变换矩阵
    [[ 0.82898551  0.15695067 30.  ]
     [ 0.20289855  0.89013453 30.  ]
     [ 0.          0.          1.  ]]
    '''
```

运行结果如图 5-16 所示。

(a) 原图

(b) OpenCV自带函数

(c) 代码复现结果

图 5-16　图像仿射变换

5.7 透视变换

透视变换(Perspective Transformation)把空间三维立体投射到投影面上而得到二维平面的过程。具体做法是先将二维的图像投影到一个三维视平面上,再转换到二维坐标,因此也称为投影映射(Projective Mapping)。

5.7.1 基本原理

原图像素坐标$(x_{_0},y_{_0})$从二维空间变换到三维空间(x,y,z),(x,y,z)为透视后的3个坐标,(x',y')为原图像素透视后的二维表示,$\boldsymbol{A}$为透视变换矩阵。透视变换公式表示:

$$\begin{bmatrix} x \\ y \\ z \end{bmatrix} = \begin{bmatrix} a_1 & a_2 & a_3 \\ a_4 & a_5 & a_6 \\ a_7 & a_8 & 1 \end{bmatrix} \begin{bmatrix} x_{\_0} \\ y_{\_0} \\ 1 \end{bmatrix} = \boldsymbol{A} \begin{bmatrix} x_{\_0} \\ y_{\_0} \\ 1 \end{bmatrix} \tag{5-36}$$

x、y 再通过除以 z 转换成二维坐标。

$$\begin{cases} x' = \dfrac{x}{z} = \dfrac{a_1 x_{\_0} + a_2 y_{\_0} + a_3}{a_7 x_{\_0} + a_8 y_{\_0} + 1} \\ y' = \dfrac{y}{z} = \dfrac{a_4 x_{\_0} + a_5 y_{\_0} + a_6}{a_7 x_{\_0} + a_8 y_{\_0} + 1} \end{cases} \tag{5-37}$$

展开上式:

$$a_1 \cdot x_{\_0} + a_2 \cdot y_{\_0} + a_3 - a_7 \cdot x_{\_0} x' - a_8 \cdot y \cdot x' = x' \tag{5-38}$$

$$a_4 \cdot x_{\_0} + a_5 \cdot y_{\_0} + a_6 - a_7 x_{\_0} \cdot y' - a_8 \cdot y_{\_0} \cdot y' = y' \tag{5-39}$$

已知原图上的4个点(x_0,y_0)、(x_1,y_1)、(x_2,y_2)、(x_3,y_3)和透视后图像上的4个(x_{00},y_{00})、(x_{11},y_{11})、(x_{22},y_{22})、(x_{33},y_{33}),代入线性方程组,得到8个方程,求解8个未知数,用等式表示:

$$\begin{aligned}
&a_1 \cdot x_0 + a_2 \cdot y_0 + a_3 - a_7 \cdot x_0 \cdot x_{00} - a_8 \cdot y_0 \cdot x_{00} = x_{00} \\
&a_4 \cdot x_0 + a_5 \cdot y_0 + a_6 - a_7 \cdot x_0 \cdot y_{00} - a_8 \cdot y_0 \cdot y_{00} = y_{00} \\
&a_1 \cdot x_1 + a_2 \cdot y_1 + a_3 - a_7 \cdot x_1 \cdot x_{11} - a_8 \cdot y_1 \cdot x_{11} = x_{11} \\
&a_4 \cdot x_1 + a_5 \cdot y_1 + a_6 - a_7 \cdot x_1 \cdot y_{11} - a_8 \cdot y_1 \cdot y_{11} = y_{11} \\
&a_1 \cdot x_2 + a_2 \cdot y_2 + a_3 - a_7 \cdot x_2 \cdot x_{22} - a_8 \cdot y_2 \cdot x_{22} = x_{22} \\
&a_4 \cdot x_2 + a_5 \cdot y_2 + a_6 - a_7 \cdot x_2 \cdot y_{22} - a_8 \cdot y_2 \cdot y_{22} = y_{22} \\
&a_1 \cdot x_3 + a_2 \cdot y_3 + a_3 - a_7 \cdot x_3 \cdot x_{33} - a_8 \cdot y_3 \cdot x_{33} = x_{33} \\
&a_4 \cdot x_3 + a_5 \cdot y_3 + a_6 - a_7 \cdot x_3 \cdot y_{33} - a_8 \cdot y_3 \cdot y_{33} = y_{33}
\end{aligned} \tag{5-40}$$

透视变换矩阵用$\boldsymbol{X}$表示,系数矩阵用$\boldsymbol{M}$表示,变换后的坐标用$\boldsymbol{B}$表示:

$$\boldsymbol{X} = [a_1, a_2, a_3, a_4, a_5, a_6, a_7, a_8]^{\mathrm{T}} \tag{5-41}$$

$$\boldsymbol{B}=[x_{00},y_{00},x_{11},y_{11},x_{22},y_{22},x_{33},y_{33}]^{\mathrm{T}} \tag{5-42}$$

$$\boldsymbol{M}=\begin{bmatrix} x_0 & y_0 & 1 & 0 & 0 & 0 & -x_0\cdot x_{00} & -y_0\cdot x_{00} \\ 0 & 0 & 0 & x_0 & y_0 & 1 & -x_0\cdot x_{00} & -y_0\cdot y_{00} \\ x_1 & y_1 & 1 & 0 & 0 & 0 & -x_1\cdot x_{11} & -y_1\cdot x_{11} \\ 0 & 0 & 0 & x_1 & y_1 & 1 & -x_1\cdot x_{11} & -y_1\cdot x_{11} \\ x_2 & y_2 & 1 & 0 & 0 & 0 & -x_2\cdot x_{22} & -y_2\cdot x_{22} \\ 0 & 0 & 0 & x_2 & y_2 & 1 & -x_2\cdot x_{22} & -y_2\cdot x_{22} \\ x_3 & y_3 & 1 & 0 & 0 & 0 & -x_3\cdot x_{33} & -y_3\cdot x_{33} \\ 0 & 0 & 0 & x_3 & y_3 & 1 & -x_3\cdot x_{33} & -y_3\cdot y_{33} \end{bmatrix} \tag{5-43}$$

$$\boldsymbol{M}\cdot\boldsymbol{X}=\boldsymbol{B} \tag{5-44}$$

直接对 $\boldsymbol{M}$ 求逆，可以求出透视变换矩阵：

$$\boldsymbol{X}=\boldsymbol{M}^{-1}\boldsymbol{B} \tag{5-45}$$

透视变换的步骤如下：

（1）获取透视变换矩阵。根据原图上的4个不共线的点(x_0,y_0)、(x_1,y_1)、(x_2,y_2)、(x_3,y_3)和透视变换后对应的点(x_{00},y_{00})、(x_{11},y_{11})、(x_{22},y_{22})、(x_{33},y_{33})获取系数矩阵 $\boldsymbol{M}$、变换后的坐标 $\boldsymbol{B}$，根据 $\boldsymbol{X}=\boldsymbol{M}^{-1}\boldsymbol{B}$ 求得矩阵 $\boldsymbol{X}$，把矩阵 $\boldsymbol{X}$ 变成透视变换矩阵 $\boldsymbol{A}$。

（2）透视变换。透视变换矩阵的逆矩阵与目标图像的坐标相乘而得到对应原图的坐标，把目标图像坐标的像素用原图对应坐标的像素填充，代码如下：

```
import cv2
import numpy as np
import matplotlib.pyplot as plt

def get_projective_map(src_points,dst_points):
    '''
    获取透视变换矩阵
    :param src_points: 数组类型,原图上 4 个不共线的点。shape:(4, 2)
    :param dst_points: 数组类型,原图上 4 个不共线的点透视后对应的 4 个点。shape:(4, 2)
    :return: 透视变换矩阵
    '''
    #变换后的坐标 B
    B = dst_points.flatten().reshape([8,1])
    #系数矩阵 M
    M = np.zeros([8,8])
    for i in range(4):
        p1 = src_points[i]
        p2 = dst_points[i]
        M[2*i] = [p1[0],p1[1],1,0,0,0,-p1[0]*p2[0],-p1[1]*p2[0]]
        M[2*i+1] = [0,0,0,p1[0],p1[1],1,-p1[0]*p2[1],-p1[1]*p2[1]]
    M = np.mat(M)
    #X 为透视变换矩阵
    X = M.I *B #X.shape:(8,)
```

```
    #在 X 末尾添加 1
    X = np.vstack([X, [1]]).reshape([3,3]) #X.shape:(3,3)
    return X

def projective_transform(img,X):
    '''
    透视变换 out_idx = X * img_idx --> img_idx = (X.I) * out_idx
    X 为透视变换矩阵,X.I 为 X 的逆矩阵,img_idx 为原图像坐标,out_idx 为目标图像坐标
    :param img: 原图
    :param X: 透视变换矩阵
    :return: 目标图像
    '''
    #透视变换矩阵的逆矩阵
    X_IV = X.I
    h, w = img.shape[:2]
    #out 为目标图像
    out = np.zeros_like(img, np.uint8)
    #遍历目标图像中的每个像素,找到在原图像上对应的位置
    for i in range(h):
        for j in range(w):
            #目标图像坐标
            idx = np.array([j,i,1]).reshape(3,1)
            #原图对应的坐标,p.shape:(3, 1)
            p = np.array(X_IV * idx)
            img_x = int(p[0][0])
            img_y = int(p[1][0])
            #判断原图像坐标是否越界
            if img_y >= 0 and img_y + 1 < h and img_x >= 0 and img_x + 1 < w:
                out[i,j] = img[img_y,img_x]
    return out
```

5.7.2　语法函数

OpenCV 先调用函数 cv2.getPerspectiveTransform()获取透视变换矩阵,再调用函数 cv2.warpPerspective()实现透视变换。获取透视变换矩阵的语法格式为

retval=cv2.getPerspectiveTransform(src,dst)

(1) retval：透视变换矩阵。

(2) src：输入图像的 4 个顶点的坐标。

(3) dst：输出图像的 4 个顶点的坐标。

透视转换的语法格式为

dst=cv2.warpPerspective(src,M,dsize[,flags[,borderMode[,borderValue]]])

(1) dst：透视变换后的图像。

(2) src：原图。

(3) M：透视变换矩阵。

(4) dsize：图像的尺寸。

(5) flags：插值方法。

(6) borderMode：边界填充类型。

(7) borderValue：边界值。

【例 5-12】 透视变换。

解：

(1) 读取彩色图像。

(2) 透视变换。分别用 OpenCV、复现代码实现透视变换。

(3) 显示图像，代码如下：

```
#chapter5_12.py 透视变换
import cv2
import numpy as np
import matplotlib.pyplot as plt

def get_projective_map(src_points, dst_points):
    '''
    获取透视变换矩阵
    :param src_points: 数组类型,原图上 4 个不共线的点。shape:(4, 2)
    :param dst_points: 数组类型,原图上 4 个不共线点透射后对应的 4 个点。shape:(4, 2)
    :return: 透视变换矩阵
    '''
    #变换后的坐标 B
    B = dst_points.flatten().reshape([8, 1])
    #系数矩阵 M
    M = np.zeros([8, 8])
    for i in range(4):
        p1 = src_points[i]
        p2 = dst_points[i]
        M[2 *i] = [p1[0], p1[1], 1, 0, 0, 0, -p1[0] *p2[0], -p1[1] *p2[0]]
        M[2 *i + 1] = [0, 0, 0, p1[0], p1[1], 1, -p1[0] *p2[1], -p1[1] *p2[1]]
    M = np.mat(M)
    #X 为透视变换矩阵
    X = M.I *B #X.shape:(8,)
    #在 X 末尾添加 1
    X = np.vstack([X, [1]]).reshape([3, 3]) #X.shape:(3,3)
    return X

def projective_transform(img, X):
    '''
    透视变换 out_idx = X *img_idx --> img_idx = (X.I) *out_idx
    X 为透视变换矩阵,X.I 为 X 的逆矩阵,img_idx 为原图像坐标,out_idx 为目标图像坐标
    :param img: 原图
    :param X: 透视变换矩阵
    :return: 目标图像
    '''
    #透视变换矩阵的逆矩阵
    X_IV = X.I
    h, w = img.shape[:2]
    #out 为目标图像
    out = np.zeros_like(img, np.uint8)
    #遍历目标图像中的每个像素,找到在原图像上对应的位置
```

```
    for i in range(h):
        for j in range(w):
            #目标图像坐标
            idx = np.array([j, i, 1]).reshape(3, 1)
            #原图对应的坐标,p.shape:(3, 1)
            p = np.array(X_IV * idx)
            img_x = int(p[0][0])
            img_y = int(p[1][0])
            #判断原图像坐标是否越界
            if img_y >= 0 and img_y + 1 < h and img_x >= 0 and img_x + 1 < w:
                out[i, j] = img[img_y, img_x]
    return out

if __name__ == '__main__':
    #1.读取彩色图像
    img = cv2.imread('pictures/L1.png')
    #2.获取透视变换矩阵
    heigh, width, _ = img.shape
    #2.1 原图不共线的 4 个点 matSrc,仿射变换后对应的点 matDst
    src_points = np.float32([[95, 26], [174, 105], [87, 207], [8, 140]])
#左上角、左下角、右下角、右上角坐标
    dst_points = np.float32([[25, 20], [100, 20], [180, 100], [105, 100]])
#左上角、左下角,右下角、右上角坐标
    #2.2.1 调用 OpenCV 实现透视变换矩阵
    M = cv2.getPerspectiveTransform(src_points, dst_points)
    dst = cv2.warpPerspective(img, M, (width, heigh))
    #2.2.2 透视变换代码复现
    X = get_projective_map(src_points, dst_points)
    out = projective_transform(img, X)
    #3.显示图像
    re = np.hstack([img, dst, out])
    plt.imshow(re[..., ::-1])
    cv2.imwrite('pictures/p5_17.jpeg', re)
    print(f'M:\n{M}')
    print(f'X:\n{X}')
    #运行结果
    '''
    M:  #OpenCV 自带函数求解的透视变换矩阵
    [[ 1.27430276e-01  7.16830199e-01 -6.44056729e+00]
     [-3.62014572e-01  3.46287724e-01  4.48302188e+01]
     [-1.07816433e-04 -6.78525945e-04  1.00000000e+00]]
    X:   #代码复现的透视变换矩阵
    [[ 1.27430276e-01  7.16830199e-01 -6.44056729e+00]
     [-3.62014572e-01  3.46287724e-01  4.48302188e+01]
     [-1.07816433e-04 -6.78525945e-04  1.00000000e+00]]
    '''
```

运行结果如图 5-17 所示。

【例 5-13】 车牌摆正。

解：

（1）读取彩色图像。

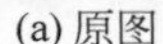

(a) 原图　　(b) OpenCV自带函数　　(c) 代码复现结果

图 5-17　图像透视变换

(2) 获取透视变换矩阵。找到原图车牌 4 个角的坐标，设置透视变换后的坐标，调用 OpenCV 实现透视变换矩阵。

(3) 显示图像，代码如下：

```
#chapter_13 车牌摆正
import cv2
import numpy as np
import matplotlib.pyplot as plt

#1. 读取彩色图像
img = cv2.imread('pictures/che2.png')
#2. 获取透视变换矩阵
heigh, width, _ = img.shape
#2.1 原图不共线的 4 个点 matSrc,仿射变换后对应的点 matDst
#左上角、左下角、右下角、右上角坐标
src_points = np.float32([[0, 0], [64, 5], [80, 244], [12, 246]])
dst_points = np.float32([[0, 0], [64, 0], [64, 230], [0, 230]])
#2.2.1 调用 OpenCV 实现透视变换矩阵
M = cv2.getPerspectiveTransform(src_points, dst_points)
dst = cv2.warpPerspective(img, M, (width + 10, heigh))
#3. 显示图像
re = np.hstack([img, dst])
plt.imshow(re[..., ::-1])
#cv2.imwrite('pictures/p5_18.jpeg', re)
```

运行结果如图 5-18 所示。

(a) 原图　　(b) 透视变换

图 5-18　车牌摆正

第6章

图像平滑

图像平滑是一种区域增强的算法。图像在产生、传输、复制过程中，因为外部因素出现数据丢失或产生噪声的情况，通过图像平滑可以起到抑制噪声、突出图像低频、干扰图像高频、减少突变部分、改善图像质量的作用。图像平滑通过滤波器（卷积核）实现。滤波器的原理是对窗口图像的像素进行加权。滤波器有线状、方形、圆形、十字形及圆环等不同形状，根据目标对象的特点选取对应滤波器。滤波器可以分为线性滤波与非线性滤波。线性滤波器用于对窗口图像像素进行加权求和，包括方框滤波、均值滤波、高斯滤波。非线性滤波包括中值滤波和双边滤波。

6.1 均值滤波

均值滤波是把像素周围 $n\times m$ 区域像素的平均值作为当前像素的滤波值。通过均值滤波可以消除噪声，但是在图像去噪的同时，也破坏了图像的细节部分，使图像变得模糊。

6.1.1 基本原理

如图 6-1 所示，图 6-1(a)为原图数字化表示。为了求解边缘的滤波值，需要对原始图像补零。已知卷积核的尺寸为 $n\times m$，在原图上下分别填补 $n//2$ 行，左右分别填补 $m//2$ 列，图 6-1(b)为原图填补零后的图像。图 6-1(c)为卷积核，卷积核的数值均为 $1/(n\times m)$。图 6-1(d)为图像滤波后的结果。均值滤波的过程是卷积核在填补零后的图像上滑动，计算卷积核与其覆盖区域对应元素的乘积之和作为滤波值。例如原图(0,0)位置上的像素 1 的滤波值为图 6-1(b)灰色区域数值与卷积核的乘积之和，即 $\text{int}\left(0\times\frac{1}{9}+0\times\frac{1}{9}+0\times\frac{1}{9}+0\times\frac{1}{9}+1\times\frac{1}{9}+7\times\frac{1}{9}+0\times\frac{1}{9}+6\times\frac{1}{9}+7\times\frac{1}{9}\right)=2$。以此类推，原图滤波后的结果为图 6-1(d)。

均值滤波的步骤如下：

(1) 通道处理。为了能处理不同通道的图像，把输入图像变成三通道。首先判断图像 img 的维数，如果图像维数小于 3，则把灰度图变成三维。获取 img 的尺寸[h,w,c]，用于生成填充后的图像 tmp 和滤波结果 out_put。

	0	1	2	3	4
0	1	7	6	0	9
1	6	7	3	5	8
2	6	1	3	8	9
3	9	3	0	9	4
4	7	4	1	6	9

(a) 原图

	0	1	2	3	4	5	6
0	0	0	0	0	0	0	0
1	0	1	7	6	0	9	0
2	0	6	7	3	5	8	0
3	0	6	1	3	8	9	0
4	0	9	3	0	9	4	0
5	0	7	4	1	6	9	0
6	0	0	0	0	0	0	0

(b) 填充图

	0	1	2
0	1/9	1/9	1/9
1	1/9	1/9	1/9
2	1/9	1/9	1/9

(c) 卷积核

	0	1	2	3	4
0	2	3	3	3	2
1	3	4	4	4	3
2	3	4	4	4	3
3	3	3	3	4	4
4	2	2	2	3	3

(d) 滤波图

图 6-1 均值滤波

(2) 图像填充。对图像填充是为了对边缘像素进行滤波。这里只讨论卷积核是正方形的情况,如果卷积核是长方形,则要分别计算宽和高填充的数量。卷积核的尺寸 k_size 一般为奇数,使中心像素周围的像素对称。生成卷积核 k,卷积核的数值均为$\frac{1}{\text{k_size}^2}$。首先根据卷积核的尺寸 k_size 确定图像填充的行数和列数 pad,如果卷积核的尺寸是 3,则需要对图像的行和列的两端分别填充 2 行、2 列。根据 pad 生成填充图 tmp[$h+2\times$pad,$w+2\times$pad,c],再把原图放在 tmp[pad:pad+h,pad:pad+w]上。

(3) 均值滤波。生成 out_put 用于存放原图滤波后的结果,尺寸与原图一致,因此需要计算 $w\times h$ 个像素的滤波值。遍历 out_put 的每个坐标(i,j),其中,$0\leqslant i\leqslant h-1$,$0\leqslant j\leqslant w-1$。获取坐标邻域像素 tmp[$i$:$i$+k_size,$j$:$j$+k_size,cc],邻域像素与卷积对应元素相乘再求和,得 img[i,j]的滤波值。均值滤波,代码如下:

```
import cv2
import numpy as np
import matplotlib.pyplot as plt

def mean_filter(img, k_size=3):
    '''
    均值模糊
```

```
    :param img: 图像
    :param k_size: 卷积核尺寸
    :return: 均值模糊后的图像
    '''
    #1. 通道处理
    #把图像变成三维
    n = len(img.shape)
    if n != 3:
        img = img[..., None]
    h, w, c = img.shape
    #2. 图像填充
    #生成卷积核
    k = np.ones((k_size, k_size), np.float32) / (k_size * k_size)
    #图像填充
    pad = k_size //2
    tmp = np.zeros((h + 2*pad, w + 2*pad, c), np.float32)
    tmp[pad:pad + h, pad:pad + w] = img.copy().astype(np.float32)
    #3. 均值滤波
    out_put = np.zeros_like(img)
    for i in range(h):
        for j in range(w):
            for cc in range(c):
                out_put[i, j, cc] = (tmp[i:i + k_size, j:j + k_size, cc] * k).sum()
    #如果输入图像是灰度图,则要把图像变为原来的尺寸
    if n < 3:
        out_put = out_put.reshape([h,w])
    return out_put.astype(np.uint8)
```

6.1.2 语法函数

OpenCV 调用函数 cv2.blur()实现均值滤波,其语法格式为

dst=cv2.blur(src,ksize,anchor,borderType)

(1) dst:返回值,表示进行均值滤波后的处理结果。

(2) src:需要处理的图像,即原始图像。它可以有任意数量的通道,并能对各个通道独立进行处理。图像深度应该是 CV_8U、CV_16U、CV_16S、CV_32F、CV_64F 中的一种。

(3) ksize:滤波核的大小。滤波核的大小是指在均值处理的过程中,其邻域图像的高度和宽度。

(4) anchor:锚点,默认值为(−1,−1),表示当前计算均值的点位于核的中心点位置。该值使用默认值即可,在特殊情况下可以指定不同的点作为锚点。

(5) borderType:边界样式,该值决定了以何种方式处理边界。

【例 6-1】 均值滤波。

解:

(1) 读取彩色图像。

(2) 均值滤波。

(3) 显示图像,代码如下:

```
#chapter6_1.py
import cv2
import numpy as np
import matplotlib.pyplot as plt

def mean_filter(img, k_size=3):
    '''
    均值模糊
    :param img: 图像
    :param k_size: 卷积核尺寸
    :return: 均值模糊后的图像
    '''
    #把图像变成三维
    n = len(img.shape)
    if n != 3:
        img = img[..., None]
    h, w, c = img.shape
    #卷积核
    k = np.ones((k_size, k_size), np.float32) / (k_size * k_size)
    #图像填充
    pad = (k_size - 1) //2
    tmp = np.zeros((h + 2 * pad, w + 2 * pad, c), np.float32)
    tmp[pad:pad + h, pad:pad + w] = img.copy().astype(np.float32)
    #滤波
    out_put = np.zeros_like(img)
    for i in range(h):
        for j in range(w):
            for cc in range(c):
                out_put[i, j, cc] = (tmp[i:i + k_size, j:j + k_size, cc] * k).sum()
    if n < 3:
        out_put = out_put.reshape([h, w])
    return out_put.astype(np.uint8)

if __name__ == '__main__':
    #1. 读取彩色图像
    img = cv2.imread('pictures/L3_jy.png', 1)
    #2. 均值滤波
    img1 = mean_filter(img, k_size=3)
    img2 = cv2.blur(img, (7, 7))
    img3 = mean_filter(img, k_size=11)
    #3. 显示图像
    re = np.hstack([img, img1, img2, img3])
    n = len(img.shape)
    if n < 3:
        plt.imshow(re, 'gray')
    else:
        plt.imshow(re[..., ::-1])
    plt.imshow(re[..., ::-1])
    #cv2.imwrite('pictures/p6_2.jpeg', re)
```

运行结果如图 6-2 所示。

(a) 原图

(b) 卷积核为3

(c) 卷积核为7

(d) 卷积核为11

图 6-2 均值滤波

如图 6-2 所示，卷积核越大，意味着对中心点周围更多的像素求平均值，经滤波后图像越模糊，去噪效果越明显，同时图像失真越严重。在实际操作中，根据经验选取合适的卷积核，维持去噪和失真之间的平衡。

6.2 方框滤波

方框滤波是一种常用的线性滤波，它主要用于去除图像中的噪声和减少细节，同时保持图像整体亮度分布。

6.2.1 基本原理

方框滤波包含均值滤波，方框滤波与均值滤波的不同在于方框滤波有两种类型的卷积核，如图 6-3 所示，一种是图 6-3(c)中归一化的卷积核，即取中心像素邻域内像素的均值作为滤波值。一种是图 6-3(d)中非归一化的卷积核，即取中心像素邻域内像素的和作为滤波值。方框滤波的步骤与均值滤波的步骤大致一致，主要差别是卷积核和归一化的设置，这里就不再赘述了。

	0	1	2	3	4
0	1	7	6	0	9
1	6	7	3	5	8
2	6	1	3	8	9
3	9	3	0	9	4
4	7	4	1	6	9

(a) 原图

	0	1	2	3	4	5	6
0	0	0	0	0	0	0	0
1	0	1	7	6	0	9	0
2	0	6	7	3	5	8	0
3	0	6	1	3	8	9	0
4	0	9	3	0	9	4	0
5	0	7	4	1	6	9	0
6	0	0	0	0	0	0	0

(b) 填充图

	0	1	2
0	1/9	1/9	1/9
1	1/9	1/9	1/9
2	1/9	1/9	1/9

(c) 卷积核1

	0	1	2
0	1	1	1
1	1	1	1
2	1	1	1

(d) 卷积核2

图 6-3 方框滤波

方框滤波的代码如下：

```
import cv2
import numpy as np
import matplotlib.pyplot as plt

def box_filter(img, k_size=3, normal = True):
    '''
    方框滤波
    :param img: 图像
    :param k_size: 卷积核尺寸
    :return: 方框模糊后的图像
    '''
    #把图像变成三维
    n = len(img.shape)
    if n != 3:
        img = img[..., None]
    h, w, c = img.shape
    #卷积核
    k = np.ones((k_size, k_size), np.float32)
    #图像填充
    pad = (k_size - 1) //2
    tmp = np.zeros((h + 2*pad, w + 2*pad, c), np.float32)
    tmp[pad:pad + h, pad:pad + w] = img.copy().astype(np.float32)
    #滤波
    out_put = np.zeros_like(img *1.0)
    #归一化的卷积核
    if normal:
        k /= k_size *k_size
    for i in range(h):
        for j in range(w):
            for cc in range(c):
                out_put[i, j, cc] = (tmp[i:i + k_size, j:j + k_size, cc] *k ).sum()
    if n < 3:
        out_put = out_put.reshape([h,w])
    out_put = np.clip(out_put,0,255)
    return out_put.astype(np.uint8)
```

6.2.2 语法函数

在 OpenCV 中，调用函数 cv2.boxFilter()实现方框滤波，其语法格式为

dst=cv2.boxFilter(src,ddepth,ksize,anchor,normalize,borderType)

(1) dst：经过方框滤波处理后的结果。

(2) src：需要被处理的图像，即原始图像。

(3) ddepth：处理后结果图像的深度，一般使用－1 表示与原始图像使用相同的图像深度。

(4) ksize：滤波核的大小。滤波核的大小是指在滤波处理过程中所选择的邻域图像的高度和宽度。例如滤波核的值可以为(3,3)，表示以中心像素 3×3 邻域的均值作为滤波结

果，滤波核的宽和高一般为奇数，这样使中心像素周围的像素对称。

（5）anchor：锚点，默认值为（−1，−1），表示当前计算均值的点位于核的中心点位置。该值使用默认值即可，在特殊情况下可以指定不同的点作为锚点。

（6）normalize：表示在滤波时是否进行归一化处理，该参数是一个逻辑值，可能为真（值为 1）或假（值为 0）。当参数 normalize＝0 时，表示不需要进行归一化处理，直接使用邻域像素的和。当参数 normalize＝1 时，表示要进行归一化处理，要用邻域像素的和除以滤波核元素的个数，相当于均值滤波。

（7）borderType：处理边界的方式，一般采用默认值。

【例 6-2】 方框滤波。

解：

（1）读取图像。

（2）方框滤波。

（3）显示图像，代码如下：

```
#chapter6_2.py 方框滤波
import cv2
import numpy as np
import matplotlib.pyplot as plt

def box_filter(img, k_size=3, normal = True):
    '''
    方框滤波
    :param img: 图像
    :param k_size: 卷积核尺寸
    :return: 方框模糊后的图像
    '''
    #把图像变成三维
    n = len(img.shape)
    if n != 3:
        img = img[..., None]
    h, w, c = img.shape
    #卷积核
    k = np.ones((k_size, k_size), np.float32)
    #图像填充
    pad = (k_size - 1) //2
    tmp = np.zeros((h + 2*pad, w + 2*pad, c), np.float32)
    tmp[pad:pad + h, pad:pad + w] = img.copy().astype(np.float32)
    #存放滤波结果
    out_put = np.zeros_like(img *1.0)
    #归一化的卷积核
    if normal:
        k /= k_size *k_size
    for i in range(h):
        for j in range(w):
            for cc in range(c):
                out_put[i, j, cc] = (tmp[i:i + k_size, j:j + k_size, cc] *k ).sum()
    if n < 3:
```

```
        out_put = out_put.reshape([h,w])
    #把滤波结果限定在 0~255
    out_put = np.clip(out_put,0,255)
    return out_put.astype(np.uint8)

if __name__ == '__main__':
    #1. 读取图像
    img = cv2.imread('pictures/L1_noise_gauss.png', 1)
    #2. 方框滤波
    img1 = box_filter(img, k_size=7, normal = True)
    img2 = box_filter(img, k_size=3, normal = False)
    img3 = cv2.boxFilter(img,-1,(2,2),normalize = 1)
    img4 = cv2.boxFilter(img,-1,(2,2),normalize = 0)
    #3. 显示图像
    re = np.hstack([img,img1,img2,img3,img4])
    n = len(img.shape)
    if n<3:
        plt.imshow(re,'gray')
    else:
        plt.imshow(re[..., ::-1])
    cv2.imwrite('pictures/p6_4.jpeg',re)
```

运行结果如图 6-4 所示。

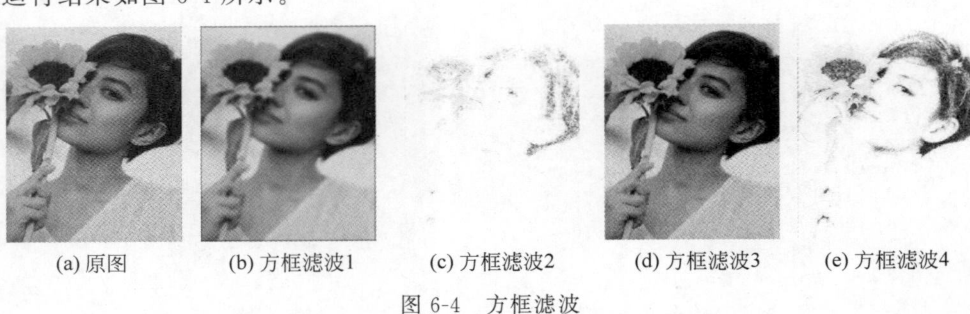

(a) 原图　(b) 方框滤波1　(c) 方框滤波2　(d) 方框滤波3　(e) 方框滤波4

图 6-4　方框滤波

如图 6-4 所示，图 6-4(a)为原始图像，图 6-4(b)复现卷积核为 7 的归一化的方框滤波。图 6-4(c)复现卷积核为 3 的非归一化的方框滤波。由于没有进行归一化处理，所以当滤波得到的值超过 255 时，截断为 255，因此卷积后滤波值超过 255 的都为白色。图 6-4(d)为卷积核为 2 的归一化的方框滤波。图 6-4(e)为卷积核为 2 的非归一化的方框滤波。

6.3 中值滤波

中值滤波是一种非线性滤波，将中心像素邻域内像素的中值作为滤波值。中值滤波对图像上出现异常点的情况去噪效果显著。

6.3.1 基本原理

中值滤波对中心像素邻域内的像素排序，取中值作为滤波值，如图 6-5 所示，中心像素为 3，取中心像素周围 3×3 区域的像素，如图 6-5 中的灰色区域。对邻域像素排序得[0、1、3、3、3、5、7、8、50]，中值为 3。在中心像素 3 周围的异常值为 50，当数据分布出现偏斜时，通过中值滤波可以有效地剔除异常值。中值滤波可以很好地抑制椒盐噪声，基本保持画面的清晰度，但是对高斯噪声效果不显著。

7	0	9	0	3	2	1
3	1	2	6	0	9	9
5	6	7	3	5	8	1
1	6	1	3	8	9	3
2	9	3	0	50	4	3
9	7	4	1	6	9	2
3	0	9	3	8	9	2

图 6-5 中值滤波

中值滤波的步骤如下：

(1) 通道处理。如果图像是二维的，则可把二维图像变成三维图像。

(2) 图像填充。根据卷积核尺寸对图像填充−1，因为中值滤波是取中心像素邻域像素的中值，所以将填充值设置为−1 对边缘像素中值的选取影响较小。

(3) 中值滤波。取中心像素邻域像素的中值作为滤波值，中值滤波的代码如下：

```
import numpy as np

def median_filter(img, k_size=5):
    '''
    中值滤波
    :param img: 输入图像
    :param k_size: 卷积核尺寸
    :return: 中值滤波后的图像
    '''
    #1.通道处理
    #把图像变成三维
    n = len(img.shape)
    if n != 3:
        img = img[..., None]
    h, w, c = img.shape
    #2. 图像填充
    #图像填充-1
    pad = (k_size - 1) //2
    tmp = np.ones((h + 2 *pad, w + 2 *pad, c), np.float32) *(-1)
    tmp[pad:pad + h, pad:pad + w] = img.copy().astype(np.float32)
    #3. 中值滤波
    out_put = img.copy()
    for i in range(h):
        for j in range(w):
            for cc in range(c):
                #取中心像素邻域像素
                t = tmp[i:i + k_size, j:j + k_size, cc]
                #取邻域像素的中值作为滤波值
                out_put[i,j,cc] = np.median(t[t > 0])
    if n < 3:
        out_put = out_put.reshape([h,w])
    return out_put.astype(np.uint8)
```

6.3.2 语法函数

在 OpenCV 中,调用函数 cv2.medianBlur()实现中值滤波,其语法格式为

dst=cv2.medianBlur(src,ksize)

(1) dst:返回值,表示图像中值滤波后的处理结果。

(2) src:需要处理的图像,即原图像。它可以有任意数量的通道,并能对各个通道独立地进行处理。图像深度应该是 CV_8U、CV_16U、CV_16S、CV_32F、CV_64F 中的一种。

(3) ksize:滤波核的大小。滤波核的大小是指在滤波处理过程中其邻域图像的高度和宽度。

【例 6-3】 中值滤波。

解:

(1) 读取图像。

(2) 中值滤波。

(3) 显示图像,代码如下:

```
#chapter6_3.py
import cv2
import numpy as np
import matplotlib.pyplot as plt

def median_filter(img, k_size=5):
    '''
    中值滤波
    :param img: 输入图像
    :param k_size: 卷积核尺寸
    :return: 中值滤波后的图像
    '''
    #把图像变成三维图像
    n = len(img.shape)
    if n != 3:
        img = img[..., None]
    h, w, c = img.shape
    #图像补-1
    pad = (k_size - 1) //2
    tmp = np.ones((h + 2 *pad, w + 2 *pad, c), np.float32) *(-1)
    tmp[pad:pad + h, pad:pad + w] = img.copy().astype(np.float32)
    #3 中值滤波
    out_put = np.zeros_like(img) *1.0
    for i in range(h):
        for j in range(w):
            for cc in range(c):
                #取中心像素邻域像素
                t = tmp[i:i + k_size, j:j + k_size, cc]
                #取邻域像素的中值作为滤波值
                out_put[i, j, cc] = np.median(t[t > 0])
    if n < 3:
```

```
        out_put = out_put.reshape([h, w])
    return out_put.astype(np.uint8)

if __name__ == '__main__':
    #1. 读取图像
    img = cv2.imread('pictures/L3_gs.png', 1)
    #2. 中值滤波
    #代码复现
    img1 = median_filter(img, k_size=5)
    #调用 OpenCV 函数
    img2 = cv2.medianBlur(img1, 3)
    #3. 显示图像
    re = np.hstack([img, img1, img2])
    n = len(img.shape)
    if n < 3:
        plt.imshow(re, 'gray')
    else:
        plt.imshow(re[..., ::-1])
    cv2.imwrite('pictures/p6_6.jpeg', re)
```

运行结果如图 6-6 所示。

(a) 原图

(b) 中值滤波1

(c) 中值滤波2

图 6-6　中值滤波

6.4　高斯滤波

高斯滤波是一种线性平滑滤波，适用于消除高斯噪声，被广泛地应用于图像降噪处理。通俗地讲，高斯滤波是对整幅图像进行加权平均的过程，每个像素的值都是由其本身和邻域内的其他像素经过加权平均后得到的结果。

6.4.1　基本原理

在均值滤波中，其邻域内每个像素的权重是相等的，而在高斯滤波中会将中心点的权重值加大，远离中心点的权重值逐渐减小，在此基础上计算邻域内各像素与对应权重的和。高斯滤波核的计算公式：

$$f(x,y)=\frac{1}{2\pi\sigma^2}e^{-\frac{x^2+y^2}{2\sigma^2}} \tag{6-1}$$

其中，x，y 为像素的横纵坐标，σ 为标准差。根据公式计算滤波核的权重，如图 6-7 所示。

(a) 滤波核坐标

(−1,−1)	(−1,0)	(−1,1)
(0,−1)	(0,0)	(0,1)
(1,−1)	(1,0)	(1,1)

(b) 高斯滤波核

0.0453	0.0566	0.0453
0.0566	0.0707	0.0566
0.0453	0.0566	0.0453

(c) 高斯滤波核归一化

0.0947	0.1183	0.0947
0.1183	0.1477	0.1183
0.0947	0.1183	0.0947

图 6-7　高斯滤波核

图 6-7(a)是 3×3 滤波核的坐标，σ 为 1.5。根据邻域像素与中心像素的距离计算高斯滤波核，得到图 6-7(b)，再对高斯滤波核进行归一化，得到最终权重图 6-7(c)。高斯滤波核的代码如下：

```python
#滤波核的尺寸，设为奇数
k_size = 3
#标准差
sigma = 2
#卷积核的半径，根据半径计算邻域像素与中心像素的相对位置
pad = (k_size - 1) //2
#卷积核
k = np.zeros((k_size, k_size), dtype=np.float32)
#根据公式计算高斯卷积核
for i in range(-pad, k_size - pad):
    for j in range(-pad, k_size - pad):
        k[j + pad, i + pad] = np.exp(-(i **2 + j **2) / (2 *sigma **2))
k /= (2 *np.pi *sigma **2)
#归一化
k /= k.sum()
```

6.4.2　语法函数

OpenCV 调用 cv2.GaussianBlur()函数实现高斯滤波，语法格式为

dst=cv2.GaussianBlur(src,ksize,sigmaX,sigmaY,borderType)

(1) dst：返回值，表示图像进行高斯滤波后的处理结果。

(2) src：需要处理的图像，即原图像。它可以有任意数量的通道，并能对各个通道独立地进行处理。图像深度应该是 CV_8U、CV_16U、CV_16S、CV_32F、CV_64F 中的一种。

(3) ksize：滤波核的大小。滤波核的大小是指在滤波处理过程中其邻域图像的高度和宽度。需要注意，滤波核的值必须是奇数。

(4) sigmaX：卷积核在水平方向上(x 轴方向)的标准差，其控制的是权重比例。sigmaX 是高斯核在 X 方向上的标准差，用于控制高斯核函数的形状。它的取值越大，表示高斯函数在 X 方向上的分布越平缓，核的权重分布越广，模糊程度越高。反之，sigmaX 取

值越小,表示高斯函数在 X 方向上的分布越陡峭,核的权重分布越集中,模糊程度越低。如果将 sigmaX 设为 0,则会根据核的大小自动计算标准差,此时核的形状会根据核的大小自动进行调整。

(5) sigmaY:卷积核在垂直方向上(y 轴方向)的标准差。如果将该值设置为 0,则只采用 sigmaX 的值;如果 sigmaX 和 sigmaY 都是 0,则通过 ksize. width 和 ksize. height 计算标准差。

(6) borderType:边界填充方式,包含多种类型,见表 6-1。

表 6-1 边界填充类型

类 型	注 释
cv2. BORDER_CONSTANT	常数填充,填充值由 value 参数指定
cv2. BORDER_REPLICATE	复制边界像素填充
cv2. BORDER_REFLECT	反射边界填充
cv2. BORDER_WRAP	环绕边界填充
cv2. BORDER_DEFAULT	反射边界填充,但不包括边缘像素
cv2. BORDER_TRANSPARENT	透明边界填充

【例 6-4】 高斯滤波。

解:

(1) 读取图像。

(2) 高斯滤波。

(3) 显示图像,代码如下:

```
#chapter6_4.py
import cv2
import numpy as np
import matplotlib.pyplot as plt

def guassian_filter(img, k_size=3, sigma=2):
    '''
    高斯滤波
    :param img: 输入图像
    :param k_size: 卷积核尺寸
    :param sigma: 标准差
    :return: 均值模糊后的图像
    '''
    #把图像变成三维图像
    n = len(img.shape)
    if n != 3:
        img = img[..., None]
    h, w, c = img.shape #(5, 5, 1)
    #对图像边缘补 0
    pad = (k_size - 1) //2
    #tmp 为 pading 后的图片
    tmp = np.zeros((h + pad * 2, w + pad * 2, c), dtype=np.float32)
    tmp[pad:pad + h, pad:pad + w] = img.copy().astype(np.float32)
```

```
    #存放滤波图像
    out_put = img.copy().astype(np.float32)
    #卷积核
    k = np.zeros((k_size, k_size), dtype=np.float32)
    #根据公式计算高斯卷积核
    for i in range(-pad, k_size - pad):
        for j in range(-pad, k_size - pad):
            k[j + pad, i + pad] = np.exp(-(i **2 + j **2) / (2 *sigma **2))
    k /= (2 *np.pi *sigma **2)
    #归一化
    k /= k.sum()
    #高斯滤波
    for i in range(h):
        for j in range(w):
            for cc in range(c):
                out_put[i, j, cc] = np.sum(k *tmp[i:i + k_size, j:j + k_size, cc])
    if n < 3:
        out_put = out_put.reshape([h, w])
    return out_put.astype(np.uint8)

if __name__ == '__main__':
    #1. 读取图像
    img = cv2.imread('pictures/L3_gs.png', 1)
    #2. 高斯滤波
    #代码复现
    img1 = guassian_filter(img, k_size=7, sigma=15)
    img2 = cv2.GaussianBlur(img, (5, 5), 0)
    #OpenCV 自带函数
    out = guassian_filter(img, k_size=11, sigma=10)
    #3. 显示图像
    re = np.hstack([img, img1, img2])
    n = len(img.shape)
    if n < 3:
        plt.imshow(re, 'gray')
    else:
        plt.imshow(re[..., ::-1])
    cv2.imwrite('pictures/p6_8.jpeg', re)
```

运行结果如图 6-8 所示。

(a) 原图

(b) 高斯滤波1

(c) 高斯滤波2

图 6-8　高斯滤波

6.5 双边滤波

双边滤波(Bilateral Filtering for Gray and Color Images)是一种非线性滤波器,它可以减小图像噪声,同时保留图像的边缘和细节。在双边滤波中,像素的值被替换为它周围像素的加权平均值,权重由像素之间的距离和像素之间的灰度差异共同决定。相对于高斯滤波,双边滤波能够更好地保存图像边缘信息。

6.5.1 基本原理

ε、x 是空间内的两像素的坐标,$f(\varepsilon)$是像素 ε 的灰度值,$h(x)$为滤波值,$c(\varepsilon-x)$是衡量 ε、x 之间距离的高斯函数。$s(f(\varepsilon)-f(x))$是衡量 ε、x 之间像素差异的高斯函数,k_d、k_r、k 是归一化因子,σ_d^2、σ_r^2 分别为空间域标准差和颜色域方差。

考虑空间距离:

$$h(x)=k_d^{-1}\int_{-\infty}^{\infty}\int_{-\infty}^{\infty} f(\varepsilon)c(\varepsilon-x)\mathrm{d}\varepsilon \tag{6-2}$$

$$k_d=\int_{-\infty}^{\infty}\int_{-\infty}^{\infty} c(\varepsilon-x)\mathrm{d}\varepsilon \tag{6-3}$$

$$c(\varepsilon-x)=\mathrm{e}^{-\frac{\|\varepsilon-x\|^2}{2\sigma_d^2}} \tag{6-4}$$

考虑颜色差异:

$$h(x)=k_r^{-1}\int_{-\infty}^{\infty}\int_{-\infty}^{\infty} f(\varepsilon)s(f(\varepsilon)-f(x))\mathrm{d}\varepsilon \tag{6-5}$$

$$k_r=\int_{-\infty}^{\infty}\int_{-\infty}^{\infty} s(f(\varepsilon)-f(x))\mathrm{d}\varepsilon \tag{6-6}$$

$$s(f(\varepsilon)-f(x))=\mathrm{e}^{-\frac{\|f(\varepsilon)-f(x)\|^2}{2\sigma_r^2}} \tag{6-7}$$

组合空间距离与颜色差异:

$$h(x)=k^{-1}\int_{-\infty}^{\infty}\int_{-\infty}^{\infty} f(\varepsilon)c(\varepsilon-x)s(f(\varepsilon)-f(x))\mathrm{d}\varepsilon \tag{6-8}$$

$$k=\int_{-\infty}^{\infty}\int_{-\infty}^{\infty} c(\varepsilon-x)s(f(\varepsilon)-f(x))\mathrm{d}\varepsilon \tag{6-9}$$

图 6-9(a)为原图,中心像素为 4。图 6-9(b)为颜色权重,把中心像素与邻域像素代入式(6-7)得到颜色权重。观察发现颜色权重中第 3 列的权重相对于前两列的权重较小,因为根据颜色权重的公式,像素差异越大,权重越小,因此经过滤波后,差异大的像素对中心像素的影响较小。图 6-9(c)为卷积核的坐标,中心像素坐标为(1,1),把中心像素坐标与邻域像素坐标代入式(6-4)得到图 6-9(d)空间权重,观察发现中心像素的权值最大,距离中心点越远的点,其权重系数越小。颜色权值和空间权重系数相乘,得到双边滤波的卷积核。由于双边滤波需要每个中心点邻域的灰度信息来确定其系数,所以其速度比一般的滤波要慢很多,

颜色权重随着覆盖的不同而不断变化，空间权重固定不变。

(a) 原图

0	5	100
7	4	110
8	6	98

(b) 颜色权重

0.1676	0.1671	0.0008
0.1657	0.168	0.0003
0.1647	0.1647	0.001

(c) 卷积核坐标

(0,0)	(0,1)	(0,2)
(1,0)	(1,1)	(1,2)
(2,0)	(2,1)	(2,2)

(d) 空间权重

0.1088	0.1123	0.1088
0.1123	0.0707	0.1123
0.1088	0.1123	0.1088

图 6-9　双边滤波权重

双边滤波的步骤如下：

(1) 获取空间差异卷积核 k_s。空间差异卷积核由卷积核尺寸决定，一旦卷积核尺寸确定，空间差异卷积核的数值不再发生变化。

(2) 获取灰度值差异卷积核 k_c。灰度值差异卷积核随着像素的变化而变化。

(3) 获取双边滤波卷积核。双边滤波卷积核为空间差异卷积核和灰度值差异卷积核的乘积再归一化。双边滤波的代码如下：

```
def kernel_space(sigmaSpace, k_size=3):
    '''
    空间差异卷积核
    :param sigmaSpace: 空间差异的标准差
    :param k_size: 卷积核大小
    :return:衡量空间差异的卷积核
    '''
    #空间差异卷积核
    k_s = np.zeros((k_size, k_size))
    #卷积核中中心像素的坐标
    center = np.array([k_size //2, k_size //2])
    for i in range(k_size):
        for j in range(k_size):
            #p 为卷积核内每个像素的坐标
            p = np.array([i, j])
            #计算卷积核每个位置的权重
            k_s[i, j] = np.exp(-0.5 * (np.linalg.norm(p - center) / sigmaSpace) **2)
    #归一化
    k_s /= k_s.sum()
    return k_s

def kernel_color(img_roi, sigmaColor, k_size=3):
    '''
    灰度值差异卷积核
    :param f: 图像上要进行卷积的区域
    :param sigmaColor:灰度值差异的标准差参数
    :param k_size:卷积核大小
    :return:衡量灰度值差异的卷积核
    '''
    img_roi = np.float64(img_roi)
    #灰度值差异卷积核
    k_c = np.exp(-0.5 * ((img_roi - img_roi[k_size //2, k_size //2]) / sigmaColor) **2)
```

```
    #归一化
    k_c /= k_c.sum()
    return k_c
```

6.5.2 语法函数

OpenCV 调用函数 bilateralFilter()来实现双边滤波操作，其语法函数为

dst=cv2.bilateralFilter(src,d,sigmaColor,sigmaSpace,borderType)

(1) dst：输出图像。

(2) src：输入图像。

(3) d：表示在滤波过程中每个像素邻域的直径范围。如果这个值是非正数，则函数会从第 5 个参数 sigmaSpace 开始计算该值。

(4) sigmaColor：颜色空间过滤器的 sigma 值。这个参数的值越大，表明该像素邻域内有更宽广的颜色会被混合到一起，从而产生较大的颜色区域。

(5) sigmaSpace：坐标空间中滤波器的 sigma 值。如果该值较大，则意味着颜色相近的较远像素将相互影响，从而使更大的区域中足够相似的颜色获取相同的颜色。当 $d>0$ 时，d 指定了邻域大小且与 sigmaSpace 无关，否则 d 与 sigmaSpace 成正比。

(6) borderType：用于推断图像外部像素的某种边界模式，默认为 BORDER_DEFAULT。

【例 6-5】 双边滤波。

解：

(1) 读取图像。

(2) 双边滤波。

(3) 显示图像，代码如下：

```
#chapter6_5.py
import cv2
import numpy as np
import matplotlib.pyplot as plt

def kernel_space(sigmaSpace, k_size=3):
    '''
    空间差异卷积核
    :param sigmaSpace: 空间差异的标准差
    :param k_size: 卷积核的大小
    :return:衡量空间差异的卷积核
    '''
    #空间差异卷积核
    k_s = np.zeros((k_size, k_size))
    #卷积核中中心像素的坐标
    center = np.array([k_size //2, k_size //2])
    for i in range(k_size):
        for j in range(k_size):
            #p 为卷积核内每个像素的坐标
```

```
            p = np.array([i, j])
            #计算卷积核每个位置的权重
            k_s[i, j] = np.exp(-0.5 * (np.linalg.norm(p - center) / sigmaSpace) **2)
    #归一化
    k_s /= k_s.sum()
    return k_s

def kernel_color(img_roi, sigmaColor, k_size=3):
    '''
    灰度值差异卷积核
    :param f: 图像上要进行卷积的区域
    :param sigmaColor:灰度值差异的标准差
    :param k_size:卷积核的大小
    :return:衡量灰度值差异的卷积核
    '''
    img_roi = np.float64(img_roi)
    #灰度值差异的卷积核
    k_c = np.exp(-0.5 * ((img_roi - img_roi[k_size //2, k_size //2]) / sigmaColor) **2)
    #归一化
    k_c /= k_c.sum()
    return k_c

def bilateralFilter(img, k_size=5, sigmaSpace=6, sigmaColor=50):
    '''
    双边滤波
    :param img: 输入图像
    :param k_size:卷积核的大小
    :param sigmaColor: 像素空间的标准差
    :param sigmaSpace: 像素灰度差异的标准差
    :return: 双边滤波后的图像
    '''
    n = len(img.shape)
    if n != 3:
        img = img[..., None]
    h, w, c = img.shape
    #图像填充
    pad = (k_size - 1) //2
    tmp = np.zeros((h + 2 *pad, w + 2 *pad, c), np.float32)
    tmp[pad:pad + h, pad:pad + w] = img.copy().astype(np.float32)
    out_put = np.zeros_like(img)
    #空间差异卷积核
    ks = kernel_space(sigmaSpace, k_size)
    for i in range(h):
        for j in range(w):
            for cc in range(c):
                img_roi = tmp[i:i + k_size, j:j + k_size, cc]
                #灰度值差异卷积核
                kc = kernel_color(img_roi, sigmaColor, k_size)
                #空间权重×数值权重
                K = ks * kc
                K /= K.sum()
                out_put[i, j, cc] = (img_roi *K).sum()
```

```
    if n < 3:
        out_put = out_put.reshape([h, w])
    return out_put

if __name__ == '__main__':
    #1. 读取图像
    img = cv2.imread('pictures/L1_noise_gauss.png', 1)
    #2. 双边滤波
    img1 = bilateralFilter(img)
    img2 = cv2.bilateralFilter(img, -1, sigmaColor=50, sigmaSpace=5)
    #3. 显示图像
    re = np.hstack([img, img1, img2])
    n = len(img.shape)
    if n < 3:
        plt.imshow(re, 'gray')
    else:
        plt.imshow(re[..., ::-1])
    cv2.imwrite('pictures/p6_10.jpeg', re)
```

运行结果如图 6-10 所示。

(a) 原图

(b) 代码复现结果

(c) OpenCV自带函数

图 6-10　双边滤波

【例 6-6】 图像素描。

解：

(1) 读取图像。

(2) 图像处理。读取彩色图像 img，把彩色图转换成灰度图 img_gray，对灰度图 img_gray 取反得到 img_inv。再用高斯滤波对 img_inv 模糊化处理得到 img_gau，最后灰度图 img_gray 除以(255-img_gau)得到图像素描。

(3) 显示图像，代码如下：

```
#chapter6_6.py
import cv2
import numpy as np
import matplotlib.pyplot as plt

#1. 读取图像
```

```
img = cv2.imread('pictures/L1.png', 1)
#2. 图像处理
img_gray = cv2.cvtColor(img, cv2.COLOR_BGR2GRAY)
img_inv = cv2.bitwise_not(img_gray)
img_gau = cv2.GaussianBlur(img_inv, [21, 21], sigmaX=0, sigmaY=0)
img_sk = cv2.divide(img_gray, 255 - img_gau, scale=255)
#3. 显示图像
re = np.hstack([img_gray, img_inv, img_gau, img_sk])
plt.imshow(re, 'gray')
cv2.imwrite('pictures/p6_11.jpeg', re)
```

运行结果如图 6-11 所示。

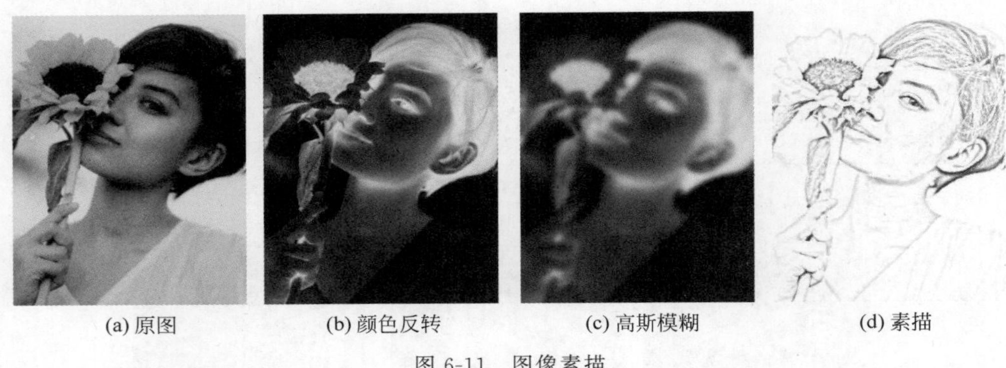

(a) 原图　(b) 颜色反转　(c) 高斯模糊　(d) 素描

图 6-11　图像素描

第7章 图像形态学

图像形态学也叫数学形态学(Mathematical Morphology),是指一系列处理图像形状特征的图像处理技术。图像形态学的基本思想是用一定形态的结构元素去度量和提取图像中的对应形状,从而达到分析和识别的目的。常用的形态学运算包括腐蚀、膨胀、开运算、闭运算、梯度运算、礼帽运算、黑帽运算、击中击不中,见表7-1。

表7-1 图像形态学

操作	公式	作用
腐蚀	$I \ominus K$	缩小 I 的边界
膨胀	$I \oplus K$	扩大 I 的边界
开运算	$I \circ K=(I \ominus K) \oplus K$	平滑轮廓,消除小的毛刺
闭运算	$I \cdot K=(I \oplus K) \ominus K$	平滑轮廓,填充小的洞孔
梯度运算	$G(I)=(I \oplus K)-(I \ominus K)$	获取轮廓
礼帽运算	$T_{\text{hat}}(I)=I-I \circ K$	获取上边界
黑帽运算	$B_{\text{hat}}(I)=I \cdot K-I$	获取下边界
击中击不中	$I \circledast K=(I \ominus K) \cap (I^c \ominus K^c)$	特定形状定位

表7-1中,I 为二值图或灰度图,I^c 表示对二值图或灰度图取反,K 为结构元,K^c 表示对结构元取反。$\ominus$表示取窗口内的最小值,$\oplus$表示取窗口内的最大值,$\circ$表示取开运算,$\cdot$表示取闭运算。腐蚀运算使前景(图像中的物体)向内收缩,消除其外部细节。膨胀运算使前景向外扩张,消除其内部细节。开运算是对图像先腐蚀再膨胀,用于除去前景的外部细节,分离相邻的物体。闭运算是对图像先膨胀后腐蚀,用于抹去前景内部细节,合并相邻的物体。梯度运算是对原图做膨胀的结果减去对原图做腐蚀的结果,梯度运算可以获取前景的轮廓。礼帽运算是原图减去对原图做开运算的结果,通过礼帽运算,图像只保留前景的外部细节。黑帽运算是原图闭运算结果与原图之差,通过黑帽运算,图像只保留前景的内部细节。击中击不中用于获取特定形状前景的中心位置。

7.1 图像腐蚀

在对图像进行形态学操作时,需要用到结构元作为工具,类似于卷积核。结构元是形状和尺寸已知的像素集,结构元的数值可以设置为0或1,它可以组成任何形状的图像,在结构元中还需要设置一个中心点。结构元不同于卷积核，卷积核中的 0 元素参与运算，而结构元相当于掩模，只取结构元中非 0 值对应的区域。当结构元在二值图或灰度图上滑动进行腐蚀运算时，取结构元非 0 值覆盖区域的最小值作为中心点的腐蚀运算值。例如结构元是一个 3×3 矩阵，只有 4 个角的元素为 1，其余元素值为 0，当结构元在图像上滑动时，只取图像被覆盖区域的 4 个角数值的最小值作为中心点的腐蚀值。腐蚀运算使目标缩小，可以消除小于结构元素的噪声点。

7.1.1 基本原理

腐蚀运算的基本思想是求局部最小值，如图 7-1 所示，图 7-1(a)为原图，图 7-1(b)为腐蚀后的图像。结构元为数值全是 1 的 3×3 矩阵，结构元在原图上滑动，取覆盖区域的最小值作为中心像素的腐蚀值。当结构元的中心像素与图 7-1(a)第 2 行第 2 列的元素 1 重合时，中心像素在 3×3 区域内的最小值为 1，即原图第 2 行第 2 列的元素对应腐蚀后的值为 1。

0	0	0	0	0	0
0	1	1	1	0	0
0	1	1	1	0	0
0	1	1	1	0	0
0	0	0	1	1	0
0	0	0	1	1	1

(a) 原图

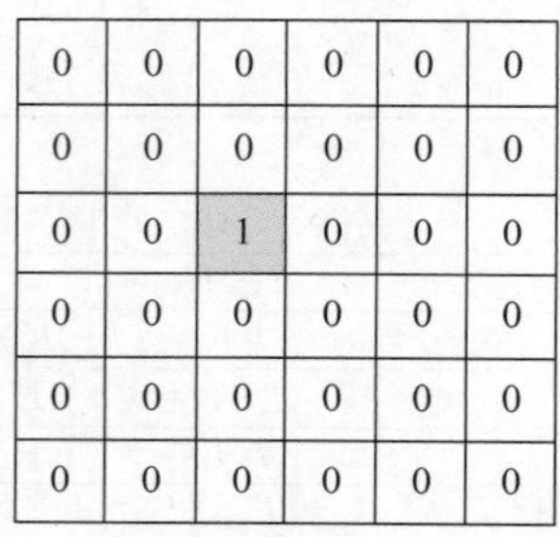

0	0	0	0	0	0
0	0	0	0	0	0
0	0	1	0	0	0
0	0	0	0	0	0
0	0	0	0	0	0
0	0	0	0	0	0

(b) 腐蚀后图像

图 7-1 腐蚀

腐蚀会把物体的边界腐蚀掉。结构元沿着图像滑动，如果结构元对应原图所有像素中的最小值 0，则中心元素就为 0，否则变为 1。腐蚀主要应用于去除白噪声，也可以断开连接在一起的物体。

腐蚀运算的步骤如下：

(1) 图像填充。对图像填充是为了对边缘像素进行运算，一般根据结构元的尺寸对图像进行填充，结构元的尺寸为奇数，使中心像素周围像素数量对称。img 为原图，pad 为原图填充的尺寸，一般是结构元尺寸对 2 取整。tmp 为填充后的图像，out_put 为腐蚀运算结果。mask 为结构元中的非零值，形态学只对结构元中非 0 值对应的像素进行运算。

(2) 滤波。遍历 out_put 的每个坐标，获取结构元覆盖区域的最小值并赋值给 out_put 对应的像素。可以对图像做多次腐蚀操作，每腐蚀一次，把 out_put 赋值给 tmp 重新腐蚀。

(3) 输出结果。根据 img 的尺寸确定 out_put 的尺寸，代码如下：

```
def my_erode(img,kernel,iterations=1):
    '''
    腐蚀
```

```
    :param img:输入灰度图或二值图
    :param kernel:结构元
    :param iterations:迭代次数
    :return:腐蚀后的图像
    '''
    h, w = img.shape
    kh, kw = kernel.shape
    #图像填充
    h_pad,w_pad = kh//2, kw//2
    tmp = np.ones((h + 2*h_pad, w + 2*w_pad), np.float32) * (256)
    tmp[h_pad:h_pad + h, w_pad:w_pad + w] = img.copy().astype(np.float32)
    mask = kernel>0
    #滤波
    out_put = np.zeros_like(img)
    for _ in range(iterations):
        for i in range(h):
            for j in range(w):
                out_put[i, j] = tmp[i:i + kh, j:j + kw][mask].min()
        tmp[h_pad:h_pad + h, w_pad:w_pad + w] = out_put.copy()
    return out_put.astype(np.uint8)
```

7.1.2 语法函数

OpenCV 调用函数 cv2.erode()实现腐蚀操作，其语法格式为

dst=cv2.erode(src,kernel[,anchor[,iterations[,borderType[,borderValue]]]])

(1) dst：输出图像。

(2) src：原始图像。

(3) kernel：结构元(Structuring Element)。

(4) anchor：结构元的锚点位置，默认值为(−1，−1)，表示结构元中心。

(5) iterations：腐蚀迭代的次数。

(6) borderType：用于推断图像外部像素的某种边界模式。

(7) borderValue：边界值。

【例 7-1】 图像腐蚀。

解：

(1) 读取彩色图像。

(2) 图像腐蚀。分别用复现代码和 OpenCV 自带函数对图像进行腐蚀。

(3) 显示图像，代码如下：

```
#chapter7_1.py 腐蚀
import cv2
import numpy as np
import matplotlib.pyplot as plt

def my_erode(img, kernel, iterations=1):
    '''
```

```
    腐蚀
    :param img:输入灰度图或二值
    :param kernel:结构元
    :param iterations:迭代次数,可以对图像进行多次腐蚀
    :return:腐蚀后的图像
    '''
    h, w = img.shape
    kh, kw = kernel.shape
    #图像填充
    h_pad, w_pad = kh //2, kw //2
    tmp = np.ones((h + 2 *h_pad, w + 2 *w_pad), np.float32) *(256)
    tmp[h_pad:h_pad + h, w_pad:w_pad + w] = img.copy().astype(np.float32)
    mask = kernel > 0
    #滤波
    out_put = np.zeros_like(img)
    for _ in range(iterations):
        for i in range(h):
            for j in range(w):
                out_put[i, j] = tmp[i:i + kh, j:j + kw][mask].min()
        #把 out_put 赋值给 tmp,用于下一次迭代
        tmp[h_pad:h_pad + h, w_pad:w_pad + w] = out_put.copy()
    return out_put.astype(np.uint8)

if __name__ == '__main__':
    #1. 读取彩色图像
    img = cv2.imread('pictures/my.jpg', 0)
    #2. 图像腐蚀
    #腐蚀函数复现
    kernel = np.ones((3, 3), np.uint8)
    img_1 = my_erode(img, kernel, iterations=2)
    #OpenCV 自带函数
    img_2 = cv2.erode(img, kernel=kernel, iterations=2)
    #3. 显示图像
    re = np.hstack([img, img_1, img_2])
    n = len(img.shape)
    plt.imshow(re, 'gray')
    cv2.imwrite('pictures/p7_2.jpeg', re)
```

运行结果如图 7-2 所示。

(a) 原图

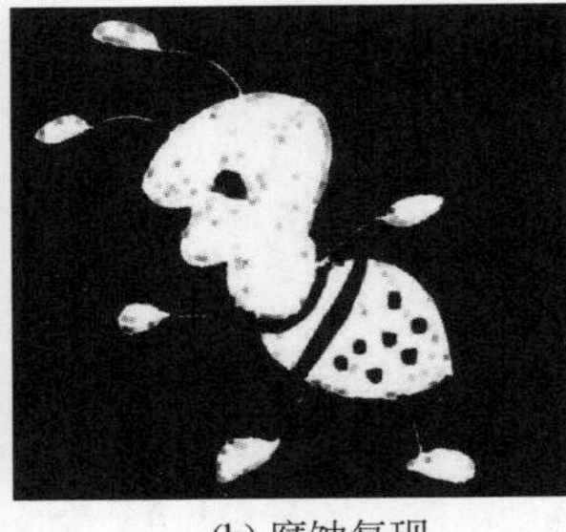

(b) 腐蚀复现

(c) OpenCV自带函数

图 7-2 图像腐蚀

如图 7-2 所示，7-2(a)为原图，7-2(b)为原图腐蚀后的结果。观察发现，腐蚀后蚂蚁轮廓要比原图蚂蚁轮廓小。原图边缘的像素，邻域内有 0 值，因此原图边缘腐蚀后的值为 0，腐蚀运算使目标轮廓缩小。图 7-2(b)中蚂蚁的触角、四肢也变细或消失，因此腐蚀运算既可以消除小于结构元素的噪声点，也可以使相邻的物体断开。

7.2　图像膨胀

膨胀运算是结构元在二值图像或灰度图上滑动，取结构元非 0 值所覆盖区域的最大值作为中心像素的数值。膨胀运算既可以扩大物体边界点，使目标增大，也可以消除物体内部噪声点。

7.2.1　基本原理

膨胀运算的基本思想是求局部最大值，如图 7-3 所示，图 7-3(a)为原图，图 7-3(b)为膨胀后的图像。结构元为数值全是 1 的 3×3 矩阵，原图第 3 行第 3 列的元素为 1，其在 3×3 的区域内最大值为 1，即原图第 3 行第 3 列的元素对应腐蚀后的值为 1。当原图左上角 0 为中心像素时，像素 0 周围 3×3 邻域内有 1，即局部最大值为 1，因此像素 0 膨胀后的值为 1，观察可知，通过膨胀运算可以扩大物体的轮廓。

0	0	0	0	0	0
0	1	1	1	0	0
0	1	1	1	0	0
0	1	1	1	0	0
0	0	0	1	1	0
0	0	0	1	1	1

(a) 原图

1	1	1	1	1	0
1	1	1	1	1	0
1	1	1	1	1	0
1	1	1	1	1	1
1	1	1	1	1	1
0	0	1	1	1	1

(b) 膨胀后图像

图 7-3　膨胀

膨胀会扩充物体的边界，结构元沿着图像滑动，如果结构元中非零值对应原图像素中的最大值 1，则中心元素膨胀后的值为 1，否则变为 0。膨胀的主要应用是将与物体接触的所有背景点合并到物体中，使目标增大，可填补目标中的孔洞。

膨胀运算的步骤如下：

(1) 图像填充。根据结构元的尺寸对图像进行填充。img 为原图，pad 为原图填充的尺寸，tmp 为填充后的图像，out_put 为腐蚀运算结果。mask 为结构元非零值，形态学只对结构元中非 0 值对应的像素进行运算。

(2) 滤波。遍历 out_put 的每个坐标，获取结构元非 0 值覆盖区域的最大值并赋值给 out_put 对应的像素。根据对图像膨胀的次数，确定迭代次数，每迭代一次，就把 out_put 赋值给 tmp，重新进行膨胀运算。

(3) 输出结果。根据 img 的尺寸确定 out_put 的尺寸,代码如下:

```
import numpy as np
def my_dilate(img,kernel,iterations=1):
    '''
    膨胀
    :param img:输入图像
    :param kernel:结构元
    :param iterations:迭代次数,对图像膨胀的次数
    :return:膨胀
    '''
    h, w = img.shape
    kh, kw = kernel.shape
    #图像填充
    h_pad,w_pad = kh//2, kw//2
    tmp = np.ones((h + 2*h_pad, w + 2*w_pad), np.float32)*(-1)
    tmp[h_pad:h_pad + h, w_pad:w_pad + w] = img.copy().astype(np.float32)
    #结构元非 0 区域的掩码
    mask = kernel>0
    #滤波
    out_put = np.zeros_like(img)
    for _ in range(iterations):
        for i in range(h):
            for j in range(w):
                out_put[i, j] = tmp[i:i + kh, j:j + kw][mask].max()
        #把 out_put 赋值给 tmp,用于下一次迭代
        tmp[h_pad:h_pad + h, w_pad:w_pad + w] = out_put.copy()
    return out_put.astype(np.uint8)
```

7.2.2 语法函数

OpenCV 调用函数 cv2.dilate()实现膨胀操作,其语法格式为

dst=cv2.dilate(src,kernel[,anchor[,iterations[,borderType[,borderValue]]]])

(1) dst:输出图像。

(2) src:原始图像。

(3) kernel:结构元。

(4) anchor:结构元的锚点位置,默认值为(−1,−1),表示结构元中心。

(5) iterations:膨胀迭代的次数。

(6) borderType:用于推断图像外部像素的某种边界模式。

(7) borderValue:边界值。

【例 7-2】 图像膨胀。

解:

(1) 读取图像。

(2) 图像膨胀。分别用膨胀运算复现代码和 OpenCV 自带函数实现图像膨胀。

(3) 显示图像,代码如下:

```
#chapter7_2.py 膨胀
import cv2
import numpy as np
import matplotlib.pyplot as plt

def my_dilate(img,kernel,iterations=1):
    '''
    膨胀
    :param img:输入图像
    :param kernel:结构元
    :param iterations:迭代次数
    :return:膨胀
    '''
    h, w = img.shape
    kh, kw = kernel.shape
    #图像填充
    h_pad,w_pad = kh//2, kw//2
    tmp = np.ones((h + 2*h_pad, w + 2*w_pad), np.float32)*(-1)
    tmp[h_pad:h_pad + h, w_pad:w_pad + w] = img.copy().astype(np.float32)
    mask = kernel>0
    #滤波
    out_put = np.zeros_like(img)
    for _ in range(iterations):
        for i in range(h):
            for j in range(w):
                out_put[i, j] = tmp[i:i + kh, j:j + kw][mask].max()
        tmp[h_pad:h_pad + h, w_pad:w_pad + w] = out_put.copy()
    return out_put.astype(np.uint8)

if __name__ == '__main__':
    #1. 读取图像
    img = cv2.imread('pictures/my.jpg', 0)
    #2. 图像膨胀
    #膨胀函数复现
    kernel = np.ones((3,3),np.uint8)
    img_1 = my_dilate(img,kernel,iterations=6)
    #OpenCV 自带函数
    img_2 = cv2.dilate(img,kernel=kernel,iterations=6)
    #3. 显示图像
    re = np.hstack([img,img_1,img_2])
    plt.imshow(re,'gray')
    cv2.imwrite('pictures/p7_4.jpeg', re)
```

运行结果如图 7-4 所示。

如图 7-4 所示，图 7-4(a)为原图，图 7-4(b)为原图膨胀后的结果。观察可知，原图膨胀后目标变大，因为挨着原图边界上的 0 像素，以及邻域内的最大值为 1，因此像素 0 膨胀后的结果为 1，膨胀运算使目标增大。原图目标物体蚂蚁内部有孔洞和横纹，孔洞的像素为 0，邻域内的最大值为 1，原图经过膨胀运算后，内部孔洞、横纹被填充。除此之外蚂蚁的四肢和触角也变粗，若原图经过多次膨胀，则可以使相连的物体合并在一起，因此膨胀运算具有扩大目标轮廓、消除内部噪声、合并物体的功能。

(a) 原图

(b) 膨胀复现

(c) OpenCV自带函数

图 7-4　图像膨胀

7.3　开运算

开运算是对原图像先腐蚀，去掉物体周围的毛刺，再对腐蚀结果进行膨胀操作，使物体恢复到原来的大小。通过开运算可以分离物体、消除小连接区域、消除噪点、去除小的干扰块且不影响原来的图像，如图 7-5 所示，图 7-5(a)为原图，图 7-5(b)为开运算后的结果。原图经过开运算，圆形物体周围的毛刺被清除，两个连接的物体也被分开。

(a) 原图　　(b) 开运算结果

图 7-5　开运算

7.3.1　基本原理

如图 7-6 所示，图 7-6(a)为原图，图 7-6(b)为腐蚀后的图，原图经过腐蚀后，相连的部分会断开，周围毛刺或噪声被去除。图 7-6(b)经过膨胀后得到图 7-6(c)。

1	1	0	0	0	1	1
1	1	1	1	1	1	1
1	1	0	0	0	1	1
0	0	0	0	0	0	0
1	1	1	1	0	0	0
1	1	1	1	0	0	0
1	1	1	1	1	1	1

(a) 原图

1	0	0	0	0	0	1
1	0	0	0	0	0	1
0	0	0	0	0	0	0
0	0	0	0	0	0	0
0	0	0	0	0	0	0
1	1	1	0	0	0	0
1	1	1	0	0	0	0

(b) 腐蚀

1	1	0	0	0	1	1
1	1	0	0	0	1	1
1	1	0	0	0	1	1
0	0	0	0	0	0	0
1	1	1	1	0	0	0
1	1	1	1	0	0	0
1	1	1	1	0	0	0

(c) 开运算结果

图 7-6　开运算

7.3.2 语法函数

OpenCV 调用函数 cv2.morphologyEx()实现开运算，将参数 op 设置为 cv2.MORPH_OPEN，其语法格式为

dst=cv2.morphologyEx(src,op,kernel[,anchor[,iterations[,borderType[,borderValue]]]])

(1) dst：输出图像。

(2) src：原始图像。

(3) op：操作类型，见表 7-2。

(4) kernel：结构元。

(5) anchor：结构元的锚点位置，默认值为(−1,−1)，表示结构元中心。

(6) iterations：迭代次数。

(7) borderType：用于推断图像外部像素的某种边界模式。

(8) borderValue：边界值。

表 7-2 op 类型

类　型	含　义
cv2.MORPH_ERODE	腐蚀
cv2.MORPH_DILATE	膨胀
cv2.MORPH_OPEN	开运算
cv2.MORPH_CLOSE	闭运算
cv2.MORPH_GRADIENT	梯度运算
cv2.MORPH_TOPHAT	礼帽运算
cv2.MORPH_BLACKHAT	黑帽运算
cv2.MORPH_HITMISS	击中击不中

【例 7-3】 图像开运算。

解：

(1) 读取图像。

(2) 图像开运算。图像先腐蚀后膨胀。

(3) 显示图像，代码如下：

```
#chapter7_3.py 开运算 先腐蚀后膨胀
import cv2
import numpy as np
import matplotlib.pyplot as plt

def my_open(img, kernel, iterations=2):
    re = cv2.erode(img, kernel=kernel, iterations=iterations)
    re = cv2.dilate(re, kernel=kernel, iterations=iterations)
    return re

if __name__ == '__main__':
    #1. 读取图像
```

```
    img = cv2.imread('pictures/my.jpg', 1)
    #2. 图像开运算
    #OpenCV 自带函数
    kernel = cv2.getStructuringElement(shape=cv2.MORPH_RECT, ksize=(7, 7))
    img_cv = cv2.morphologyEx(src=img, op=cv2.MORPH_OPEN, kernel=kernel,
iterations=2)
    #开运算复现
    img_my = my_open(img, kernel, iterations=2)
    re = np.hstack([img, img_cv, img_my])
    #3. 显示图像
    n = len(img.shape)
    if n < 3:
        plt.imshow(re, 'gray')
    else:
        plt.imshow(re[..., ::-1])
    cv2.imwrite('pictures/p7_7.jpeg', re)
```

运行结果如图 7-7 所示。

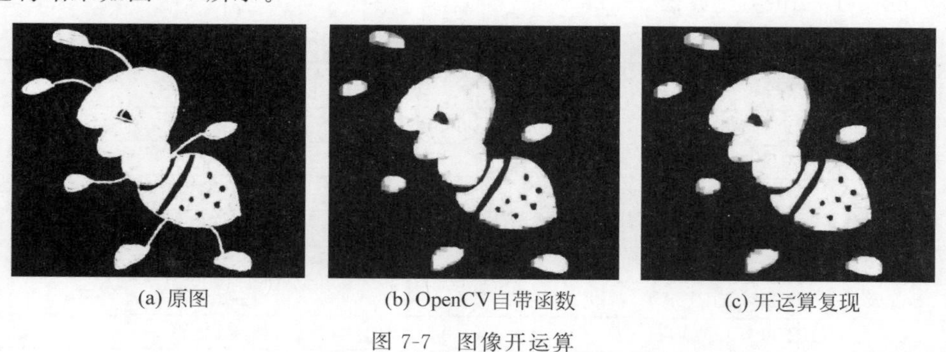

(a) 原图　　(b) OpenCV自带函数　　(c) 开运算复现

图 7-7　图像开运算

7.4　闭运算

闭运算是对图像先进行膨胀运算，去掉物体内部噪声，再进行腐蚀操作，使物体恢复到原来的大小。通过闭运算可以连接距离相近的物体，消除内部噪点，如图 7-8 所示，图 7-8(a)为原图，图 7-8(b)为闭运算后的结果。观察可知原图经过闭运算，圆形物体内部的噪声被清除，两个长方形被连在一起。

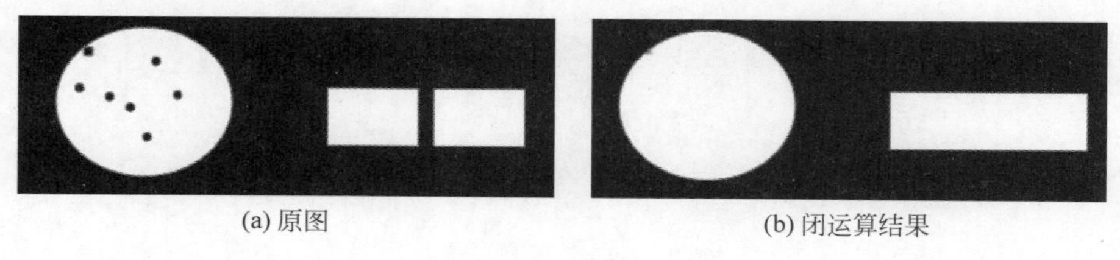

(a) 原图　　(b) 闭运算结果

图 7-8　闭运算

7.4.1 基本原理

闭运算的步骤是先对原图进行膨胀操作，再对膨胀后的图像进行腐蚀运算。通过闭运算既可以消除物体里面的孔洞，也可以填充闭合区域，如图 7-9 所示，图 7-9(a)为原图，图 7-9(b)为原图进行膨胀操作后的结果，观察左上角物体内部被填充，原图下半部分两个物体联通。图 7-9(b)经过腐蚀运算后的结果为图 7-9(c)，通过闭运算，内部噪声被填充，相邻的物体被合并在一起。

1	1	1	1	0	0	0
1	0	0	1	0	0	0
1	1	1	1	0	0	0
0	0	0	0	0	0	0
0	0	0	0	0	0	0
0	0	0	0	0	0	0
1	1	1	0	1	1	1
1	1	1	0	1	1	1

(a) 原图

1	1	1	1	1	0	0
1	1	1	1	1	0	0
1	1	1	1	1	0	0
1	1	1	1	1	0	0
0	0	0	0	0	0	0
1	1	1	1	1	1	1
1	1	1	1	1	1	1
1	1	1	1	1	1	1

(b) 膨胀运算

1	1	1	1	0	0	0
1	1	1	1	0	0	0
1	1	1	1	0	1	1
0	0	0	0	0	0	0
0	0	0	0	0	0	0
0	0	0	0	0	0	0
1	1	1	1	1	1	1
1	1	1	1	1	1	1

(c) 闭运算结果

图 7-9 闭运算

7.4.2 语法函数

OpenCV 调用函数 cv2.morphologyEx()实现闭运算，将参数 op 设置为 cv2.MORPH_CLOSE，具体语法格式参考 7.3.2 节。

【例 7-4】 图像闭运算。

解：

(1) 读取图像。

(2) 图像闭运算。

(3) 显示图像，代码如下：

```
#chapter7_4.py 闭运算 先膨胀后腐蚀
import cv2
import numpy as np
import matplotlib.pyplot as plt

def my_close(img, kernel, iterations=2):
    re = cv2.dilate(img, kernel=kernel, iterations=iterations)
    re = cv2.erode(re, kernel=kernel, iterations=iterations)
    return re

if __name__ == '__main__':
    #1. 读取图像
```

```
    img = cv2.imread('pictures/my.jpg', 1)
    #2. 图像闭运算
    #OpenCV 自带函数
    kernel = cv2.getStructuringElement(shape=cv2.MORPH_RECT, ksize=(7, 7))
    img_cv = cv2.morphologyEx(src=img, op=cv2.MORPH_CLOSE, kernel=kernel,
iterations=4)
    #闭运算复现
    img_1 = my_close(img, kernel, iterations=2)
    #3. 显示图像
    re = np.hstack([img, img_cv, img_1])
    n = len(img.shape)
    if n < 3:
        plt.imshow(re, 'gray')
    else:
        plt.imshow(re[..., ::-1])
    cv2.imwrite('pictures/p7_10.jpeg', re)
```

运行结果如图 7-10 所示。

(a) 原图　　(b) OpenCV自带函数　　(c) 闭运算复现

图 7-10　图像闭运算

7.5　梯度运算

梯度运算是对原图分别进行膨胀和腐蚀，再用膨胀图像减去腐蚀图像，从而得到图像轮廓，如图 7-11 所示，图 7-11(a)为原图，图 7-11(b)是对原图进行膨胀运算的结果，图 7-11(c)是对原图进行腐蚀运算的结果，图 7-11(d)为膨胀图减去腐蚀图的结果。

(a) 原图　　(b) 膨胀图　　(c) 腐蚀图　　(d) 图像梯度

图 7-11　梯度运算

7.5.1 基本原理

图像经过梯度运算后可以获取图像轮廓，如图 7-12 所示，图 7-12(a)为原图，图 7-12(b)为原图膨胀后的结果，图 7-12(c)为原图腐蚀后的结果。图 7-12(d)为膨胀图减去腐蚀图的结果。

0	0	0	0	0	0	0
0	1	1	1	1	1	0
0	1	1	1	1	1	0
0	1	1	1	1	1	0
0	1	1	1	1	1	0
0	1	1	1	1	1	0
0	0	0	0	0	0	0

(a) 原图

1	1	1	1	1	1	1
1	1	1	1	1	1	1
1	1	1	1	1	1	1
1	1	1	1	1	1	1
1	1	1	1	1	1	1
1	1	1	1	1	1	1
1	1	1	1	1	1	1

(b) 膨胀图

0	0	0	0	0	0	0
0	0	0	0	0	0	0
0	0	1	1	1	0	0
0	0	1	1	1	0	0
0	0	1	1	1	0	0
0	0	0	0	0	0	0
0	0	0	0	0	0	0

(c) 腐蚀图

1	1	1	1	1	1	1
1	1	1	1	1	1	1
1	1	0	0	0	1	1
1	1	0	0	0	1	1
1	1	0	0	0	1	1
1	1	1	1	1	1	1
1	1	1	1	1	1	1

(d) 图像梯度

图 7-12 图像梯度运算

7.5.2 语法函数

OpenCV 调用函数 cv2.morphologyEx()实现梯度运算，将参数 op 设置为 cv2.MORPH_GRADIENT，具体语法格式参考 7.3.2 节。

【例 7-5】 图像梯度运算。

解：

(1) 读取图像。

(2) 图像梯度运算。

(3) 显示图像，代码如下：

```
#chapter7_5.py 图像梯度运算
import cv2
import numpy as np
```

```
import matplotlib.pyplot as plt

def my_grad(img,kernel,iterations=2):
    img_di = cv2.dilate(img, kernel=kernel, iterations=iterations)
    img_er = cv2.erode(img, kernel=kernel, iterations=iterations)
    return img_di - img_er

#1. 读取图像
img = cv2.imread('pictures/my.jpg', 1)
#2. 图像梯度运算
kernel = np.ones((3,3),np.uint8)
#图像膨胀
img_di = cv2.dilate(img, kernel=kernel, iterations=2)
#图像腐蚀
img_er = cv2.erode(img, kernel=kernel, iterations=2)
#OpenCV 自带函数
img_cv = cv2.morphologyEx(src=img, op=cv2.MORPH_GRADIENT, kernel=kernel,
iterations=2)
#图像梯度运算代码复现
img_dier = my_grad(img,kernel,iterations=2)
#3. 显示图像
re = np.hstack([img,img_di,img_er,img_cv,img_dier])
n = len(img.shape)
if n<3:
    plt.imshow(re,'gray')
else:
    plt.imshow(re[..., ::-1])
#cv2.imwrite('pictures/p7_13.jpeg',re)
```

运行结果如图 7-13 所示。

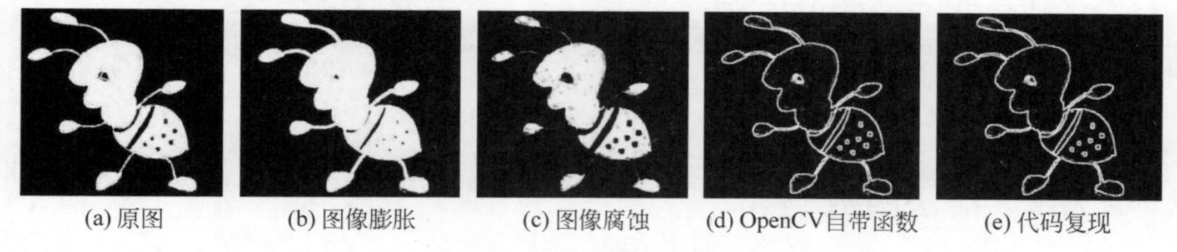

(a) 原图　(b) 图像膨胀　(c) 图像腐蚀　(d) OpenCV自带函数　(e) 代码复现

图 7-13　图像梯度运算

7.6 礼帽运算

礼帽运算是原图与其开运算结果之差，如图 7-14 所示，原图经过开运算可以去除图像外部噪声，原图再减去开运算结果就可以得到外部噪声。

7.6.1 基本原理

如图 7-15 所示，图 7-15(a)为原图，图 7-15(b)为原图经过开运算的结果，图 7-15(c)为

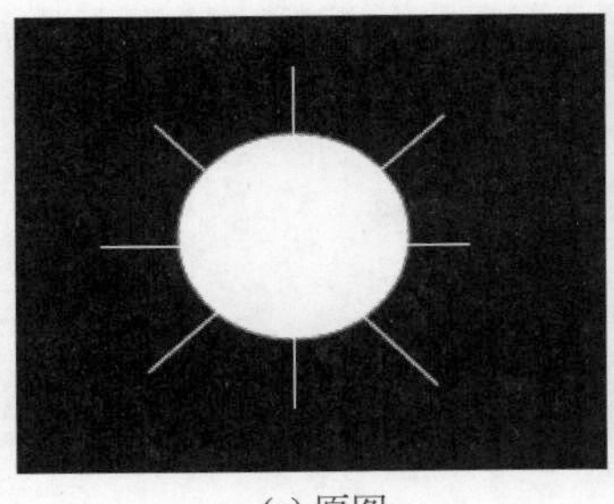

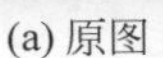

(a) 原图

(b) 开运算

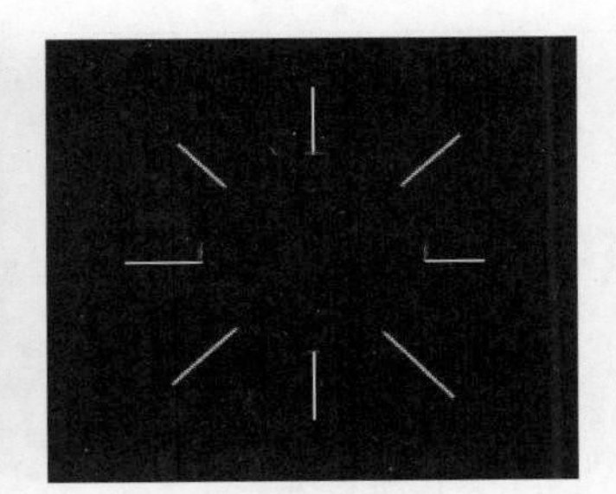

(c) 礼帽运算

图 7-14 礼帽运算

原图减去开运算结果的结果。礼帽运算用来分离比邻近点亮一些的斑块。在一张图像具有大幅背景且微小物品比较有规律的情况下,可以使用顶帽运算对背景进行提取。

0	0	0	0	0	0	1
0	0	0	0	0	1	0
0	1	1	1	1	0	0
0	1	1	1	1	0	0
0	1	1	1	1	0	0
0	0	0	1	0	0	0
0	0	0	1	0	0	0

(a) 原图

0	0	0	0	0	0	0
0	0	0	0	0	0	0
0	1	1	1	1	0	0
0	1	1	1	1	0	0
0	1	1	1	1	0	0
0	0	0	0	0	0	0
0	0	0	0	0	0	0

(b) 开运算

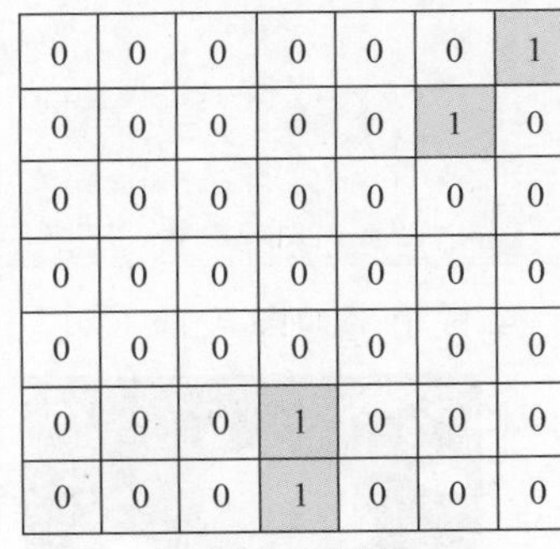

0	0	0	0	0	0	1
0	0	0	0	0	1	0
0	0	0	0	0	0	0
0	0	0	0	0	0	0
0	0	0	0	0	0	0
0	0	0	1	0	0	0
0	0	0	1	0	0	0

(c) 礼帽运算

图 7-15 礼帽运算

7.6.2 语法函数

OpenCV 调用函数 cv2.morphologyEx()实现礼帽运算,其中将参数 op 设置为 cv2.MORPH_TOPHAT,具体语法格式参考 7.3.2 节。

【例 7-6】 图像礼帽运算。

解:

(1) 读取图像。

(2) 图像礼帽运算。

(3) 显示图像,代码如下:

```
#chapter7_6.py 礼帽运算
import cv2
import numpy as np
import matplotlib.pyplot as plt

def my_tophat(img, kernel, iterations=2):
```

```
    img_open = cv2.morphologyEx(src=img, op=cv2.MORPH_OPEN, kernel=kernel,
iterations=iterations)
    return img - img_open

if __name__ == '__main__':
    #1. 读取图像
    img = cv2.imread('pictures/my.jpg', 1)
    #2. 图像礼帽运算
    kernel = np.ones((3, 3), np.uint8)
    #代码复现
    img_1 = my_tophat(img, kernel, iterations=3)
    #OpenCV 自带函数
    img_cv = cv2.morphologyEx(src=img, op=cv2.MORPH_TOPHAT, kernel=kernel,
iterations=3)
    #3. 显示图像
    re = np.hstack([img, img_1, img_cv])
    n = len(img.shape)
    if n < 3:
        plt.imshow(re, 'gray')
    else:
        plt.imshow(re[..., ::-1])
    cv2.imwrite('pictures/p7_16.jpeg', re)
```

运行结果如图 7-16 所示。

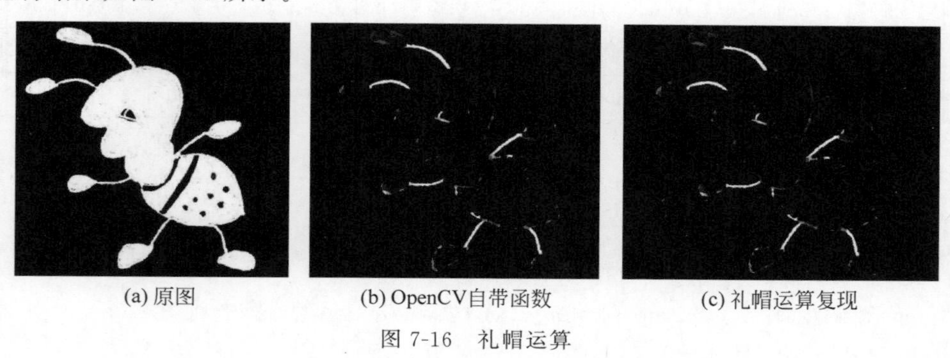

(a) 原图 (b) OpenCV自带函数 (c) 礼帽运算复现

图 7-16 礼帽运算

7.7 黑帽运算

黑帽运算是原图闭运算的结果与原图之差，如图 7-17 所示，原图经过闭运算可以去除图像内部噪声，闭运算再减去原图就可以得到图像内部噪声。黑帽运算可以用来分离比邻近点暗一些的斑块。

7.7.1 基本原理

如图 7-18 所示，图 7-18(a)为原图，图 7-18(b)为原图经过闭运算的结果，图 7-18(c)是闭运算结果减去原图的结果。黑帽运算后的效果图突出了比原图轮廓周围的区域更暗的区域，并且这一操作和选择的核的大小相关。

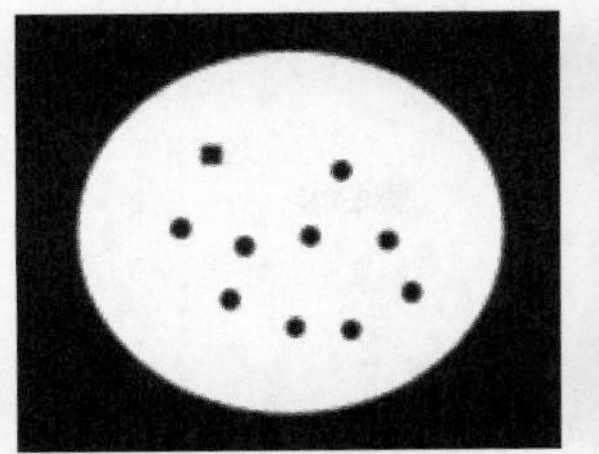

(a) 原图

(b) 闭运算

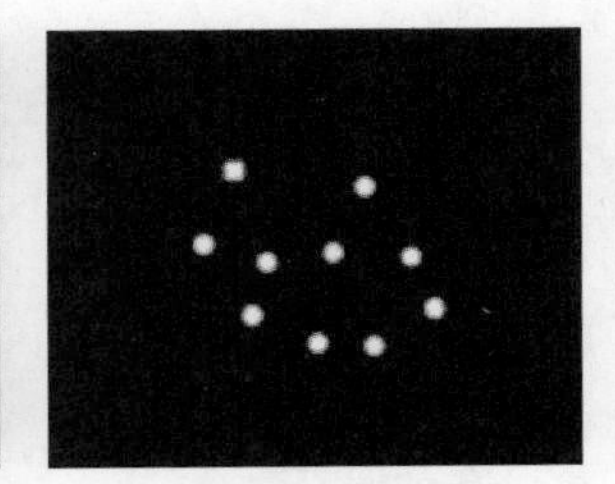

(c) 黑帽运算结果

图 7-17　黑帽运算

1	1	1	1	1	1	1
1	1	1	0	1	1	1
1	0	1	1	0	1	1
1	1	1	1	1	1	1
1	1	1	0	1	0	1
1	0	1	1	1	1	1
1	1	1	1	1	1	1

(a) 原图

1	1	1	1	1	1	1
1	1	1	1	1	1	1
1	1	1	1	1	1	1
1	1	1	1	1	1	1
1	1	1	1	1	1	1
1	1	1	1	1	1	1
1	1	1	1	1	1	1

(b) 闭运算

0	0	0	0	0	0	0
0	0	0	1	0	0	0
0	1	0	0	1	0	0
0	0	0	0	0	0	0
0	0	0	1	0	1	0
0	1	0	0	0	0	0
0	0	0	0	0	0	0

(c) 黑帽运算结果

图 7-18　黑帽运算

7.7.2　语法函数

OpenCV 调用函数 cv2.morphologyEx()实现黑帽运算，其中将参数 op 设置为 cv2.MORPH_BLACKHAT，具体语法格式参考 7.3.2 节。

【例 7-7】 图像黑帽运算。

解：

（1）读取图像。

（2）黑帽运算。

（3）显示图像，代码如下：

```
#chapter7_7.py 黑帽运算
import cv2
import numpy as np
import matplotlib.pyplot as plt

def my_blackhat(img,kernel,iterations=2):
    img_open = cv2.morphologyEx(src=img, op=cv2.MORPH_CLOSE, kernel=kernel,
iterations=iterations)
    return img_open - img

if __name__ == '__main__':
```

```
    #1.读取图像
    img = cv2.imread('pictures/my.jpg', 1)
    #2.黑帽运算
    kernel = np.ones((3,3),np.uint8)
    #代码复现
    img_1 = my_blackhat(img,kernel,iterations=5)
    #OpenCV 自带函数
    img_cv = cv2.morphologyEx(src=img, op=cv2.MORPH_BLACKHAT, kernel=kernel,
iterations=5)
    #3.显示图像
    re = np.hstack([img,img_1,img_cv])
    n = len(img.shape)
    if n<3:
        plt.imshow(re,'gray')
    else:
        plt.imshow(re[..., ::-1])
    #cv2.imwrite('pictures/p7_19.jpeg',re)
```

运行结果如图 7-19 所示。

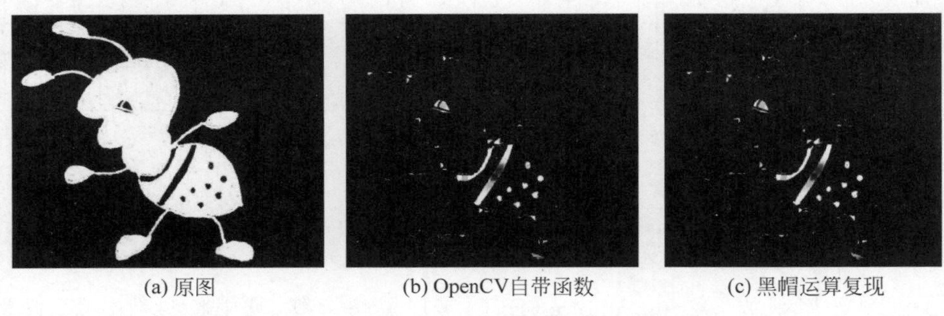

(a) 原图　　(b) OpenCV自带函数　　(c) 黑帽运算复现

图 7-19　黑帽运算

【例 7-8】 去除阴影。

解：

(1) 读取灰度图。

(2) 图像处理。先对灰度图进行膨胀，再对膨胀后的图进行腐蚀，从而得到图像噪声，然后用灰度图减去腐蚀图得到非噪声部分，最后对上一步结果进行归一化，以便调整图像亮度。

(3) 显示图像。

```
#chapter7_8.py
import cv2
import numpy as np
import matplotlib.pyplot as plt

def my_dilate(img, kernel, iterations=1):
    '''
    膨胀
    :param img:输入图像
```

```
    :param kernel:结构元
    :param iterations:迭代次数
    :return:膨胀
    '''
    h, w = img.shape
    kh, kw = kernel.shape
    #图像填充
    h_pad, w_pad = kh //2, kw //2
    tmp = np.ones((h + 2 *h_pad, w + 2 *w_pad), np.float32) *(-1)
    tmp[h_pad:h_pad + h, w_pad:w_pad + w] = img.copy().astype(np.float32)
    mask = kernel > 0
    #滤波
    out_put = np.zeros_like(img)
    for _ in range(iterations):
        for i in range(h):
            for j in range(w):
                out_put[i, j] = tmp[i:i + kh, j:j + kw][mask].max()
        tmp[h_pad:h_pad + h, w_pad:w_pad + w] = out_put.copy()
    return out_put.astype(np.int64)

def my_erode(img, kernel, iterations=1):
    '''
    腐蚀
    :param img:输入灰度图或二值图
    :param kernel:结构元
    :param iterations:迭代次数
    :return:腐蚀后的图像
    '''
    h, w = img.shape
    kh, kw = kernel.shape
    #图像填充
    h_pad, w_pad = kh //2, kw //2
    tmp = np.ones((h + 2 *h_pad, w + 2 *w_pad), np.float32) *(256)
    tmp[h_pad:h_pad + h, w_pad:w_pad + w] = img.copy().astype(np.float32)
    mask = kernel > 0
    #滤波
    out_put = np.zeros_like(img)
    for _ in range(iterations):
        for i in range(h):
            for j in range(w):
                out_put[i, j] = tmp[i:i + kh, j:j + kw][mask].min()
        tmp[h_pad:h_pad + h, w_pad:w_pad + w] = out_put.copy()
    return out_put.astype(np.int64)

if __name__ == '__main__':
    #1.图像将被转换为灰度图
    img_gray = cv2.imread('pictures/pic.png', 0)
    #2.图像处理
    #灰度图作膨胀
    kernel = np.ones((7, 7))
    img_d = my_dilate(img_gray, kernel)
    #膨胀后的图再进行腐蚀
```

```
    img_r = my_erode(img_d, kernel)
    #灰度图减去上一步的结果
    img_e = img_gray - img_r
    #归一化
    img_o = cv2.normalize(img_e, None, 0, 255, norm_type=cv2.NORM_MINMAX)
    #3. 显示图像
    re = np.hstack([img_gray, img_e, img_o])
    plt.imshow(re, 'gray')
    #cv2.imwrite('pictures/p7_20.jpeg', re)
```

运行结果如图 7-20 所示。

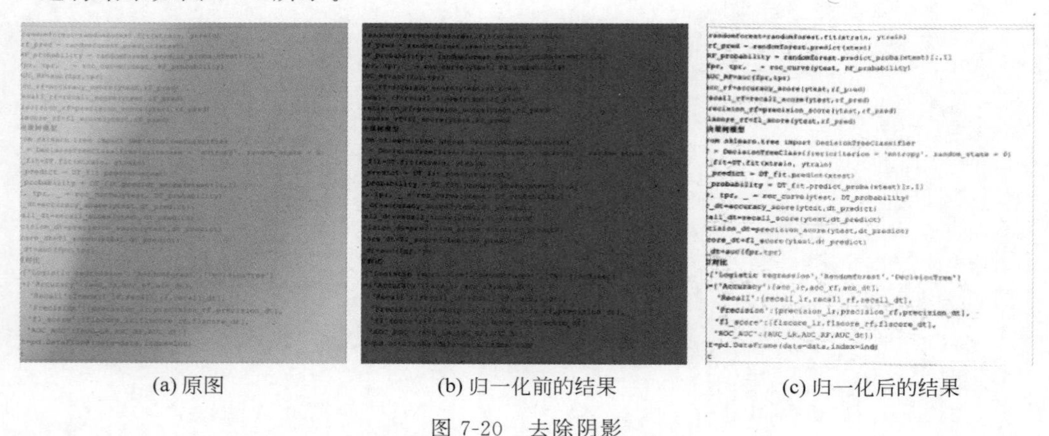

(a) 原图　　(b) 归一化前的结果　　(c) 归一化后的结果

图 7-20　去除阴影

7.8 击中击不中

击中击不中(Hit or Miss Transform，HMT)是形态学中用来检测特定形状的一个基本工具。模板是在图像中寻找的目标，只有当模板(结构元)元素与其覆盖的图像区域一致时，中心像素才会被置为 1，否则为 0，如图 7-21 所示，根据击中击不中算法，此图为不同模板在原图上扫描后的结果。对于边缘像素，当模板部分区域与覆盖区域匹配时，中心像素为 1，反之为 0。通过击中击不中算法可以找到特定形状在原图上的中心。

7.8.1 基本原理

击中击不中需要两个模板 k_1 和 k_2。k_1、k_2 互为补集，k_1 中的数值 1 在 k_2 中为 0，k_1 中的数值 0 在 k_2 中为 1。$k_1 \cap k_2 = \phi$。k_1 探测原图 I 内部与之一致的区域，作为击中部分；k_2 探测图像外部与之一致的区域，作为击不中部分。数学表达式为 $I \circledast K = (I \ominus K) \cap (I^c \ominus K^c)$。其中，$I$ 为原图，I^c 的原图取反，$\ominus$表示腐蚀运算。

击中击不中算法的步骤如下：

(1) 原图与模板进行腐蚀运算。

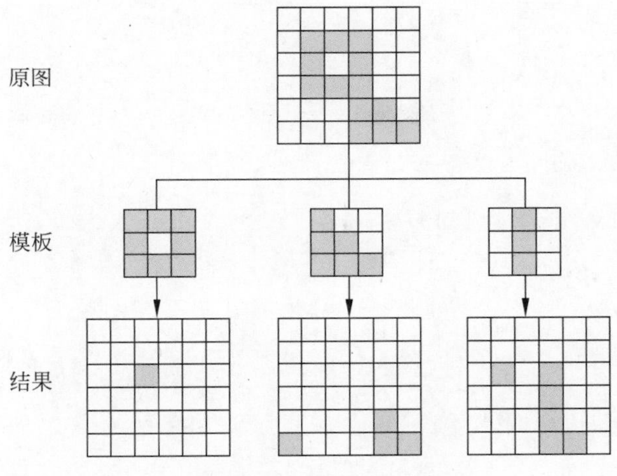

图 7-21 击中击不中

（2）原图的补集与模板补集进行腐蚀运算。

（3）把上两步运算结果进行按位与运算，代码如下：

```
def hit_miss(img,k):
    '''
    击中击不中
    :param img: 输入图像
    :param k: 模板
    :return:输入图像中与模板一致的图像的中心点
    '''
    img_e = cv2.erode(img,k)
    img_ei = cv2.erode(255-img, 1-k)
    img_hm = cv2.bitwise_and(img_e,img_ei)
    return img_e,img_ei,img_hm
```

7.8.2 语法函数

OpenCV 调用函数 cv2.morphologyEx()实现梯度运算，将参数 op 设置为 cv2.MORPH_HITMISS，具体语法格式参考 7.3.2 节。

【例 7-9】 击中击不中。

解：

（1）读取图像。

（2）击中击不中运算。

（3）显示图像，代码如下：

```
#chapter7_9.py hit and miss
import cv2
import numpy as np
import matplotlib.pyplot as plt
```

```
def hit_miss(img, k):
    '''
    击中击不中
    :param img: 输入图像
    :param k: 模板
    :return:输入图像中与模板一致的图像的中心点
    '''
    img_e = cv2.erode(img, k)
    img_ei = cv2.erode(255 - img, 1 - k)
    img_hm = cv2.bitwise_and(img_e, img_ei)
    return img_e, img_ei, img_hm

#1. 设置 img、模板 k
k = np.array([[1, 1, 1], [1, 0, 1], [1, 1, 1]], np.uint8)
img = np.array([[255, 255, 255, 0, 0, 0, 0, 0, 0, 0, 0, 0,
                 0, 0, 0, 0, 255, 255, 255],
                [255, 0, 255, 0, 0, 0, 0, 0, 0, 0, 0, 0, 0,
                 0, 0, 0, 0, 255, 0, 255],
                [255, 255, 255, 0, 0, 0, 0, 0, 0, 0, 0, 0,
                 0, 0, 0, 0, 255, 255, 255],
                [0, 0, 0, 0, 0, 0, 0, 0, 255, 255, 255, 0, 0,
                 0, 0, 0, 0, 0, 0, 0],
                [0, 0, 0, 0, 0, 0, 0, 0, 255, 0, 255, 0, 0,
                 0, 0, 0, 0, 0, 0, 0],
                [0, 0, 0, 0, 0, 0, 0, 0, 255, 255, 255, 0, 0,
                 0, 0, 0, 0, 0, 0, 0],
                [0, 0, 0, 0, 0, 0, 0, 0, 0, 0, 0, 0, 0,
                 0, 0, 0, 0, 0, 0, 0],
                [0, 0, 0, 0, 0, 0, 0, 0, 0, 0, 0, 0, 0,
                 0, 0, 0, 0, 0, 255, 255],
                [0, 0, 0, 0, 0, 0, 0, 0, 0, 0, 0, 0, 0,
                 0, 0, 0, 0, 0, 255, 255],
                [0, 0, 0, 255, 255, 255, 0, 0, 0, 0, 0, 0, 0,
                 0, 0, 0, 0, 0, 255, 255],
                [0, 0, 0, 255, 255, 255, 0, 0, 0, 0, 0, 0, 0,
                 0, 0, 0, 0, 0, 0, 0],
                [0, 0, 0, 255, 255, 255, 0, 0, 0, 0, 0, 0, 0,
                 0, 0, 0, 0, 0, 0, 0],
                [0, 0, 0, 0, 0, 0, 0, 0, 0, 0, 0, 0, 0,
                 0, 0, 0, 0, 0, 0, 0],
                [0, 0, 0, 0, 0, 0, 0, 0, 0, 0, 0, 0, 0,
                 0, 0, 0, 0, 0, 0, 0],
                [0, 0, 0, 0, 0, 0, 0, 0, 0, 0, 0, 0, 0,
                 0, 0, 0, 0, 0, 0, 0],
                [0, 0, 0, 0, 0, 0, 0, 0, 0, 0, 0, 0, 0,
                 0, 0, 0, 0, 0, 0, 0],
                [0, 0, 0, 0, 0, 0, 0, 0, 0, 0, 0, 0, 0,
                 0, 0, 0, 0, 0, 0, 0],
                [255, 255, 255, 0, 0, 0, 0, 0, 0, 0, 0, 0,
                 0, 0, 0, 0, 255, 255, 255],
                [255, 0, 255, 0, 0, 0, 0, 0, 255, 255, 255, 0, 0,
                 0, 0, 0, 0, 255, 0, 255],
```

```
                [255, 255, 255, 0, 0, 0, 0, 0, 255, 0, 255, 0, 0,
                 0, 0, 0, 0, 255, 255, 255]], dtype=np.uint8)
#2. 击中击不中运算
img_e, img_ei, img_hm0 = hit_miss(img, k)
#OpenCV 自带函数
img_hm1 = cv2.morphologyEx(img, cv2.MORPH_HITMISS, k)
#3. 显示图像
re = np.hstack([img, img_e, img_ei, img_hm0, img_hm1])
plt.imshow(re, 'gray')
cv2.imwrite('pictures/p7_22.jpeg', re)
```

运行结果如图 7-22 所示。

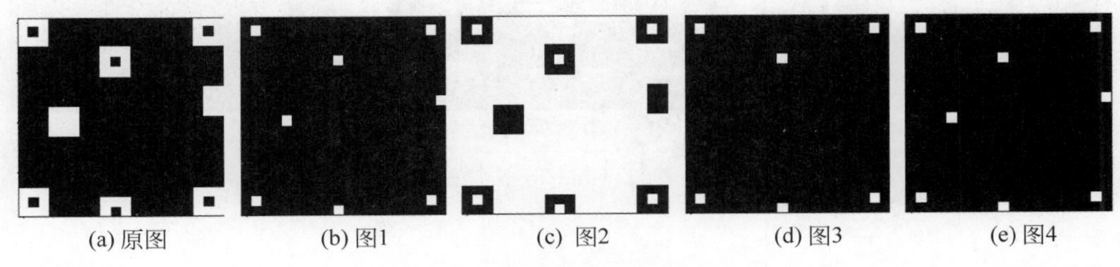

(a) 原图　(b) 图1　(c) 图2　(d) 图3　(e) 图4

图 7-22　击中击不中运算

如图 7-22 所示，图 7-22(a)为原图，模板为 3×3 的矩阵，中心像素为 0，其余像素为 1。模板形如图 7-22(a)左上角中心是黑色且周围是白色的正方形。图 7-22(b)为模板在原图上腐蚀后的结果，观察可知，当原图跟模板周围 8 像素完全一致时，中心点为白色。图 7-22(c)为原图的补集与模板补集进行腐蚀运算后的结果。图 7-22(d)为图 1 和图 2 按位与运算的结果，观察可知，图 1 和图 2 同为白色的像素被保留。图 7-22(e)为调用 OpenCV 自带函数运算的结果。击中击不中运算用于获取与结构元一致的物体的中心，可用于特定形状定位。

【例 7-10】 获取图像轮廓。

解：

(1) 读取图像。

(2) 图像处理。

(3) 显示图像，代码如下：

```
#chapter7_10.py hit and miss
import cv2
import numpy as np
import matplotlib.pyplot as plt
#1. 读取图像
img_gray = cv2.imread('pictures/hm.jpg', 0)
#2. 图像处理
#模板
k = np.array([[1, 1, 1], [1, 0, 1], [1, 1, 1]], np.uint8)
#击中击不中
img_hm = cv2.morphologyEx(img_gray, cv2.MORPH_HITMISS, k)
img = img_gray - img_hm
```

```
#3. 显示图像
re = np.hstack([img_gray, img_hm, img])
plt.imshow(re, 'gray')
#cv2.imwrite('pictures/p7_23.jpeg', re)
```

运行结果如图 7-23 所示。

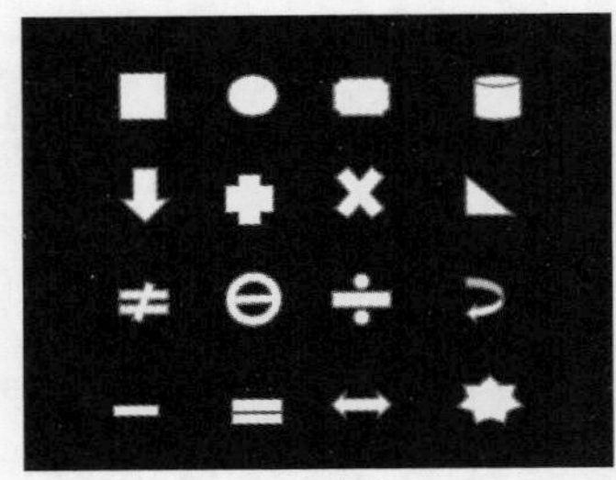

(a) 原图

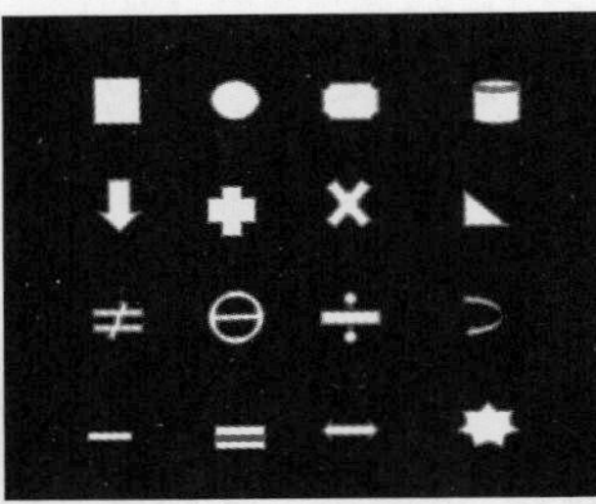

(b) 击中击不中的结果

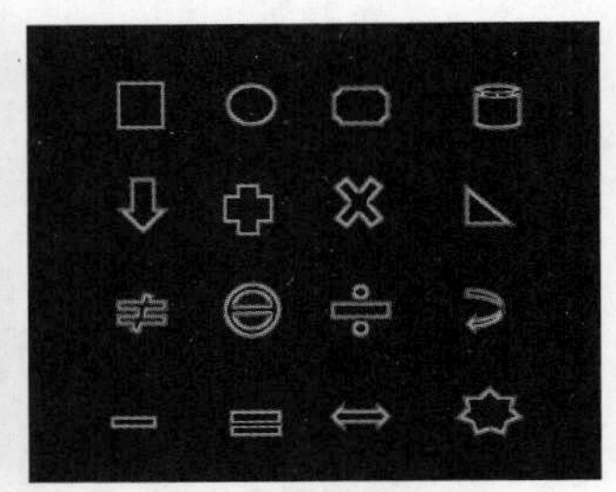

(c) 图像轮廓

图 7-23　击中击不中运算

第 8 章

图 像 梯 度

在图像识别中，需要突出边缘和轮廓信息，通过对图像求梯度可以增强图像边缘或轮廓。本章主要介绍图像梯度和边缘检测知识，详细讲解 Prewitt 算子、Roberts 算子、Sobel 算子、Scharr 算子、Laplacian 算子和 Canny 边缘检测算法。图像梯度和边缘提取技术可以消除图像中的噪声，提取图像信息中用来表征图像的一些变量，为图像识别提供基础。

从灰度突变的角度来看，在边缘处其邻域位置的像素变化较大，即像素的梯度变化较大。边缘检测算法主要是基于图像像素的一阶和二阶导数，如图 8-1 所示，像素的梯度对应一阶导数，一阶导数越大，像素变化越快。当像素二阶导数为 0 时，也就是一阶导的极值，即梯度变化的极大值。在实际应用中可以用有限差分进行梯度近似。

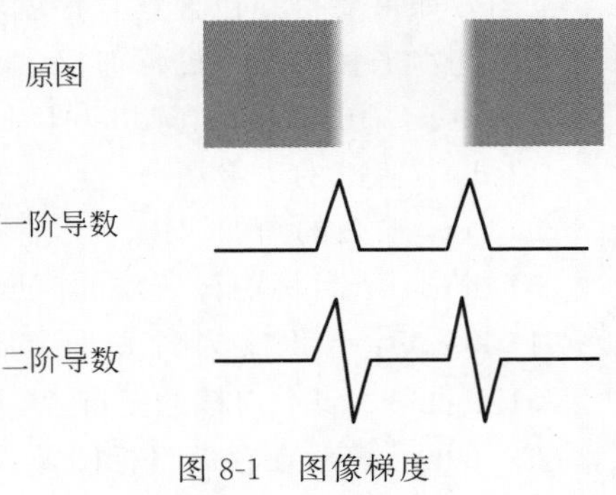

图 8-1　图像梯度

8.1　Prewitt 算子

Prewitt 算子是一种用于边缘检测的一阶微分算子，通过中心像素邻域像素的差值检测边缘，有效提取水平边缘、垂直边缘、斜线，同时对邻域像素求平均值，达到对图像平滑的作用。Prewitt 算子对灰度渐变的图像边缘提取效果较好，但没有考虑相邻点的距离远近对当前像素的影响。

8.1.1　基本原理

Prewitt 算子(滤波核、卷积核)包括水平滤波核、垂直滤波核、对角线滤波核、反对角线滤波核，如图 8-2 所示，通过图 8-2(a)水平滤波核可以提取图像的水平线条，图 8-2(e)中心像素 p_5 对应的水平滤波值为$(p_7+p_8+p_9)-(p_1+p_2+p_3)$。通过图 8-2(b)垂直滤波核可以提取图像的垂直线条，中心像素 p_5 对应的垂直滤波值为$(p_3+p_6+p_9)-(p_1+p_4+p_7)$。中心像素 p_5 对应的对角滤波值为$(p_2+p_3+p_6)-(p_4+p_7+p_8)$，通过图 8-2(c)的对角线滤波核可以提取图像的斜线。通过图 8-2(d)反对角线滤波核可以提取图像的反斜线，中心像素 p_5 对应的反对角线滤波值为$(p_6+p_8+p_9)-(p_1+p_2+p_4)$。

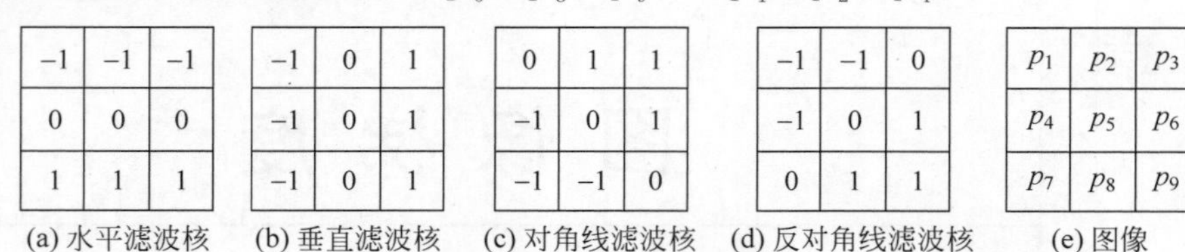

图 8-2 Prewitt 算子原理

8.1.2 语法函数

在 Python 中，需要先设置 Prewitt 算子，再调用 OpenCV 的 cv2.filter2D()函数实现对图像的卷积运算，然后通过 convertScaleAbs()函数把卷积后的值变为正数，并将图像转换为 8 位图。如果要得到包含垂直梯度和水平梯度的结果，则需要用 addWeighted()函数对垂直梯度和水平梯度结果进行加权。cv2.filter2D()函数的语法格式如下：

dst=cv2.filter2D(src,ddepth,kernel[,dst[,anchor[,delta[,borderType]]]])

(1) dst：输出的边缘图。

(2) src：输入的图像。

(3) ddepth：目标图像所需的深度。

(4) kernel：卷积核，一个单通道浮点型矩阵。

(5) anchor：表示内核的基准点，其默认值为(−1,−1)，位于中心位置。

(6) delta：表示在存储目标图像前可选的添加到像素的值，默认值为 0。

(7) borderType：表示边框模式。

在经过 Prewitt 算子处理之后，还需要调用 convertScaleAbs() 函数计算绝对值，并将图像转换为 8 位图进行显示，其语法格式如下：

dst=convertScaleAbs(src[,dst[,alpha[,beta]]])

(1) src：表示原数组。

(2) dst：表示输出数组，深度为 8 位。

(3) alpha：表示比例因子。

(4) beta：表示原数组元素按比例缩放后添加的值。

【例 8-1】 用 Prewitt 算子提取特征。

解：

(1) 读取彩色图像。

(2) Prewitt 算子滤波。根据水平滤波核、垂直滤波核求出水平梯度和垂直梯度，再对梯度求绝对值，把梯度中的负值转换为正值，最后把水平梯度和垂直梯度加权后得到图像边缘。

(3) 显示图像，代码如下：

```
#chapter8_1.py Prewitt 算子
import cv2
import numpy as np
import matplotlib.pyplot as plt

#1. 读取图像
img = cv2.imread('pictures/fa.jpg', 1)
#2. Prewitt 算子滤波
#水平滤波核
k_h = np.array([[-1, -1, -1], [0, 0, 0], [1, 1, 1]], dtype=int)
#垂直滤波核
k_v = np.array([[-1, 0, 1], [-1, 0, 1], [-1, 0, 1]], dtype=int)
#水平梯度
img_x = cv2.filter2D(img, cv2.CV_16S, k_h)
#垂直梯度
img_y = cv2.filter2D(img, cv2.CV_16S, k_v)
#把梯度中的负值变为正值
abs_x = cv2.convertScaleAbs(img_x)
abs_y = cv2.convertScaleAbs(img_y)
#获取水平滤波和垂直梯度的加权值
img_xy = cv2.addWeighted(abs_x, 0.5, abs_y, 0.5, 0)
#3. 显示图像
re = np.hstack([img, img_x, img_y, img_xy])
plt.imshow(re)
#cv2.imwrite('pictures/p8_3.jpeg', re)
```

运行结果如图 8-3 所示。

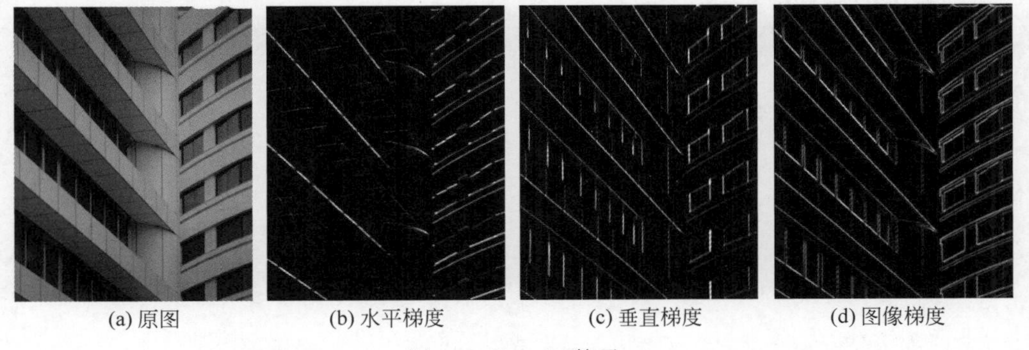

(a) 原图　(b) 水平梯度　(c) 垂直梯度　(d) 图像梯度

图 8-3　Prewitt 算子

8.2　Roberts 算子

Roberts 算子又称为交叉微分算法，它是基于交叉差分的梯度算法，通过局部差分检测边缘线条，常用来处理具有陡峭的低噪声图像。当图像边缘接近于正 45°或负 45°时，该算法的处理效果更理想，其缺点是对边缘的定位不太准确，提取的边缘线条较粗。

8.2.1 基本原理

Roberts 算子的模板分为水平方向和垂直方向，如图 8-4 所示，从其模板可以看出，Roberts 算子能较好地增强正负 45°的图像边缘。

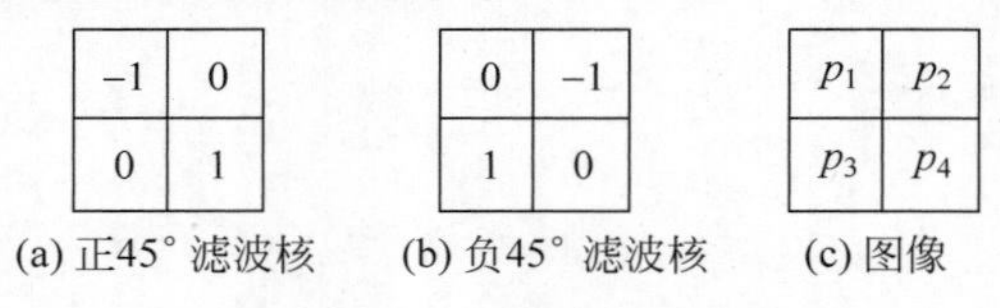

图 8-4 Roberts 算子原理

对于图 8-4(c)图像，图 8-4(a)为 45°滤波核，点 p_4 的 45°的梯度为(p_4-p_1)；图 8-4(b)为−45°滤波核，点 p_4 的−45°的梯度为(p_3-p_2)。

8.2.2 语法函数

在 Python 中，Roberts 算子主要通过调用 OpenCV 的 cv2.filter2D()函数实现边缘提取。该函数在 8.1.2 节已陈述过，这里不再赘述。

【例 8-2】 Roberts 算子提取特征。

解：

(1) 读取彩色图像。

(2) Roberts 算子滤波。生成±45°滤波核，根据滤波核提取图片梯度。

(3) 显示图像，代码如下：

```
#chapter8_2.py Roberts 算子
import cv2
import numpy as np
import matplotlib.pyplot as plt

#1. 读取彩色图像
img = cv2.imread('pictures/L1.png', 0)
#2. Roberts 算子
#45°滤波核
k1 = np.array([[-1, 0], [0, 1]], dtype=int)
#-45°滤波核
k2 = np.array([[0, -1], [1, 0]], dtype=int)
#提取 Roberts 特征
img_1 = cv2.filter2D(img, cv2.CV_16S, k1)
img_2 = cv2.filter2D(img, cv2.CV_16S, k2)
#将梯度转换成正值
abs_1 = cv2.convertScaleAbs(img_1)
abs_2 = cv2.convertScaleAbs(img_2)
#正、负 45°梯度加权
img_3 = cv2.addWeighted(abs_1, 0.5, abs_2, 0.5, 0)
#3. 显示图像
re = np.hstack([img, img_1, img_2, img_3])
plt.imshow(re, 'gray')
cv2.imwrite('pictures/p8_5.jpeg', re)
```

运行结果如图 8-5 所示。

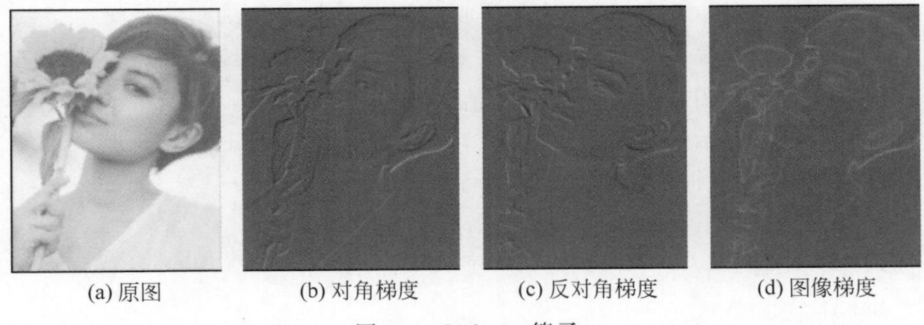

(a) 原图　(b) 对角梯度　(c) 反对角梯度　(d) 图像梯度

图 8-5　Roberts 算子

8.3　Sobel 算子

Sobel 算子在 Prewitt 算子的基础上增加了权重的概念，认为相邻点的距离远近对当前像素的影响是不同的，距离越近的像素对当前像素的影响越大，从而实现图像锐化并突出边缘轮廓。Sobel 算子根据像素上下、左右邻点灰度加权差检测边缘，对噪声具有平滑作用，可以提供较为精确的边缘方向信息。Sobel 算子考虑了综合因素，对噪声较多的图像处理效果更好。Sobel 算子边缘定位效果不错，但检测出的边缘容易出现多像素宽度。

8.3.1　基本原理

Sobel 算子（滤波核、卷积核）包括水平滤波核、垂直滤波核，如图 8-6 所示，图 8-6(c)为图像，通过图 8-6(a)垂直滤波核可以提取图像的垂直线条，中心像素 p_5 对应的水平滤波核为$(p_3+2\times p_6+p_9)-(p_1+2\times p_4+p_7)$。通过图 8-6(b)水平滤波核可以提取图像的水平线条。中心像素 p_5 对应的垂直滤波核为$(p_7+2\times p_8+p_9)-(p_1+2\times p_2+p_3)$。

−1	0	1
−2	0	2
−1	0	1

(a) 垂直滤波核

−1	−2	−1
0	0	0
1	2	1

(b) 水平滤波核

p_1	p_2	p_3
p_4	p_5	p_6
p_7	p_8	p_9

(c) 图像

图 8-6　Sobel 算子原理

8.3.2　语法函数

OpenCV 调用函数 cv2.Sobel()实现滤波，其语法格式如下：

dst=cv2.Sobel(src,ddepth,dx,dy[,dst[,ksize[,scale[,delta[,borderType]]]]])

(1) dst：表示输出的边缘图。

(2) src：表示输入图像。

(3) ddepth：表示目标图像所需的深度，针对不同的输入图像，输出目标图像有不同的深度。

(4) dx：表示 x 方向上的差分阶数，取值 1 或 0。

(5) dy：表示 y 方向上的差分阶数，取值 1 或 0。

(6) ksize：表示 Sobel 算子的大小，其值必须是正数和奇数。

(7) scale：表示缩放导数的比例常数，在默认情况下没有伸缩系数。

(8) delta：表示加到目标图像上的亮度值，默认值为 0。

(9) borderType：表示边框模式。

【例 8-3】 Sobel 算子提取特征。

解：

(1) 读取彩色图像。

(2) Sobel 算子滤波。

(3) 显示图像，代码如下：

```
#chapter8_3.py Sobel 算子
import cv2
import numpy as np
import matplotlib.pyplot as plt

#1. 读取彩色图像
img = cv2.imread('luna.jpeg', 1)
#2. Sobel 算子
#水平梯度
img_x = cv2.Sobel(img, cv2.CV_16S, 1, 0)
#垂直梯度
img_y = cv2.Sobel(img, cv2.CV_16S, 0, 1)
#把梯度中的负值变为正值
absX = cv2.convertScaleAbs(img_x)
absY = cv2.convertScaleAbs(img_y)
img_xy = cv2.addWeighted(absX, 0.5, absY, 0.5, 0)
#3. 显示图像
re = np.hstack([img,img_x,img_y,img_xy])
plt.imshow(re[...,::-1])
cv2.imwrite('imgs_re/chapter_08/p8_3.jpeg',re)
```

运行结果如图 8-7 所示。

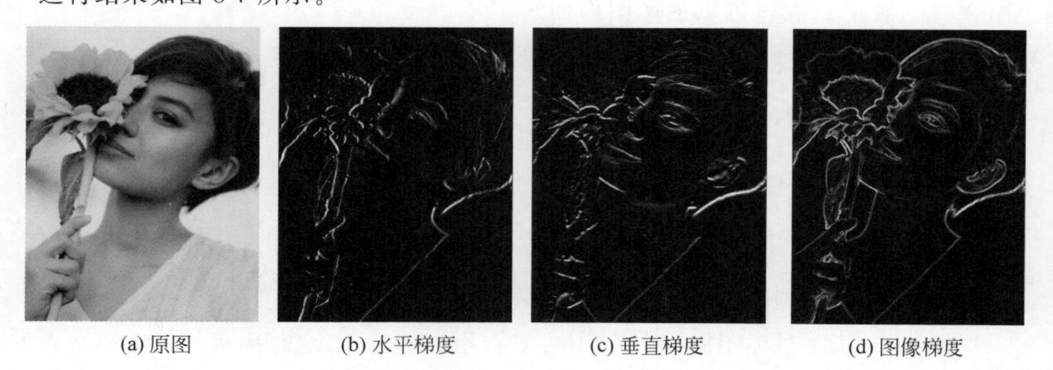

(a) 原图　(b) 水平梯度　(c) 垂直梯度　(d) 图像梯度

图 8-7　Sobel 算子

8.4 Scharr 算子

为了能够有效地提取出较弱的边缘，需要将像素间的差距增大，因此引入了 Scharr 算子。Scharr 算子是对 Sobel 算子差异性的增强，因此两者之间在检测图像边缘的原理和使用方式上相同。Scharr 算子的边缘检测滤波核的尺寸为 3×3，因此也有人将其称为 Scharr 滤波器。

8.4.1 基本原理

Scharr 算子可以通过放大滤波器中的权重系数来增大像素间的差异，Scharr 算子在水平方向和垂直方向的边缘检测算子。如图 8-8 所示，图 8-8(c)为图像，根据图 8-8(a)的垂直滤波核，中心像素 p_5 对应的垂直滤波值为$(3\times p_3+10\times p_6+3\times p_9)-(3\times p_1+10\times p_4+3\times p_7)$。图 8-8(b)为水平滤波核，中心像素 p_5 的水平滤波值为$(3\times p_7+10\times p_8+3\times p_9)-(3\times p_1+10\times p_2+3\times p_3)$。

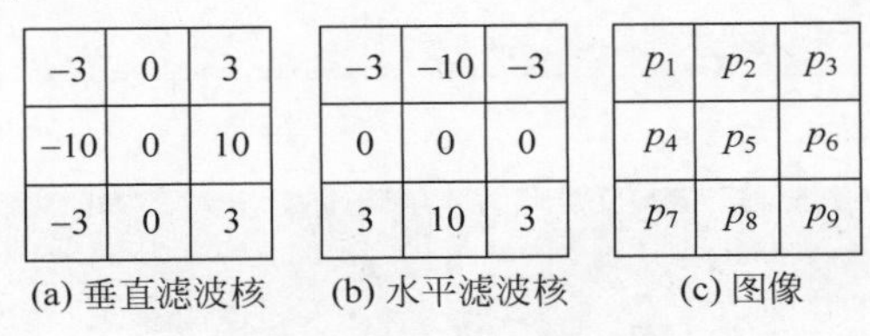

图 8-8 Scharr 算子原理

8.4.2 语法函数

OpenCV 提供了函数 cv2.Scharr()来计算 Scharr 算子，其语法格式如下：

```
dst=cv2.Scharr(src,ddepth,dx,dy[,scale[,delta[,borderType]]])
```

(1) dst：输出图像。

(2) src：原始图像。

(3) ddepth：输出图像深度。

(4) dx：x 方向上的导数阶数。

(5) dy：y 方向上的导数阶数。

(6) scale：计算导数值时的缩放因子，默认值为 1，表示没有缩放。

(7) delta：加到目标图像上的亮度值，默认值为 0。

(8) borderType：边界样式。

【例 8-4】 Scharr 算子提取特征。

解：

(1) 读取彩色图像。

(2) Scharr 算子滤波。

(3) 显示图像,代码如下:

```
#chapter8_4.py Scharr 算子
import cv2
import numpy as np
import matplotlib.pyplot as plt

#1. 读取彩色图像
img = cv2.imread('pictures/L1.png', 1)
#2. Scharr 算子
#水平梯度
img_x = cv2.Scharr(img, cv2.CV_16S, 1, 0)
#垂直梯度
img_y = cv2.Scharr(img, cv2.CV_16S, 0, 1)
#把梯度中的负值变为正值
absX = cv2.convertScaleAbs(img_x)
absY = cv2.convertScaleAbs(img_y)
img_xy = cv2.addWeighted(absX, 0.5, absY, 0.5, 0)
#3. 显示图像
re = np.hstack([img, img_x, img_y, img_xy])
plt.imshow(re[..., ::-1])
cv2.imwrite('pictures/p8_9.jpeg', re)
```

运行结果如图 8-9 所示。

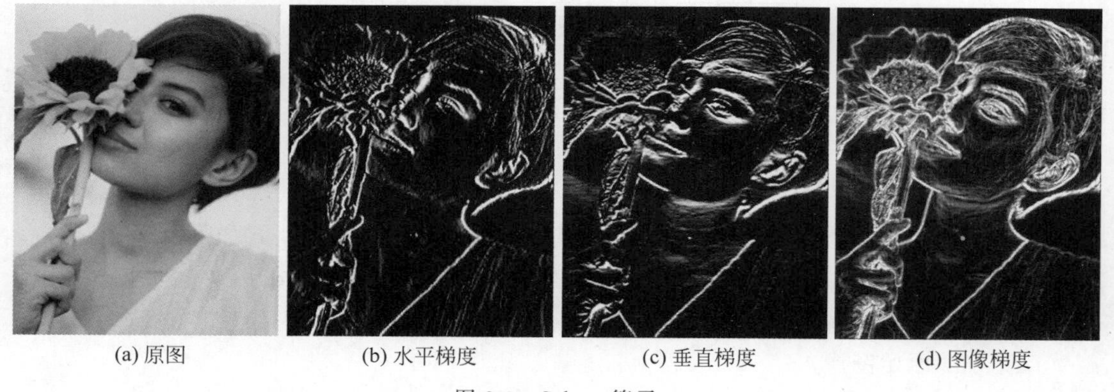

(a) 原图　(b) 水平梯度　(c) 垂直梯度　(d) 图像梯度

图 8-9　Scharr 算子

8.5 Laplacian 算子

拉普拉斯(Laplacian)算子是 n 维欧几里得空间中的一个二阶微分算子,常用于图像增强领域和边缘提取。它通过先对邻域中心像素的四方向或八方向求梯度,再将梯度相加来判断中心像素灰度与邻域内其他像素灰度的关系,最后通过梯度运算的结果对像素灰度进行调整。Laplacian 算子对图像中的阶跃型边缘点定位准确,该算子对噪声非常敏感,它使噪声成分得到加强,这两个特性使该算子容易丢失一部分边缘的方向信息,造成一些不连续的检测边缘,同时抗噪声能力比较差,由于其算法可能会出现双像素边界,所以常用来判断边缘像素位于图像的明区或暗区，很少用于边缘检测。

8.5.1　基本原理

如图 8-10 所示，图 8-10(c)为原图，图 8-10(a)为 4 邻域 Laplacian 算子，中心像素 p_5 的 4 邻域 Laplacian 滤波值为$(p_2+p_4+p_6+p_8)-4\times p_5$。图 8-10(b)为 8 邻域 Laplacian 算子，中心像素 p_5 的 8 邻域 Laplacian 滤波值为$8\times p_5-(p_1+p_2+p_3+p_4+p_6+p_7+p_8)$。

0	1	0
1	-4	1
0	1	0

(a) 4邻域Laplacian算子

-1	-1	-1
-1	8	-1
-1	-1	-1

(b) 8邻域Laplacian算子

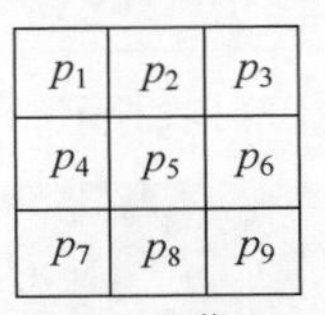

(c) 图像

图 8-10　Laplacian 算子原理

当中心像素与周围邻域像素差距较大时，计算结果较大。Laplacian 算子能对任何走向的界线和线条进行锐化，突出图像中强度发生快速变化的区域。缺点是对噪声敏感，它对孤立像素的响应要比对边缘或线的响应更强烈。

8.5.2　语法函数

OpenCV 调用函数 cv2.Laplacian()实现 Laplacian 算子的计算，其语法格式为

dst=Laplacian(src,ddepth[,dst[,ksize[,scale[,delta[,borderType]]]]])

(1) src：输入图像。

(2) dst：输出的边缘图，其大小和通道数与输入图像相同。

(3) ddepth：目标图像所需的深度。

(4) ksize：用于计算二阶导数的滤波器的孔径大小，其值必须是正数和奇数，并且默认值为 1。

(5) scale：计算 Laplacian 算子值的可选比例因子，默认值为 1。

(6) delta：将结果存入目标图像之前，添加到结果中的可选增量值，默认值为 0。

(7) borderType：边框模式。

【例 8-5】　Laplacian 滤波。

解：

(1) 读取图像。

(2) Laplacian 算子滤波。

(3) 显示图像，代码如下：

```
#chapter8_5.py Laplacian算子
import cv2
import numpy as np
import matplotlib.pyplot as plt
```

```
#1. 读取图像
img = cv2.imread('pictures/fa.jpg', 1)
#2. Laplacian 算子
img_temp = cv2.Laplacian(img, cv2.CV_16S)
img_1 = cv2.convertScaleAbs(img_temp)
#3. 显示图像
re = np.hstack([img, img_1])
plt.imshow(re[..., ::-1])
#cv2.imwrite('pictures/p8_11.jpeg', re)
```

运行结果如图 8-11 所示。

(a) 原图　　(b) 拉普拉斯滤波

图 8-11　Laplacian 滤波

8.6　Canny 边缘检测

Canny 边缘检测算法是一种非常流行的边缘检测算法，由 John F. Canny 于 1986 年提出，目前被业界公认为最完善的一种边缘检测算法。

8.6.1　基本原理

边缘检测的步骤：

(1) 高斯模糊。

(2) 计算梯度。

(3) 非极大值抑制。

(4) 双阈值抑制。

1. 高斯模糊

对图像进行高斯模糊的目的是消除噪声。图像梯度很受噪声影响，如果不进行高斯模糊，则后续操作都会受到噪声的影响，导致边缘检测效果差，可能会检测出很多不必要的高频细节。

2．计算梯度

用Sobel算子计算图像的水平梯度 g_x、垂直梯度 g_y、像素梯度 $g_{xy}=|g_x|+|g_y|$ 及梯度的方向 $\theta=\arctan\left(\frac{g_y}{g_y}\right)$。

3．非极大值抑制

非极大值抑制主要通过比较当前像素与邻域像素的梯度值筛选像素。如果当前像素的梯度是邻域内的最大值，则保留梯度；反之，像素对应的梯度为0。如图8-12所示，当像素(i,j)的梯度方向在(－22.5,22.5)时，若当前像素的梯度$G(i,j)$比水平方向上的梯度$G(i,j-1)$、$G(i,j+1)$大，则保留当前梯度；反之，将当前梯度值设为0。当梯度方向在(22.5,67.5)时，若$G(i,j)$比斜对角线上的梯度$G(i-1,j+1)$、$G(i+1,j-1)$大，则保留当前梯度；反之，将当前梯度值设为0。当梯度方向在(67.5,112.5)时，若$G(i,j)$比垂直方向上的梯度$G(i-1,j)$、$G(i+1,j)$大，则保留当前梯度；反之，将当前梯度值设为0。当梯度方向在(－67.5,－22.5)时，若$G(i,j)$比对角线上的梯度$G(i-1,j-1)$、$G(i+1,j+1)$大，则保留当前梯度；反之，将当前梯度值设为0。

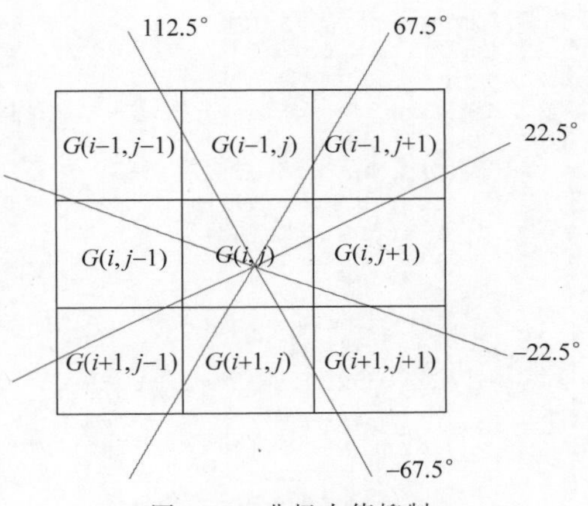

图8-12　非极大值抑制

4．双阈值抑制

双阈值抑制的筛选是通过判断当前梯度与两个阈值的关系，判断是否保留当前的像素。假设阈值 $thre_1$、$thre_2$ 分别为5、35，若当前梯度大于 $thre_2$，则视为强边缘，保留当前像素，将像素设为255，如图8-13(a)所示，当前像素的梯度为90，由于90大于 $thre_2$，因此把当前像素设为255。若当前像素的梯度在 $thre_1$、$thre_2$ 之间，则需要判断当前梯度3×3邻域内是否有梯度大于 $thre_2$，如果邻域内没有大于 $thre_2$ 的梯度，则放弃当前像素；如果邻域内有大于 $thre_2$ 的梯度，则说明当前像素周围有强边缘点，保留当前像素，如图8-13(b)所示，当前像素的梯度为30，30在 $thre_1$、$thre_2$ 之间，但是当前像素3×3邻域内没有像素的梯度大于 $thre_2$，因此将当前像素设为0，如图8-13(c)所示，当前像素的梯度为20，20在 $thre_1$、$thre_2$ 之间，当前像素3×3邻域内左上角像素的梯度为80，由于80大于 $thre_2$，因此将当前像素设为255。若当前梯度值小于 $thre_1$，则认为不是边缘，舍去当前像素，如图8-11(d)所示，当前像素3，由于3小于 $thre_1$，所以将当前像素设为0。

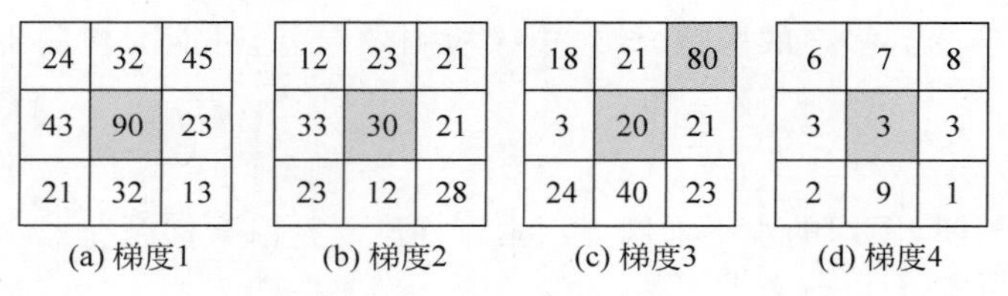

图 8-13　双阈值抑制

代码如下：

```
import numpy as np
import matplotlib.pyplot as plt

def canny_detect(img,th1 = 5,th2 = 35):
    '''
    边缘检测
    :param img: 灰度图
    :return: 图像边缘
    '''
    #1. 平滑
    img_blur = cv2.GaussianBlur(img, (5, 5), 2)
    #2. 计算梯度
    gx = cv2.Sobel(img_blur, -1, 1, 0)
    gy = cv2.Sobel(img_blur, -1, 0, 1)
    gxy = np.abs(gx) + np.abs(gy)
    T = np.arctan(gy / (gx + 1e-3))
    #3. 非极大值抑制,细化边缘
    h, w = gxy.shape
    #存放非极大值抑制后的结果
    tmp = np.zeros_like(gxy)
    for i in range(1, h - 1):
        for j in range(1, w - 1):
            theta = T[i, j]
            if -np.pi / 8 <= theta < np.pi / 8:
                if gxy[i, j] == max([gxy[i, j], gxy[i, j - 1], gxy[i, j + 1]]):
                    tmp[i, j] = gxy[i, j]
            elif -3 *np.pi / 8 <= theta < -np.pi / 8:
                if gxy[i, j] == max([gxy[i, j], gxy[i - 1, j + 1], gxy[i + 1, j - 1]]):
                    tmp[i, j] = gxy[i, j]
            elif np.pi / 8 <= theta < 3 *np.pi / 8:
                if gxy[i, j] == max([gxy[i, j], gxy[i - 1, j - 1], gxy[i + 1, j + 1]]):
                    tmp[i, j] = gxy[i, j]
            else:
                if gxy[i, j] == max([gxy[i, j], gxy[i - 1, j], gxy[i + 1, j]]):
                    tmp[i, j] = gxy[i, j]
    #4. 双阈值抑制
    maxv = 255
    #存放图像边缘
    img_edge = np.zeros_like(tmp)
    h, w = tmp.shape
    for i in range(1, h - 1):
        for j in range(1, w - 1):
            #如果当前值大于 th2,则说明是强边缘点
            if tmp[i, j] >= th2:
```

```
                img_edge[i, j] = maxv
            elif tmp[i, j] > th1:
                #如果当前值小于 th2,但大于 th1,并且周围邻域有强边缘点,则说明是强边缘点
                neighbor = tmp[i - 1:i + 2, j - 1:j + 2]
                if neighbor.max() >= th2:
                    img_edge[i, j] = maxv
    return img_edge
```

8.6.2　语法函数

OpenCV 提供了函数 cv2.Canny()来实现 Canny 边缘检测，其语法格式如下：

dst=cv2.Canny(image,threshold1,threshold2[,apertureSize[,L2gradient]])

(1) dst：计算得到的边缘图像。

(2) image：8 位输入图像。

(3) threshold1：较小的阈值将间断的边缘连接起来。

(4) threshold2：较大的阈值检测图像中明显的边缘。

(5) apertureSize：Sobel 算子的孔径大小。

(6) L2gradient：计算图像梯度幅度(Gradient Magnitude)的标识，其默认值为 False。

【例 8-6】 Canny 边缘检测。

解：

(1) 读取图像。

(2) Canny 边缘检测。

(3) 显示图像，代码如下：

```
#chapter8_6.py Canny
import cv2
import numpy as np
import matplotlib.pyplot as plt

def canny_detect(img, th1=5, th2=29):
    '''
    边缘检测
    :param img: 灰度图
    :return: 图像边缘
    '''
    #1. 平滑
    img_blur = cv2.GaussianBlur(img, (5, 5), 2)
    #2. 计算梯度
    gx = cv2.Sobel(img_blur, -1, 1, 0)
    gy = cv2.Sobel(img_blur, -1, 0, 1)
    gxy = np.abs(gx) + np.abs(gy)
    T = np.arctan(gy / (gx + 1e-3))
    #3. 非极大值抑制,细化边缘
    h, w = gxy.shape
    tmp = np.zeros_like(gxy)
    for i in range(1, h - 1):
        for j in range(1, w - 1):
```

```
            theta = T[i, j]
            if -np.pi / 8 <= theta < np.pi / 8:
                if gxy[i, j] == max([gxy[i, j], gxy[i, j - 1], gxy[i, j + 1]]):
                    tmp[i, j] = gxy[i, j]
            elif -3 * np.pi / 8 <= theta < -np.pi / 8:
                if gxy[i, j] == max([gxy[i, j], gxy[i - 1, j + 1], gxy[i + 1, j - 1]]):
                    tmp[i, j] = gxy[i, j]
            elif np.pi / 8 <= theta < 3 * np.pi / 8:
                if gxy[i, j] == max([gxy[i, j], gxy[i - 1, j - 1], gxy[i + 1, j + 1]]):
                    tmp[i, j] = gxy[i, j]
            else:
                if gxy[i, j] == max([gxy[i, j], gxy[i - 1, j], gxy[i + 1, j]]):
                    tmp[i, j] = gxy[i, j]
    #双阈值抑制
    maxv = 255
    img_edge = np.zeros_like(tmp)
    h, w = tmp.shape
    for i in range(1, h - 1):
        for j in range(1, w - 1):
            #如果当前值大于 th2,则说明是强边缘点
            if tmp[i, j] >= th2:
                img_edge[i, j] = maxv
            elif tmp[i, j] > th1:
               #如果当前值小于 th2,但大于 th1,并且周围邻域有强边缘点,则说明是强边缘点
                neighbor = tmp[i - 1:i + 2, j - 1:j + 2]
                if neighbor.max() >= th2:
                    img_edge[i, j] = maxv
    return img_edge

if __name__ == '__main__':
    #1. 读取图像
    img = cv2.imread('pictures/L1.png', 0)
    #2. Canny 边缘检测
    img1 = canny_detect(img)
    img2 = img_edge = cv2.Canny(img, 20, 200)
    #3. 显示图像
    re = np.hstack([img, img1, img2])
    plt.imshow(re, 'gray')
    cv2.imwrite('pictures/p8_14.jpeg', re)
```

运行结果如图 8-14 所示。

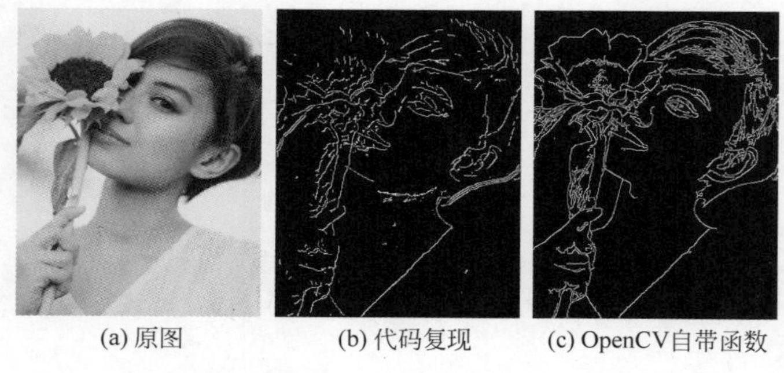

(a) 原图　(b) 代码复现　(c) OpenCV自带函数

图 8-14　Canny 边缘检测

第 9 章

图像金字塔

图像金字塔是由图像不断下采样或上采样产生的一系列子图，主要应用于在同一图像不同尺度上获取特征，解决图像尺度不变性问题。本章主要讲解高斯图像金字塔和拉普拉斯图像金字塔。

9.1 高斯图像金字塔

图像金字塔是由一张图像不同分辨率的子图构成的，如图 9-1 所示，原图 p_1 的高宽为 $[h, w]$，每经历一次下采样图像高宽减半，生成 p_2、p_3、p_4、p_5 组成的图像金字塔。也可以对原图进行上采样以生成金字塔，图像每经历一次上采样，图像高宽扩大一倍。

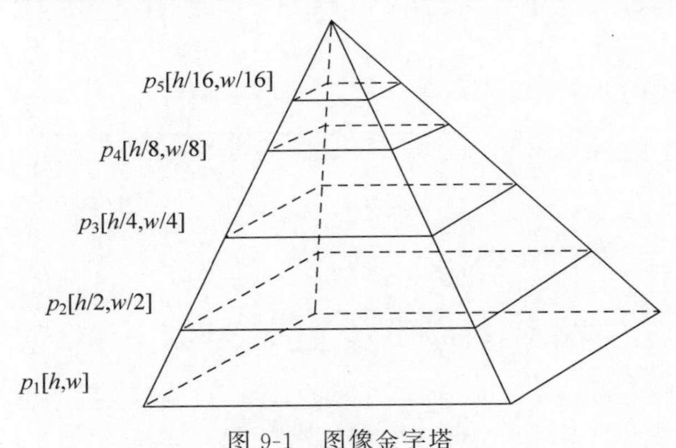

图 9-1 图像金字塔

9.1.1 基本原理

一般情况下，通过删除图像偶数行和偶数列实现下采样，或者对图像进行插值实现上采样，上采样与下采样这两种操作均不可逆，即对图像先做下采样(上采样)，再做上采样(下采样)后得到的图像与原图不一样。在建立图像金字塔的过程中，对每层图像先进行高斯滤波，再通过删除偶数行和偶数列来实现向下采样，称为高斯图像金字塔。图像金字塔的操作比较简单，不再复现代码。

9.1.2 语法函数

OpenCV 调用函数 cv2.pyrDown()对图像进行下采样以实现高斯图像金字塔，其语法格式如下：

dst=cv2.pyrDown(src[,dstsize[,borderType]])

(1) dst：目标图像。

(2) src：原始图像。

(3) dstsize：目标图像的大小。

(4) borderType：边界类型。

OpenCV 调用函数 cv2.pyrUp()对图像进行上采样以实现高斯图像金字塔，其语法格式如下：

dst=cv2.pyrUp(src[,dstsize[,borderType]])

(1) dst：目标图像。

(2) src：原始图像。

(3) dstsize：目标图像的大小。

(4) borderType：边界类型。

【例 9-1】 图像下采样。

解：

(1) 读取彩色图像。

(2) 图像下采样。

(3) 显示图像，代码如下：

```
#chapter9_1.py 图像金字塔下采样
import cv2
import numpy as np
import matplotlib.pyplot as plt

#1. 读取彩色图像
img = cv2.imread("pictures/L1.png", 1)
#2. 图像下采样
img1 = cv2.pyrDown(img)
img2 = cv2.pyrDown(img1)
img3 = cv2.pyrDown(img2)
#3. 显示图像
h, w = img.shape[:2]
h1, w1 = img1.shape[:2]
h2, w2 = img2.shape[:2]
h3, w3 = img3.shape[:2]
re = np.ones([h, w + w1 + w2 + w3, 3], np.uint8) *255
re[::, :w] = img
re[-h1:, w:w + w1] = img1
re[-h2:, w + w1:w + w1 + w2] = img2
re[-h3:, w + w1 + w2:w + w1 + w2 + w3] = img3
```

```
plt.imshow(re[..., ::-1])
cv2.imwrite('pictures/p9_2.jpeg', re)
```

运行结果如图 9-2 所示。

图 9-2 图像下采样

【例 9-2】 图像上采样。

解：

(1) 读取彩色图像。

(2) 图像上采样。

(3) 显示图像,代码如下：

```
#chapter9_2.py 图像金字塔上采样
import cv2
import numpy as np
import matplotlib.pyplot as plt

#1. 读取彩色图像
img = cv2.imread("pictures/L1.png", 1)
#2. 图像上采样
img1 = cv2.pyrUp(img)
img2 = cv2.pyrUp(img1)
img3 = cv2.pyrUp(img2)
#3. 显示图像
h, w = img.shape[:2]
h1, w1 = img1.shape[:2]
h2, w2 = img2.shape[:2]
h3, w3 = img3.shape[:2]
re = np.ones([h3, w + w1 + w2 + w3, 3], np.uint8) *255
```

```
    re[-h:, :w] = img
    re[-h1:, w:w + w1] = img1
    re[-h2:, w + w1:w + w1 + w2] = img2
    re[-h3:, w + w1 + w2:w + w1 + w2 + w3] = img3
    plt.imshow(re[..., ::-1])
    cv2.imwrite('pictures/p9_3.jpeg', re)
```

运行结果如图 9-3 所示。

图 9-3 图像上采样

【例 9-3】 获取图像轮廓。

解：

（1）读取彩色图像。

（2）图像处理。先后对图像进行下采样、上采样，用原图减去上采样后的图像得到图像轮廓。因为图像下采样和上采样的操作不可逆，因此两者相减后可获取差异部分。

（3）显示图像，代码如下：

```
#chapter9_3.py
import cv2
import numpy as np
import matplotlib.pyplot as plt

#1. 读取彩色图像
img = cv2.imread("pictures/L1.png", 1)
img = cv2.resize(img, [500, 500])
#2. 先下采样再上采样
img1 = cv2.pyrDown(img)
img2 = cv2.pyrUp(img1)
```

```
img3 = img2 - img
#3. 显示图像
re = np.hstack([img, img3])
plt.imshow(re[..., ::-1])
cv2.imwrite('pictures/p9_4.jpeg', re)
```

运行结果如图 9-4 所示。

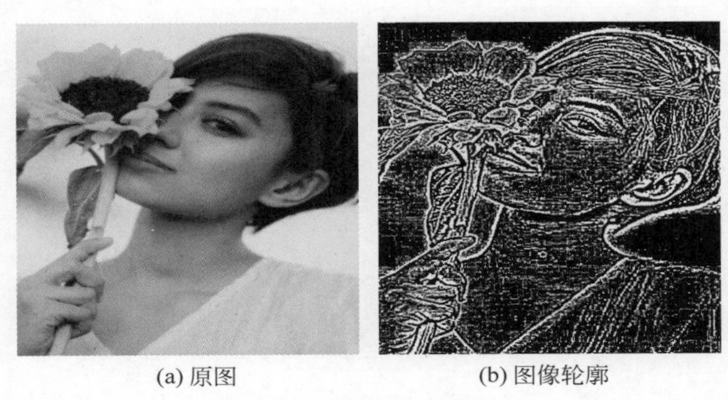

(a) 原图　　(b) 图像轮廓

图 9-4　获取图像轮廓

9.2　拉普拉斯图像金字塔

图像在下采样之后再上采样就无法还原到原图像，但是通过拉普拉斯图像金字塔可以解决图像复原问题。

拉普拉斯图像金字塔是图像与其下采样图像再上采样后的差值，用公式表示：

$$L_i = G_i - \mathrm{pyrUp}(\mathrm{pyrDown}(G_i)) \tag{9-1}$$

(1) L_i：拉普拉斯图像金字塔中的第 i 层。

(2) G_i：高斯图像金字塔中的第 i 层。

如图 9-5 所示，原图 G_0 经过下采样得到 G_1、G_2、G_3、G_4，G_4 经上采样得到 p_3，p_3 经上采样得到 p_2，以此类推，分别得到 p_1、p_0。拉普拉斯图像金字塔 L_0、L_1、L_2、L_3 分别是 G_0、G_1、G_2、G_3 与 p_0、p_1、p_2、p_3 的差值。

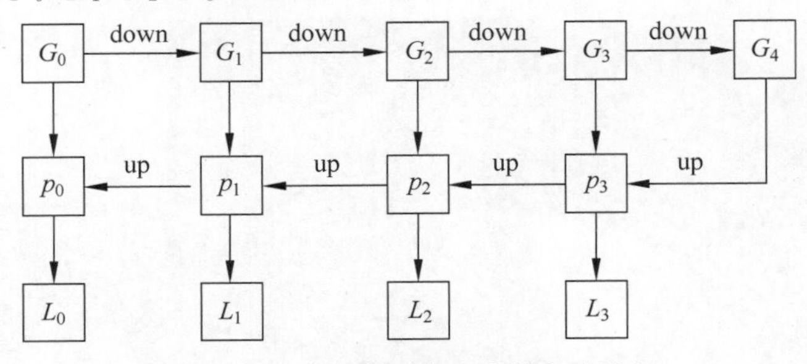

图 9-5　拉普拉斯图像金字塔实现过程

【例 9-4】 生成拉普拉斯图像金字塔。

解：

（1）读取图像。

（2）生成拉普拉斯图像金字塔。

（3）显示图像，代码如下：

```
#chapter9_4.py 拉普拉斯图像金字塔
import cv2
import numpy as np
import matplotlib.pyplot as plt

#1. 读取图像
img = cv2.imread("pictures/L1.png")
img = cv2.resize(img, [416, 416])
#2. 生成拉普拉斯图像金字塔
#下采样
G0 = img.copy()
G1 = cv2.pyrDown(G0)
G2 = cv2.pyrDown(G1)
G3 = cv2.pyrDown(G2)
#拉普拉斯图像金字塔
L0 = G0 - cv2.pyrUp(G1)
L1 = G1 - cv2.pyrUp(G2)
L2 = G2 - cv2.pyrUp(G3)
#3. 显示图像
h, w = img.shape[:2]
h1, w1 = L0.shape[:2]
h2, w2 = L1.shape[:2]
h3, w3 = L2.shape[:2]
re = np.ones([h, w + w1 + w2 + w3, 3], np.uint8) *255
re[-h:, :w] = img
re[-h1:, w:w + w1] = L0
re[-h2:, w + w1:w + w1 + w2] = L1
re[-h3:, w + w1 + w2:w + w1 + w2 + w3] = L2
plt.imshow(re[..., ::-1])
cv2.imwrite('pictures/p9_6.jpeg', re)
```

运行结果如图 9-6 所示。

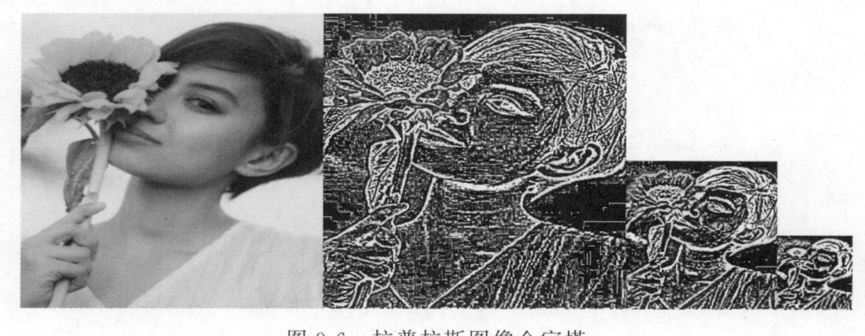

图 9-6　拉普拉斯图像金字塔

【例 9-5】 图像融合。

解：

（1）读取图像。读入图像 img_0、img_1。

（2）图像融合。先对图像 img_0、img_1 分别进行 3 次下采样生成高斯图像金字塔，将下采样结果分别放在列表 A、B 中。再用图像金字塔生成拉普拉斯图像金字塔并存放在列表 L_A、L_B 中。把列表 L_A、L_B 对应图像各取一半拼接的结果存放在列表 L 中。取列表 L 中的图像 $L[n]$并命名为 out，对 out 进行上采样后再与 $L[n-1]$相加；以此类推，直到遍历完所有的 L。通过拉普拉斯图像金字塔对图像进行融合，可以消除拼接图像的缝隙，使拼接图像看起来更自然。

（3）显示图像，代码如下：

```
#chapter9_5.py
import cv2
import numpy as np
import matplotlib.pyplot as plt

#1. 读取图像
img0 = cv2.imread('pictures/tiger.png')
img1 = cv2.imread('pictures/xiang.png')
#2. 图像处理
#A、B 列表分别存放 img1、img0 的高斯图像金字塔
A = [img1]
B = [img0]
#LA、LB 列表分别存放 img1、img0 的拉普拉斯图像金字塔
#L 为 img1、img0 的拉普拉斯图像金字塔的拼接
LA, LB, L = [], [], []
#n 为下采样次数
n = 3
#获取高斯图像金字塔
for i in range(1, n + 1):
    A.append(cv2.pyrDown(A[-1]))
    B.append(cv2.pyrDown(B[-1]))
#获取拉普拉斯图像金字塔
for i in range(n):
    LA.append(cv2.subtract(A[i], cv2.pyrUp(A[i + 1])))
    LB.append(cv2.subtract(B[i], cv2.pyrUp(B[i + 1])))
LA.append(A[n])
LB.append(B[n])
#拉普拉斯金字塔拼接
for la, lb in zip(LA, LB):
    h, w, c = la.shape
    L.append(np.hstack([la[:, :w //2], lb[:, w //2:]]))
#图像融合
out = L[n]
for i in range(n, 0, -1):
    out = cv2.add(cv2.pyrUp(out), L[i - 1])
Width = img1.shape[1]
#tmp 为对 img0、img1 各取后的拼接
```

```
tmp = np.hstack([img1[:, :Width //2], img0[:, Width //2:]])
#3. 显示图像
re = np.hstack([img1, img0, tmp, out])
plt.imshow(re[..., ::-1]) #B 取自 blend(融合)之意,最终的融合结果
```

运行结果如图 9-7 所示。

(a) 图1　(b) 图2　(c) 图像拼接　(d) 图像融合结果

图 9-7　图像融合

第10章 图像轮廓

图像轮廓是图像目标的外部特征，是由具有相同颜色或灰度值的连续点连成的曲线。轮廓是图像的重要特征，通过图像轮廓可以确定前景的位置、面积、周长、质心、方向等信息，还可以确定图像物体的数目、形状、距离、尺寸，以及获取感兴趣区域等操作。

10.1 轮廓

图像边缘与轮廓的区别是边缘是零散的点，而轮廓是连续的点，代表物体的基本外形，通过轮廓可以分析物体形态。一般情况先把灰度图二值化，再根据二值图获取图像轮廓。寻找轮廓是针对白色物体，即二值图中前景为白色，背景为黑色，否则寻找图像轮廓只会得到图像边缘框架，如图10-1所示。

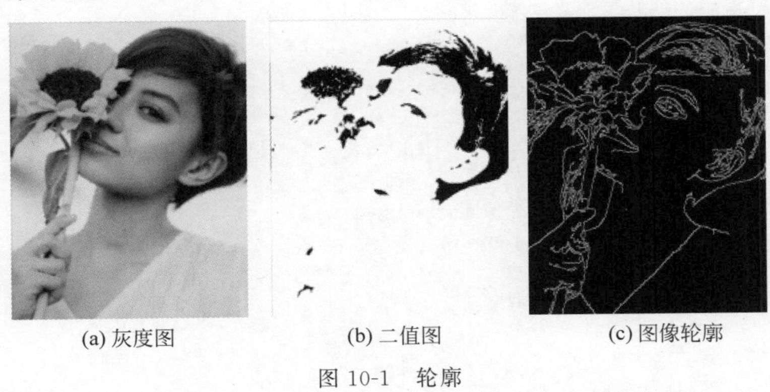

(a) 灰度图　(b) 二值图　(c) 图像轮廓

图10-1　轮廓

10.1.1 基本原理

用轮廓提取法可以提取图像轮廓，如图10-2所示，图10-2(a)为二值图，图像前景为白色，背景为黑色。轮廓提取法是判断白色像素周围8邻域的颜色，若邻域内像素均为白色，则说明此像素在物体内部，并非边缘，应将该像素设置为黑色；反之，保持不变。遍历原图的所有白色像素，除去非边界的像素，从而得到图像轮廓，图10-2(b)为二值图的轮廓。

0	0	0	0	0	0	0
0	255	255	255	255	255	0
0	255	255	255	255	255	0
0	255	255	255	255	255	0
0	255	255	255	255	255	0
0	255	255	255	255	255	0
0	0	0	0	0	0	0

(a) 二值图

0	0	0	0	0	0	0
0	255	255	255	255	255	0
0	255	0	0	0	255	0
0	255	0	0	0	255	0
0	255	0	0	0	255	0
0	255	255	255	255	255	0
0	0	0	0	0	0	0

(b) 目标图像

图 10-2　轮廓提取法

轮廓提取法的步骤如下：

(1) 把原图变成二值图。

(2) 遍历二值图的白色像素，判断像素 p 邻域是否均为白色。如果均为白色，则把 p 像素设为 0，反之保留像素 p，代码如下：

```
import cv2
import numpy as np
import matplotlib.pyplot as plt

def get_counter(img_thre):
    '''
    用轮廓提取法提取轮廓
    :param img_thre: 二值图
    :return: 图像轮廓
    '''
    h, w = img_thre.shape
    #out[h,w]为提取的轮廓图
    out = img_thre.copy()
    #为图像补零,可以遍历到边缘像素,tmp[h+2,w+2]
    tmp = np.zeros([h+2,w+2],np.uint8)
    tmp[1:1+h,1:1+w] = out
    #遍历每个像素,判断是否是边缘
    for i in range(h):
        for j in range(w):
            #跳过背景像素
            if tmp[i+1,j+1] == 0:
                continue
            #如果当前像素 tmp[i+1,j+1]的值为 255 且邻域内像素均为 255
            #则当点像素不是轮廓时,把像素设为 0
            #wid 为窗口,3×3 的邻域
            wid = tmp[i:i+3,j:j+3]
            if (wid==255).all():
                out[i,j]=0
    return out
```

【例 10-1】 根据图像轮廓抠图。

解：

（1）读取图像。

（2）查找轮廓。

（3）显示图像，代码如下：

```
#chapter10_1.py 轮廓提取法
import cv2
import numpy as np
import matplotlib.pyplot as plt

def get_counter(img_thre):
    '''
    用轮廓提取法提取轮廓
    :param img_thre: 二值图
    :return: 图像轮廓
    '''
    h, w = img_thre.shape
    #out[h,w]为提取的轮廓图
    out = img_thre.copy()
    #为图像补零，可以遍历到边缘像素，tmp[h+2,w+2]
    tmp = np.zeros([h + 2, w + 2], np.uint8)
    tmp[1:1 + h, 1:1 + w] = out
    #遍历每个像素，判断是否是边缘
    for i in range(h):
        for j in range(w):
            #跳过背景像素
            if tmp[i + 1, j + 1] == 0:
                continue
            #如果当前像素 tmp[i+1,j+1]的值为 255 且邻域内像素均为 255
            #则当点像素不是轮廓时，把像素设为 0
            wid = tmp[i:i + 3, j:j + 3]
            if (wid == 255).all():
                out[i, j] = 0
    return out

if __name__ == '__main__':
    #1. 读取灰度图
    img = cv2.imread('pictures/10_7_0.jpeg', 0)
    #1.1 灰度图二值化
    _, img_thr = cv2.threshold(img, 10, 255, cv2.THRESH_BINARY)
    #2. 获取图像边缘
    out = get_counter(img_thr)
    #3. 显示图像
    re = np.hstack([img, img_thr, out])
    plt.imshow(re, 'gray')
```

运行结果如图 10-3 所示。

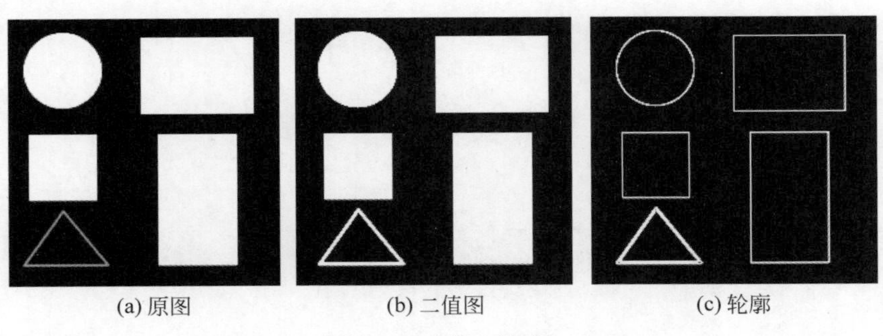

图 10-3 提取轮廓

10.1.2 语法函数

OpenCV 提供了函数 cv2.findContours()寻找图像轮廓，其语法格式为

contours，hierarchy＝cv2.findContours(image，mode，method)

(1) contours：返回的轮廓。OpenCV 一般用序列来存储轮廓信息，序列中的每个元素为轮廓中的一个点。

(2) hierarchy：轮廓层次的拓扑信息。拓扑信息包含一个轮廓的后一个轮廓、前一个轮廓、子轮廓、父轮廓的索引号。轮廓层次的拓扑信息由轮廓检索模式 mode 决定。

(3) image：原始二值图。

(4) mode：轮廓检索模式，见表 10-1。

表 10-1 轮廓检索模式

轮廓检索模式	含义
cv2.RETR_EXTERNAL	只检测外轮廓
cv2.RETR_LIST	对检测到的轮廓不建立等级关系
cv2.RETR_TREE	建立一个等级树结构的轮廓
cv2.RETR_CCOMP	先输出内层轮廓，再输出外层轮廓

(5) method：轮廓近似方法，见表 10-2。

表 10-2 轮廓近似方法

轮廓近似方法	含义
cv2.CHAIN_APPROX_NONE	存储所有轮廓点，相邻两个点的像素位置差不超过 1
cv2.CHAIN_APPROX_SIMPLE	压缩水平方向、垂直方向、对角线方向的元素，只保留该方向的终点坐标
cv2.CHAIN_APPROX_TC89_L1	使用 teh-Chinlchain 近似算法的一种风格
cv2.CHAIN_APPROX_TC89_KCOS	使用 teh-Chinlchain 近似算法的一种风格

如图 10-4(a)所示，如果轮廓检索模式为 cv2.RETR_EXTERNAL，则只输出轮廓 0、轮廓 6、轮廓 7。如果轮廓检索模式为 cv2.RETR_LIST，则输出所有轮廓，但轮廓无序。如果轮廓检索模式为 cv2.RETR_TREE，则输出轮廓呈树状排列，如图 10-4(b)所示，轮廓 1 的

父轮廓为轮廓0，子轮廓为2，轮廓1没有前、后轮廓。轮廓3的父轮廓为轮廓2，子轮廓为轮廓4、轮廓5，轮廓3没有前、后轮廓。轮廓6没有父轮廓和子轮廓，前轮廓为0，后轮廓为轮廓7。如果轮廓检索模式为cv2.RETR_CCOMP，则轮廓之间呈包含关系，先输出内部轮廓，再输出外部轮廓。

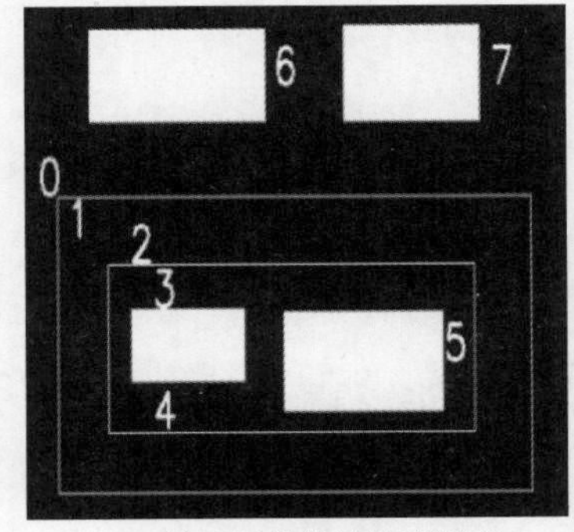

(a) 等级树结构的轮廓顺序

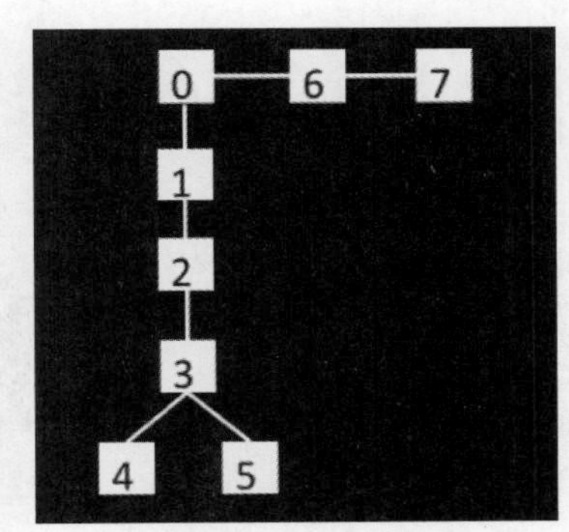

(b) 轮廓图树状排列模式

图10-4　图像轮廓

在OpenCV中，调用函数cv2.drawContours()绘制图像轮廓，其语法格式为

image=cv2.drawContours(img,contours,contourIdx,color[,thickness[,lineType
　　　[,hierarchy[,maxLevel[,offset]]]]])

(1) image：函数的返回值。表示目标图像，即绘制了边缘的原始图像，也可以没有返回值。

(2) img：把轮廓绘制在图像img中。函数的输入图像和输出图像可以是同一图像。

(3) contours：需要绘制的轮廓，为list类型。

(4) contourIdx：需要绘制的边缘索引。如果该值为负数(通常为−1)，则绘制所有轮廓。

(5) color：绘制轮廓的颜色，用BGR表示。

(6) thickness：可选参数，表示绘制轮廓时所用画笔的粗细。当该值为−1，表示绘制实心轮廓。

(7) lineType：可选参数，表示绘制轮廓时所用的线型。

(8) hierarchy：轮廓的层次信息。

(9) maxLevel：控制所绘制轮廓层次的深度。

(10) offset：偏移参数。该参数使轮廓偏移到不同的位置并展示出来。

【例10-2】 根据图像轮廓抠图。

解：

(1) 读取图像。

(2) 查找轮廓。先把原图转换为灰度图，再把灰度图转换为二值图。根据二值图获取图像轮廓，再根据轮廓获取掩模，最后根据掩模和原图的与运算获取轮廓所围成的区域。

(3) 显示图像，代码如下：

```
#chapter10_2.py
import cv2
import numpy as np
import matplotlib.pyplot as plt

#1. 读取图像
#读入彩色图
img = cv2.imread('pictures/knn.png', 1)
#将彩色图转换成灰度图
gray = cv2.cvtColor(img, cv2.COLOR_BGR2GRAY)
#2. 查找轮廓
#二值图像的质量决定检测轮廓的效果
ret, binary = cv2.threshold(gray, 120, 255, cv2.THRESH_BINARY)
#获取图像轮廓
contours, hierarchy = cv2.findContours(binary, cv2.RETR_EXTERNAL, cv2.CHAIN_
APPROX_SIMPLE)
#设置模板
out = np.zeros_like(img, np.uint8)
#在模板上画轮廓
out = cv2.drawContours(out, contours, -1, (255, 255, 255), 5)
#根据轮廓获取掩模
mask = cv2.drawContours(out.copy(), contours, -1, (255, 255, 255), -1)
#位运算,从原图上抠取感兴趣区域
roi = cv2.bitwise_and(img, mask)
#3. 显示图像
re = np.hstack([img[..., ::-1], out, mask, roi[..., ::-1]])
plt.imshow(re, 'gray')
```

运行结果如图 10-5 所示。

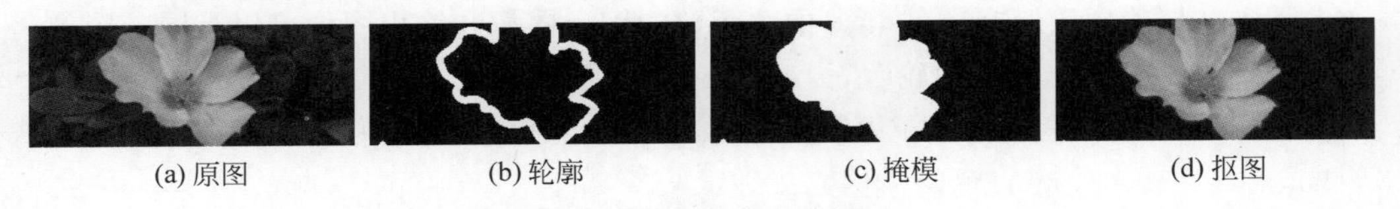

(a) 原图　(b) 轮廓　(c) 掩模　(d) 抠图

图 10-5　根据图像轮廓抠图

10.2 图像矩

图像矩特征表现图像区域的几何特征，又称几何矩。轮廓矩是一个轮廓的重要特征，通过轮廓矩可以比较两个轮廓的相似性。

10.2.1 基本原理

图像的 $\boldsymbol{M}_{i,j}$ 阶矩（Moment）的公式为

$$\boldsymbol{M}_{i,j} = \sum_{x}\sum_{y} x^{i} y^{j} I(x+y)i, \quad j=1,2,3\cdots \tag{10-1}$$

其中，x、y 为像素坐标，$I(x+y)$为像素。当图像为二值图时，$I(x+y)$取 0 或 1。当 $i=$

$j=0$ 时，对于二值图 $\boldsymbol{M}_{0,0}$ 表示输入元素的个数，也是图像的面积或质量。图像质心的公式为

$$\{\tilde{x},\tilde{y}\}=\left\{\frac{\boldsymbol{M}_{1,0}}{\boldsymbol{M}_{0,0}},\frac{\boldsymbol{M}_{0,1}}{\boldsymbol{M}_{0,0}}\right\} \tag{10-2}$$

10.2.2 语法函数

OpenCV 提供了函数 cv2.moments()来获取图像的 moments 特征，其语法格式为

retval=cv2.moments(array[,binaryImage])

(1) retval：返回的矩特征，矩特征见表 10-3。

表 10-3 矩特征

矩类型	分类	符号表示
空间矩	零阶矩	m00
	一阶矩	m10,m01
	二阶矩	m20,m11,m02
	三阶矩	m30,m21,m12,m03
中心矩	二阶中心矩	mu20,mu11,mu02
	三阶中心矩	mu30,mu21,mu12,mu03
归一化中心矩	二阶 Hu 矩	nu20,nu11,nu02
	三阶 Hu 矩	nu30,nu21,nu12,nu03

(2) array：既可以是点集，也可以是灰度图像或者二值图像。当 array 是点集时，函数会把这些点集当成轮廓的顶点，而不是把它们当成独立的点来看待。

(3) binaryImage：当该参数为 True 时，array 内所有非零值都被处理为 1。该参数仅在参数 array 为图像时有效。

Hu 矩是归一化的中心矩。Hu 矩在经过图像旋转、缩放、平移等操作后，仍可保持不变性，因此可以使用 Hu 矩来识别图像的特征。OpenCV 调用函数 cv2.HuMoments()可以得到 Hu 矩，其语法格式为

hu=cv2.HuMoments(m)

(1) hu：表示返回的 Hu 矩值。

(2) m：是由函数 cv2.moments()计算得到矩特征值。

由于 Hu 矩有旋转、缩放、平移不变性，因此可以根据 Hu 矩来判断两个对象的一致性。OpenCV 调用函数 cv2.matchShapes()来判断两个对象 Hu 矩的相似性，其语法格式为

retval=cv2.matchShapes(contour1,contour2,method,parameter)

(1) retval：返回值。

(2) contour1：第 1 个轮廓或者灰度图像。

(3) contour2：第 2 个轮廓或者灰度图像。

(4) method：比较两个对象 Hu 矩的方法。

(5) parameter：应用于 method 的特定参数，该参数为扩展参数，默认值为 0。

【例 10-3】 轮廓匹配。

解：

(1) 读取图像。

(2) 获取图像轮廓。

(3) 显示图像。

(4) 轮廓矩匹配。计算不同轮廓的匹配度,代码如下：

```
#chapter10_3.py
import cv2
import numpy as np
import matplotlib.pyplot as plt

#1.读取图像
img = cv2.imread('ju.jpg',0) #(312, 381, 3)
#前景和背景的颜色是反的,调换前景和背景
img = 255 - img
#2. 获取图像轮廓
#阈值分割
ret, binary1 = cv2.threshold(img,127,255,cv2.THRESH_BINARY)
#查找外轮廓
contours, hierarchy = cv2.findContours(binary1, cv2.RETR_EXTERNAL, cv2.CHAIN_
APPROX_SIMPLE)
#绘制出每个轮廓
n = len(contours)
contoursImg=[]
for i in range(n):
    temp=np.zeros(img.shape,np.uint8)
    contoursImg.append(cv2.drawContours(temp,contours,i,(255,255,255),5))
#3. 显示图像
re = np.hstack([img,contoursImg[0],contoursImg[1],contoursImg[2],contoursImg[3]])
plt.imshow(re,'gray')
cv2.imwrite('imgs_re/chapter_10/p10_3.jpeg',re)
#4. 轮廓矩匹配度
#放大轮廓与齿轮的匹配度
ret0 = cv2.matchShapes(contours[3],contours[0],1,0.0)    #0 齿轮
#放大轮廓与旋转轮廓的匹配度
ret1 = cv2.matchShapes(contours[3],contours[1],1,0.0)    #1 旋转轮廓
#放大轮廓与原始轮廓的匹配度
ret2 = cv2.matchShapes(contours[3],contours[2],1,0.0)    #3 原始图放大版
#放大轮廓与自身的匹配度
ret3 = cv2.matchShapes(contours[3],contours[3],1,0.0)    #2 原始轮廓
print(f'ret0:{ret0} \nret1:{ret1}\nret2:{ret2}\nret3:{ret3}')
#运行结果
'''
ret0:0.017448485089050392
ret1:0.002059297025632234
ret2:0.0002621022068850509
ret3:0.0
'''
```

运行结果如图 10-6 所示。

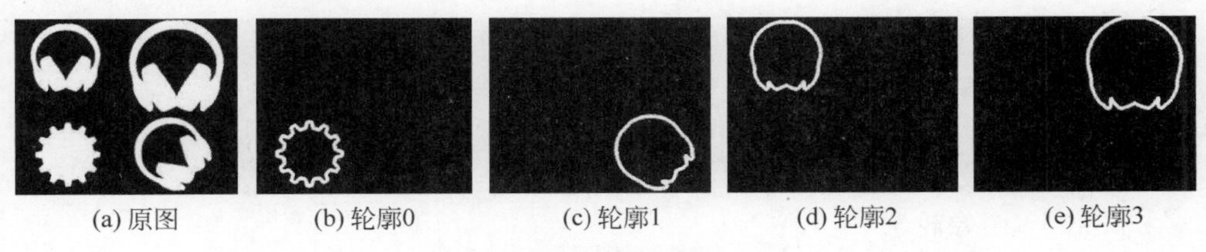

(a) 原图 (b) 轮廓0 (c) 轮廓1 (d) 轮廓2 (e) 轮廓3

图 10-6 图像轮廓匹配

如图 10-6 所示，图 10-6(a)为原图，图 10-6(b)为齿轮的轮廓，图 10-6(c)为旋转的耳机轮廓，图 10-6(d)为原尺寸耳机轮廓，图 10-6(e)为放大的耳机轮廓。代码运行结果显示，原尺寸耳机轮廓 2 与自身轮廓矩的匹配度最高，与耳机旋转的轮廓 1 和放大的轮廓 3 的矩的匹配度高于与齿轮轮廓矩的匹配度。

10.3 轮廓拟合

轮廓拟合是根据图像轮廓获取一个接近轮廓的多边形。根据目标轮廓可以获取目标所在的直线、最小外包三角形、矩形框、最小包围矩形框、最小包围圆形、最优拟合椭圆、逼近多边形。

OpenCV 调用函数 cv2.fitLine()来构造最优拟合直线，其语法格式为

line=cv2.fitLine(points,distType,param,reps,aeps)

(1) line：返回最优拟合直线参数。

(2) points：轮廓。

(3) distType：距离类型。当拟合直线时，要使输入点到拟合直线的距离之和最小，其类型见表 10-4。

表 10-4 距离类型

类 型	距离公式
cv2.DIST_USER	用户自定义
cv2.DIST_L1	$\|x_1-x_2\|+\|y_1-y_2\|$
cv2.DIST_L2	$\sqrt{(x_1-x_2)^2+(y_1-y_2)^2}$
cv2.DIST_C	$\max(\|x_1-x_2\|+\|y_1-y_2\|)$
cv2.DIST_L12	$2\sqrt{(1+x^2/2)}$
cv2.DIST_FAIR	$\text{distance}=c^2(\|x\|/c-\log(1+\|x\|/c)),c=1.3998$
cv2.DIST_WELSCH	$\text{distance}=c^2/2(1-\exp(-(x/c)^2)),c=2.9846$
cv2.DIST_HUBER	$\text{distance}=\|x\|<c?x^2/2:c(\|x\|-c/2),c=1.345$

(4) param：距离参数，与所选的距离类型有关。当此参数被设置为 0 时，该函数会自动选择最优值。

(5) reps：用于表示拟合直线所需要的径向精度，默认值为 0.01。

(6) aeps：用于表示拟合直线所需要的角度精度，默认值为 0.01。

OpenCV 调用函数 cv2.minEnclosingTriangle()来构造最小外包三角形，其语法格式为

retval,triangle=cv2.minEnclosingTriangle(points)

(1) retval：最小外包三角形的面积。

(2) triangle：最小外包三角形的 3 个顶点集。

(3) points：图像轮廓。

OpenCV 调用函数 cv2.boundingRect()绘制轮廓的矩形边界，其语法格式为

retval=cv2.boundingRect(array)

(1) retval：返回值。表示返回矩形边界的左上角顶点的坐标值(x,y)及矩形边界的宽度 w 和高度 h。

(2) array：灰度图像或轮廓。

OpenCV 调用函数 cv2.minAreaRect()绘制轮廓的最小包围矩形框，其语法格式为

retval=cv2.minAreaRect(points)

(1) retval：返回值，表示返回的矩形特征信息，包括最小外接矩形的中心(x,y)、宽度、高度、旋转角度。

(2) points：轮廓。

OpenCV 调用函数 cv2.boxPoints()将上述返回值 retval 转换为符合要求的结构，其语法格式为

points=cv2.boxPoints(box)

(1) points：返回值，是能够用于函数 cv2.drawContours()参数的轮廓点。

(2) box：是函数 cv2.minAreaRect()返回值的值。

OpenCV 调用函数 cv2.minEnclosingCircle()通过迭代算法构造一个对象的面积最小包围圆形，其语法格式为

center,radius=cv2.minEnclosingCircle(points)

(1) center：返回值，最小包围圆形的中心。

(2) radius：返回值，最小包围圆形的半径。

(3) points：轮廓。

在 OpenCV 中，函数 cv2.fitEllipse()可以用来构造最优拟合椭圆，其语法格式为

retval=cv2.fitEllipse(points)

(1) retval：返回值，是 RotatedRect 类型的值。因为该函数返回的是拟合椭圆的外接矩形，因此 retval 包含外接矩形的质心、宽、高、旋转角度等参数信息，这些信息正好与椭圆的中心点、轴长度、旋转角度等信息吻合。

(2) points：轮廓。

在 OpenCV 中，函数 cv2.approxPolyDP()用来构造指定精度的逼近多边形曲线，其语法格式为

approxCurve=cv2.approxPolyDP(curve,epsilon,closed)

（1）approxCurve：逼近多边形的点集。

（2）curve：是轮廓。

（3）epsilon：为精度，原始轮廓的边界点与逼近多边形边界之间的最大距离。epsilon越小，绘制的多边形边数越多，多边形越接近原轮廓。

（4）closed：布尔型值。当该值为 True 时，逼近多边形是封闭的，否则逼近多边形是不封闭的。

【例 10-4】 轮廓拟合。

解：

（1）读取图像。

（2）轮廓拟合。把彩色图像转换为灰度图，对灰度图二值化，再根据二值化图像获取轮廓信息。画出轮廓的最优拟合直线、最小外包三角形、矩形包围框、最小包围矩形框、最小包围圆形、最优拟合椭圆、逼近多边形。

（3）显示图像，代码如下：

```
#chapter10_4.py
import cv2
import numpy as np
import matplotlib.pyplot as plt

#1.读取图像
img = cv2.imread('pictures/erji.jpg')
#2.轮廓拟合
#将彩色图转换为灰度图
gray = cv2.cvtColor(img,cv2.COLOR_BGR2GRAY)
#图像二值化
ret, binary = cv2.threshold(gray,222,255,cv2.THRESH_BINARY)
#获取图像轮廓
contours, hierarchy = cv2.findContours(binary,cv2.RETR_LIST,cv2.CHAIN_APPROX_
SIMPLE)
plt.imshow(binary,'gray')
#画出所有轮廓
img_ = cv2.drawContours(img.copy(),contours,-1,(0,255,255),4)
#取出图像外轮廓
contours = contours[1]
#2.1最优拟合直线
rows,cols = img.shape[:2]
[vx,vy,x,y] = cv2.fitLine(contours, cv2.DIST_L2,0,0.01,0.01)
lefty = int(((-x *vy/vx) + y)[0])
righty = int((((cols-x)*vy/vx)+y)[0])
img1 = cv2.line(img.copy(),(cols-1,righty),(0,lefty),(0,255,0),4)
plt.imshow(img1)
#2.2最小外包三角形
area,trgl = cv2.minEnclosingTriangle(contours)
print("area=",area)
print("trgl:",trgl)
img2 = img.copy()
for i in range(0, 3):
```

```
    img2 = cv2.line(img2, tuple(trgl[i][0].astype('int')),tuple(trgl[(i + 1) %
3][0].astype('int')), (0,0,255), 2)
plt.imshow(img2)
#2.3 矩形包围框
x,y,w,h = cv2.boundingRect(contours)
brcnt = np.array([[[x, y]], [[x+w, y]], [[x+w, y+h]], [[x, y+h]]])
img3 = img.copy()
cv2.drawContours(img3, [brcnt], -1, (0, 0,255), 4)
plt.imshow(img3)
#2.4 最小包围矩形框
rect = cv2.minAreaRect(contours)
points = cv2.boxPoints(rect)
points = points.astype('int')
#取整
img4 = cv2.drawContours(img.copy(),[points],0,(0,0,255),4)
plt.imshow(img4)
#2.5 最小包围圆形
(x,y),radius = cv2.minEnclosingCircle(contours)
center = (int(x),int(y))
radius = int(radius)
img5 = img.copy()
cv2.circle(img5,center,radius,(0,255,255),4)
plt.imshow(img5)
#2.6 最优拟合椭圆
ellipse = cv2.fitEllipse(contours)
print("ellipse=",ellipse)
img6 = img.copy()
cv2.ellipse(img6,ellipse,(0,255,0),4)
plt.imshow(img6)
#2.7 逼近多边形
img7 = img.copy()
epsilon = 0.01*cv2.arcLength(contours,True)
approx = cv2.approxPolyDP(contours,epsilon,True)
cv2.drawContours(img7,[approx],0,(0,255,0),4)
#3. 显示图像
plt.imshow(img7)
re = np.hstack([img1,img2,img3,img4,img5,img6,img7])
plt.imshow(re)
#cv2.imwrite('pictures/p10_7.jpeg', re)
```

运行结果如图 10-7 所示。

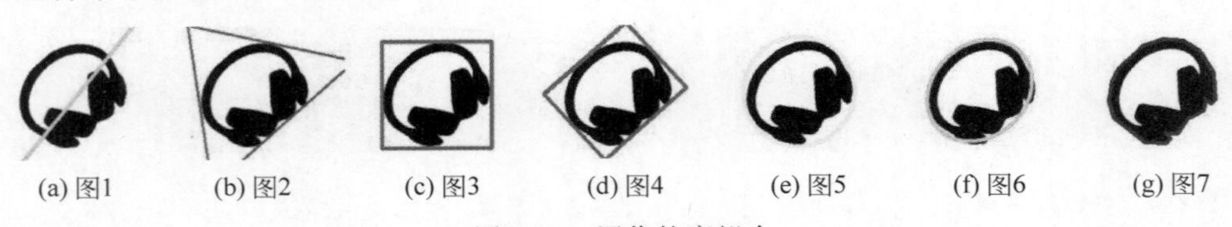

(a) 图1　(b) 图2　(c) 图3　(d) 图4　(e) 图5　(f) 图6　(g) 图7

图 10-7　图像轮廓拟合

如图 10-7 所示，图 10-7(a)画出轮廓的最优拟合直线，图 10-7(b)画出轮廓的最小外包三角形，图 10-7(c)画出轮廓的矩形包围框，图 10-7(d)画出轮廓的最小包围矩形框，图 10-7(e)

画出轮廓的最小包围圆形，图 10-7(f)画出轮廓的最优拟合椭圆，图 10-7(g)画出轮廓的逼近多边形。

10.4 凸包

凸包指的是完全包含原有轮廓的最小多边形。凸包的每一处都是凸的，即在凸包内连接任意两点的直线都在凸包的内部。

OpenCV 提供的函数 cv2.convexHull()用于获取轮廓的凸包，其语法格式为

hull=cv2.convexHull(points[,clockwise[,returnPoints]])

(1) hull：返回凸包角点。

(2) points：轮廓。

(3) clockwise：布尔型值。当该值为 True 时，凸包角点将按顺时针方向排列；当该值为 False 时，则以逆时针方向排列凸包角点。

(4) returnPoints：布尔型值。默认值为 True，函数返回凸包角点的 x、y 轴坐标；当值为 False 时，函数返回轮廓中凸包角点的索引。

凸包与轮廓之间的部分称为凸缺陷。OpenCV 调用函数 cv2.convexityDefects()获取凸缺陷，其语法格式如下：

convexityDefects=cv2.convexityDefects(contour,convexhull)

(1) convexityDefects：返回的凸缺陷点集。它是一个数组，每行包含的值是起点索引、终点索引、轮廓上距离凸包最远点的索引、最远点到凸包的近似距离。需要注意的是，由于返回结果中起点、终点、轮廓上距离凸包最远的点、最远点到凸包的近似距离的前 3 个值是轮廓点的索引，所以需要到轮廓点中去找它们。

(2) contour：轮廓。

(3) convexhull：凸包。需要注意的是，当用 cv2.convexityDefects()计算凸缺陷时，要使用凸包作为参数。在查找该凸包时，所使用函数 cv2.convexHull()的参数 returnPoints 的值必须是 False。

【例 10-5】 获取凸包。

解：

(1) 读取彩色图像。

(2) 获取凸包。

(3) 显示图像，代码如下：

```
#chapter10_5.py
import cv2
import numpy as np
import matplotlib.pyplot as plt

#1. 读取彩色图像
img = cv2.imread('pictures/tu.jpg')
```

```
gray = cv2.cvtColor(img, cv2.COLOR_BGR2GRAY)
ret, binary = cv2.threshold(255 - gray, 127, 255, cv2.THRESH_BINARY)
contours, hierarchy = cv2.findContours(binary, cv2.RETR_LIST, cv2.CHAIN_APPROX_
SIMPLE)
#2. 寻找凸包
hull = cv2.convexHull(contours[0])
#绘制凸包
cv2.polylines(img, [hull], True, (0, 255, 0), 2)
#3. 显示凸包
plt.imshow(img)
#cv2.imwrite('pictures/p10_8.jpeg', img)
```

图 10-8　图像凸包

运行结果如图 10-8 所示。

【例 10-6】　获取凸缺陷。

解：

(1) 读取图像。

(2) 获取凸缺陷。先把图像转换为灰度图，再把灰度图转换为二值图，然后根据二值图获取图像中物体的轮廓。根据每个轮廓的点数，找出手掌轮廓，最后根据手掌轮廓获取凸缺陷点。

(3) 显示图像，代码如下：

```
#chapter10_6.py 凸缺陷
import cv2
import numpy as np
import matplotlib.pyplot as plt

#1. 读取图像
img = cv2.imread('pictures/hand.jpg')
gray = cv2.cvtColor(img, cv2.COLOR_BGR2GRAY)
ret, binary = cv2.threshold(gray, 118, 255, cv2.THRESH_BINARY)
plt.imshow(binary, 'gray')
contours, _ = cv2.findContours(binary, cv2.RETR_EXTERNAL, cv2.CHAIN_APPROX_SIMPLE)
#根据每个轮廓包含的点的数量找到最大轮廓
#ls 用于存放每个轮廓所包含的点的数量
ls = []
for i in contours:
    ls.append(len(i)) #[4, 1, 727]
#c 是图像中最大轮廓的索引
c = np.array(ls).argmax() #2
#图像中的手掌轮廓
img1 = cv2.drawContours(img.copy(), contours, c, (0, 0, 255), 5)
#检测凸包
cnt = contours[c]
convexhull = cv2.convexHull(cnt, returnPoints=False)
#2. 获取凸缺陷
convexityDefects = cv2.convexityDefects(cnt, convexhull)
```

```
#d_ls用于存储凸缺陷点
img2 = img.copy()
for i in range(convexityDefects.shape[0]):
    #convexityDefects.shape:(14, 1, 4)
    #s,e,f,d = 起点索引、终点索引，轮廓上距离凸包最远的点，最远点到凸包的近似距离
    s, e, f, d = convexityDefects[i, 0]
    start = tuple(cnt[s][0])
    end = tuple(cnt[e][0])
    far = tuple(cnt[f][0])
    cv2.line(img2, start, end, [0, 0, 255], 2)
    cv2.circle(img2, far, 5, [255, 0, 0], -1)
#3. 显示图像
re = np.hstack([img, img1, img2])
plt.imshow(re, 'gray')
#cv2.imwrite('pictures/p10_9.jpeg',re)
```

运行结果如图 10-9 所示。

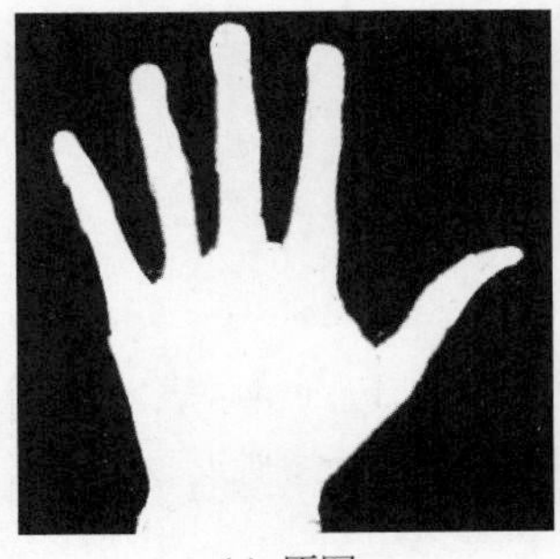
(a) 原图

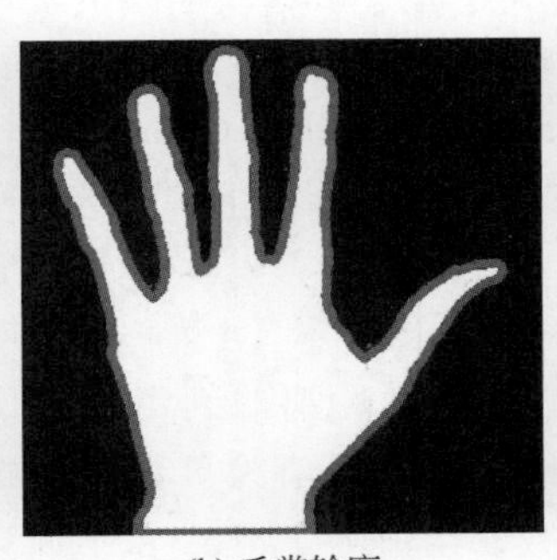
(b) 手掌轮廓

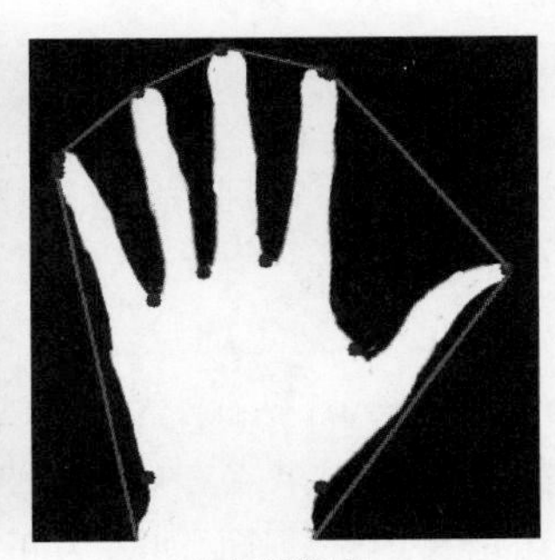
(c) 凸缺陷点

图 10-9　凸缺陷

10.5　轮廓特征

轮廓包含轮廓面积、周长、最值、点到直线的距离、轮廓是否是凸形。

OpenCV 调用函数 cv2.contourArea()来计算轮廓的面积，其语法格式为

retval＝cv2.contourArea(contour[,oriented])

(1) retval：返回值。轮廓的面积值。

(2) contour：轮廓。

(3) oriented：布尔型值。当它为 True 时，返回的值包含正号或负号，用来表示轮廓是顺时针的还是逆时针的。该参数的默认值为 False，表示返回的 retval 是一个绝对值。

OpenCV 调用函数 cv2.arcLength()来计算轮廓的周长，其语法格式为

retval＝cv2.arcLength(contour,closed)

(1) retval：返回轮廓的周长。

(2) contour：轮廓。

(3) closed：是布尔型值，用来表示轮廓是否是封闭的。当该值为 True 时，表示轮廓是封闭的。

OpenCV 调用函数 cv2. minMaxLoc()来在指定的对象内查找最大值、最小值及其位置，其语法格式为

min_val，max_val，min_loc，max_loc=cv2. minMaxLoc(imgray，mask)

(1) min_val：最小值。

(2) max_val：最大值。

(3) min_loc：最小值的位置。

(4) max_loc：最大值的位置。

(5) imgray：单通道图像。

(6) mask：掩模。通过掩模图像，可以得到掩模指定区域内的最值信息。

在 OpenCV 中，函数 cv2. pointPolygonTest()被用来计算点到多边形(轮廓)的最短距离(也就是垂线距离)，这个计算过程又称点和多边形的关系测试，其语法格式为

retval=cv2. pointPolygonTest(contour，pt，measureDist)

(1) retval：返回值。与参数 measureDist 的值有关。

(2) contour：轮廓。

(3) pt：待判定的点。

(4) measureDist：为布尔型值，表示距离的判定方式。当值为 True 时，表示计算点到轮廓的距离。如果点在轮廓的外部，则返回值为负数；如果点在轮廓上，则返回值为 0；如果点在轮廓内部，则返回值为正数。当值为 False 时，不计算距离，只返回−1、0 和 1 中的一个值，表示点相对于轮廓的位置关系。如果点在轮廓的外部，则返回值为−1；如果点在轮廓上，则返回值为 0；如果点在轮廓内部，则返回值为 1。

OpenCV 调用函数 cv2. isContourConvex()来判断轮廓是否是凸形的，其语法格式为

retval=cv2. isContourConvex(contour)

(1) retval：布尔型值。当该值为 True 时，表示轮廓为凸形；反之，表示轮廓不是凸形。

(2) contour：轮廓。

【例 10-7】 获取轮廓特征。

解：

(1) 读取彩色图像。

(2) 轮廓特征。获取手部轮廓、凸包、轮廓的逼近多边形。已知 A、B、C 3 个点，判断 3 个点到轮廓的距离，找出轮廓的最值。

(3) 显示图像，代码如下：

```
#chapter10_7.py 轮廓特征
import cv2
import numpy as np
import matplotlib.pyplot as plt
```

```
#1. 读取彩色图像
img = cv2.imread('pictures/hand.jpg')
#2. 获取轮廓特征
gray = cv2.cvtColor(img, cv2.COLOR_BGR2GRAY)
ret, binary = cv2.threshold(gray, 118, 255, cv2.THRESH_BINARY)
#获取图像轮廓
contours, hierarchy = cv2.findContours(binary, cv2.RETR_EXTERNAL, cv2.CHAIN_
APPROX_SIMPLE)
#找到最大轮廓
areas = []
length = []
for i in contours:
    #轮廓面积
    areas.append(cv2.contourArea(i))
    #轮廓周长
    length.append(cv2.arcLength(i, 1))
c = np.array(areas).argmax()
#从所有轮廓中获取手的轮廓
cnt = contours[c]
#画轮廓
img1 = cv2.drawContours(img.copy(), contours, c, (0, 0, 255), 5)
img2 = img.copy()
#获取凸包
hull = cv2.convexHull(cnt)
#画手的凸包
cv2.polylines(img1, [hull], True, (0, 255, 0), 2)
cv2.polylines(img2, [hull], True, (0, 255, 0), 2)
#判断轮廓是否是凸包
print(f'多边形是否是凸形: {cv2.isContourConvex(hull)}')
#获取轮廓的逼近多边形
approx = cv2.approxPolyDP(cnt, 0.01 *cv2.arcLength(cnt, True), True)
img1 = cv2.drawContours(img1, [approx], 0, (255, 0, 0), 2)
#计算点到轮廓的距离
A = (150, 250) #(row,column)
B = (300, 100)
C = int(hull[3][0][0]), int(hull[3][0][1])
#内部点 A 到轮廓的距离
dis_A = cv2.pointPolygonTest(hull, A, True)
cv2.putText(img2, 'A', A, cv2.FONT_HERSHEY_SIMPLEX, 1, (255, 0, 0), 3)
print(f'distA:{dis_A}')
#外部点 B 到轮廓的距离
dis_B = cv2.pointPolygonTest(hull, B, True)
cv2.putText(img2, 'B', B, cv2.FONT_HERSHEY_SIMPLEX, 1, (255, 255, 255), 3)
print(f'distB:{dis_B}')
#凸包上点 C 到轮廓的距离
dis_C = cv2.pointPolygonTest(hull, C, True)
cv2.putText(img2, 'C', C, cv2.FONT_HERSHEY_SIMPLEX, 1, (255, 255, 255), 3)
print(f'distC:{dis_C}')
#轮廓上的最值
mask = np.zeros(gray.shape, np.uint8)
mask = cv2.drawContours(gray, [cnt], -1, 255, -1)
minVal, maxVal, minLoc, maxLoc = cv2.minMaxLoc(gray, mask=mask)
```

```
cv2.circle(img2, minLoc, 3, (0, 255, 0), 4)
cv2.circle(img2, maxLoc, 3, (0, 255, 0), 4)
#3. 显示图像
re = np.hstack([img, img1, img2])
plt.imshow(re)
print(f'轮廓面积:{areas}')
print(f'轮廓周长:{length}')
print(f'minVal:{minVal}')
print(f'maxVal:{maxVal}')
print(f'minLoc:{minLoc}')
print(f'maxLoc:{maxLoc}')
#cv2.imwrite('pictures/p10_10.jpeg', re)
#运行结果
'''
多边形是否是凸形: True
distA:92.919857109179
distB:-16.6566487788788
distC:-0.0
轮廓面积:[1.0, 0.0, 45916.5]
轮廓周长:[4.828427076339722, 0.0, 2063.633679986]
minVal:1.0
maxVal:255.0
minLoc:(139, 5)
maxLoc:(140, 7)
'''
```

运行结果如图 10-10 所示。

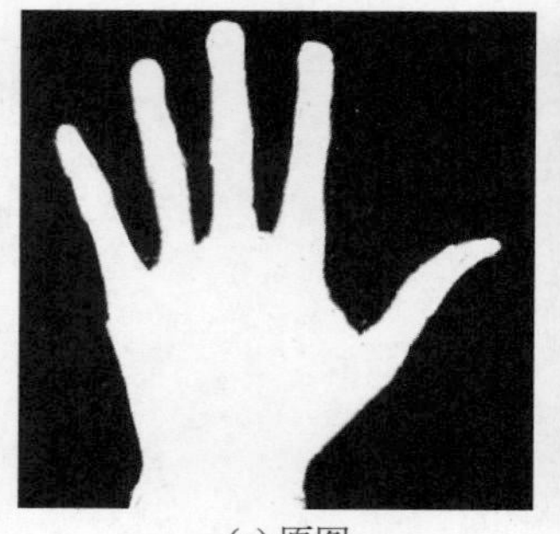
(a) 原图

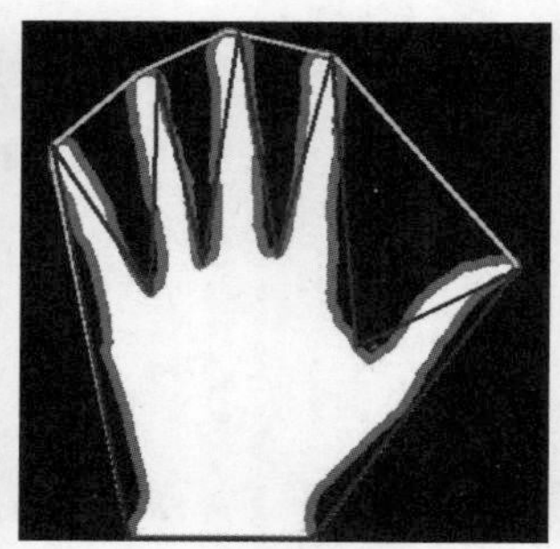
(b) 轮廓0

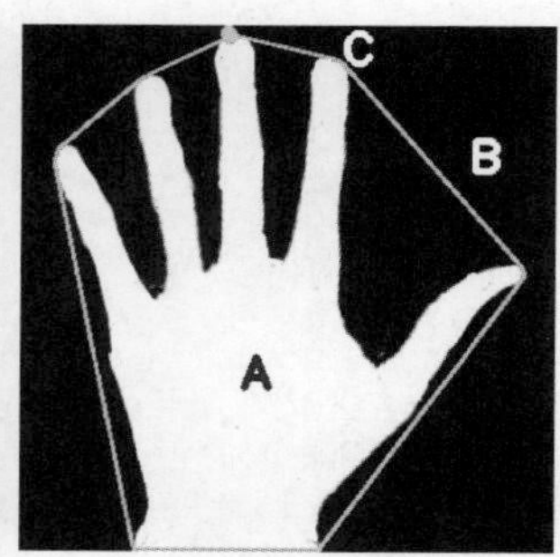

(c) 轮廓1

图 10-10　轮廓特征

【例 10-8】 判断物体形状。

解：

(1) 读取图像。

(2) 处理图像。查找图像所有轮廓，计算轮廓 3 和轮廓 4 的距离，找出图像中的矩形。通过轮廓计算其质心，根据质心计算轮廓之间的距离。用多边形拟合轮廓，如果多边形的边数为 4，则轮廓为矩形。

(3) 显示图像，代码如下：

```
#chapter10_8.py
import cv2
import numpy as np
import matplotlib.pyplot as plt

#1.读取灰度图
img = cv2.imread('pictures/10_7.jpeg', 1)
img_gray = cv2.cvtColor(img, cv2.COLOR_BGR2GRAY)
#2.处理图像
#二值化
ret, binary = cv2.threshold(img_gray, 127, 255, cv2.THRESH_BINARY)
#计算轮廓
contours, hierarchy = cv2.findContours(binary, cv2.RETR_EXTERNAL, cv2.CHAIN_
APPROX_SIMPLE)
n = len(contours)
area = []
leng = []
c_xy = []
#计算质心,计算前两个轮廓之间的距离
for i in range(n):
    m00 = cv2.moments(contours[i])['m00']
    m01 = cv2.moments(contours[i])['m01']
    m10 = cv2.moments(contours[i])['m10']
    cx, cy = int(m10 / m00), int(m01 / m00)
    ar = cv2.contourArea(contours[i])
    le = cv2.arcLength(contours[i], 1)
    area.append(ar)
    leng.append(le)
    c_xy.append((cx, cy))
cv2.putText(img, f'{i}', (cx, cy), cv2.FONT_HERSHEY_SIMPLEX, 1, (255, 255, 255), 2)
#通过轮廓质心计算轮廓 3、轮廓 4 之间的距离
l3 = c_xy[3]
l4 = c_xy[4]
l34 = ((l3[0] - l4[0]) **2 + (l3[1] - l4[1]) **2) **0.5
cv2.line(img, l3, l4, 255, 1)
#判断轮廓是什么形状;判断是否是矩形,若是,则标出矩形的边长
#存储多边形的边数
for i in range(n):
    epsilon = 0.01 *cv2.arcLength(contours[i], True)
    approx = cv2.approxPolyDP(contours[i], epsilon, True)
    len = approx.shape[0]
    if len == 4:
        #计算最小包围矩形框
        rect = cv2.minAreaRect(contours[i])
        points = cv2.boxPoints(rect).astype('int')
        w = points[1][0] - points[0][0]
        h = points[3][1] - points[0][1]
        cv2.line(img, points[0], points[1], (255, 255, 255), 1)
        cv2.circle(img, points[0], 3, (0, 0, 255), 3)
        cv2.putText(img, 'w:w', (points[0][0] + w //2, points[0][1]),
cv2.FONT_HERSHEY_SIMPLEX, 1, (255, 255, 255), 2)
        cv2.line(img, points[0], points[3], (255, 255, 255), 1)
```

```
        cv2.putText(img, 'h:h', (points[0][0], points[0][1] + h //2),
cv2.FONT_HERSHEY_SIMPLEX, 1, (255, 255, 255), 2)
#3. 显示图像
plt.imshow(img, 'gray')
#cv2.imwrite('pictures/p10_11.jpeg', img)
```

运行结果如图 10-11 所示。

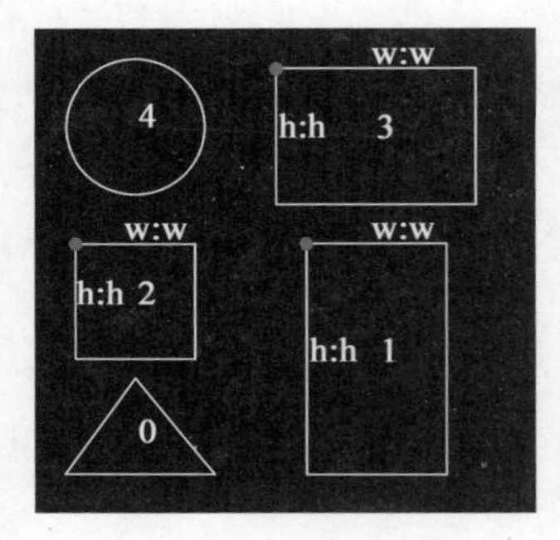

图 10-11　图像形状

【例 10-9】 数细胞。

解：

(1) 读取彩色图像。

(2) 处理图像。

(3) 显示图像,代码如下：

```
#chapter10_9.py 数细胞
import cv2
import numpy as np
import matplotlib.pyplot as plt

#1. 读取彩色图像
img = cv2.imread("pictures/cell.png", 1)
#img_me = cv2.medianBlur(img,3)
#2. 处理图像
#高斯滤波
img_gau = cv2.GaussianBlur(img, [3, 3], 1.0)
#将彩色图转换成灰度图
img_gray = cv2.cvtColor(img, cv2.COLOR_BGR2GRAY)
#二值化
_, img_thre = cv2.threshold(img_gray, 110, 255, cv2.THRESH_BINARY)
k = np.ones([3, 3])
#计算图像梯度
img_grad = cv2.morphologyEx(img_thre, cv2.MORPH_GRADIENT, k)
#二值图和梯度相减
c = img_thre - img_grad
#查找轮廓
contours, hierarchy = cv2.findContours(c, cv2.RETR_EXTERNAL, cv2.CHAIN_APPROX_
SIMPLE)
```

```
n = len(contours)
print(f'细胞数: {n}')
#3. 显示图像
plt.imshow(c, 'gray')
plt.imshow(img[..., ::-1])
cv2.imwrite('pictures/p10_12.jpeg', img)
'''细胞数: 234'''
```

运行结果如图 10-12 所示。

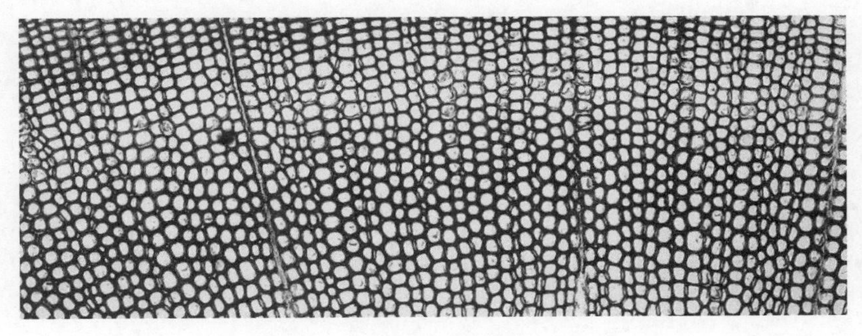

图 10-12　细胞图

【例 10-10】 找出矩形的 4 个角。

解：

（1）读取图像。

（2）处理图像。先找出物体的最小外接矩形 rect，根据外接矩形得到矩形的 4 个角坐标 points，再根据 points 获取矩形的宽 w 和高 h，根据矩形左上角坐标、宽和高得到矩形摆正后的坐标 dst_points。根据物体最小外接矩形坐标 src_points 和摆正后的坐标 dst_points 得到透视变换矩阵 $\boldsymbol{M}$，根据透视变换矩阵 $\boldsymbol{M}$ 对物体摆正，对物体做水平、垂直投影，根据频数找出物体最大内接矩形所在的行和列，进而得到最大内接矩形的 4 个角坐标 p。最后根据透视变换的逆变换 $\boldsymbol{M\_I}$ 找到 p 在物体上对应的位置 p_{dst}。

（3）显示图像，代码如下：

```
#chapter10_10.py 找出矩形的 4 个角
import cv2
import numpy as np
import matplotlib.pyplot as plt

#1. 读取图像
img = cv2.imread('pictures/chatou.png', 1)
img_gray = cv2.imread('pictures/chatou.png', 0)
#2. 处理图像
_, img_thre = cv2.threshold(img_gray, 0, 1, cv2.THRESH_BINARY + cv2.THRESH_OTSU)
cnts, _ = cv2.findContours(img_thre, cv2.RETR_EXTERNAL, cv2.CHAIN_APPROX_SIMPLE)
areas = []
for i in cnts:
    #轮廓面积
```

```
    areas.append(cv2.contourArea(i))
c = np.array(areas).argmax()
cnt = cnts[c]
#最小包围矩形
rect = cv2.minAreaRect(cnt)
points = cv2.boxPoints(rect)
points = points.astype('int')
img1 = cv2.drawContours(img.copy(), [points], 0, (0, 0, 255), 4)
plt.imshow(img1)
lt = points[0] #(x,y)
rt = points[1]
ld = points[3]
rd = points[2]
h = int(((rt[0] - lt[0]) **2 + (rt[1] - lt[1]) **2) **0.5)
w = int(((rt[0] - rd[0]) **2 + (rt[1] - rd[1]) **2) **0.5)
heigh, width, _ = img.shape
#2.1 原图不共线的 4 个点 matSrc,仿射变换后对应的点 matDst
#矩形原坐标
src_points = np.float32([lt, rt, rd, ld])
#矩形摆正后的坐标
dst_points = np.float32([lt, [lt[0] + h, lt[1]], [lt[0] + h, lt[1] + w], [lt[0],
lt[1] + w]])
#2.2.1 调用 OpenCV 实现透视变换矩阵
#透视变换矩阵
M = cv2.getPerspectiveTransform(src_points, dst_points)
#透视变换
dst = cv2.warpPerspective(img_thre, M, (width, heigh))
plt.imshow(dst, 'gray')
#计算 dst 在垂直方向和水平方向的投影
r_hist = [dst[i].sum() for i in range(heigh)]
c_hist = [dst[:, i].sum() for i in range(width)]
#根据投影的频数获取 dst 的最大矩形区域
r_idx = np.argwhere(np.array(r_hist) > 1)
c_idx = np.argwhere(np.array(c_hist) >= np.median(c_hist))
#最大矩形所在行和列
r1, r2 = r_idx.min(), r_idx.max()
c1, c2 = c_idx.min(), c_idx.max()
#用透视变换的逆变换把变换后的坐标复原,从而得到原图矩形的坐标
p = np.float32([[c1, r1, 1], [c2, r1, 1], [c2, r2, 1], [c1, r2, 1]])
p_dst = []
M_I = np.linalg.inv(M)
for i in p:
    p_dst.append(M_I.dot(i)[:2].astype(int))
img2 = img.copy()
#在原图上画出原图物体的最大矩形
for j in p_dst:
    cv2.circle(img2, j, 6, (0, 0, 255), -1)
    img2 = cv2.putText(img2, f'{int(j[0]), int(j[1])}', (j[0] - 20, j[1] - 20),
cv2.FONT_HERSHEY_DUPLEX, 0.6,
                (255, 50, 50),
                1)
#3. 显示图像
```

```
re = np.hstack([img1, img2])
plt.imshow(re[..., ::-1])
#cv2.imwrite('pictures/p10_13.jpeg', re)
```

运行结果如图 10-13 所示。

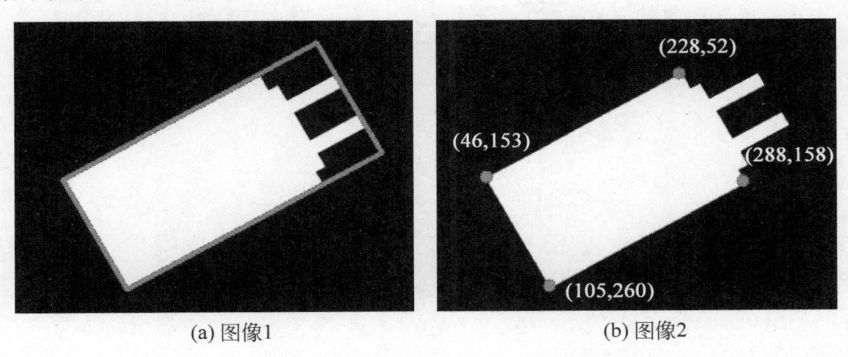

(a) 图像1　　(b) 图像2

图 10-13　获取矩形的 4 个角

第 11 章 直方图与模板匹配

直方图在数字图像处理中应用广泛，可以用于图像分割、图像锐化、寻找感兴趣区域等方面。本章主要详解直方图均衡化、直方图反向投影、直方图规定化、模板匹配。

11.1 直方图均衡化

当图像的灰度分布不均匀，其灰度分布集中在较窄的范围内，图像的细节不够清晰，对比度较低时，通常采用直方图均衡化及直方图规定化两种变换，使图像的灰度范围拉开或使灰度分布均匀，从而增大反差，使图像细节清晰，以达到图像增强的目的。图像直方图反映的是像素分布，通过直方图均衡化，使图像分布变均匀，对比度增强，如图 11-1 所示，图 11-1(a)为原图，图 11-1(b)为原图的直方图。图 11-1(c)是原图经过直方图均衡化后的结果，图 11-1(d)为图 11-1(c)的直方图。观察可知，原图整体色调偏暗，原图的直方图分布呈现右偏，灰度分布不均匀。原图经过直方图均衡化后，图像对比度增强，图像变得更加清晰，图 11-1(c)的直方图分布变得更加均匀。由此可知直方图均衡化适用于图像分布不均衡的图像。

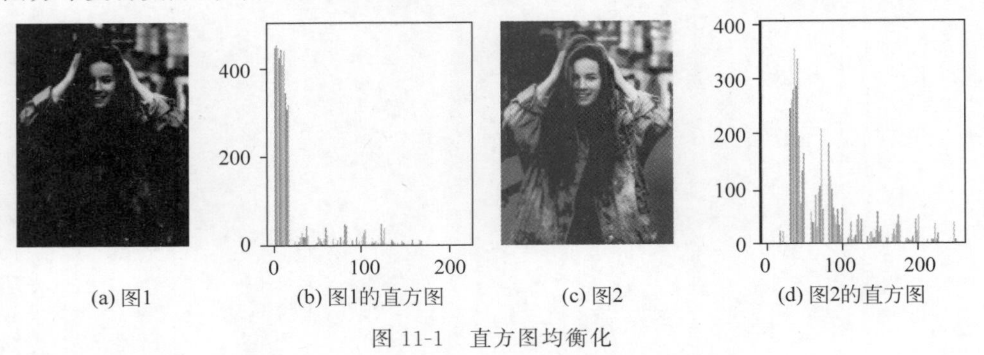

(a) 图1　(b) 图1的直方图　(c) 图2　(d) 图2的直方图

图 11-1　直方图均衡化

11.1.1 基本原理

直方图均衡化是对图像进行非线性拉伸，重新分配图像的灰度值，使一定范围内图像的灰度值大致相等。这样，原来直方图中间的峰值部分对比度得到增强，而两侧的谷底部分的对比度降低，输出图像的直方图是一个较为平坦的直方图。

图像直方图均衡化的原理是对像素进行函数变换，使图像像素分布均匀。直方图均衡化公式如下：

$$s_k = \sum_{i=0}^{k} p(i) \tag{11-1}$$

其中，$p(i)$为概率密度函数，k 为灰度级，s_k 为直方图均衡化后的输出，s_k 的取值范围为 0～1，s_k 乘以最大灰度级后为最终输出值。原图的每个灰度级对应的累计频率是直方图均衡化后的结果。

直方图均衡化过程见表 11-1，直方图均衡化如图 11-2 所示。

表 11-1　直方图均衡化过程

灰度级	频数	频率	累计频率	均衡化结果	取整
0	10	0.15	0.15	1.2	1
1	7	0.11	0.26	2.08	2
2	4	0.06	0.32	2.56	2
3	8	0.12	0.44	3.52	3
4	6	0.09	0.53	4.24	4
5	13	0.20	0.73	5.84	6
6	9	0.14	0.87	6.96	7
7	7	0.13	1	8	8
8	0	0	1	8	8

7	1	5	6	5	0	1	3
0	0	5	6	5	5	5	7
0	7	6	0	2	5	1	0
1	6	2	2	3	3	6	3
5	7	6	4	1	7	1	3
6	2	3	4	5	1	3	4
0	6	4	7	6	4	5	5
0	3	5	7	0	0	5	4

(a) 原图

8	2	6	7	6	1	2	3
1	1	6	7	6	6	6	8
1	8	7	1	2	6	2	1
2	7	2	2	3	3	7	3
6	8	7	4	2	8	2	3
7	2	3	4	6	2	3	4
1	7	4	8	7	4	6	6
1	3	6	8	1	1	6	4

(b) 直方图均衡化后结果

图 11-2　直方图均衡化

直方图均衡化的步骤如下：

（1）计算图像的每个灰度级频数、累计频数、累计频率。见表 11-1，表 11-1 中第 1 列是图 11-2(a)原图的灰度级，灰度级的取值范围为 0～8，一共有 9 个灰度级。根据原图计算每个灰度级对应的频数、累计频数、累计频率。

（2）累计频率乘以最大灰度级得到均衡化后的灰度级。原图最大的灰度级为 8，每个灰度级对应的累计频率乘以最大灰度级得到直方图均衡化后的结果，因为图像是 uint8 类型，因此对均衡化后的结果取整便可得到最终结果。见表 11-1,原图灰度级是 0,均衡化后的灰度级为 1。

(3) 把原灰度级换成新对应的灰度级。例如原图灰度级是 1,均衡化后的灰度级为 2。把原图中像素为 1 的像素全部用 2 替换,以此类推,把原灰度级换成新对应的灰度级。图 11-2(b)为原图均衡化后的结果,代码如下:

```
import numpy as np
def histequal(img_gray):
    '''
    直方图均衡化
    :param img_gray: 灰度图
    :return: 直方图均衡化的结果
    '''
    #1 计算各像素的频数、累计频数、归一化
    h, w = img_gray.shape
    #计算输入图像每个灰度级的累计频数
    cum_freq = np.array([(img_gray == i).sum() for i in range(256)]).cumsum()
    #直方图均衡化后的结果
    cum_freq = (cum_freq / cum_freq[-1] *255).astype(np.uint8)
    out = img_gray.copy()
    for i in range(256):
        #把原图的每个灰度级转换成均衡化后对应的灰度级
        out[img_gray == i] = cum_freq[i]
    return out
```

11.1.2 语法函数

OpenCV 调用 cv2.calcHist()计算图像直方图,其语法格式为

cv2.calcHist(images,channels,mask,histSize,ranges[,hist[,accumulate]])

(1) images:原图像。当传入函数时应该用方括号[]括起来,例如[img]。

(2) channels:如果输入图像是灰度图,则它的值就是[0];如果是彩色图像,则传入的参数可以是[0]、[1]、[2],它们分别对应着 B、G、R 通道。

(3) mask:掩模图像。如果要统计整幅图像的直方图就可把它设为 None,但是如果想统计图像某一部分的直方图,就需要制作一个掩模图像。

(4) histSize:BIN 的数目。也应该用方括号括起来,例如[256]。

(5) ranges:像素范围,通常为[0,256]。

OpenCV 调用函数 cv2.equalizeHist()实现直方图均衡化,其的语法格式为

dst=cv2.equalizeHist(src)

(1) dst:直方图均衡化处理的结果。

(2) src:是 8 位单通道原始图像。

OpenCV 调用函数 cv2.createCLAHE()实现自适应的直方图均衡化,自适应直方图均衡化是把图像分成一个个不重合的单元,对每个单元进行直方图均衡化,其语法格式为

dst＝cv2.createCLAHE(clipLimit,tileGridSize)

(1) dst：直方图均衡化处理的结果。

(2) clipLimit：对比度限制，默认值为40。

(3) tileGridSize：分块的大小，默认值为8×8。

【例11-1】 直方图均衡化。

解：

(1) 读取灰度图像。

(2) 直方图均衡化。

(3) 显示图像，代码如下：

```
#chapter11_1.py 直方图均衡化原理
import cv2
import numpy as np
import matplotlib.pyplot as plt

def histequal(img_gray):
    '''
    直方图均衡化
    :param img_gray: 灰度图
    :return: 直方图均衡化的结果
    '''
    #1. 计算各像素的频数、累计频数、归一化
    h, w = img_gray.shape
    #计算输入图像每个灰度级的累计频数
    cum_freq = np.array([(img_gray == i).sum() for i in range(256)]).cumsum()
    #直方图均衡化后的结果
    cum_freq = (cum_freq / cum_freq[-1] *255).astype(np.uint8)
    out = img_gray.copy()
    for i in range(256):
        #把原图的每个灰度级转换成均衡化后对应的灰度级
        out[img_gray == i] = cum_freq[i]
    return out

if __name__ == '__main__':
    #1. 读取灰度图像
    img = cv2.imread('pictures/l2_02.png', 0)
    #2. 直方图均衡化
    #代码复现
    out = histequal(img)
    #OpenCV 自带函数
    img_cv = cv2.equalizeHist(img)
    #自适应直方图均衡化
    dst2 = cv2.createCLAHE(clipLimit=50.0, tileGridSize=(8, 8)).apply(img)
    #3. 显示图像
    re = np.hstack([img, out, img_cv, dst2])
    plt.imshow(re, 'gray')
    cv2.imwrite('pictures/p11_3.jpeg', re)
```

运行结果如图 11-3 所示。

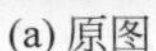

(a) 原图

(b) 代码复现

(c) OpenCV自带

(d) 自适应直方图均衡化

图 11-3　直方图均衡化

11.2　直方图反向投影

直方图反向投影是利用图像色彩直方图获取感兴趣区域的方法，适用于感兴趣区域颜色单一的图像。

11.2.1　基本原理

如图 11-4 所示，已知感兴趣区域的图像和目标图像，通过图 11-4(a)鱼身的部分区域，找出图 11-4(b)中的整条鱼。直方图反向投影的原理是统计图像像素对应颜色的频数，找到感兴趣区域颜色的频数，把原图的每个像素用频数比表示。

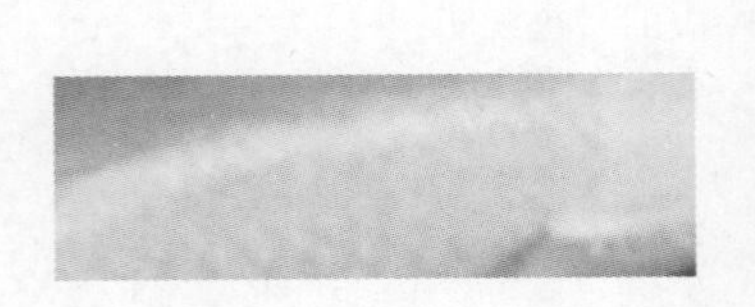

(a) 感兴趣区域

(b) 目标图像

图 11-4　直方图反向投影

直方图反向投影的步骤如下：

（1）图像通道转换。

（2）计算颜色直方图。

（3）获取感兴趣区域。

（4）直方图反向投影。

(5) 反向投影图处理。

1) 图像通道转换

读入感兴趣区域图像和彩色目标图像,把两幅图像由 BGR 格式转换为 HSV 格式,其目的是统计图像色彩直方图,代码如下:

```
#感兴趣区域图像
roi = cv2.imread('fish_1.jpg', 1) #roi.shape: (36, 109, 3)
#目标图像
img = cv2.imread('fish.png', 1)
#1. 把图像由 BGR 格式转换为 HSV 格式
roi_hsv = cv2.cvtColor(roi, cv2.COLOR_BGR2HSV) #roi_hsv.shape: (36, 109, 3)
img_hsv = cv2.cvtColor(img, cv2.COLOR_BGR2HSV) #img_hsv.shape: (662, 701, 3)
```

2) 计算颜色直方图

分别生成感兴趣区域图像和目标图像第 0、第 1 通道的二维直方图 HS。色调 H 的取值范围为 0~180,饱和度 S 的取值范围为 0~256,HS 直方图的尺寸由直方图的组数决定,直方图的组数决定反向投影的效果,如图 11-5 所示,色调 H 分为 7 组,饱和度 S 也分为 7 组,组成 7×7 的二维直方图。每对(H,S)对应某一区间的颜色,二维直方图的数值代表某一区间的颜色的频数。图 11-5(a)表示生成感兴趣区域图像色彩分布,图 11-5(b)表示生成目标图像色彩分布。通过对比可以发现,目标图像相对于感兴趣区域图像有更多的色彩类别和数量,代码如下:

```
#2. 计算 HSV 图像的二维直方图
roi_hs_hist = cv2.calcHist([roi_hsv], [0, 1], None, [bins_1, bins_2], [0, 180, 0,
256]) #shape:(bins_1, bins_2)
img_hs_hist = cv2.calcHist([img_hsv], [0, 1], None, [bins_1, bins_2], [0, 180, 0,
256]) #shape:(bins_1, bins_2)
```

3) 获取感兴趣区域

图 11-6 所示是感兴趣区域二维直方图与目标图像二维直方图相除的结果,定义为 $\boldsymbol{R}$。由于目标图像的二维直方图中有 0 元素,因此对目标图像的二维直方图加上一个小数,使除法可以正常进行。在矩阵 $\boldsymbol{R}$ 中,目标图像中与感兴趣区域图像颜色不同的直方图频数为 0,只保留与感兴趣区域图像一样的颜色。

代码如下:

```
#3. 获取感兴趣区域的直方图,即感兴趣区域对应颜色的频数
R = roi_hs_hist / (img_hs_hist + 0.1)
```

4) 直方图反向投影

目标图像颜色用矩阵 $\boldsymbol{R}$ 中颜色对应的数值表示,得到反向投影矩阵 $\boldsymbol{B}$。矩阵 $\boldsymbol{B}$ 的尺寸与目标图像大小一致,矩阵 $\boldsymbol{B}$ 只包含感兴趣区域颜色。在获取矩阵 $\boldsymbol{B}$ 的过程中,需要把颜色映射到直方图对应的区间。例如,如果要获取色调 h 在直方图对应的组,则需要把色调除以 180,再乘以色调直方图的组数,这样就可以获取色调在直方图所在的组。饱和度 s 的

H / S	0～36	37～72	73～108	108～144	145～180	181～216	217～256
150～180	3022	0	0	0	0	0	0
126～150	5	0	0	0	0	0	0
101～125	1	0	0	0	0	0	0
76～100	0	0	0	0	0	0	0
51～75	39	89	16	3	3	0	0
26～50	169	27	0	0	0	0	0
0～25	550	0	0	0	0	0	0

(a) 感兴趣区域二维直方图

H / S	0～36	37～72	73～108	108～144	145～180	181～216	217～256
150～180	24 089	68	0	0	0	0	0
126～150	298	0	0	0	0	0	0
101～125	32	0	0	0	0	0	0
76～100	77	13	6	0	0	0	0
51～75	3343	9748	4835	4312	103 516	293 177	5
26～50	6680	645	9	5	0	0	0
0～25	13 198	6	0	0	0	0	0

(b) 目标图像二维直方图

图 11-5　HS 二维直方图

H / S	0～36	37～72	73～108	108～144	145～180	181～216	217～256
150～180	0.125	0	0	0	0	0	0
126～150	0.017	0	0	0	0	0	0
101～125	0.031	0	0	0	0	0	0
76～100	0	0	0	0	0	0	0
51～75	0.012	0.009	0.003	0.001	0	0	0
26～50	0.025	0.042	9	5	0	0	0
0～25	0.042	6	0	0	0	0	0

图 11-6　二维直方图比值 ***R***

处理方法与此类似,代码如下:

```
#4. 获取原图每种颜色对应的频数,即原图用 R 的颜色频数表示
h, s, v = cv2.split(img_hsv)
B = R[(h.ravel() / 180 *bins_1).astype('int'), (s.ravel() / 256 *bins_2).astype
('int')]
```

5)反向投影图处理

把反向投影矩阵 **B** 缩放到目标图像大小,再通过卷积去掉噪声,然后对矩阵 **B** 进行归一化,最后把矩阵 **B** 转换为 uint8 类型。通过二值化把目标图像感兴趣区域作为模板,模板与原图进行按位与运算可以从目标图像获取感兴趣区域,如图 11-7 所示,图 11-7(a)为反向投影矩阵 **B**,颜色越亮的区域,对应的数值越大。图 11-7(b)为反向投影矩阵 **B** 二值化的结果。图 11-7(c)为目标图像与二值化图像按位与运算的结果,实现从目标图像抠取感兴趣区域。

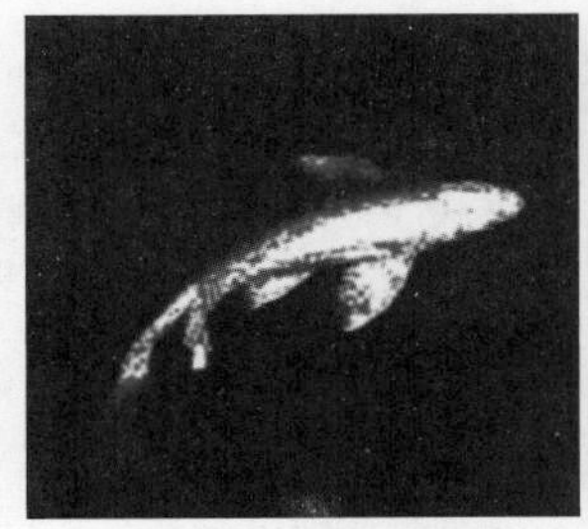

(a) 反向投影矩阵***B***

(b) 矩阵***B***二值化

(c) 位运算

图 11-7　反向投影

代码如下:

```
#5. 对反向投影图进行处理
#设定 B 的取值范围,并把 B 缩放到目标图像尺寸
B = np.minimum(B, 1)
B = B.reshape(img_hsv.shape[:2])
#5.1 卷积
kernel = cv2.getStructuringElement(cv2.MORPH_ELLIPSE, (7, 7))
B = cv2.filter2D(B, -1, kernel)
#5.2 归一化
B = B / (B.max() - B.min()) *255 #dtype('float32')
B = B.astype(np.uint8)
#5.3 二值化
ret, thresh = cv2.threshold(B, thre, 255, 0, cv2.THRESH_OTSU + cv2.THRESH_BINARY)
res = cv2.bitwise_and(img, img, mask=thresh)
```

11.2.2　语法函数

OpenCV 调用函数 cv2.calcBackProject()实现直方图反向投影,其语法格式为

dst=cv2.calcBackProject(images,channels,hist,ranges,scale[,dst])

(1) ds：输出的图像。

(2) images：HSV 格式的目标图像。

(3) channels：目标图像的通道数。

(4) hist：感兴趣区域图像关于色调 H 和饱和度 S 的二维直方图。

(5) ranges：二维直方图每个维度的取值范围。例如色调 H 的取值范围为[0,180]。

(6) scale：缩放因子，默认值为 1。

【例 11-2】 用直方图反向投影抠图。

解：

(1) 读取彩色图像。读入感兴趣区域图像和目标图像。

(2) 直方图反向投影。分别用复现代码和 OpenCV 自带函数实现直方图反向投影。

(3) 显示图像。

```
#chapter11_2.py
import cv2
import numpy as np
import matplotlib.pyplot as plt

def hist_inver_map(roi, img, bins_1=180, bins_2=256, thre=128):
    '''
    直方图反向投影,根据部分感兴趣区域,获取目标图像中所有感兴趣区域
    :param roi: 部分感兴趣区域图像
    :param img: 目标图像
    :param bins_1: 色调 H 直方图的组数 bins
    :param bins_2: 饱和度 S 直方图的组数 bins
    :param thre: 二值化阈值
    :return: 目标图像感兴趣区域的二值图
    '''
    #1. 把图像由 BGR 转换为 HSV
    roi_hsv = cv2.cvtColor(roi, cv2.COLOR_BGR2HSV) #roi_hsv.shape: (36, 109, 3)
    img_hsv = cv2.cvtColor(img, cv2.COLOR_BGR2HSV) #img_hsv.shape: (662, 701, 3)
    #2. 计算 HSV 图像的二维直方图
    roi_hs_hist = cv2.calcHist([roi_hsv], [0, 1], None, [bins_1, bins_2], [0,
180, 0, 256]) #shape:(bins_1, bins_2)
    img_hs_hist = cv2.calcHist([img_hsv], [0, 1], None, [bins_1, bins_2], [0,
180, 0, 256]) #shape:(bins_1, bins_2)
    #3. 获取感兴趣区域的直方图,即感兴趣区域对应颜色的频数
    R = roi_hs_hist / (img_hs_hist + 0.1)
    #4. 获取原图每种颜色对应的频数,即原图用颜色频数表示
    h, s, v = cv2.split(img_hsv)
    B = R[(h.ravel() / 180 *bins_1).astype('int'), (s.ravel() / 256 *bins_2).
astype('int')]
    #5. 对反向投影图处理
    B = np.minimum(B, 1)
    B = B.reshape(img_hsv.shape[:2])
    #5.1 卷积
    kernel = cv2.getStructuringElement(cv2.MORPH_ELLIPSE, (7, 7))
    B = cv2.filter2D(B, -1, kernel)
    #5.2 归一化
```

```
    B = B / (B.max() - B.min()) *255 #dtype('float32')
    B = B.astype(np.uint8)
    #5.3 二值化
    ret, thresh = cv2.threshold(B, thre, 255, 0, cv2.THRESH_OTSU + cv2.THRESH_BINARY)
    res = cv2.bitwise_and(img, img, mask=thresh)
    return res

if __name__ == '__main__':
    #1. 读取彩色图像
    #感兴趣区域的部分区域
    roi = cv2.imread('pictures/fish_1.jpg', 1)   #roi.shape: (36, 109, 3)
    #目标图像
    img = cv2.imread('pictures/fish.png', 1)     #img.shape: (662, 701, 3)
    #2. 直方图反向投影
    #2.1 源码复现
    res_1 = hist_inver_map(roi, img, bins_1=2, bins_2=2, thre=20)
                                                 #re.shape:(662, 701, 3)
    #2.2 OpenCV 自带函数
    #图像由 BGR 格式转换为 HSV
    hsv = cv2.cvtColor(roi, cv2.COLOR_BGR2HSV)   #hsv.shape: (36, 109, 3)
    hsvt = cv2.cvtColor(img, cv2.COLOR_BGR2HSV)  #hsvt.shape (662, 701, 3)
    #计算感兴趣区域关于 HV 的二维直方图
    roihist = cv2.calcHist([hsv], [0, 1], None, [10, 10], [0, 180, 0, 256])
    #归一化
    cv2.normalize(roihist, roihist, 0, 255, cv2.NORM_MINMAX)
    #调用直方图反向投影函数
    dst = cv2.calcBackProject([hsvt], [0, 1], roihist, [0, 180, 0, 256], 1)
    #高斯滤波
    disc = cv2.getStructuringElement(cv2.MORPH_ELLIPSE, (5, 5))
    dst = cv2.filter2D(dst, -1, disc)
    #阈值分割获取感兴趣区域的掩码
    ret, thresh = cv2.threshold(dst, 50, 255, 0)
    thresh = cv2.merge((thresh, thresh, thresh))
    #图像位运算,取出目标图像中的感兴趣区域
    res_2 = cv2.bitwise_and(img, thresh)
    #3. 显示图像
    re = np.hstack([img[..., ::-1], res_1, res_2])
    plt.imshow(re)
    cv2.imwrite('pictures/p11_8.jpeg', re)
```

运行结果如图 11-8 所示。

(a) 原图

(b) 代码复现

(c) OpenCV自带函数

图 11-8 直方图反向投影

11.3 直方图规定化

直方图规定化(Histogram Specification),也叫作直方图匹配(Histogram Matching),将原图分布变换为参考图像的分布。规定化操作能够有目的地增强某个灰度区间,原图像规定化后的直方图和参考图像的直方图的形状比较类似,并且原图像规定化后整幅图像的特征和参考图像也比较类似。

如图 11-9 所示,图 11-9(a)为原图,图 11-9(d)为原图 B 通道的直方图。观察可知,原图灰度直方图呈现右偏,图像整体偏暗。图 11-9(b)为参考图,即要把原图的直方图转换成与参考图类似的分布。图 11-9(e)为参考图的直方图。参考图的直方图像对于原图直方图分布较均匀。图 11-9(c)为原图规定化后的结果,图 11-9(f)为规定化图的直方图。原图经过直方图规定化后的分布类似于参考图的分布。

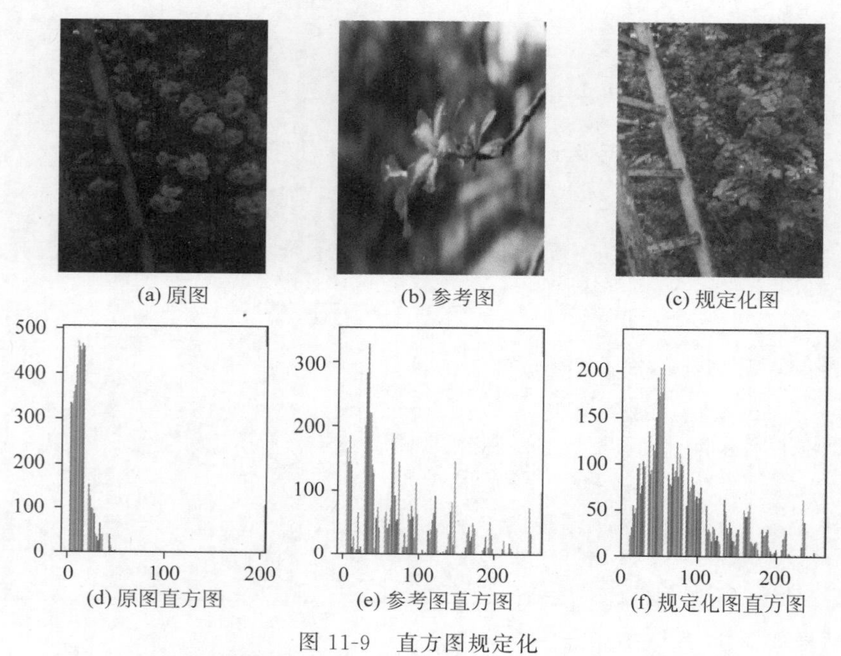

图 11-9 直方图规定化

直方图规定化的基本原理是将原图的直方图变换为特定形状的直方图。已知原始图像 A 的概率密度为 $p_r(r)$,对图像 A 作直方图均衡化得到图像 A',对应的变换函数为 $T(r)$,如式(11-2)所示。

$$T(r)=\int_0^r p_r(w)\mathrm{d}w \tag{11-2}$$

已知参考图像 B 的概率密度为 $p_z(z)$,对图像 B 作直方图均衡化得到图像 B',对应的变换函数为 $G(z)$,如式(11-3)所示。

$$G(z)=\int_0^z p_z(t)\mathrm{d}t \tag{11-3}$$

针对离散图像，当公式(11-4)中 $\Delta k\to 0,\Delta s\to 0,\Delta q\to 0$ 时，图像 A 中灰度为 k 的像素数、图像 B 中灰度为 q 的像素数、图像 A'中灰度为 $T(k)$的像素数、图像 B'中灰度为$G(q)$的像素数相等。

$$\int_k^{k+\Delta k} p_r(w)\mathrm{d}w=\int_s^{s+\Delta s} 1\mathrm{d}s=\int_q^{q+\Delta q} p_z(t)\mathrm{d}t \tag{11-4}$$

根据 $A'=B'$推导出：

$$B=G^{-1}[B']=G^{-1}(A') \tag{11-5}$$

由式(11-5)可知，根据原图 A 的直方图均衡化 A'和参考图 B 的直方图均衡化 B'反推出原图 A 的灰度变换。直方图规定化推导过程见表 11-2，已知图像的灰度级是 0～7 共 8 个灰度，根据原图和参考图分别得到原图直方图、原图累计直方图、参考图直方图、参考图的累计直方图，然后根据原图累计直方图和参考图累计直方图得到累计直方图映射。原图灰度级 0 的累计直方图数值为 80，80 与参考图累计直方图中的 98 最接近，参考图累计直方图中的 98 对应的灰度级为 3，因此原图灰度级 0 直方图规定化后的灰度级为 3。原图灰度级 1 的累计直方图数值为 170，此值与参考图中灰度级 4 的累计直方图值 178 最接近，因此原图灰度级 1 直方图规定化后的灰度级为 4，以此类推，便可得到原图每个灰度级对应直方图规定化后的灰度级。

表 11-2　直方图规定化过程

灰度级	0	1	2	3	4	5	6	7
原图直方图	80	90	100	120	110	1	3	2
原图累计直方图	80	170	270	390	500	501	504	506
参考图直方图	2	1	5	90	80	100	120	110
参考图累计直方图	2	3	8	98	178	278	398	508
累计直方图映射	80→98	170→178	270→278	390→398	500→508	501→508	504→508	506→508
灰度映射	0→3	1→4	2→5	3→6	4→7	5→7	6→7	7→7

直方图规定化的步骤如下：

(1) 分别计算原图像、参考图像的直方图。

(2) 分别计算原图像、参考图像的累计直方图。

(3) 计算两累计直方图差值的绝对值。

(4) 根据累计直方图差值建立灰度级的映射。

直方图规定化的代码如下：

```
import numpy as np

def hist_specify(img_org, img_ref):
    '''
    直方图规定化，把 img_org 的分布转换成与 img_ref 类似的分布
    :param img_org:原图
```

```
        :param img_ref:参考图像
        :return:直方图规定化后的结果 img_out
        '''
        #获取图像维数
        n = len(img_org.shape)
        #判断图像是彩色图还是灰度图
        if n < 3:
            #如果图像是灰度图,则给图像再增加一个通道,方便后续代码能同时处理彩色图和灰度图
            img_org = img_org[..., None]
        #c 为图像的通道数
        c = img_org.shape[-1]
        #img_out 存储原图 img_org 直方图规定化后的结果
        img_out = np.zeros_like(img_org)
        #遍历原图的每个通道
        for i in range(c):
            #分别获取原图规定图的直方图
            img_org_hist, bins = np.histogram(img_org[:, :, i], 256, [0, 256])
            img_ref_hist, bins = np.histogram(img_ref[:, :, i], 256, [0, 256])
            #分别获取原图规定图的累计直方图
            img_org_cum = img_org_hist.cumsum()
            img_ref_cum = img_ref_hist.cumsum()
            #遍历原图的每个灰度级,找到规定化后对应的灰度级
            for j in range(256):
                #计算 img_ref_cum 中的累计值与当前灰度级对应的累计值 img_org_cum[i]的差值
                dis = np.abs(img_org_cum[j] - img_ref_cum)
                #获取差值 dis 中最小值的下标 idx,原图中灰度级为 j 直方图规定化后对应的灰
                #度级为 idx
                idx = dis.argmin()
                #找出 img_out 中原图 img_org 第 i 个通道灰度级是 j 的位置,把这些位置的值设
                #为 idx
                img_out[..., i][img_org[..., i] == j] = idx
        if n < 3:
            #如果 img_out 最初是灰度图,则可把 img_out 由三通道变为二通道
            return img_out[..., 0]
        return img_out
```

【例 11-3】 直方图规定化。

解：

(1) 读取彩色图像。

(2) 直方图规定化。

(3) 显示图像。

```
#chapter11_3.py
import cv2
import numpy as np
import matplotlib.pyplot as plt

def hist_specify(img_org, img_ref):
    '''
    直方图规定化,把 img_org 的分布转换成与 img_ref 类似的分布
```

```
    :param img_org:原图
    :param img_ref:参考图像
    :return:直方图规定化后的结果 img_out
    '''
    #获取图像维数
    n = len(img_org.shape)
    #判断图像是彩色图还是灰度图
    if n < 3:
        #如果图像是灰度图,则给图像再增加一个通道,方便后续代码能同时处理彩色图和灰度图
        img_org = img_org[..., None]
    #c 为图像的通道数
    c = img_org.shape[-1]
    #img_out 存储原图 img_org 直方图规定化后的结果
    img_out = np.zeros_like(img_org)
    #遍历原图的每个通道
    for i in range(c):
        #分别获取原图规定图的直方图
        img_org_hist, bins = np.histogram(img_org[:, :, i], 256, [0, 256])
        img_ref_hist, bins = np.histogram(img_ref[:, :, i], 256, [0, 256])
        #分别获取原图规定图的累计直方图
        img_org_cum = img_org_hist.cumsum()
        img_ref_cum = img_ref_hist.cumsum()
        #遍历原图的每个灰度级,找到规定化后对应的灰度级
        for j in range(256):
            #计算 img_ref_cum 中的累计值与当前灰度级对应的累计值 img_org_cum[i]的差值
            dis = np.abs(img_org_cum[j] - img_ref_cum)
            #获取差值 dis 中最小值的下标 idx,原图中灰度级为 j 直方图规定化后对应的灰
            #度级为 idx
            idx = dis.argmin()
            #找出 img_out 中原图 img_org 第 i 个通道灰度级是 j 的位置,把这些位置的值设
            #为 idx
            img_out[..., i][img_org[..., i] == j] = idx
    if n < 3:
        #如果 img_out 最初是灰度图,则可把 img_out 由三通道变为二通道
        return img_out[..., 0]
    return img_out

if __name__ == '__main__':
    #1. 读取彩色图像
    #原图
    img_org = cv2.imread("pictures/yj.png", 1)
    #参考图像 lena_fly.jpeg,hua.png,hs.png,cat.png
    img_ref0 = cv2.imread("pictures/hs.png", 1)
    img_ref1 = cv2.imread("pictures/cat.png", 1)
    #2. 直方图规定化
    img_out0 = hist_specify(img_org, img_ref0)
    img_out1 = hist_specify(img_org, img_ref1)
    #3. 显示图像
    plt.subplot(151)
    plt.axis('off')
    plt.imshow(img_org[..., ::-1])
    plt.subplot(152)
```

```
    plt.axis('off')
    plt.imshow(img_ref0[..., ::-1])
    plt.subplot(153)
    plt.axis('off')
    plt.imshow(img_ref1[..., ::-1])
    plt.subplot(154)
    plt.axis('off')
    plt.imshow(img_out0[..., ::-1])
    plt.subplot(155)
    plt.axis('off')
    plt.imshow(img_out1[..., ::-1])
```

运行结果如图 11-10 所示。

(a) 原图像

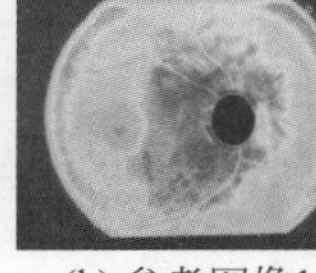
(b) 参考图像1

(c) 参考图像2

(d) 图像1

(e) 图像2

图 11-10 直方图规定化

图 11-10(d)为原图像和参考图像 1 直方图规定化后的结果，图 11-10(e)为原图像和参考图像 2 直方图规定化后的结果。观察可知，原图像的色调、亮度、饱和度受到参考图像特征的影响，通过参考图可将原图像的对比度调整到特定的效果。

11.4 模板匹配

模板匹配是指在图像 I 内寻找与模板 T 相似的部分，如图 11-11 所示，模板 T 在图像 I 上滑动，找到匹配的区域并标记出来。

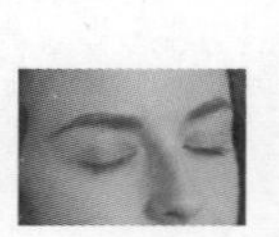
(a) 模板T

(b) 图像I

图 11-11 模板匹配

11.4.1 基本原理

模板匹配的基本思想是根据相关系数寻找图像 I 中与模板 T 相似的区域。OpenCV 提供了以下方法计算模板 T 在图像 I 上覆盖区域的相似度，见表 11-3。TM_SQDIFF(差值平方和)、TM_SQDIFF_NORMED(归一化差值平方和)通过计算模板与覆盖区域所有对应位置像素差的平方和来衡量两者的相似度，计算结果越小表示两者越相似，当计算结果为 0 时表示两者完全相同。TM_CCORR(相关系数)、TM_CCORR_NORMED(归一化相关系数)通过计算模板与覆盖区域所有对应位置像素乘积来衡量两者相似度，计算结果越大表示两者越相似。TM_CCOEFF(去均值相关系数)、TM_CCOEFF_NORMED(归一化去均值相关系数)先对模板与覆盖区域各自去均值，然后求相关系数。通过去均值，消除模板 T 和图像 I 亮度差异对计算结果的影响。模板 T 的尺寸固定，当图像 I 中的目标对象缩放、变形、旋转时，模板匹配效果变差。

表 11-3 相似度

类 型	公 式
cv2.TM_SQDIFF	$R(x,y)=\sum_{x',y'}(T(x',y')-I(x+x',y+y'))^2$
cv2.TM_SQDIFF_NORMED	$R(x,y)=\frac{\sum_{x',y'}(T(x',y')-I(x+x',y+y'))^2}{\sqrt{\sum_{x',y'}T(x',y')^2\cdot\sum_{x',y'}I(x+x',y+y')^2}}$
cv2.TM_CCORR	$R(x,y)=\sum_{x',y'}T(x',y')\cdot I(x+x',y+y')$
cv2.TM_CCORR_NORMED	$R(x,y)=\frac{\sum_{x',y'}T(x',y')\cdot I(x+x',y+y')}{\sqrt{\sum_{x',y'}T(x',y')^2\cdot\sum_{x',y'}I(x+x',y+y')^2}}$
cv2.TM_CCOEFF	$R(x,y)=\sum_{x',y'}T'(x',y')\cdot I'(x+x',y+y')$ $T'(x',y')=T(x',y')-\frac{1}{(w\cdot h)}\sum_{x'',y''}T(x'',y'')$ $I'(x+x',y+y')=I(x+x',y+y')-\frac{1}{(w\cdot h)}\sum_{x'',y''}I(x+x'',y+y'')$
cv2.TM_CCOEFF_NORMED	$R(x,y)=\frac{\sum_{x',y'}T'(x',y')\cdot I'(x+x',y+y')}{\sqrt{\sum_{x',y'}T'(x',y')^2\cdot\sum_{x',y'}I'(x+x',y+y')^2}}$

其中，(x',y')代表的是模板 T 的位置，(x,y)代表目标图像 I 区域起始位置，$I(x+x',y+y')$表示在目标图像上以(x,y)为起点，偏移(x',y')的位置。$R(x,y)$是以(x,y)为起点位置，(x',y')大小的区域图像与模板的相似程度，代码如下：

```
import numpy as np
def tmp_method(tmp,img,method=0):
    '''
    模板匹配
    :param tmp:模板
    :param img:图像
    :param method:0 表示归一化差值平方和,1 表示归一化相关系数,2 表示归一化去均值相
关系数
    :return:最佳匹配位置的索引
    '''
    #模板的高和宽
    h, w = tmp.shape[:2]
    #图像的高和宽
    H, W = img.shape[:2]
    #out 存放模板与图像匹配得分
    out = np.zeros([H-h+1,W-w+1])
    #模板像素平方和
    T = (tmp **2).sum()
    #模板像素与其均值的差值
    t_d = tmp - tmp.mean()
    #t_d 平方和
    TT = (t_d **2).sum()
    for i in range(H-h+1):
        for j in range(W-w+1):
            wid = img[i:i+h,j:j+w]
            I = (wid **2).sum()
            #归一化差值平方和
            if 0==method:
                out[i,j] = ((tmp - wid)**2).sum()/(T *I)**(0.5)
            #归一化相关系数
            elif 1==method:
                out[i,j] = (tmp *wid).sum()/(T *I)**(0.5)
            #归一化去均值相关系数
            elif 2 == method:
                i_d = wid - wid.mean()
                II = (i_d **2).sum()
                out[i, j] = (t_d *i_d).sum() / (TT *II) **(0.5)
    if 0==method:
        ind = np.unravel_index(out.argmin(), out.shape)
    else:
        ind = np.unravel_index(out.argmax(), out.shape)
    return ind
```

11.4.2 语法函数

在 OpenCV 中,模板匹配使用函数 cv2.matchTemplate()实现,其语法格式为

result=cv2.matchTemplate(image,templ,method[,mask])

(1) image:原始图像,必须是 8 位或者 32 位的浮点型图像。

(2) templ:模板图像。它的尺寸必须小于或等于原始图像,并且与原始图像具有同样的类型。

（3）method：匹配方法。见表 11-3。

OpenCV 调用函数 cv2. minMaxLoc()查找最值（极值）与最值所在的位置，其语法函数为

minVal,maxVal,minLoc,maxLoc＝cv2. minMaxLoc(src [,mask])

（1）src：单通道数组。

（2）minVal：返回的最小值，如果没有最小值，则可以是 NULL(空值)。

（3）maxVal：返回的最大值，如果没有最大值，则可以是 NULL。

（4）minLoc：最小值的位置，如果没有最小值，则可以是 NULL。

（5）maxLoc：最大值的位置，如果没有最大值，则可以是 NULL。

（6）mask：用来选取掩模的子集，可选项。

【例 11-4】 模板匹配。

解：

（1）读取彩色图像。

（2）模板匹配。用多种方法实现模板匹配。实践表明，如果模板尺寸过小或辨别率不高，则模板匹配效果可能会很不理想。

（3）显示图像，代码如下：

```
#chapter11_4.py
import cv2
import numpy as np
import matplotlib.pyplot as plt

def tmp_method(tmp, img, method=0):
    '''
    模板匹配
    :param tmp:模板
    :param img:图像
    :param method:计算相似度方法
    :return:
    '''
    h, w = tmp.shape[:2]
    H, W = img.shape[:2]
    out = np.zeros([H - h + 1, W - w + 1])
    T = (tmp **2).sum()
    t_d = tmp - tmp.mean()
    TT = (t_d **2).sum()
    for i in range(H - h + 1):
        for j in range(W - w + 1):
            wid = img[i:i + h, j:j + w]
            I = (wid **2).sum()
            #归一化差值平方和
            if 0 == method:
                out[i, j] = ((tmp - wid) **2).sum() / (T *I) **(0.5)
            #归一化相关系数
            elif 1 == method:
```

```
                out[i, j] = (tmp * wid).sum() / (T * I) ** (0.5)
            #归一化去均值相关系数
            elif 2 == method:
                i_d = wid - wid.mean()
                II = (i_d **2).sum()
                out[i, j] = (t_d * i_d).sum() / (TT * II) ** (0.5)
    if 0 == method:
        ind = np.unravel_index(out.argmin(), out.shape)
    else:
        ind = np.unravel_index(out.argmax(), out.shape)
    return ind

if __name__ == '__main__':
    #1. 读取彩色图像
    #模板
    tmp = cv2.imread('pictures/L3_eyes.png', 0)
    #图像
    img = cv2.imread('pictures/L3.png', 0)
    #2. 模板匹配
    #2.1 代码复现
    idx = tmp_method(tmp, img, method=2)
    #模板的高和宽
    h, w = tmp.shape[:2]
    img0 = cv2.rectangle(img.copy(), idx[::-1], (idx[1] + w, idx[0] + h), 255, 2)
    #2.2 OpenCV 自带函数
    res1 = cv2.matchTemplate(img, tmp, 0)
    res2 = cv2.matchTemplate(img, tmp, 3)
    res3 = cv2.matchTemplate(img, tmp, 4)
    #根据匹配结果找到在目标图上的位置
    minVal1, maxVal1, minLoc1, maxLoc1 = cv2.minMaxLoc(res1)
    minVal2, maxVal2, minLoc2, maxLoc2 = cv2.minMaxLoc(res2)
    minVal3, maxVal3, minLoc3, maxLoc3 = cv2.minMaxLoc(res3)
    img1 = cv2.rectangle(img.copy(), minLoc1, (minLoc1[0] + w, minLoc1[1] + h),
255, 2)
    img2 = cv2.rectangle(img.copy(), maxLoc2, (maxLoc2[0] + w, maxLoc2[1] + h),
255, 2)
    img3 = cv2.rectangle(img.copy(), maxLoc3, (maxLoc3[0] + w, maxLoc3[1] + h),
255, 2)
    #3. 显示图像
    re = np.hstack([img0, img1, img2, img3])
    plt.imshow(re, 'gray')
    #cv2.imwrite('pictures/p11_12.jpeg', re)
```

运行结果如图 11-12 所示。

图 11-12(a)为复现归一化相关系数方法的匹配结果，图 11-12(b)、图 11-12(c)、图 11-12(d)为 OpenCV 自带函数的匹配结果。

【例 11-5】 多模板匹配。

当要匹配的图像中有多个目标时，即模板图像在原图中出现多次时，这时要找出多个匹配结果。

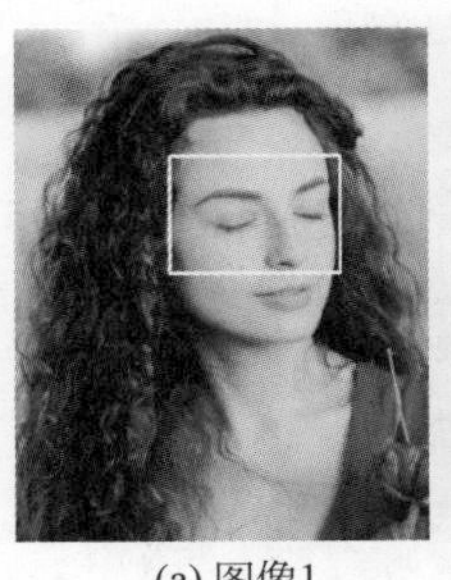
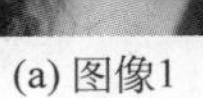
(a) 图像1

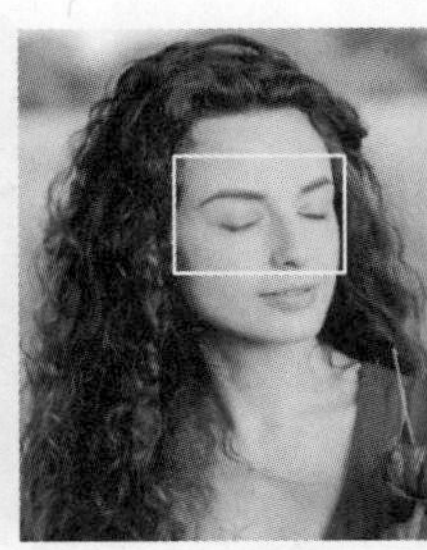
(b) 图像2

(c) 图像3

(d) 图像4

图 11-12 模板匹配

解：

(1) 读取图像。读入模板和原图。

(2) 多模板匹配。先根据模板匹配函数获取匹配结果 result,result 是一个二维数组。再根据阈值 threth 找出 result 中多个符合条件的点 loc。loc 是一个元组,元组包含符合筛选条件的坐标索引。最后遍历 loc 中的索引,根据索引画出模板在原图上的匹配结果。

(3) 显示图像,代码如下：

```
#chapter11_5.py
import cv2
import numpy as np
import matplotlib.pyplot as plt

#1. 读取图像
tmp = cv2.imread('pictures/L3_eyes.png', 0)
img = cv2.imread('pictures/L3_4.png', 0)
#2. 多模板匹配
#获取匹配结果
result = cv2.matchTemplate(img, tmp, cv2.TM_CCOEFF_NORMED)
#筛选出大于阈值的匹配点
threth = 0.99
loc = np.where(result >= threth)
re = img.copy()
h, w = tmp.shape[:2]
#遍历匹配索引,画出模板在原图上的位置
for pt in zip(*loc):
    cv2.rectangle(re, pt[::-1], (pt[::-1][0] + w, pt[::-1][1] + h), 255, 5)
#3. 显示图像
plt.figure(figsize=(16, 8))
plt.subplot(131)
plt.imshow(tmp, cmap='gray')            #模板
plt.axis('off')
plt.subplot(132)
plt.imshow(img, cmap='gray')            #原图
plt.axis('off')
plt.subplot(133)
plt.axis('off')
plt.imshow(re, cmap='gray')             #匹配的返回值
```

运行结果如图 11-13 所示。

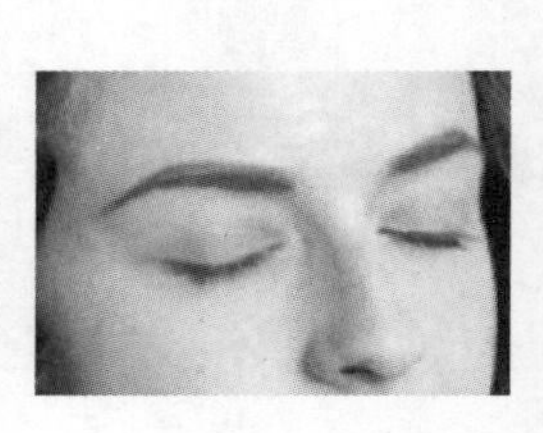

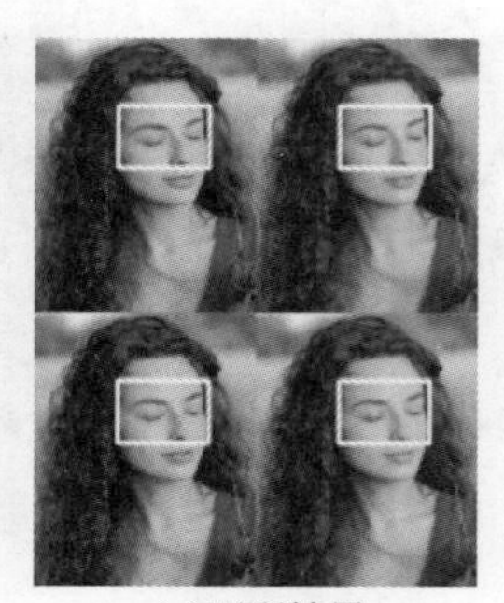

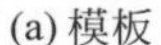

(a) 模板　　(b) 图像　　(c) 匹配结果

图 11-13　多模板匹配

【例 11-6】 多角度模板匹配。

解：

(1) 读取图像。

(2) 处理图像。对模板进行旋转，找出模板在目标图像上的位置，然后对匹配结果进行非极大值抑制，从而得到最终结果。

(3) 显示图像，代码如下：

```
#chapter11_6.py 多角度模板匹配
import cv2
import numpy as np
import matplotlib.pyplot as plt

def rotata_img(img, angle, borderValue=0):
    '''
    旋转模板
    :param img: 输入灰度图
    :param angle: 角度，例如 90°
    :param borderValue: 边界填充颜色。因为底色是黑色的，所以填充颜色为 0
    :return: 返回旋转后的图片
    '''
    h, w = img.shape[:2]
    center = (w //2, h //2)
    #旋转矩阵
    M = cv2.getRotationMatrix2D(center=center, angle=-angle, scale=1.0)
    cos = np.abs(M[0, 0])
    sin = np.abs(M[0, 1])
    #根据旋转公式计算旋转后图像的宽和高(h,w)-->(nh,nw)
    nH = int((h *cos) + (w *sin))
    nW = int((h *sin) + (w *cos))
    #把旋转后的图像平移到图片新尺寸[nh,nw]的中心
    M[0, 2] += (nW / 2) - center[0]
    M[1, 2] += (nH / 2) - center[1]
    #绕图片中心进行旋转
    image_rotation = cv2.warpAffine(img, M, (nW, nH), borderValue=borderValue)
```

```
    return image_rotation

def nms(res, w, h, thre=0.9):
    '''
    筛选匹配结果
    :param res: 模板匹配结果
    :param w: 模板的宽
    :param h: 阈值的高
    :param thre: 阈值
    :return:
    '''
    #设置阈值
    thre = res.max() * thre
    #找出大于阈值的点
    loc = np.where(res >= thre)
    #按照匹配结果排序
    tmp = res[loc[0], loc[1]]
    idx_sort = np.argsort(tmp)[::-1]
    y_sort = loc[0][idx_sort]
    x_sort = loc[1][idx_sort]
    t = []
    #把匹配得分最高的点添加到 t 中
    t.append((x_sort[0], y_sort[0], w, h))
    while len(y_sort) > 0:
        #如果两个框重叠,则删除得分低的点
        mask1 = np.abs(t[-1][0] - x_sort) > 1.5 * w
        mask2 = np.abs(t[-1][1] - y_sort) > 1.5 * h
        mask = mask1 & mask2
        x_sort = x_sort[mask]
        y_sort = y_sort[mask]
        if len(y_sort) > 0:
            t.append((x_sort[0], y_sort[0], w, h))
    return t

def mul_template_mach(img_src, img_plate, thre=0.69):
    '''
    查找旋转一次后匹配的结果
    :param img_src: 目标彩色图像,在目标图像上找到与模板对应的区域
    :param img_plate: 模板,彩色图像
    :param thre: 模板与目标结果匹配的
    :return:
    '''
    img_src_gray = cv2.cvtColor(img_src, cv2.COLOR_BGR2GRAY)
    img_plate_gray = cv2.cvtColor(img_plate, cv2.COLOR_BGR2GRAY)
    #存放匹配后的结果
    result = []
    for i in range(0, 360):
        #1. 把模板旋转角度 i
        new_tmp = rotata_img(img_plate_gray, i)
        h, w = new_tmp.shape
        #2. 模板匹配,当添加 mask 参数时,method 只能选 cv2.TM_SQDIFF 和 cv2.TM_
#CCORR_NORMED
```

```
            res = cv2.matchTemplate(img_src_gray, new_tmp, cv2.TM_CCORR_NORMED)
            #3. 筛选 result,去掉重复的结果
            if res.max() > thre:
                result.extend(nms(res, w, h))
        #4. 画出匹配结果
        img = img_src.copy()
        for i in result:
            img = cv2.rectangle(img, (i[0], i[1]), (i[0] + i[2], i[1] + i[3]), (0, 0, 255), 3)
        return img

    if __name__ == '__main__':
        #1. 读取彩色图像
        #模板,如果是灰度图,则前景为白色,背景为黑色
        img1 = cv2.imread("pictures/erji1.png", 1)
        #目标图像
        img2 = cv2.imread("pictures/erji2.png", 1)
        #2. 处理图像
        out = mul_template_mach(img_src=img2, img_plate=img1)
        #3. 显示图像
        plt.subplot(131)
        plt.axis('off')
        plt.imshow(img1[..., ::-1])
        plt.subplot(132)
        plt.axis('off')
        plt.imshow(img2[..., ::-1])
        plt.subplot(133)
        plt.axis('off')
        plt.imshow(out[..., ::-1])
```

运行结果如图 11-14 所示。

(a) 模板

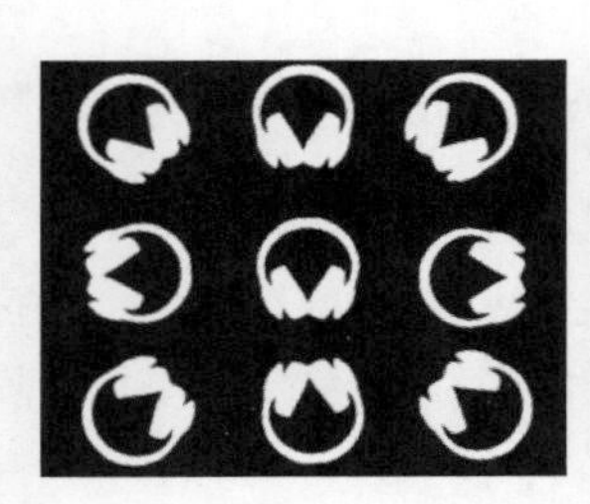

(b) 目标图像

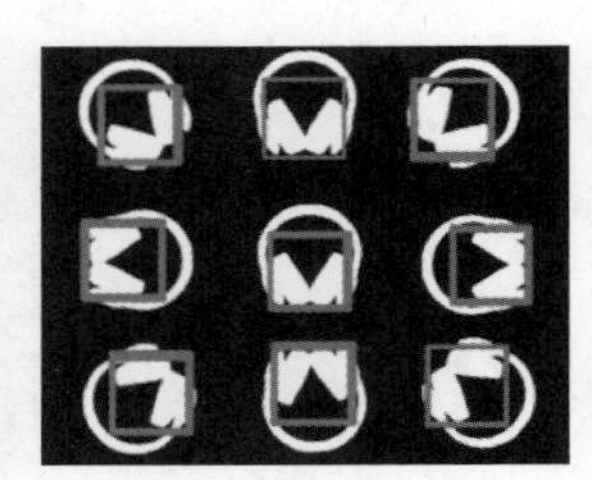

(c) 匹配结果

图 11-14　多角度模板匹配

【例 11-7】 标记原点坐标。

解:

(1) 读取图像。

(2) 处理图像。根据图像在水平、垂直方向的投影,找出频数最大时对应的索引,即坐标轴原点的坐标。

(3) 显示图像,代码如下:

```
#chapter11_7.py 找坐标轴的交点
import cv2
import numpy as np
import matplotlib.pyplot as plt

#1. 读取灰度图像
img = cv2.imread("pictures/biao.png", 1)
#2. 图像处理
img_gray = cv2.imread("pictures/biao.png", 0)
#二值化
_, img_thre = cv2.threshold(img_gray, 120, 255, cv2.THRESH_BINARY)
#水平方向、垂直方向投影
h, w = img_thre.shape
h_hist = [(img_thre[i] == 255).sum() for i in range(h)]
v_hist = [(img_thre[:, i] == 255).sum() for i in range(w)]
#找出频数最大时对应的索引
h_idx = np.argmax(h_hist)
v_idx = np.argmax(v_hist)
img1 = cv2.circle(img.copy(), (v_idx, h_idx), 8, (0, 0, 255), 4)
#3. 显示图像
re = np.hstack([img, img1])
plt.imshow(re[..., ::-1])
print(f'(h_idx,v_idx): {(h_idx, v_idx)}')
cv2.imwrite('pictures/p11_15.jpeg', re)
#运行结果
'''
(h_idx,v_idx): (205, 162)
'''
```

运行结果如图 11-15 所示。

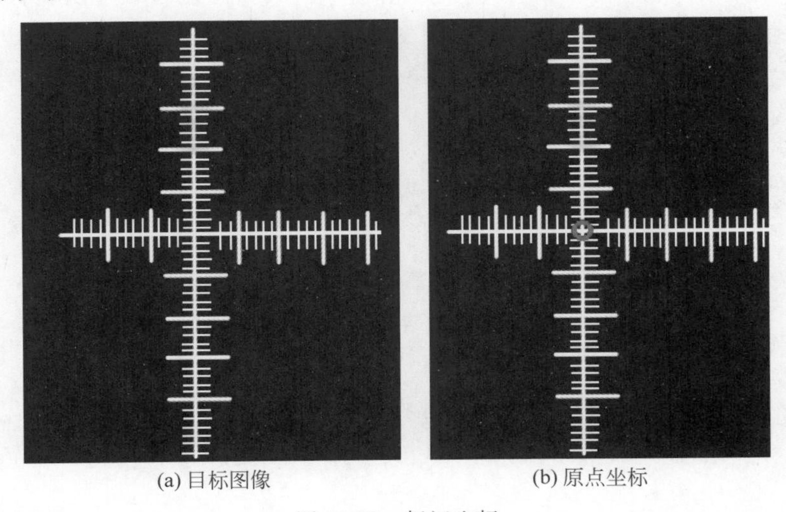

(a) 目标图像　　(b) 原点坐标

图 11-15　标记坐标

第12章 傅里叶变换

图像通过傅里叶变换由空域转换成频域，在频域下对图像进行分析，从而实现图像增强。本章主要讲解图像如何通过傅里叶变换以获取高频信息或低频信息。

傅里叶变换提供了一种由空域变换到频率域的手段，由于用傅里叶变换表示的函数特征可以完全通过傅里叶逆变换进行重建，并且不丢失任何信息，因此它可以应用在图像处理领域。图片的高频信息是指图像快速变化的灰度数值，例如图像的细节、轮廓、噪声等。低频信息是指图像变化缓慢的灰度数值。

12.1 傅里叶变换的基本原理

傅里叶变换把图像由空域信息转换成频域信息，将原始图像分解为众多二维正弦波的叠加，通过区分高频信息和低频信息，对高频信息和低频信息进行处理后，再通过傅里叶逆变换，把频域信息转换成空域信息。傅里叶变换流程：对图像进行二维傅里叶变换，从而得到频谱图，在频谱图中高频信息在中间，低频信息在四角。在处理低频或高频信息后，把数据由频域转换为空域，从而获取最终结果。

12.2 傅里叶变换的语法函数

OpenCV提供了函数cv2.dft()来实现傅里叶变换，其语法格式为

dst=cv2.dft(src,flags)

(1) dst：傅里叶变换结果。

(2) src：原图。使用np.float32()函数将原图转换成np.float32格式。

(3) flags：转换标识。通常为cv2.DFT_COMPLEX_OUTPUT，用来输出一个复数阵列。

实现傅里叶变换后，OpenCV调用函数numpy.fft.fftshift()将零频率成分移动到频域图像的中心位置，其语法格式为

dftShift=numpy.fft.fftshift(dft)

（1）dft：原始频谱。

（2）dftShift：调整后的频谱。

对移动后的频谱处理后，OpenCV 调用函数 numpy.fft.ifftshift()将处理后的频率分量移到原来的位置，再进行逆傅里叶变换，其语法格式为

dft=numpy.fft.ifftshift(dftShift)

（1）dftShift：处理后的频谱。

（2）dft：位置调整后的频谱。

OpenCV 调用函数 cv2.idft()实现逆傅里叶变换，该函数是傅里叶变换函数 cv2.dft()的逆函数，其语法格式为

dst=cv2.idft(dft)

（1）dft：输入频谱。

（2）dst：转换后的频谱。

OpenCV 调用函数 cv2.magnitude()计算频谱信息的幅度。该函数的语法格式为

re=cv2.magnitude(param1,param2)

（1）re：返回值。

（2）param1：浮点型 x 坐标值，也就是实部。

（3）param2：浮点型 y 坐标值，也就是虚部。

【例 12-1】 傅里叶高通滤波。

解：

（1）读取图像。

（2）傅里叶变换。图像通过傅里叶变换提取高频信息，得到图像骨架。把图像由空域转换为频域，从而得到 dft，再把 dft 中低频信息移动到中心并设置为 0，即除去图像中的低频信息。把低频信息复位后进行傅里叶逆变换，最后把将幅度值映射到灰度空间。

（3）显示图像，代码如下：

```
#chapter12_1.py 傅里叶高通滤波
import cv2
import numpy as np
import matplotlib.pyplot as plt

#1.读取图像
img = cv2.imread('pictures/L1.png', 0)
#2.傅里叶变换
#傅里叶变换,把空间域数据转换为频域数据
dft = cv2.dft(np.float32(img), flags=cv2.DFT_COMPLEX_OUTPUT)
#把低通信息移动到图像中心
dftShift = np.fft.fftshift(dft)
rows, cols = img.shape
#图像中心
crow, ccol = int(rows / 2), int(cols / 2)
#把低频信息设置为 0,即除去图像中的低频信息
dftShift[crow - 30:crow + 30, ccol - 30:ccol + 30] = 0
```

```
#把低频信息复位
ishift = np.fft.ifftshift(dftShift)
#傅里叶逆变换
iImg = cv2.idft(ishift)
#将幅度值映射到灰度图像的灰度空间
iImg = cv2.magnitude(iImg[:, :, 0], iImg[:, :, 1])
iImg = (iImg / (iImg.max() - iImg.min()) *255)
#3. 显示图像
re = np.hstack([img, iImg])
plt.imshow(re, 'gray')
#cv2.imwrite('pictures/p12_1.jpeg', re)
```

运行结果如图 12-1 所示。

(a) 原图

(b) 图像高频信息

图 12-1 高通滤波

【例 12-2】 傅里叶低通滤波。

解：

(1) 读取图像。

(2) 傅里叶变换。傅里叶变换提取低频信息,使图像变模糊。把图像空域信息转换为频域信息 dft,再把 dft 中低频信息移动到图像中心,设置掩模提取低频信息。接着低频信息复位后进行傅里叶逆变换,最后将幅度值映射到灰度图像的灰度空间。

(3) 显示图像,代码如下：

```
#chapter12_2.py 傅里叶低通滤波除噪
import cv2
import numpy as np
import matplotlib.pyplot as plt

#1. 读取图像
img = cv2.imread('pictures/L1.png', 0)
#2. 傅里叶变换
#把空间域数据转换为频域数据
dft = cv2.dft(np.float32(img), flags=cv2.DFT_COMPLEX_OUTPUT)
#把低通信息移动到图像中心
dftShift = np.fft.fftshift(dft)
#把频域数据转换到 0~ 255,复合图像数据类型,便于显示
```

```
result = 20 *np.log(cv2.magnitude(dftShift[:, :, 0], dftShift[:, :, 1]))
#获取高频信息
rows, cols = img.shape
crow, ccol = int(rows / 2), int(cols / 2)
#生成掩模,用于提取低频信息
mask = np.zeros((rows, cols, 2), np.uint8)
#30,越小越模糊
mask[crow - 30:crow + 30, ccol - 30:ccol + 30] = 1
#只提取频域内的高频信息
fshift = dftShift *mask
#把低频信息复位
ishift = np.fft.ifftshift(fshift)
#傅里叶逆变换
iImg = cv2.idft(ishift)
#将幅度值映射到灰度图像的灰度空间
iImg = cv2.magnitude(iImg[:, :, 0], iImg[:, :, 1])
iImg = (iImg / (iImg.max() - iImg.min()) *255)
#3. 显示图像
re = np.hstack([img, result, iImg])
plt.imshow(re, 'gray')
cv2.imwrite('pictures/p12_2.jpeg', re)
```

运行结果如图 12-2 所示。

(a) 原图

(b) 图像频域信息

(c) 图像低频信息

图 12-2　低通滤波

【例 12-3】 傅里叶变换除噪。

解：

(1) 读取图像。

(2) 傅里叶低通滤波。

(3) 显示图像,代码如下：

```
#chapter12_3.py 傅里叶低通滤波除噪
import cv2
import numpy as np
import matplotlib.pyplot as plt

#1. 读取图像
```

```
img = cv2.imread('pictures/L1_hw.png', 0)
#2.傅里叶变换
#把空间域数据转换为频域数据
dft = cv2.dft(np.float32(img), flags=cv2.DFT_COMPLEX_OUTPUT)
#把低通信息移动到图像中心
dftShift = np.fft.fftshift(dft)
#获取低通滤波
rows, cols = img.shape
crow, ccol = int(rows / 2), int(cols / 2)
mask = np.zeros((rows, cols, 2), np.uint8)
#mask 中数值为 1 的区域越小,图像越模糊
mask[crow - 30:crow + 30, ccol - 30:ccol + 30] = 1
fshift = dftShift * mask
#把低频信息复位
ishift = np.fft.ifftshift(fshift)
#傅里叶逆变换
iImg = cv2.idft(ishift)
#将幅度值映射到灰度图像的灰度空间
iImg = cv2.magnitude(iImg[:, :, 0], iImg[:, :, 1])
iImg = (iImg / (iImg.max() - iImg.min()) * 255)
#3. 显示图像
re = np.hstack([img, iImg])
plt.imshow(re, 'gray')
cv2.imwrite('pictures/p12_3.jpeg', re)
```

运行结果如图 12-3 所示。

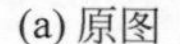
(a) 原图

(b) 图像低频信息

图 12-3　傅里叶变换除噪

第13章 霍夫变换

霍夫变换(Hough Transform)于1962年由Paul Hough首次提出,后于1972年由Richard Duda和Peter Har推广,霍夫变换是一种特征提取技术,应用在图像分析、计算机视觉和数字图像处理领域。霍夫变换最初用来检测图像中的直线,后来经过扩展能够检测任意形状的对象。霍夫变换的优点是抗干扰能力强,对图像中的残缺部分、噪声不敏感,能容忍特征边界描述中的间隙,并且相对不受图像噪声的影响。缺点是算法时间复杂度和空间复杂度都很高,检测精度受参数影响。本章主要详解霍夫直线检测和霍夫圆检测。

13.1 霍夫直线检测

霍夫直线检测(Hough Line Detection)的基本原理是利用点与线的对偶性,将原始图像中直线检测问题转换为寻找参数空间中的对点问题,通过在参数空间里寻找峰值来完成直线检测任务。

13.1.1 基本原理

如图13-1(a)所示,在直角坐标系中,一条直线 $y=kx+b$ 可以转换到极坐标系参数空间 $r=x\cos\alpha+y\sin\alpha$,其中 r 是直线到原点的距离,α 是直线垂线与 x 轴的夹角。$k=-\frac{\cos\alpha}{\sin\alpha}$,$b=\frac{r}{\sin\alpha}$。直线用极坐标表示是因为在直角坐标系中,当直线垂直于 x 轴时,其斜率为无穷大,而极坐标可以表示任意直线。

在图13-1(a)中,单独经过点 $A(x_1,y_1)$、$E(x_2,y_2)$ 有无数条直线。在图13-1(b)中经过点 $A(x_1,y_1)$ 的所有直线用 $r_1=x_1\sin\alpha+y_1\sin\alpha$ 表示,经过点 $E(x_2,y_2)$ 的所有直线用 $r_2=x_2\sin\alpha+y_2\sin\alpha$ 表示,当两条曲线相交时,有一对确定的 (r,α) 参数,这对参数对应经过点 A、E 的直线,因此用参数空间中每对参数 (r,α) 对应直角坐标系中的一条直线。如果图像中有多个点代入极坐标方程式后成立,则说明图像中存在一条直线。

霍夫直线检测原理是罗列所有可能的参数对 (r,α),遍历图像所有边缘点,如果边缘点代入极坐标方程式后成立,则给参数对 (r,α) 投一票,然后筛选出频数大于阈值的参数对 (r,α),最后把极坐标转换到直角坐标系,从而得到对应的直线,如图13-2所示,参数对

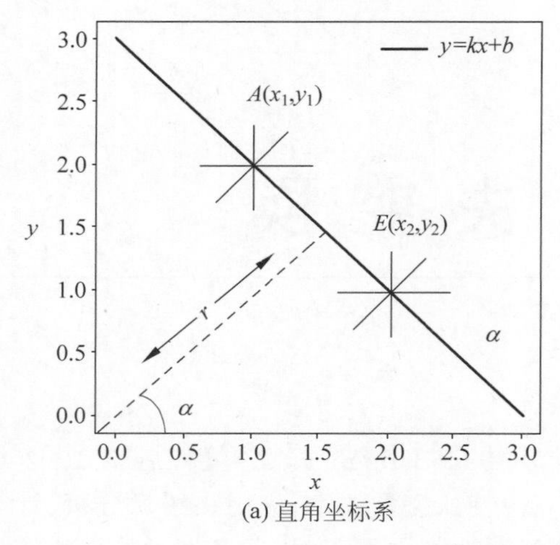

(a) 直角坐标系

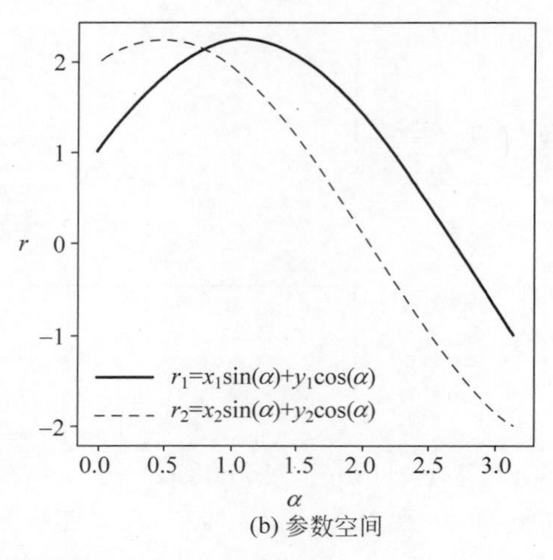

(b) 参数空间

图 13-1　直线表示

α \ r	r_1	r_2	r_3	…	r_n
α_1	0	18	1	…	12
α_2	0	255	7	…	8
α_3	9	3	6	…	0
…	…	…	…	…	6
α_m	13	7	3	5	4

图 13-2　参数对

(r_2,α_2)对应的投票数最大，说明图像中存在一条以(r_2,α_2)为参数的直线。在实际操作中，r 的最小值为 0，最大值为图像对角线长度，α 的取值范围为 0～90°。

霍夫直线检测的步骤如下：

（1）生成投票矩阵。设置投票矩阵 accumulator，accumulator 的尺寸为[ThetaDim，DistDim]。若 ThetaDim 等于 90，表示极坐标下角度 α 的取值范围为 0～90°。accumulator 的每行索引对应一个角度。accumulator 的第 1 行为 0，表示角度取 0。若 DistDim 等于 50，表示点到直线距离 r 的取值范围为 0～50，accumulator 每列的索引对应一个 r。accumulator 中每个位置的索引对应着一对(r,α)参数。遍历图像非 0 像素，当角度 α 确定时，把像素的坐标(x,y)代入等式 $r=x\cos\alpha+y\sin\alpha$，对所有满足等式成立的$(r,\alpha)$投一票，得到投票矩阵 accumulator。

（2）筛选直线。首先阈值筛选，保留投票矩阵 accumulator 中大于投票数的参数对(r,α)。再在邻域内筛选，如果当前投票数是邻域内的最大值，则保留参数对(r,α)，代码如下：

```
def my_hough_line_detct(edge,ThetaDim=90, DistStep=1, halfThetaWindowSize=2,
threshold=None,halfDistWindowSize=None):
    '''
    :param edge: 经过边缘检测得到的二值图
    :param ThetaDim: hough 空间中 theta 轴的刻度数量(将[0,pi)均分为多少份),反映
theta 轴的粒度越大,粒度越细
    :param DistStep: Hough 空间中 dist 轴的划分粒度,即 dist 轴的最小单位长度
    :param threshold: 投票表决认定存在直线的起始阈值
    :return: 返回检测出的所有直线的参数(theta,dist)
    '''
    h,w = edge.shape
```

```
    #最大半径长度,图像对角线
    Max_r = np.sqrt(h **2 + w **2)
    DistDim = int(np.ceil(Max_r / DistStep))
    if halfDistWindowSize == None:
        #窗口的大小,用于后面邻域投票数比较
        halfDistWindowSize = int(DistDim / 50)
    #1. accumulator 为投票矩阵,矩阵行的索引为角度 a,行的索引为 r
    accumulator = np.zeros((ThetaDim, DistDim))
    #如果图像上的点代入 ysina + xcosa = r 成立,就对(a,r)投一票
    sinTheta = [np.sin(t *np.pi / ThetaDim) for t in range(ThetaDim)]
    cosTheta = [np.cos(t *np.pi / ThetaDim) for t in range(ThetaDim)]
    #遍历图像上的每个点
    for i in range(h):
        for j in range(w):
            #如果不是边缘点,则跳过
            if not edge[i, j] == 0:
                for k in range(ThetaDim):
                    #角度 k 已知,在满足 i *sink + j *cosk = r 的 r 列投票数增加 1
                    accumulator[k][int(round((i *cosTheta[k] + j *sinTheta[k])
*DistDim / Max_r))] += 1
    M = accumulator.max()
    #2. 阈值筛选
    if threshold == None:
       threshold = int(M *2.3875 / 10)
    #根据阈值筛选的参数对(r,a),line 中存储(r,a)
    line = np.array(np.where(accumulator > threshold))
    #temp 用来存放参数对
    temp = [[], []]
    for i in range(line.shape[1]):
        y1 = max(0, line[0, i] - halfThetaWindowSize + 1)
        y2 = min(line[0, i] + halfThetaWindowSize, accumulator.shape[0])
        x1 = max(0, line[1, i] - halfDistWindowSize + 1)
        x2 = min(line[1, i] + halfDistWindowSize, accumulator.shape[1])
        eight_neiborhood = accumulator[y1:y2, x1:x2]
        #判断当前的频次是否是周围邻域内的最大值
        if (accumulator[line[0, i], line[1, i]] >= eight_neiborhood).all():
            temp[0].append(line[0, i])      #存放 a
            temp[1].append(line[1, i])      #存放 r
    line = np.array(temp)
    line = line.astype(np.float64)
    line[0] = line[0] *np.pi / ThetaDim
    line[1] = line[1] *Max_r / DistDim
    return line
```

13.1.2 语法函数

OpenCV 调用函数 cv2.HoughLines()实现霍夫直线检测,其语法函数为

lines=cv2.HoughLines(image,rho,theta,threshold)

(1) lines:返回的直线。

(2) image:图像边缘。

（3）rho：以像素为单位的距离精度，离坐标原点的距离。

（4）theta：以弧度为单位的角度精度。

（5）threshold：阈值。只有大于阈值 threshold 的线段才可以通过检测并返回结果中。

【例 13-1】 霍夫直线检测。

解：

（1）读取图像。

（2）霍夫直线检测。在霍夫直线检测前要对图像进行预处理。首先把彩色图像转换为灰度图，然后对灰度图进行高斯模糊去噪，再对图像做 Canny 边缘检测，从而得到图像边缘，然后根据边缘图像检测直线，最后画出图像中的直线。

（3）显示图像，代码如下：

```
#chapter13_1.py
import cv2
import numpy as np
import matplotlib.pyplot as plt

def my_hough_line_detct(edge, ThetaDim=90, DistStep=1, halfThetaWindowSize=2,
threshold=None,
                     halfDistWindowSize=None):
    '''
    :param edge: 经过边缘检测得到的二值图
    :param ThetaDim: Hough 空间中 theta 轴的刻度数量(将[0,pi)均分为多少份),反映
theta 轴的粒度越大,粒度越细
    :param DistStep: Hough 空间中 dist 轴的划分粒度,即 dist 轴的最小单位长度
    :param threshold: 投票表决认定存在直线的起始阈值
    :return: 返回检测出的所有直线的参数(theta,dist)
    '''
    h, w = edge.shape
    #最大半径长度,图像对角线
    Max_r = np.sqrt(h **2 + w **2)
    DistDim = int(np.ceil(Max_r / DistStep))
    if halfDistWindowSize == None:
        #窗口的大小,用于后面邻域投票数比较
        halfDistWindowSize = int(DistDim / 50)
    #1. accumulator 为投票矩阵,横坐代表角度 a,纵坐标代表半径 r
    accumulator = np.zeros((ThetaDim, DistDim))
    #ysina + xcosa = r
    sinTheta = [np.sin(t *np.pi / ThetaDim) for t in range(ThetaDim)]
    cosTheta = [np.cos(t *np.pi / ThetaDim) for t in range(ThetaDim)]
    for i in range(h):
        for j in range(w):
            if not edge[i, j] == 0:
                for k in range(ThetaDim):
                    #找出角度 k 对应的半径,投票数增 1
                    accumulator[k][int(round((i *cosTheta[k] + j *sinTheta[k])
*DistDim / Max_r))] += 1
    M = accumulator.max()
    #2. 阈值筛选
```

```
    if threshold == None:
        threshold = int(M *2.3875 / 10)
    #根据阈值筛选组合,line中存储大于阈值的(a,r)
    line = np.array(np.where(accumulator > threshold)) #阈值化
    temp = [[], []]
    for i in range(line.shape[1]):
        y1 = max(0, line[0, i] - halfThetaWindowSize + 1)
        y2 = min(line[0, i] + halfThetaWindowSize, accumulator.shape[0])
        x1 = max(0, line[1, i] - halfDistWindowSize + 1)
        x2 = min(line[1, i] + halfDistWindowSize, accumulator.shape[1])
        eight_neiborhood = accumulator[y1:y2, x1:x2]
        #判断当前的频次是否是周围邻域内的最大值
        if (accumulator[line[0, i], line[1, i]] >= eight_neiborhood).all():
            #temp[0]用于存放满足条件的角度 a，temp[1]用于存放半径 r
            temp[0].append(line[0, i])
            temp[1].append(line[1, i])
    line = np.array(temp)
    line = line.astype(np.float64)
    line[0] = line[0] *np.pi / ThetaDim
    line[1] = line[1] *Max_r / DistDim
    return line

def drawLines(lines, edge, color=(255, 0, 0), err=3):
    '''
    判断每个点是否在检测出的直线上
    :param lines: 检测出的直线矩阵[2,n], 第 1 行代表直线的 theta;第 2 行代表 r
    :param edge: 边缘图
    :param color: 颜色
    :param err: 误差
    :return: 画出图像上的所有直线
    '''
    if len(edge.shape) == 2:
        result = np.dstack((edge, edge, edge))
    else:
        result = edge
    Cos = np.cos(lines[0])
    Sin = np.sin(lines[0])
    #遍历每个边缘,如果边缘点在直线上,则改变边缘的颜色
    for i in range(edge.shape[0]):
        for j in range(edge.shape[1]):
            if edge[i, j] > 0:
                e = np.abs(lines[1] - i *Cos - j *Sin)
                #如果有直线经过点(i,j),则将该点的颜色设置为红色
                if (e < err).any():
                    result[i, j] = color
    return result

if __name__ == '__main__':
    #1. 读取图像
    img = cv2.imread('pictures/w.jpeg', 1)
    img_gray = cv2.cvtColor(img, cv2.COLOR_BGR2GRAY)
    plt.imshow(img, 'gray')
```

```
#2. 霍夫直线检测
#高斯模糊除噪
blurred = cv2.GaussianBlur(img_gray, (3, 3), 0)
#Canny 边缘检测
edge = cv2.Canny(blurred, 50, 150)
#检测图像中的直线
#代码复现
lines0 = my_hough_line_detct(edge, ThetaDim=180)
#OpenCV 自带函数
lines1 = cv2.HoughLines(edge, 1, np.pi / 180, 150)
#画出直线
final_img0 = drawLines(lines0, blurred)
final_img1 = img.copy()
for line in lines1:
    rho, theta = line[0]
    a = np.cos(theta)
    b = np.sin(theta)
    x0, y0 = a * rho, b * rho
    #计算直线端点
    pt1 = (int(x0 + 1000 * (-b)), int(y0 + 1000 * (a)))
    #计算直线端点
    pt2 = (int(x0 - 1000 * (-b)), int(y0 - 1000 * (a)))
    #绘制
    cv2.line(final_img1, pt1, pt2, (255, 0, 255), 3)
#3. 显示图像
re = np.hstack([img, final_img0, final_img1])
plt.imshow(re, cmap='gray')
#cv2.imwrite('pictures/p13_1.jpeg', re)
```

运行结果如图 13-3 所示。

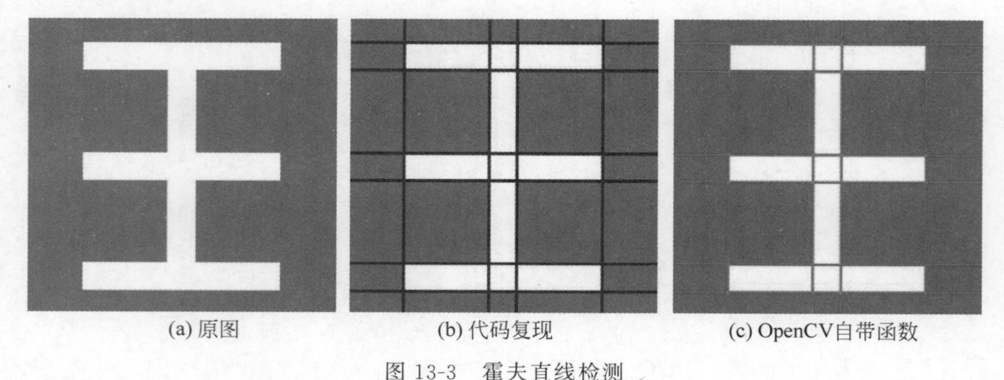

(a) 原图　　(b) 代码复现　　(c) OpenCV自带函数

图 13-3　霍夫直线检测

13.2　霍夫圆检测

霍夫圆检测(Hough Circle Detection)用于检测出目标图像中存在的圆。霍夫圆变换的基本思路是认为图像上每个非零像素都有可能是一个潜在圆上的一点。跟霍夫线变换一样，也是通过投票生成累积坐标平面，设置一个累积权重来定位圆。

13.2.1　基本原理

在直角坐标系下，圆的方程式为$(x-a)^2+(y-b)^2=r^2$，其中 x、y 为圆上任意一点的坐标，a、b 为圆心，r 为半径。若要确定一个圆，则需要圆心、半径。一般情况下，罗列参数的所有取值，用图像中的点代入圆方程，给每对参数投票可以确定圆，但是这种方法的时间复杂度和空间复杂度较高。霍夫圆检测的思想是先确定圆心，再根据圆心确定半径。

如图 13-4 所示，O 为圆心，A 为圆上的一点，点 A 梯度所在的直线必定经过圆心，因此如果一条边缘点在 A 梯度所在的直线上，则给边缘点投一票。以此类推，给圆上所有点的梯度所在的直线上的点都投一票，最后圆心的投票数最多，再通过阈值和非极大值抑制筛选图像中的圆心。用 Sobel 算子可以求出点 A 的梯度，根据点 A 的水平梯度和垂直梯度确定梯度所在直线的斜率。如果任意一点 B 与点 A 连线的斜率与梯度所在直线的斜率相等，这样就找到点 A 梯度所在的直线上的点，因此给点 B 投一票。点 A、B 所在直线必定经过圆心 O，以此类推，找出更多类似点 A 的点进行投票，圆心的投票数最大，根据投票数获取圆心的位置。

在获取图像圆心之后，列举所有可能的半径数据，把图像上每个边缘点代入圆的方程式中，如果方程式成立，就给对应参数(a,b,r)投一票，如图 13-5 所示，(a_3,b_3,r_3)的频数最多，这 3 个参数就可以确定一个圆。在实际操作中可能会获取多个圆，需要根据阈值、非极大抑制筛选出最终的圆。

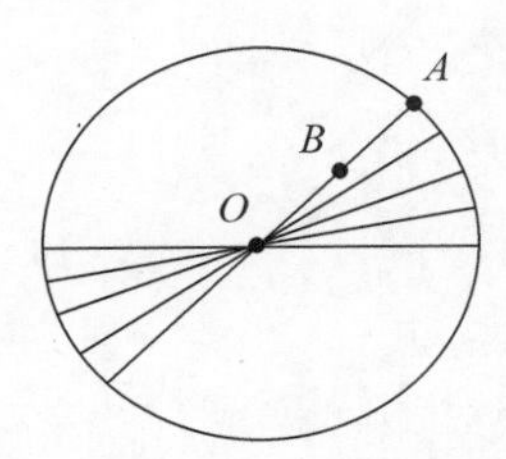

图 13-4　确定圆心

a,b / r	r_1	r_2	r_3	…	r_n
a_1,b_1	0	18	1	…	12
a_2,b_2	0	15	7	…	18
a_3,b_3	9	3	666	…	0
…	…	…	…	…	6
a_m,b_m	13	12	3	5	14

图 13-5　圆的参数空间

霍夫圆检测的步骤如下：

(1) 确定圆心。对图像边缘像素求水平梯度和垂直梯度，设置圆心投票矩阵。圆心投票矩阵尺寸是原图尺寸的倍数，投票矩阵的每个位置都有可能是圆心，投票矩阵存放的是圆心的投票数。具体做法是遍历图像上的非零点，对当前点 3×3 邻域内的梯度进行高斯平滑，获取当前点梯度所在直线的斜率，根据斜率是否相等找出当前点梯度所在直线上所有的点，并投票一次。以此类推，遍历原图所有的点，对可能的圆心投票获取投票矩阵，再根据圆心投票矩阵的投票数获取圆心。在获取圆心之后，先对圆心进行非极大值抑制，判断圆心的投票数是否是邻域内的最大值，再根据阈值对检测到的圆心进行第 2 次筛选，最后对圆心按照投票数排序。

(2) 根据圆心求半径。遍历每个圆心,设置半径投票矩阵,矩阵的列坐标为半径的取值,一张图像中最大圆的半径为图像最小对角线的一半。遍历边缘图像上的每个点(x,y),根据圆的方程式$(x-a)^2+(y-b)^2=r^2$找出对应的半径,如果r小于最大取值,则对参数(a,b,r)投票。例如已知当前点坐标(x,y)为$(4,5)$,圆心(a,b)为$(1,1)$,根据圆的方程式得到$(4-1)^2+(5-1)^2$半径r为5。如果5小于半径的最大取值,则对(4,5,5)投票。得到投票矩阵后,还需要对矩阵进行筛选,如果投票数大于阈值且筛选好的圆心的距离大于阈值,则保留当前圆心和对应半径,霍夫圆检测代码参考 https://github.com/o0o0o0o0o0o0o/image-processing-from-scratch/tree/master/hough%20transform,代码如下:

```
import cv2
import numpy as np
import matplotlib.pyplot as plt

def my_hough_circle_detct(edge,center_threhold_factor = 8.0,score_threhold = 29.0,
                          min_center_dist = 80.0,minRad = 0.0,maxRad = 1e7 *1.0,
                          center_axis_scale = 0.9,radius_scale = 1.0,halfWindow = 2,
                          max_circle_num = 6):
    '''
    霍夫圆检测
    :param edge:图像边缘
    :param center_threhold_factor:筛选圆心的阈值
    :param score_threhold:阈值
    :param min_center_dist:最小圆心距离
    :param minRad:最小半径
    :param maxRad:最大半径
    :param center_axis_scale:缩放系数,决定圆心尺寸的系数
    :param radius_scale:半径缩放尺度
    :param halfWindow: 邻域窗口
    :param max_circle_num: 最多检测圆数量
    :return:
    '''
    h,w = edge.shape
    min_center_dist_square = min_center_dist **2 #6400.0
    #计算边缘图像的水平梯度和垂直梯度,img_x.shape[h,w]
    img_x = cv2.Sobel(edge, cv2.CV_16S, 1, 0)
    img_y = cv2.Sobel(edge, cv2.CV_16S, 0, 1)
    #1. 确定圆心
    #center_accumulator 用于存放每个点是圆心频数的矩阵,矩阵行列代表圆心的坐标
    center_accumulator = np.zeros(
        (int(np.ceil(center_axis_scale *h)), int(np.ceil(center_axis_scale *w))))
    #每个像素的坐标(k 为图像每个点的行坐标,l 为列坐标)
    l, k = np.meshgrid(range(center_accumulator.shape[0]), range(center_
accumulator.shape[1]))
    #半径取值范围:最小值和最大值
    minRad_square = minRad **2
    maxRad_square = maxRad **2
    #存放圆心
    points = [[], []]
    #对梯度矩阵上下补 0,edge_x_pad.shape[h+2, w+2]
    edge_x_pad = np.pad(img_x, ((1, 1), (1, 1)), 'constant')
    edge_y_pad = np.pad(img_y, ((1, 1), (1, 1)), 'constant')
```

```
    #高斯核
    Gaussian_filter_3 = 1.0 / 16 *np.array([(1.0, 2.0, 1.0), (2.0, 4.0, 2.0),
(1.0, 2.0, 1.0)])
    for i in range(h):
        for j in range(w):
            if not edge[i, j] == 0:
                #对梯度平滑
                dx_neibor = edge_x_pad[i:i + 3, j:j + 3] #[3,3]
                dy_neibor = edge_y_pad[i:i + 3, j:j + 3]
                dx = (dx_neibor *Gaussian_filter_3).sum()
                dy = (dy_neibor *Gaussian_filter_3).sum()
                if not (dx == 0 and dy == 0):
                    #假设(i,j)是圆心,计算每个点(k,l)到当前点(i,j)的距离
                    #center_accumulator.shape = t1.shape
                    t1 = (k / center_axis_scale - i)
                    t2 = (l / center_axis_scale - j)
                    t3 = t1 **2 + t2 **2 #相似三角形,dx/dy = t2/t1,在这条直线上的点
                                         #才是可能的圆心
                    #dy/dx 为点[i,j]梯度所在直线的斜率,t1/t2 表示经过点[i,j]的直线
                    #的斜率
                    #如果 t1/t2 == dy/dx,则找到点[i,j]梯度所在直线上的所有点。temp
                    #用于存放满足条件的圆心,temp.shape = center_accumulator.shape
                    temp = (t3 > minRad_square) & (t3 < maxRad_square) & (np.abs
(dx *t1 - dy *t2) < 1e-4)
                    #点[i,j]梯度所在直线上可能存在圆心,把每个点的频次增加 1
                    center_accumulator[temp] += 1
                    #保存圆心
                    points[0].append(i)
                    points[1].append(j)
                    #plt.imshow(center_accumulator,'gray')
    #第 1 次筛选圆心,判断当前圆心频数(投票数)是否是邻域内的最大值
    M = center_accumulator.mean()
    for i in range(center_accumulator.shape[0]):
        for j in range(center_accumulator.shape[1]):
            #取出[i,j]周围的值
            y1 = max(0, i - halfWindow + 1)
            y2 = min(i + halfWindow, center_accumulator.shape[0])
            x1 = max(0, j - halfWindow + 1)
            x2 = min(j + halfWindow, center_accumulator.shape[1])
            neibor = center_accumulator[y1:y2,x1:x2]
            #比较当前值是否是最大值
            if not (center_accumulator[i, j] >= neibor).all():
                center_accumulator[i, j] = 0
                #非极大值抑制
    #plt.imshow(center_accumulator, cmap='gray')
    #plt.axis('off')
    #plt.show()
    #第 2 次筛选圆心,阈值剔除
    center_threshold = M *center_threhold_factor
    #possible_centers[2,n]用于存放圆心的坐标,第 1 行用于存放圆心所在行坐标,n 表示圆
    #心个数
    possible_centers = np.array(np.where(center_accumulator > center_threshold))
#阈值筛选
```

```
    #按照投票数对圆的中心排序,sort_centers 用于存放圆心和对应的投票数
    sort_centers = [[possible_centers[0, i], possible_centers[1, i],
                    center_accumulator[possible_centers[0, i], possible_centers
                    [1, i]]] for i in
                     range(possible_centers.shape[1])]
    #按照投票数对圆心从大到小排序
    sort_centers.sort(key=lambda x: x[2], reverse=True)
    #2. 根据圆心求半径
    #centers 用于存放最后筛选的圆心、半径。三维,每维分别存放圆心及半径(a,b,r)
    centers = [[], [], []]
    #points 用于存放备选圆心的坐标
    points = np.array(points)
    #遍历每个圆心
    for i in range(len(sort_centers)):
        #radius_accumulator 为半径投票器,投票器下标为圆心对应的备选半径
        radius_accumulator = np.zeros(
            (int(np.ceil(radius_scale *min(maxRad, np.sqrt(h **2 + w **2)) + 1))),
            dtype=np.float32)
        #如果检测的圆心数量达到指定数量,则停止检测
        if not len(centers[0]) < max_circle_num:
            break
        iscenter = True
        for j in range(len(centers[0])):
            #i 为当前圆心,j 为已检测到的圆心
            d1 = sort_centers[i][0] / center_axis_scale - centers[0][j]
            d2 = sort_centers[i][1] / center_axis_scale - centers[1][j]
            #如果当前计算的圆心和已经筛选的圆心距离较近,则删除当前圆心
            if d1 **2 + d2 **2 < min_center_dist_square:
                iscenter = False
                break
        if not iscenter:
            continue
        #(x-a) **2+(y-b) **2=r **2;points(x,y) 所有像素到第 i 个圆心的半径
        #计算每个圆心到当前第 i 个圆心的距离。points 用于存放所有检测到的圆心
        temp = np.sqrt((points[0, :] - sort_centers[i][0] / center_axis_scale) **2 + (
                    points[1, :] - sort_centers[i][1] / center_axis_scale) **2)
        #判断并取出在合理的取值范围的距离 temp
        temp2 = (temp > minRad) & (temp < maxRad)
        #把浮点数转换成整数
        temp = (np.round(radius_scale *temp)).astype(np.int32)
        for j in range(temp.shape[0]):
            #对满足条件的半径投票
            if temp2[j]:
                radius_accumulator[temp[j]] += 1
        for j in range(radius_accumulator.shape[0]):
            if j == 0 or j == 1:
                continue
            if not radius_accumulator[j] == 0:
                radius_accumulator[j] = radius_accumulator[j] *radius_scale /
np.log(j)
        #找出投票数最大的下标,下标值也就是半径
        score_i = radius_accumulator.argmax(axis=-1)
```

```
        #如果半径小于阈值,即在合理范围内,则当前第 i 个圆心与半径 score_i 成立
        if radius_accumulator[score_i] < score_threhold:
            iscenter = False
        if iscenter:
            #保存圆心和半径
            centers[0].append(sort_centers[i][0] / center_axis_scale)
            centers[1].append(sort_centers[i][1] / center_axis_scale)
            centers[2].append(score_i / radius_scale)
    centers = np.array(centers)
    centers = centers.astype(np.float64)
    return centers
```

13.2.2 语法函数

OpenCV 调用函数 cv2.HoughCircles()实现霍夫直线检测,其语法格式为

circles=cv2.HoughCircles(image,method,dp,minDist,param1,param2,minRadius,
maxRadius)

(1) circles:霍夫圆检测结果。circles[0][0]将返回 x 坐标,circles[0][1]将返回 y 坐标,circles[0][2]返回半径。

(2) image:图像边缘。对原图做边缘检测后的图像。

(3) method:定义检测图像中圆的方法。目前唯一实现的方法是 cv2.HOUGH_GRADIENT。

(4) dp:图像像素分辨率与参数空间分辨率的比值。如果 dp=1,则参数空间与图像像素尺寸一样大,如果 dp=2,则参数空间的分辨率只有像素尺寸的一半大。

(5) minDist:检测到的圆中心(x,y)坐标之间的最小距离。如果 minDist 太小,则会保留大部分圆心相近的圆。如果 minDist 太大,则会对圆心相近的圆进行合并。

(6) param1:Canny 边缘检测的高阈值,低阈值被自动置为高阈值的一半,默认值为 100。

(7) param2:累加平面某点是否是圆心的判定阈值。大于该阈值才判断为圆。当值设置得很小时,检测到的圆越多。默认值为 100。

(8) minRadius:所检测到的圆半径的最小值。

(9) maxRadius:所检测到的圆半径的最大值。

【例 13-2】 霍夫圆检测。

解:

(1) 读取图像。读入彩色图像,转换为灰度图。

(2) 霍夫圆检测。对灰度图进行高斯模糊去噪,再用 Canny 边缘检测获取边缘图像,然后分别用复现代码和 OpenCV 自带函数检测圆。

(3) 显示图像,代码如下:

```
#chapter13_2.py 霍夫圆检测
import cv2
import numpy as np
```

```
import matplotlib.pyplot as plt

def my_hough_circle_detct(edge, center_threhold_factor=8.0, score_threhold=29.0,
                          min_center_dist=80.0, minRad=0.0, maxRad=1e7 * 1.0,
                          center_axis_scale=0.9, radius_scale=1.0, halfWindow=2,
                          max_circle_num=6):
    '''
    霍夫圆检测
    :param edge:图像边缘
    :param center_threhold_factor:筛选圆心的阈值
    :param score_threhold:阈值
    :param min_center_dist:最小圆心距离
    :param minRad:最小半径
    :param maxRad:最大半径
    :param center_axis_scale:缩放系数,决定圆心尺寸的系数
    :param radius_scale:半径缩放尺度
    :param halfWindow: 邻域窗口
    :param max_circle_num: 最多检测圆数量
    :return:
    '''
    h, w = edge.shape
    min_center_dist_square = min_center_dist ** 2 #6400.0
    #计算边缘图像的水平梯度和垂直梯度,img_x.shape[h,w]
    img_x = cv2.Sobel(edge, cv2.CV_16S, 1, 0)
    img_y = cv2.Sobel(edge, cv2.CV_16S, 0, 1)
    #1. 确定圆心
    #center_accumulator 用于存放每个点是圆心频数的矩阵,矩阵行列代表圆心的坐标
    center_accumulator = np.zeros(
        (int(np.ceil(center_axis_scale * h)), int(np.ceil(center_axis_scale * w))))
    #每个像素的坐标(k 为图像每个点的行坐标,l 为列坐标)
    l, k = np.meshgrid(range(center_accumulator.shape[0]), range(center_
accumulator.shape[1]))
    #半径取值范围:最小值和最大值
    minRad_square = minRad ** 2
    maxRad_square = maxRad ** 2
    #存放圆心
    points = [[], []]
    #对梯度矩阵上下补 0,edge_x_pad.shape[h+2, w+2]
    edge_x_pad = np.pad(img_x, ((1, 1), (1, 1)), 'constant')
    edge_y_pad = np.pad(img_y, ((1, 1), (1, 1)), 'constant')
    #高斯核
    Gaussian_filter_3 = 1.0 / 16 * np.array([(1.0, 2.0, 1.0), (2.0, 4.0, 2.0),
(1.0, 2.0, 1.0)])
    for i in range(h):
        for j in range(w):
            if not edge[i, j] == 0:
                #对梯度平滑
                dx_neibor = edge_x_pad[i:i + 3, j:j + 3] #[3,3]
                dy_neibor = edge_y_pad[i:i + 3, j:j + 3]
                dx = (dx_neibor * Gaussian_filter_3).sum()
                dy = (dy_neibor * Gaussian_filter_3).sum()
                if not (dx == 0 and dy == 0):
```

```
                    #假设(i,j)是圆心,计算每个点(k,l)到当前点(i,j)的距离
                    #center_accumulator.shape = t1.shape
                    t1 = (k / center_axis_scale - i)
                    t2 = (l / center_axis_scale - j)
                    t3 = t1 **2 + t2 **2 #相似三角形,dx/dy = t2/t1,在这条直线上的点
                                        #才是可能的圆心
                    #dy/dx 为点[i,j]梯度所在直线的斜率,t1/t2 表示经过点[i,j]的直线
                    #的斜率
                    #如果 t1/t2 == dy/dx,则找到点[i,j]梯度所在直线上的所有点。temp
                    #用于存放满足条件的圆心,temp.shape = center_accumulator.shape
                    temp = (t3 > minRad_square) & (t3 < maxRad_square) & (np.abs
(dx *t1 - dy *t2) < 1e-4)
                    #点[i,j]梯度所在直线上可能存在圆心,把每个点的频次增加 1
                    center_accumulator[temp] += 1
                    #保存圆心
                    points[0].append(i)
                    points[1].append(j)
                    #plt.imshow(center_accumulator,'gray')
    #第 1 次筛选圆心,判断当前圆心频数(投票数)是否是邻域内的最大值
    M = center_accumulator.mean()
    for i in range(center_accumulator.shape[0]):
        for j in range(center_accumulator.shape[1]):
            #取出[i,j]周围的值
            y1 = max(0, i - halfWindow + 1)
            y2 = min(i + halfWindow, center_accumulator.shape[0])
            x1 = max(0, j - halfWindow + 1)
            x2 = min(j + halfWindow, center_accumulator.shape[1])
            neibor = center_accumulator[y1:y2, x1:x2]
            #比较当前值是否是最大值
            if not (center_accumulator[i, j] >= neibor).all():
                center_accumulator[i, j] = 0
                #非极大值抑制
    #plt.imshow(center_accumulator, cmap='gray')
    #plt.axis('off')
    #plt.show()
    #第 2 次筛选圆心,阈值剔除
    center_threshold = M *center_threhold_factor
    #possible_centers[2,n]用于存放圆心的坐标,第 1 行用于存放圆心所在的行坐标,n 表示
    #圆心个数
    possible_centers = np.array(np.where(center_accumulator > center_threshold))
    #阈值筛选
    #按照投票数对圆的中心进行排序,sort_centers 用于存放圆心和对应的投票数
    sort_centers = [[possible_centers[0, i], possible_centers[1, i],
                    center_accumulator[possible_centers[0, i], possible_centers
[1, i]]] for i in
                     range(possible_centers.shape[1])]
    #按照投票数对圆心按从大到小的顺序进行排序
    sort_centers.sort(key=lambda x: x[2], reverse=True)
    #2. 根据圆心求半径
    #centers 用于存放最后筛选的圆心、半径。三维,每维分别存放圆心及半径(a,b,r)
    centers = [[], [], []]
    #points 用于存放备选圆心的坐标
```

```
    points = np.array(points)
    #遍历每个圆心
    for i in range(len(sort_centers)):
        #radius_accumulator 为半径投票器,投票器下标为圆心对应的备选半径
        radius_accumulator = np.zeros(
            (int(np.ceil(radius_scale * min(maxRad, np.sqrt(h **2 + w **2)) + 1))),
            dtype=np.float32)
        #如果检测的圆心数量达到指定数量,则停止检测
        if not len(centers[0]) < max_circle_num:
            break
        iscenter = True
        for j in range(len(centers[0])):
            #i 为当前圆心,j 为已检测到的圆心
            d1 = sort_centers[i][0] / center_axis_scale - centers[0][j]
            d2 = sort_centers[i][1] / center_axis_scale - centers[1][j]
            #如果当前计算的圆心和已经筛选的圆心距离较近,则删除当前圆心
            if d1 **2 + d2 **2 < min_center_dist_square:
                iscenter = False
                break
        if not iscenter:
            continue
        #(x-a) **2+(y-b) **2=r **2;points(x,y) 所有像素到第 i 个圆心的半径
        #计算每个圆心到当前第 i 个圆心的距离。points 用于存放所有检测到的圆心
        temp = np.sqrt((points[0, :] - sort_centers[i][0] / center_axis_scale) **2 + (
                points[1, :] - sort_centers[i][1] / center_axis_scale) **2)
        #判断并取出在合理的取值范围的距离 temp
        temp2 = (temp > minRad) & (temp < maxRad)
        #把浮点数转换成整数
        temp = (np.round(radius_scale * temp)).astype(np.int32)
        for j in range(temp.shape[0]):
            #对满足条件的半径投票
            if temp2[j]:
                radius_accumulator[temp[j]] += 1
        for j in range(radius_accumulator.shape[0]):
            if j == 0 or j == 1:
                continue
            if not radius_accumulator[j] == 0:
                radius_accumulator[j] = radius_accumulator[j] * radius_scale /
np.log(j)
        #找出投票数最大的下标,下标值也就是半径
        score_i = radius_accumulator.argmax(axis=-1)
        #如果半径小于阈值,即在合理范围内,则当前第 i 个圆心与半径 score_i 成立
        if radius_accumulator[score_i] < score_threhold:
            iscenter = False
        if iscenter:
            #保存圆心和半径
            centers[0].append(sort_centers[i][0] / center_axis_scale)
            centers[1].append(sort_centers[i][1] / center_axis_scale)
            centers[2].append(score_i / radius_scale)
    centers = np.array(centers)
    centers = centers.astype(np.float64)
```

```
    return centers

def drawCircles(circles, edge, color=(0, 0, 255), err=600):
    '''
    :param circles: 圆心坐标矩阵[3,n]。n 代表有 n 个圆,每行分别存放圆心坐标和半径
    :param edge: 图像边缘
    :param color: 圆的颜色
    :param err: 误差
    :return: 画圆
    '''
    if len(edge.shape) == 2:
        result = np.dstack((edge, edge, edge))
    else:
        result = edge
    for i in range(edge.shape[0]):
        for j in range(edge.shape[1]):
            #当前点到圆心的距离
            dist_square = (circles[0] - i) **2 + (circles[1] - j) **2
            e = np.abs(circles[2] **2 - dist_square)
            if (e < err).any():
                result[i, j] = color
            if (dist_square < 25.0).any():
                result[i, j] = (255, 0, 0)
    return result

if __name__ == '__main__':
    #1. 读取图像
    img = cv2.imread('pictures/C.jpg', 1)
    img_gray = cv2.cvtColor(img, cv2.COLOR_BGR2GRAY)
    plt.imshow(img, 'gray')
    #2. 霍夫直线检测
    #高斯模糊除噪
    blurred = cv2.GaussianBlur(img_gray, (3, 3), 0)
    #Canny 边缘检测
    edge = cv2.Canny(blurred, 50, 150)
    #检测图像中的圆
    #代码复现
    circles0 = my_hough_circle_detct(edge)
    #画圆
    final_img0 = drawCircles(circles0, blurred)
    #OpenCV 自带函数
    circles = cv2.HoughCircles(edge, cv2.HOUGH_GRADIENT, 1, 50, param2=30,
minRadius=0, maxRadius=1000000)
    circles = np.uint16(np.around(circles))
    final_img1 = img.copy()
    for i in circles[0, :]:
        cv2.circle(final_img1, (i[0], i[1]), i[2], (0, 255, 0), 2)    #绘制圆
        cv2.circle(final_img1, (i[0], i[1]), 2, (255, 0, 0), 3)       #绘制圆心
    #3. 显示图像
    re = np.hstack([img, final_img0, final_img1])
    plt.imshow(re, cmap='gray')
    #cv2.imwrite('pictures/p13_2.jpeg', re)
```

运行结果如图 13-6 所示。

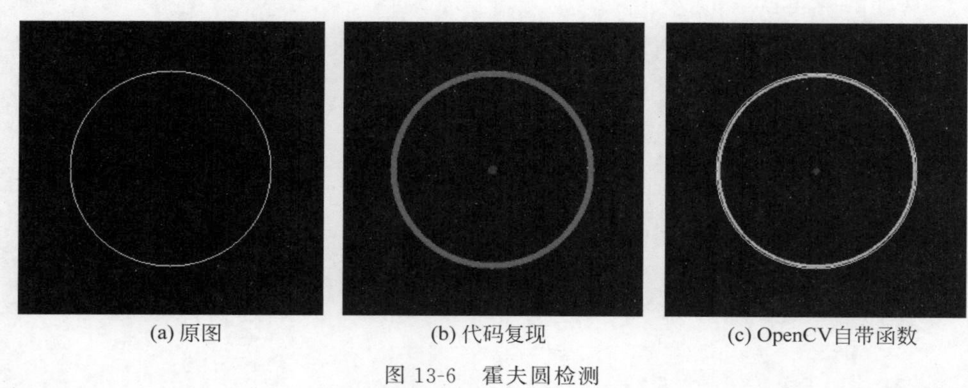

(a) 原图 (b) 代码复现 (c) OpenCV自带函数

图 13-6 霍夫圆检测

第14章 图像特征

图像特征提取与匹配是计算机视觉中的一个分支，在目标检测、物体识别、三维重建、图像配准、图像理解等方向发挥着重要作用。图像特征包括颜色特征、纹理特征、形状特征、空间特征。纹理特征是一种全局特征，它描述图像或图像中物体的表面性质，通过提取图像纹理特征获取图像特征。本章主要讲解 HOG 特征、LBP 特征、Haar 特征、Harris 角点、Shi-Tomasi 角点、FAST 角点、SIFT 特征点、ORB 特征点。

14.1 HOG 特征

局部归一化的梯度方向直方图(Locally Normalised Histogram of Gradient Orientation in Dense Overlapping Grids，HOG)最早是由法国研究员 Dalal 等在 CVPR-2005 上提出来的，通过计算和统计图像局部区域梯度方向直方图来构建特征，生成表征图像局部梯度方向和梯度强度分布特性的描述子。HOG 采取局部区域归一化直方图，可以部分抵消光照变化带来的影响，降低图像所需要表征数据的维度。HOG 通过在空间和方向上的量化在一定程度上可以抑制平移和旋转带来的影响。HOG 特征的缺点是生成描述子的过程冗长，导致运行速度慢，实时性差。此外，处理遮挡问题效果不佳。由于梯度的性质，该描述子对噪点相当敏感。

14.1.1 基本原理

图像梯度或边缘的方向密度分布能很好地描述图像局部目标的表象和形状，HOG 特征通过计算和统计图像局部区域的梯度方向直方图来构成特征。HOG 特征提取的步骤如下：

(1) Gamma 矫正。

(2) 计算像素梯度和梯度方向。

(3) 构建梯度直方图。

(4) 生成特征向量。

1) Gamma 矫正

由于受到采集环境、装置等因素影响，采集的图像效果可能不是很好，图像容易出现过暗或过亮的情况，因此需要对采集的图像进行预处理。通过 Gamma 校正可以提高灰度图中偏暗或者偏亮部分的对比效果，能够有效地降低图像局部阴影和光照变化。如果图像效果正常，则不需要进行矫正。Gamma 变换公式：

$$\text{img} = \left(\frac{\text{img}_1}{255.0}\right)^{\gamma} \times 255 \tag{14-1}$$

其中，img 为 Gamma 变换后的结果，img_1 为输入图像。γ 为大于 0 的超参数，当 γ 大于 0 且小于 1 时，调节图像暗色区域，抑制亮色区域。当 γ 大于 1 时，降低图像亮度，调节过亮图像。

2）计算像素梯度和梯度方向

用 Sobel 算子计算像素的水平梯度 $G_x(x,y)$ 和垂直梯度 $G_y(x,y)$，再根据水平梯度和垂直梯度计算总的梯度 $G_{xy}(x,y)$ 和梯度方向 $\theta(x,y)$。$G_x(x,y)$ 反映的是图像垂直方向的变化，$G_y(x,y)$ 反映的是图像水平方向的变化，当梯度差异越大时，灰度图像变化越急剧；反之，当梯度差异越小时，灰度图像越平滑。像素梯度与梯度方向的公式如下：

$$\begin{aligned} G_x(x,y) = {} & I(x+1,y-1) - I(x-1,y-1) + 2(I(x+1,y) - \\ & I(x-1,y)) + I(x+1,y+1) - I(x-1,y+1) \end{aligned} \tag{14-2}$$

$$\begin{aligned} G_y(x,y) = {} & I(x-1,y+1) - I(x-1,y-1) + 2(I(x,y+1) - \\ & I(x,y-1)) + I(x+1,y+1) - I(x+1,y-1) \end{aligned} \tag{14-3}$$

$$G_{xy}(x,y) = \sqrt{G_x(x,y)^2 + G_y(x,y)^2} \tag{14-4}$$

$$\theta(x,y) = \arctan\left(\frac{G_y(x,y)}{G_x(x,y)}\right) \tag{14-5}$$

其中，x,y 为像素坐标，$I(x,y)$ 为图像像素。图像梯度与方向的代码如下：

```
import numpy as np
def global_gradient(img):
    #图像水平梯度
    gx = cv2.Sobel(img, cv2.CV_64F, 1, 0, ksize=5)
    #图像垂直梯度
    gy = cv2.Sobel(img, cv2.CV_64F, 0, 1, ksize=5)
    #像素总的梯度
    gxy = np.sqrt(np.power(gx, 2) + np.power(gy, 2))
    #像素梯度方向
    angle = np.arctan2(gx, gy)
    return abs(gxy), angle

if __name__=='__main__':
    #读取图像
    img = cv2.imread('p.jpg', 0)
    #图像水平梯度
    gx = cv2.Sobel(img, cv2.CV_64F, 1, 0, ksize=5)
    #图像垂直梯度
    gy = cv2.Sobel(img, cv2.CV_64F, 0, 1, ksize=5)
    #像素总的梯度
```

```
gxy,angle= global_gradient(img)
#显示图像
re = np.hstack([img, gx, gy, gxy,theta])
plt.subplot(151)
plt.axis('off')
plt.imshow(img, 'gray')
plt.subplot(152)
plt.axis('off')
plt.imshow(gx, 'gray')
plt.subplot(153)
plt.axis('off')
plt.imshow(gy, 'gray')
plt.subplot(154)
plt.axis('off')
plt.imshow(gxy, 'gray')
plt.subplot(155)
plt.axis('off')
plt.imshow(angle, 'gray')
```

运行结果如图 14-1 所示。

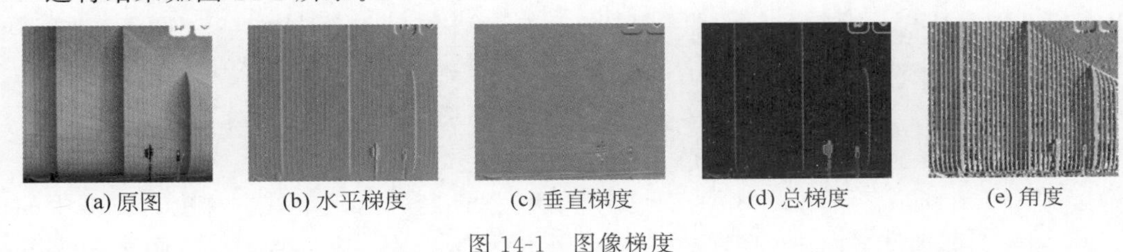

(a) 原图 (b) 水平梯度 (c) 垂直梯度 (d) 总梯度 (e) 角度

图 14-1 图像梯度

3）构建梯度直方图

图像梯度方向的取值范围为 0°～360°或 0°～180°，将梯度方向均分为 bin_num 组，对单元(cell，即图像 $n\times n$ 区域)内所有像素梯度方向进行加权投票，统计每个组对应梯度之和，得到该单元的梯度直方图。具体做法是将图像划分为若干单元，令 $n\times n$ 像素为一个单元，相邻单元不重叠，统计每个单元的梯度直方图。假设图像的高宽分别为 h、w，每个单元有 $n\times n$ 像素，则图像可以划分为 $\text{int}(h/n)\times\text{int}(w/n)$个单元，获取每个单元的梯度和梯度方向，代码如下：

```
#self.cell_size 为单元尺寸，cell_grad 用于存放图像单元的梯度直方图
cell_grad = np.zeros((int(h / self.cell_size), int(w / self.cell_size), self.
bin_num))
h_cells,w_cells,_ = np.shape(cell_grad) #把图像划分为 h_cells *w_cells 个 cell

for i in range(h_cells):
    for j in range(w_cells):
        #获取当前单元的梯度
        cell_gxy = gxy[i *self.cell_size:(i + 1) *self.cell_size,
                       j *self.cell_size:(j + 1) *self.cell_size]
        #获得当前单元的梯度方向
        cell_angle = angle[i *self.cell_size:(i + 1) *self.cell_size,
```

```
            j *self.cell_size:(j + 1) *self.cell_size]
    #根据当前单元的梯度、梯度方向计算其梯度直方图
    cell_grad[i][j] = self.cell_gradient(cell_gxy, cell_angle)
```

将图像的梯度方向划分为 bin_num 个组，梯度方向作为直方图的横轴，梯度方向对应的梯度作为直方图的纵轴，计算每个单元的梯度直方图。

如图 14-2 所示，根据 5×5 单元的梯度方向和像素梯度计算梯度直方图。图 14-2(a)为图像某个单元像素的梯度方向，取值范围为 0°～360°。图 14-2(b)为像素梯度，图 14-2(c)列举了单元中 3 像素在梯度直方图的值。具体做法：把梯度方向划分为 12 个组，每组组宽为 30，梯度直方图组数 bin_num 的索引从 0 开始计数。

120	30	23	87	98
78	210	275	180	137
110	180	200	275	320
168	12	42	63	168
200	267	122	210	345

(a) 梯度方向

24	65	43	67	9
27	96	5	81	20
63	45	32	55	72
12	45	78	63	20
33	65	73	33	78

(b) 像素梯度

39				24		11	22				39
0	30	60	90	120	150	180	210	240	270	300	330

(c) 梯度直方图

图 14-2　像素梯度

根据单元像素的梯度方向确定单元中像素梯度在直方图中的位置。图 14-2(a)中左上角梯度方向 120 对应图 14-2(b)中的梯度为 24，根据梯度方向确定其在梯度直方图中的位置 120/30＝4，即梯度方向 120 在直方图第 4 个 bin，因此 24 对应梯度直方图第 4 个 bin。图 14-2(a)中左下角梯度方向 200 对应图 14-2(b)中的梯度为 33，200/30＝6.66，由此可知，梯度 33 对应直方图第 6 个、第 7 个 bin。根据线性插值法，把 33×(1－0.66)＝11 放在直方图第 6 个 bin 中，33×0.66＝22 对应直方图第 7 个 bin。当一像素的梯度方向在 330～360，对应的梯度应分配在第 11 组和第 0 组。图 14-2(a)中右下角梯度方向 345 对应图 14-2(b)中的梯度为 78，345/30＝11.5，由于 345 介于 330～360，360 对应的梯度直方图上横坐标为第 0 组，因此 78×(1－0.5)＝39 对应梯度直方图第 11 个 bin，78×0.5＝39 对应梯度直方图第 0 个 bin。以此类推，遍历单元中每个像素的梯度方向和梯度，得到单元对应的梯度直方图，代码如下：

```
def get_closest_bins(self, gradient_angle):
    '''
    根据单元中像素梯度确定像素在直方图中对应的组
    :param gradient_angle: 单元中像素的梯度方向
    :return: 像素梯度对应直方图的组 bin 的索引 idx 和用于线性插值的比值 ratio
    '''
    #确定梯度属于哪组 bin,idx 为组的索引
    #gradient_angle 为单元中像素的梯度方向;self.angle_unit 为组宽 30
    idx = int(gradient_angle / self.angle_unit)
    #ratio 是两个数相除的小数部分,用于线性插值
    ratio = gradient_angle/self.angle_unit- gradient_angle//self.angle_unit
```

```
        #self.bin_num 为 12
        return idx, (idx + 1) % self.bin_num, ratio

    def cell_gradient(self, cell_gxy, cell_angle):
        '''
        计算单元的梯度直方图
        :param cell_gxy: 单元中像素的梯度
        :param cell_angle: 单元中像素的方向
        :return: 梯度直方图
        '''
        #梯度直方图
        hist = [0] *self.bin_num #self.bin_num = 12
        #遍历单元内的每个像素
        for i in range(cell_gxy.shape[0]):
            for j in range(cell_gxy.shape[1]):
                pixel_gxy = cell_gxy[i][j]            #当前像素的梯度
                pixel_angle = cell_angle[i][j]        #当前像素的梯度方向
                idx_min, idx_max, ratio = self.get_closest_bins(pixel_angle)
                #线性插值
                hist[idx_min] += pixel_gxy * (1 - ratio)
                hist[idx_max] += pixel_gxy *ratio
        return hist
```

4）生成特征向量

一个单元有 $n\times n$ 像素，令 $m\times m$ 个单元组成一个模块（block），将模块包含的特征串联起来组成该模块的特征描述子，再将所有模块的特征串联起来就得到整个图像的特征描述子。由于局部光照及前景、背景对比度的变化，使图像梯度强度的变化范围非常大，这就需要对图像梯度做局部对比度归一化处理。图像归一化处理能够进一步地对图像的光照、阴影、边缘进行压缩，使特征向量对光照、阴影和边缘变化具有稳健性。具体的做法是将单元组成更大的模块，然后针对每个模块进行对比度归一化，最终的描述子是检测窗口内所有模块内单元直方图构成的向量。事实上，模块之间是有重叠的，也就是说，每个单元的直方图都会被多次用于计算最终的特征描述子。

如图 14-3 所示，每个单元的直方图有 bin_num 组，因此每个单元有 bin_num 个特征，每个模块（block）有 $m\times m$ 个单元，每个单元（cell）有 $n\times n$ 像素，每个模块有 bin_num$\times m\times m$ 个特征。假设模块的步长为 s，一张图像能生成$\frac{\text{height}-n\times m+s}{s}\times\frac{\text{width}-n\times m+s}{s}$个模块，则一张图像生成 $\frac{\text{height}-n\times m+s}{s}\times\frac{\text{width}-n\times m+s}{s}\times\text{bin\_num}\times m\times m$ 个数值。生成 HOG 特征描述子的代码如下：

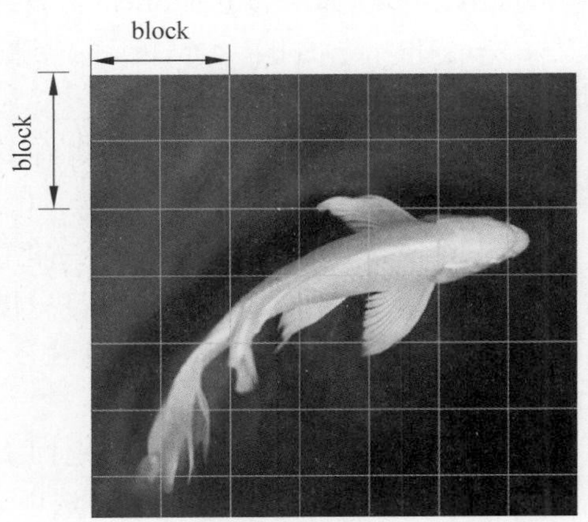

图 14-3　模块

```
#把图像划分为 h_cells *w_cells 个单元
#遍历每个单元,步长为 1 个单元,获取相邻的 4 个 cell 组成一个 block
for i in range(h_cells - 1):
    for j in range(w_cells - 1):
        block = []
        #2*2 个 cell 组成一个 block
        block.extend(cell_grad[i][j])
        block.extend(cell_grad[i][j + 1])
        block.extend(cell_grad[i + 1][j])
        block.extend(cell_grad[i + 1][j + 1])
        #4.1 计算每个 block 的模长
        #mag 为函数,计算向量 vector 的模长
        mag = lambda vector: math.sqrt(sum(i **2 for i in vector))
        #block 的模长
        magnitude = mag(block)
        #4.2 block 归一化
        if magnitude != 0:
            #normalize 为函数,计算每个向量元素与模长的比值,实现归一化
            normalize = lambda block_vector, magnitude: [element / magnitude for
element in block_vector]
            block = normalize(block, magnitude)
        #hog_vector 是一个列表,用于存放 HOG 特征描述子
        hog_vector.append(block)
```

14.1.2 语法函数

1. 语法函数

Python 中 scikit-image 库封装了 hog()特征提取函数,其语法格式为

features＝skimage.hog(image,orientations,pixels_per_cell,cells_per_block,block_norm,visualize,transform_sqrt,feature_vector,multichannel,channel_axis)

(1) image:原图。

(2) orientations:梯度直方图的组数。把所有的方向都转换到 0°～180°内,然后按照 orientation 划分块,如果选定的 orientation＝6,则直方图的 bin 一共有 6 个组,每 30°为一个组。

(3) pixels_per_cell:每个单元的像素数。例如 pixels_per_cell＝(20,20),表示 20×20 像素组成一个单元。

(4) cells_per_block:每个模块内有多少个单元。例如 cells_per_block＝(2,2),表示将 2×2 个单元组成一个 block。

(5) block_norm:模块 block 归一化的方法,包括 L1(对 block 使用 L1 范数进行归一化)、L2(对 block 使用 L2 范数进行归一化)、L1-sqrt(先对 block 进行 L1 范数,再对 L1 范数取平方根)、L2-Hys(对 block 先使用 L2 范数进行归一化,将 L2 范数的最大值限制为 0.2,再归一化。默认选项)。

(6) visualize:布尔值,可选项,返回 HOG 图像。

(7) transform_sqrt:布尔值,可选项。

(8) feature_vector:布尔值,可选项,将 HOG 特征展开成向量。

(9) multichannel：布尔值，可选项。如果值为 True，则选取图像的最后一个通道提取特征。反之，选取 channel_axis 指定图像通道。

(10) channel_axis：布尔值，可选项。如果为 None，则假定图像是灰度(单通道)图像，否则该参数表示选择指定通道的 HOG 特征。

OpenCV 调用函数 HOGDescriptor()创建行人检测器，其语法格式如下：

des=cv2.HOGDescriptor(win_size,block_size,block_stride,cell_size,nbins,win_sigma,threshold_L2hys,gamma_correction,nlevels)

(1) des：返回 HOG 特征。

(2) win_size：检测窗口尺寸(宽度、高度)。窗口尺寸必须是单元大小的整数倍。

(3) block_size：模块大小(宽度、高度)。定义每个块中有多少个单元格，必须是单元大小的整数倍，并且必须小于检测窗口。模块越小，可以获得越精细的细节。

(4) block_stride：以像素为单位的模块步长(水平、垂直)。它必须是单元大小的整数倍。block_stride 定义了相邻块之间的距离，例如，水平 8 像素和垂直 8 像素。block_strides 越长，算法运行速度越快(因为评估的块越少)，但算法的性能可能不尽如人意。

(5) cell_size：以像素为单位的单元大小(宽度、高度)。单元越小，可以获得越精细的细节。

(6) nbins：直方图的条柱数。用于制作直方图的角度图格数。使用更多的条柱，可以捕获更多的渐变方向。因此角度条柱的取值范围 0°～180°。

(7) win_sigma：高斯平滑窗口参数。在计算直方图之前，通过对每个像素应用高斯空间窗口来平滑块边缘附近的像素，可以提高 HOG 算法的性能。

(8) threshold_L2hys：L2-Hys(Lowe 式裁剪 L2 范数)归一化法收缩。L2-Hys 方法用于对块进行归一化，它由 L2 范数、裁剪和重整化组成。裁剪将每个块的描述符向量的最大值限制为具有给定阈值的值(默认为 0.2)。裁剪后，描述符向量被重新归一化。

(9) gamma_correction：用于指定是否需要 Gamma 校正预处理的标志。执行 Gamma 校正会略微提高 HOG 算法的性能。

(10) nlevels：最大检测窗口数。

2. 源码

HOG 算法的步骤如下：

(1) Gamma 变换。

(2) 计算原图的梯度和方向。

(3) 遍历每个单元，计算每个单元的梯度直方图。

(4) 计算每个模块 block 的梯度直方图特征并归一化，把所有 block 的梯度直方图串联在一起，从而得到 HOG 特征，代码如下：

```
import cv2
import math
import numpy as np
```

```
import matplotlib.pyplot as plt

class Hog_descriptor():
    #初始化
    def __init__(self, img, cell_size=20, bin_num=12):
        #1. Gamma 变换
        self.img = np.power(img / 255.0, 1.1) *255.0
        self.cell_size = cell_size                   #每个单元的尺寸为 20×20
        self.bin_num = bin_num                       #把梯度方向设置为 12 组
        self.angle_unit = 360 / self.bin_num         #把 360°分为 12 组,每组 30°

    #获取 HOG 特征,返回带 HOG 特征的图像
    def extract(self):
        #2. 计算原图的梯度和方向
        h, w = self.img.shape                        #获得原图的 shape
        gxy, angle = self.global_gradient()          #计算原图的梯度和方向
        gxy = abs(gxy)
        #cell_grad 用来保存每个单元的梯度向量
        #cell_grad.shape = (662/20, 701/20,12)-->(33, 35, 12)
        cell_grad = np.zeros((int(h / self.cell_size), int(w / self.cell_size),
self.bin_num))
        h_cells,w_cells,_ = np.shape(cell_grad)
        #3. 遍历每个单元,计算每个单元的梯度直方图
        for i in range(h_cells):                     #0~33
            for j in range(w_cells):                 #0~35
                #获取当前单元的梯度
                cell_gxy = gxy[i *self.cell_size:(i + 1) *self.cell_size,
                               j *self.cell_size:(j + 1) *self.cell_size]
                #获得当前单元的梯度方向
                cell_angle = angle[i *self.cell_size:(i + 1) *self.cell_size,
                            j *self.cell_size:(j + 1) *self.cell_size]
                #根据当前单元的梯度、梯度方向计算单元的梯度直方图
                cell_grad[i][j] = self.cell_gradient(cell_gxy, cell_angle)
        #画 HOG 图像
        hog_image = self.render_gradient(np.zeros([h, w]), cell_grad)
        hog_vector = []                              #存储 HOG 特征
        #4. 计算每个模块 block 的 HOG 特征。block 为 2×2 个 cells,步长为 1 个单元
        for i in range(h_cells - 1):
            for j in range(w_cells - 1):
                block = []
                block.extend(cell_grad[i][j])
                block.extend(cell_grad[i][j + 1])
                block.extend(cell_grad[i + 1][j])
                block.extend(cell_grad[i + 1][j + 1])
                #4.1 计算每个 block 的模长
                mag = lambda vector: math.sqrt(sum(i **2 for i in vector))
                magnitude = mag(block)
                #4.2 block 归一化
                if magnitude != 0:
                        normalize = lambda block_vector, magnitude: [element /
magnitude for element in block_vector]
                    block = normalize(block, magnitude)
                hog_vector.append(block)
```

```
        return hog_vector, hog_image

    def global_gradient(self):
        #计算原图的梯度和梯度方向
        gx = cv2.Sobel(self.img, cv2.CV_64F, 1, 0, ksize=5)
        gy = cv2.Sobel(self.img, cv2.CV_64F, 0, 1, ksize=5)
        gxy = np.sqrt(np.power(gx, 2) + np.power(gy, 2))
        angle = np.arctan2(gx, gy)
        return gxy, angle

    def get_closest_bins(self, gradient_angle):
        '''
        根据单元中像素的梯度确定像素在直方图中对应的组
        :param gradient_angle: 单元中像素的梯度方向
        :return: 像素梯度对应直方图的组 bin 的索引 idx 和用于线性插值的比值 ratio
        '''
        #确定梯度属于哪组 bin,idx 为组的索引
        #gradient_angle 为单元中像素的梯度方向;self.angle_unit 为组宽 30
        idx = int(gradient_angle / self.angle_unit)
        #ratio 是两个数相除的小数部分,用于线性插值
        ratio = gradient_angle/self.angle_unit- gradient_angle//self.angle_unit
        #self.bin_num 为 12
        return idx, (idx + 1) % self.bin_num, ratio

    def cell_gradient(self, cell_gxy, cell_angle):
        '''
        计算单元中像素的梯度直方图,确定单元像素的梯度在直方图的位置
        :param cell_gxy: 单元中像素的梯度
        :param cell_angle: 单元中像素的方向
        :return: 梯度直方图
        '''
        #梯度直方图
        hist = [0] * self.bin_num #self.bin_num = 12
        #遍历单元内的每个像素
        for i in range(cell_gxy.shape[0]):
            for j in range(cell_gxy.shape[1]):
                pixel_gxy = cell_gxy[i][j]                  #当前像素的梯度
                pixel_angle = cell_angle[i][j]              #当前像素的梯度方向
                idx_min, idx_max, ratio = self.get_closest_bins(pixel_angle)
                #线性插值
                hist[idx_min] += pixel_gxy * (1 - ratio)
                hist[idx_max] += pixel_gxy * ratio
        return hist

    def render_gradient(self, image, cell_gradient):
        #绘制 HOG 特征图
        cell_width = self.cell_size / 2
        max_mag = np.array(cell_gradient).max()
        for x in range(cell_gradient.shape[0]):
            for y in range(cell_gradient.shape[1]):
                cell_grad = cell_gradient[x][y]
                cell_grad /= max_mag
                angle = 0
```

```
                angle_gap = self.angle_unit
                for magnitude in cell_grad:
                    angle_radian = math.radians(angle)
                    x1 = int(x *self.cell_size + magnitude *cell_width *
math.cos(angle_radian))
                    y1 = int(y *self.cell_size + magnitude *cell_width *
math.sin(angle_radian))
                    x2 = int(x *self.cell_size - magnitude *cell_width *
math.cos(angle_radian))
                    y2 = int(y *self.cell_size - magnitude *cell_width *
math.sin(angle_radian))
                    r = np.sqrt((y2-y1)**2+(x2-x1)**2)
                    if r>3:
                        cv2.circle(image,(y1, x1),4,255,5)
                    angle += angle_gap
        return image
```

【例 14-1】 提取图像的 HOG 特征。

解：

（1）读取图像。

（2）计算图像的 HOG 特征。分别用复现代码和 OpenCV 自带函数提取图像的 HOG 特征。

（3）显示图像，代码如下：

```
#chapter14_1.py
import cv2
import math
import numpy as np
import matplotlib.pyplot as plt
from skimage import feature as ft

class Hog_descriptor():
    #初始化
    def __init__(self, img, cell_size=20, bin_num=12):
        #1. Gamma 变换
        self.img = np.power(img / 255.0, 1.1) *255.0
        self.cell_size = cell_size              #每个单元的尺寸为 20×20
        self.bin_num = bin_num                  #把梯度方向设置为 12 组
        self.angle_unit = 360 / self.bin_num    #把 360°分为 12 组，每组 30°

    #获取 HOG 特征，返回 HOG 特征图像
    def extract(self):
        #2. 计算原图的梯度和方向
        h, w = self.img.shape                   #获得原图的 shape
        gxy, angle = self.global_gradient()     #计算原图的梯度和方向
        gxy = abs(gxy)
        #cell_grad 用来保存每个单元的梯度向量
        #cell_grad.shape = (662/20, 701/20,12)-->(33, 35,12)
        cell_grad = np.zeros((int(h / self.cell_size), int(w / self.cell_size),
self.bin_num))
        h_cells, w_cells, _ = np.shape(cell_grad)
```

```
        #3. 遍历每个单元,计算每个单元的梯度直方图
        for i in range(h_cells): #0~33
            for j in range(w_cells): #0~35
                #获取当前单元的梯度
                cell_gxy = gxy[i *self.cell_size:(i + 1) *self.cell_size,
                          j *self.cell_size:(j + 1) *self.cell_size]
                #获得当前单元的梯度方向
                cell_angle = angle[i *self.cell_size:(i + 1) *self.cell_size,
                            j *self.cell_size:(j + 1) *self.cell_size]
                #根据当前单元的梯度、梯度方向计算单元的梯度直方图
                cell_grad[i][j] = self.cell_gradient(cell_gxy, cell_angle)
        #画 HOG 图像
        hog_image = self.render_gradient(np.zeros([h, w]), cell_grad)
        hog_vector = [] #存储 HOG 特征
        #4. 计算每个模块 block 的 HOG 特征。block 为 2×2cells,步长为 1 个单元
        for i in range(h_cells - 1):
            for j in range(w_cells - 1):
                block = []
                block.extend(cell_grad[i][j])
                block.extend(cell_grad[i][j + 1])
                block.extend(cell_grad[i + 1][j])
                block.extend(cell_grad[i + 1][j + 1])
                #4.1 计算每个 block 的模长
                mag = lambda vector: math.sqrt(sum(i **2 for i in vector))
                magnitude = mag(block)
                #4.2 block 归一化
                if magnitude != 0:
                    normalize = lambda block_vector, magnitude: [element /
magnitude for element in block_vector]
                    block = normalize(block, magnitude)
                hog_vector.append(block)
        return hog_vector, hog_image

    def global_gradient(self):
        #计算原图的梯度和梯度方向
        gx = cv2.Sobel(self.img, cv2.CV_64F, 1, 0, ksize=5)
        gy = cv2.Sobel(self.img, cv2.CV_64F, 0, 1, ksize=5)
        gxy = np.sqrt(np.power(gx, 2) + np.power(gy, 2))
        angle = np.arctan2(gx, gy)
        return gxy, angle

    def get_closest_bins(self, gradient_angle):
        '''
        根据单元中的像素梯度确定像素在直方图中对应的组
        :param gradient_angle: 单元中像素的梯度方向
        :return: 像素梯度对应直方图的组 bin 的索引 idx 和用于线性插值的比值 ratio
        '''
        #确定梯度属于哪组 bin,idx 为组的索引
        #gradient_angle 为单元中像素的梯度方向;self.angle_unit 为组宽 30
        idx = int(gradient_angle / self.angle_unit)
        #ratio 是两个数相除的小数部分,用于线性插值
        ratio = gradient_angle / self.angle_unit - gradient_angle //self.angle_unit
        #self.bin_num 为 12
```

```
        return idx, (idx + 1) % self.bin_num, ratio

    def cell_gradient(self, cell_gxy, cell_angle):
        '''
        计算单元中像素的梯度直方图,确定单元像素的梯度在直方图的位置
        :param cell_gxy: 单元中像素的梯度
        :param cell_angle: 单元中像素的方向
        :return: 梯度直方图
        '''
        #梯度直方图
        hist = [0] * self.bin_num #self.bin_num = 12
        #遍历单元内的每个像素
        for i in range(cell_gxy.shape[0]):
            for j in range(cell_gxy.shape[1]):
                pixel_gxy = cell_gxy[i][j]              #当前像素的梯度
                pixel_angle = cell_angle[i][j]          #当前像素的梯度方向
                idx_min, idx_max, ratio = self.get_closest_bins(pixel_angle)
                #线性插值
                hist[idx_min] += pixel_gxy * (1 - ratio)
                hist[idx_max] += pixel_gxy * ratio
        return hist

    def render_gradient(self, image, cell_gradient):
        #绘制 HOG 特征图
        cell_width = self.cell_size / 2
        max_mag = np.array(cell_gradient).max()
        for x in range(cell_gradient.shape[0]):
            for y in range(cell_gradient.shape[1]):
                cell_grad = cell_gradient[x][y]
                cell_grad /= max_mag
                angle = 0
                angle_gap = self.angle_unit
                for magnitude in cell_grad:
                    angle_radian = math.radians(angle)
                    x1 = int(x * self.cell_size + magnitude * cell_width * math.cos
(angle_radian))
                    y1 = int(y * self.cell_size + magnitude * cell_width * math.sin
(angle_radian))
                    x2 = int(x * self.cell_size - magnitude * cell_width * math.cos
(angle_radian))
                    y2 = int(y * self.cell_size - magnitude * cell_width * math.sin
(angle_radian))
                    r = np.sqrt((y2 - y1) ** 2 + (x2 - x1) ** 2)
                    if r > 3:
                       cv2.circle(image, (y1, x1), 4, 255, 5)
                    angle += angle_gap
        return image

if __name__ == '__main__':
    #1. 读取图像
    img = cv2.imread('fish.png', cv2.IMREAD_GRAYSCALE)
    #2. 计算图像的 HOG 特征
    #2.1 代码复现
```

```
    hog = Hog_descriptor(img, cell_size=20, bin_num=12)
    #vector 为 HOG 特征，image 为 HOG 特征图
    vector, image = hog.extract()
    #2.2 OpenCV 自带函数
    features = ft.hog(img, orientations=6, pixels_per_cell=[20, 20], cells_per_
block=[2, 2], visualize=True)
    t = features[1].astype(np.uint8)
    _, img_thre = cv2.threshold(t, 0, 255, cv2.THRESH_OTSU + cv2.THRESH_BINARY)
    #3. 显示图像
    re = np.hstack([img, image, img_thre])
    plt.axis('off')
    plt.imshow(re, 'gray')
    cv2.imwrite('imgs_re/chapter_14/p14-1.jpeg', re)
    print(f"type(vector): {type(vector)}")
    print(f"len(vector): {len(vector)}")
    print(f"len(vector[0]): {len(vector[0])}")
    print(f"vector(中数值个数): {len(np.array(vector).ravel())}")
#运行结果
'''
type(vector): <class 'list'>
len(vector): 1088
len(vector[0]): 48
vector(中数值个数): 52224
'''
```

运行结果如图 14-4 所示。

(a) 原图　　(b) 代码复现结果　　(c) OpenCV自带函数

图 14-4　图像的 HOG 特征

如图 14-4 所示，图 14-4(a)为原图，图 14-4(b)为用复现代码提取的 HOG 特征，对于大于阈值的特征用圆圈标记，便于观察。图 14-4(c)为 OpenCV 自带函数检测 HOG 特征的二值化结果。例 14-1 的运行结果显示，图像的 HOG 特征 vector 是列表类型，vector 包含 1088 个 block。计算方法为 $\frac{\text{height}-\text{n\_cell}\times\text{cell\_size}+\text{stride}}{\text{stride}}\times\frac{\text{width}-\text{n\_cell}\times\text{cell\_size}+\text{stride}}{\text{stride}}=\text{int}\left(\frac{662-2\times20+20}{20}\right)\times\text{int}\left(\frac{701-2\times20+20}{20}\right)=32\times34=1088$，其中，height、width(662，701)为原图的高和宽，每个 block 包含 n_cell×n_cell(2×2)个单元 cell，每个单元有 cell_size×cell_size(20×20)像素，block 在原图上的滑动步长为 stride(20)。每个 block 有 2×2 个 cell，每个 cell 有 12 个数值，因此一个 block 有 2×2×12=48 个数值，例 14-1 中图像的

HOG 特征有 1088×48=52 224 个数值。

【例 14-2】 用 HOG 特征做行人检测。

解：

（1）读取图像。

（2）提取图像的 HOG 特征。

（3）显示图像，代码如下：

```
#chapter14_2.py
import cv2
import matplotlib.pyplot as plt

#1. 读取图像
img = cv2.imread("pictures/people.png")
#2. 图像处理
#提取图像的 HOG 特征
hog = cv2.HOGDescriptor()
#创建 SVM 分类器
hog.setSVMDetector(cv2.HOGDescriptor_getDefaultPeopleDetector())
#用多尺度的窗口检测行人
(rects, weights) = hog.detectMultiScale(img,
                                        winStride=(4, 4),
                                        padding=(8, 8),
                                        scale=1.25,
                                        useMeanshiftGrouping=False)
#画检测框
for (x, y, w, h) in rects:
   cv2.rectangle(img, (x, y), (x + w, y + h), (0, 255, 0), 2)
#3. 显示图像
plt.imshow(img[..., ::-1])
#cv2.imwrite('pictures/p14_5.jpeg', img)
```

运行结果如图 14-5 所示。

图 14-5　行人检测

14.2　LBP 特征

LBP(Local Binary Pattern，局部二值模式)用于度量和提取图像局部纹理信息，它具有旋转不变性、灰度不变性、光照不变性等显著优点。原始的 LBP 于 1994 年提出，它反映的是每个像素与周围像素的关系，后被不断地改进和优化，分别提出了 LBP 旋转不变模式、LBP 均匀模式等。

14.2.1　基本原理

本节主要讲解原始的 LBP 算子、圆形 LBP 算子、旋转不变 LBP 算子、等价 LBP 算子及 LBPH。

1. 原始的 LBP 算子

原始的 LBP 算子是在一个 3×3 的窗口内，以 1 为半径，令窗口中心像素为阈值，使用中心像素与相邻 8 像素的灰度值进行比较，若周围像素大于中心像素，则该位置被标记为 1；反之标记为 0，这样可得到一个 8 位二进制数。把二进制数转换为十进制数作为窗口中心像素的 LBP 值，以此反映 3×3 区域的纹理信息。中心像素 p_c 的 LBP 值为 $\mathrm{LBP}_c=\sum_{i=0}^{i-1}\mathrm{sig}(p_i-p_c)\times 2^i$，$i\in[0,8]$，$i$ 代表中心像素 p_c 邻域 8 像素的下标。sig() 为符号函数，若 $p_i>p_c$，则 $\mathrm{sig}(p_i-p_c)=1$；反之，为 0。

如图 14-6 所示，图 14-6(a)为原图，求中心像素 37 的 LBP 值。图 14-6(b)为原图周围 8 像素与中心像素 37 的比较结果，如果邻域像素大于中心像素，则比较结果为 1，反之，为 0。图 14-6(c) 为原图邻域像素对应的十进制数值，二进制数值图与十进制数值图的对应值相乘得到中心像素 37 的 LBP 值。具体步骤是以原图左上角为起点，按照顺时针方向比较中心像素与邻域像素的大小，得到二进制数值 1110 0110，把 1110 0110 转换成十进制，即 1×1+1×2+1×4+0×8+0×16+1×32+1×64+0×128=103，即中心像素 37 的 LBP 值为 103。

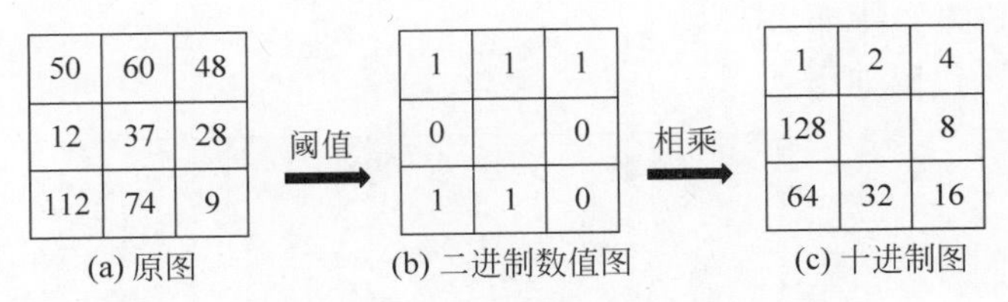

图 14-6　原始 LBP 算子

计算原始 LBP 算子的步骤：

(1) 遍历灰度图像的每个像素，部分边界除外，取出中心像素周围 3×3 区域。

(2) 判断中心像素与 3×3 邻域内像素的大小，把判断结果由布尔值转换成整型。

(3) 把判断结果展开成一维，按顺时针方向取出判断结果，把判断结果转换成十进制，

从而得到中心像素的 LBP 值,代码如下:

```
import cv2
import numpy as np
import matplotlib.pyplot as plt

def lbp(img_gray):
    '''
    原始 LBP 算子
    :param img_gray:灰度图
    :return:lbp 特征
    '''
    h, w = img_gray.shape
    #存放 LBP 值
    dst = np.zeros_like(img_gray,np.uint8)
    #中心像素周围的坐标,按照顺时针方向取
    idx = [0,1,2,5,8,7,6,3]
    #十进制数值
    num = np.array([1, 2, 4, 8, 16, 32, 64, 128])
    #1. 遍历每个像素,边界除外
    for i in range (0,h-2):
        for j in range(0,w-2):
            #3×3 区域的像素
            windows = img_gray[i:i+3,j:j+3]
            #中心像素
            center = windows[1,1]
            #2. 中心像素与周围像素的比较,把布尔类型转换成数值类型
            mask = (windows > center).astype(int)
            #3. 取出中心像素周围 8 像素的布尔值
            lbp_value = np.array(mask.flatten()[idx])
            #把 lbp_value 由二进制转换成十进制
            dst[i + 1, j + 1] = (lbp_value * num).sum()
    return dst
```

【例 14-3】 用原始 LBP 算子生成图像特征。

解:

(1) 读取图像。

(2) 生成 LBP 图像特征。

(3) 显示图像,代码如下:

```
#chapter14_3.py
import cv2
import numpy as np
import matplotlib.pyplot as plt

def lbp(img_gray):
    '''
    原始 LBP 算子
    :param img_gray:灰度图
    :return:含 LBP 值的数组
    '''
```

```
    h, w = img_gray.shape
    #存放 LBP 值
    dst = np.zeros_like(img_gray, np.uint8)
    #中心像素周围的坐标,按照顺时针方向取
    idx = [0, 1, 2, 5, 8, 7, 6, 3]
    num = np.array([1, 2, 4, 8, 16, 32, 64, 128])
    #1. 遍历每个像素,边界除外
    for i in range(0, h - 2):
        for j in range(0, w - 2):
            #3×3 区域的像素
            windows = img_gray[i:i + 3, j:j + 3]
            #中心像素
            center = windows[1, 1]
            #2. 中心像素与周围像素的比较,把布尔类型转换成数值类型
            mask = (windows > center).astype(int)
            #3. 取出中心像素周围 8 像素的布尔值
            lbp_value = np.array(mask.flatten()[idx])
            #把 lbp_value 转换成十进制
            dst[i + 1, j + 1] = (lbp_value *num).sum()
    return dst

if __name__ == '__main__':
    #1. 读取图像
    img_gray = cv2.imread('pictures/fish.png', 0)
    #2. 生成图像特征
    img_lbp = lbp(img_gray)
    #3. 显示图像
    re = np.hstack([img_gray, img_lbp])
    plt.axis('off')
    plt.imshow(re, 'gray')
    #cv2.imwrite('pictures/p14_7.jpeg', re)
```

运行结果如图 14-7 所示。

(a) 原图

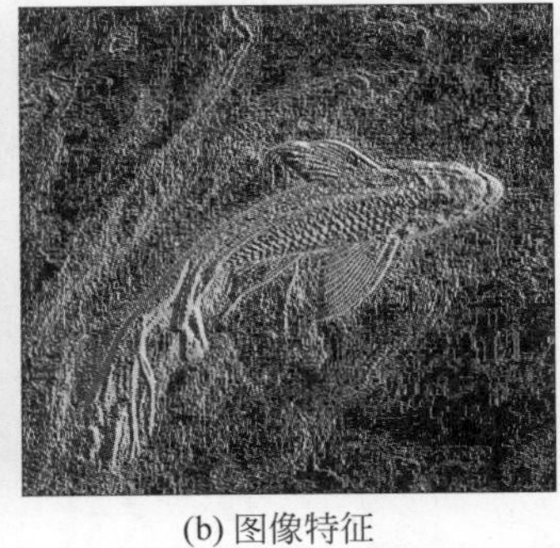

(b) 图像特征

图 14-7　原始 LBP 算子

2. 圆形 LBP 算子

原始 LBP 算子的缺陷是它只覆盖了一个固定半径范围内的小区域,这显然不能满足不同尺寸和频率纹理的需要。为了适应不同尺度的纹理特征,Ojala 提出圆形 LBP 算子。圆形 LBP 算子将 3×3 邻域扩展到任意邻域,并用圆形邻域代替了正方形邻域。改进后的

LBP算子允许在半径为 R 的圆形邻域内有任意多像素，从而得到半径为 R 的圆形区域内含有 P 个采样点的LBP算子。得到采样点后，对采样点进行排序，使采样点以窗口左上角的采样点为起点，按顺时针方向排列。由于 P 个采样点的坐标可能不是整数，所以需要进行线性插值以获取采样点坐标对应的像素，最后判断采样点与中心像素的大小，从而得到二进制数值，再把得到的二进制数值转换为十进制，最终得到中心像素的LBP值。如图14-8所示，LBP_8^1 表示以中心像素为圆心，在半径为1的邻域内取8个采样点。LBP_{16}^2 表示以中心像素为圆心，在半径为2的邻域内取16个采样点。

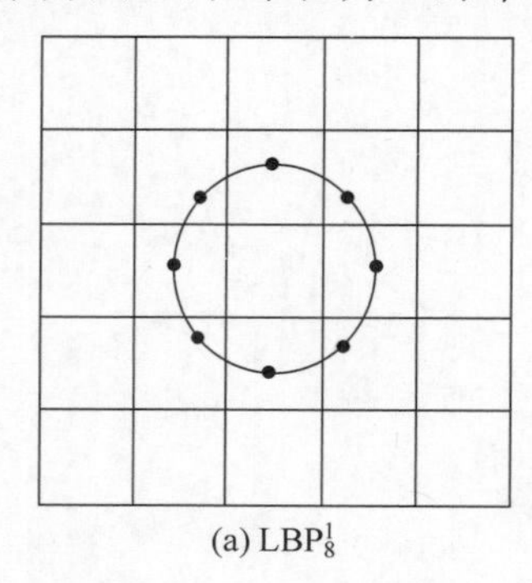

(a) LBP_8^1

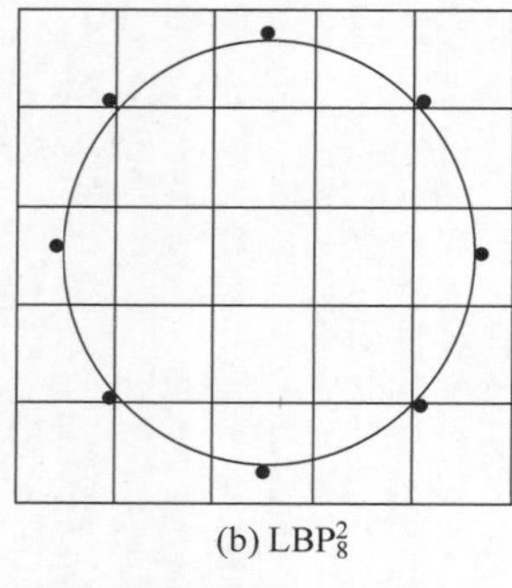

(b) LBP_8^2

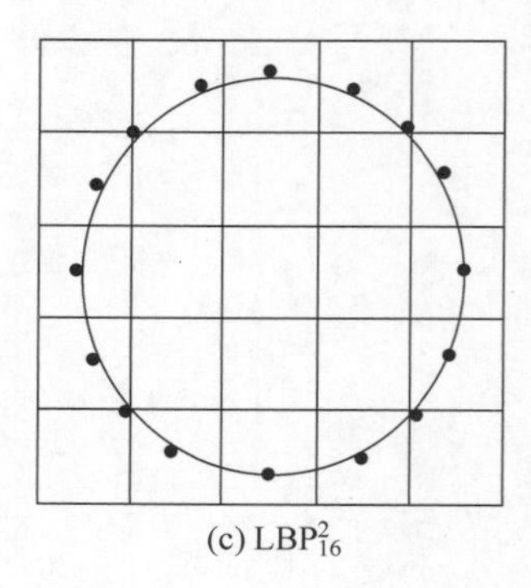

(c) LBP_{16}^2

图14-8 圆形LBP算子

1) 采样点排序

圆形LBP算子中心像素坐标 (x_c, y_c) 与相邻的 N 个采样点坐标 (x_i, y_i) 的关系如下：

$$x_i = x_c + \gamma \times \cos\left(\frac{2\pi}{N} \times i\right) \tag{14-6}$$

$$y_i = y_c - \gamma \times \sin\left(\frac{2\pi}{N} \times i\right) \tag{14-7}$$

其中，γ 为采样半径，$0 \leqslant i < N$。

如图14-9所示，$\gamma = 2$，$N = 8$。当 i 依次取 $0 \sim 7$ 时，生成的采样点分别是 p_0、p_1、p_2、p_3、p_4、p_5、p_6、p_7。根据原始LBP算子采样规则，以窗口左上角采样点为起点，按顺时针采样，即以 p_3 为起点，采样点的排序为 p_3、p_2、p_1、p_0、p_7、p_6、p_5、p_4。根据式(14-6)、式(14-7)计算采样点横纵坐标 x_{idx}、y_{idx}，见表14-1。

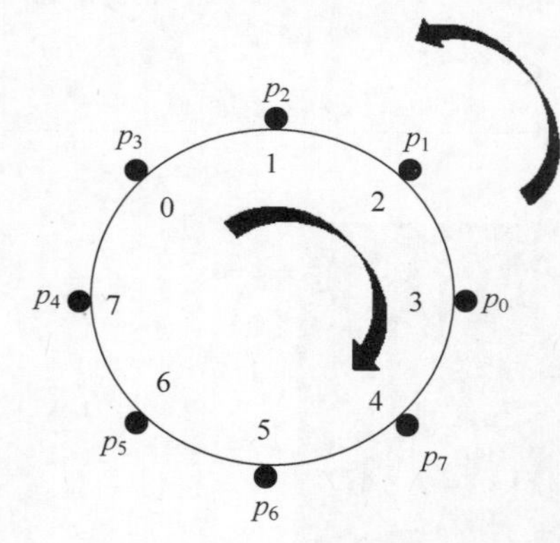

图14-9 采样点

表14-1 采样点

i	0	1	2	3	4	5	6	7
x_{idx}	4.0	3.41	2.0	0.59	0.0	0.59	2.0	3.41
y_{idx}	2.0	0.59	0.0	0.59	2.0	3.41	4.0	3.41
ls	20	11.97	4	0.69	4.0	11.9	20	23.25
idx	4	5	6	7	0	1	2	3
idx_{re}	3	2	1	0	7	6	5	4

i 表示第 i 个采样点，x_{idx} 表示根据公式(14-6)计算的采样点的横坐标，y_{idx} 表示根据公式(14-7)计算的采样点的纵坐标，ls 表示采样点坐标距离窗口顶点距离的平方，idx 表示采样点按顺时针排列后的坐标。由图 14-9 观察得知，按逆时针方向上采样点 p_3 距离窗口顶点距离最小。通过查找 ls 的最小值，得到起点的序号 3，然后把采样点的序列号 i[0,1,2,3,4,5,6,7]向右滚动，每滚动一次，序列的首元素排列在最后。序列号连续向右滚动 3+1 次，得到序列 idx[4,5,6,7,0,1,2,3]，再对序列 idx 逆序排列得到 idx_{re}[3,2,1,0,7,6,5,4]。按照索引 idx_{re} 对 x_{idx}、y_{idx} 排序，得到采样点 p_3、p_2、p_1、p_0、p_7、p_6、p_5、p_4 的坐标，这样采样点是以左上角为起点，顺时针排列采样点，代码如下：

```
#r, n = 2,8 当采样半径为 r 时,n 为采样点个数,中心像素的坐标为(r,r)
#采样点 x 的坐标
x_idx = np.array([r + r *np.cos(2 *np.pi / n *(i % n)) for i in range(n)]).round(2)
#采样点 y 的坐标
y_idx = np.array([r - r *np.sin(2 *np.pi / n *(i % n)) for i in range(n)]).round(2)
#采样点 x 坐标和 y 坐标
idxs = np.hstack([x_idx.reshape(-1, 1), y_idx.reshape(-1, 1)])
#采样点距离窗口左上角距离的平方
ls = [x_idx[i] **2 + y_idx[i] **2 for i in range(n)]
#找出起始采样点
t = np.argmin(ls)
#按顺时针排列采样点的序列号
idx_re= np.roll(range(n),-t-1)[::-1]
#按顺时针排列采样点
idxs = idxs[idx_re]
```

2) 采样点像素

由于圆形采样点的坐标并非都是整数，因此根据线性插值法获取采样点坐标的像素，如图 14-10 所示。已知点 $P_{00}(x_1,y_2)$、$P_{10}(x_1,y_1)$、$P_{11}(x_2,y_1)$、$P_{01}(x_2,y_2)$，求函数 $f()$在点 $P(x,y)$的值。具体做法是先在 x 方向线性插值，根据 P_{10}、P_{11}、P_{00}、P_{01} 计算 $f(R_0)$、$f(R_1)$，再在 y 方向线性插值，根据 $f(R_0)$、$f(R_1)$计算 $f(P)$。

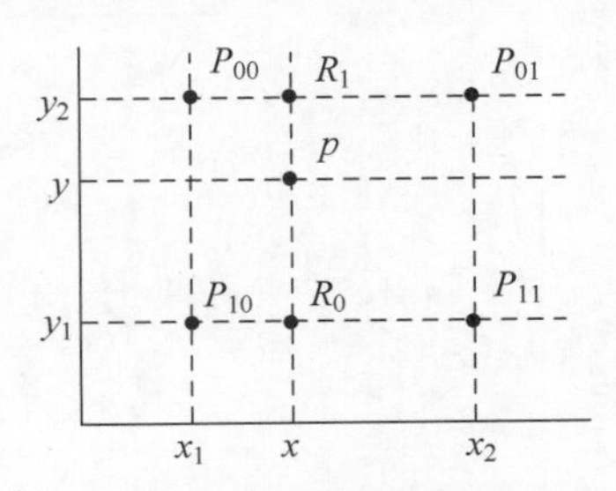

图 14-10　双线性插值

根据同一条直线上不同点斜率相等的原理，在 x 方向线性插值：

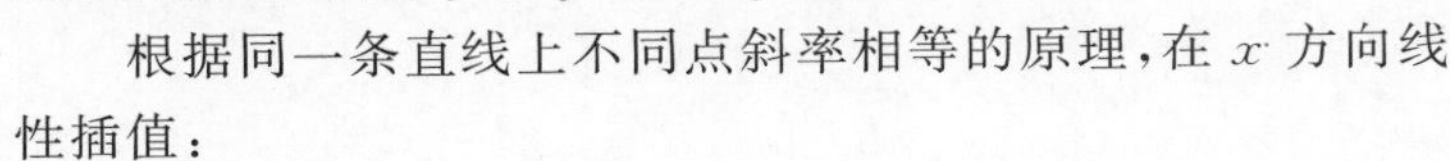

$$f(R_0) \approx \frac{x_2 - x}{x_2 - x_1} f(P_{10}) + \frac{x - x_1}{x_2 - x_1} f(P_{11}), \quad 当 R_0 = (x, y_1) \tag{14-8}$$

$$f(R_1) \approx \frac{x_2 - x}{x_2 - x_1} f(P_{00}) + \frac{x - x_1}{x_2 - x_1} f(P_{01}), \quad 当 R_1 = (x, y_2) \tag{14-9}$$

在 y 方向线性插值：

$$f(P) \approx \frac{y_2 - y}{y_2 - y_1} f(R_0) + \frac{y - y_1}{y_2 - y_1} f(R_1) \tag{14-10}$$

点 P 用点 P_{10}、P_{11}、P_{00}、P_{01} 表示：

$$f(P)=f(x,y)\approx\frac{y_2-y}{y_2-y_1}\times\frac{x_2-x}{x_2-x_1}f(P_{10})+\frac{y_2-y}{y_2-y_1}\times\frac{x-x_1}{x_2-x_1}f(P_{11})+$$
$$\frac{y-y_1}{y_2-y_1}\times\frac{x_2-x}{x_2-x_1}f(P_{00})+\frac{y-y_1}{y_2-y_1}\times\frac{x-x_1}{x_2-x_1}f(P_{01}) \tag{14-11}$$

假设已知点 $P_{00}(0,0)$、$P_{10}(0,1)$、$P_{11}(1,1)$、$P_{01}(1,0)$，根据插值公式可得

$$\begin{aligned}f(x,y)&\approx\frac{y_2-y}{y_2-y_1}\times\frac{x_2-x}{x_2-x_1}f(P_{10})+\frac{y_2-y}{y_2-y_1}\times\frac{x-x_1}{x_2-x_1}f(P_{11})+\\&\quad\frac{y-y_1}{y_2-y_1}\times\frac{x_2-x}{x_2-x_1}f(P_{00})+\frac{y-y_1}{y_2-y_1}\times\frac{x-x_1}{x_2-x_1}f(P_{01})\\&=\frac{0-y}{0-1}\times\frac{1-x}{1-0}f(P_{10})+\frac{0-y}{0-1}\times\frac{x-0}{1-0}f(P_{11})+\frac{y-1}{0-1}\times\\&\quad\frac{1-x}{1-0}f(P_{00})+\frac{y-1}{0-1}\times\frac{x-0}{1-0}f(P_{01})\\&=f(0,1)(1-x)y+f(1,1)xy+f(0,0)(1-x)(1-y)+\\&\quad f(1,0)x(1-y)\end{aligned} \tag{14-12}$$

用矩阵表示为

$$\boldsymbol{f}(x,y)\approx\begin{bmatrix}1-x & x\end{bmatrix}\begin{bmatrix}f(0,0) & f(0,1)\\ f(1,0) & f(1,1)\end{bmatrix}\begin{bmatrix}1-y\\ y\end{bmatrix} \tag{14-13}$$

采样点坐标像素的代码：

```
def points_idx(windows, idx):
    '''
    根据双线性插值法找出圆形区域采样点的像素
    :param windows: 窗口,中心像素及其邻域
    :param idx: 采样点坐标,例如(1.5,1.5)
    :return: 坐标 idx 对应的像素
    '''
    #获取采样点坐标的整数部分和小数部分
    int_x, int_y = int(idx[0]), int(idx[1])
    dx, dy = idx[0] - int_x, idx[1] - int_y
    #如果采样点的坐标为整数,则不需要线性插值
    if dx==0:
        return windows[int_y, int_x]
    #根据线性插值矩阵表示
    X = np.array([1 - dx, dx]).reshape(1, 2)
    #注意取图像像素,函数是先取 x,后取 y,图像取坐标与函数坐标相反
    F = np.array([[windows[int_y, int_x], windows[int_y + 1, int_x]],
                  [windows[int_y, int_x + 1], windows[int_y + 1, int_x + 1]]])
    Y = np.array([1 - dy, dy]).reshape(-1, 1)
    num = (X.dot(F)).dot(Y).item()
    return num
```

3）圆形 LBP 算子代码

计算圆形 LBP 算子的步骤如下：

（1）处理采样点坐标。根据公式获取采样点坐标，并以左上角的采样点为起点，顺时针排列采样点。

（2）获取采样点像素。根据双线性插值法获取采样点的像素。

（3）获取像素的 LBP 值。比较每个采样点与中心像素的值便可得到二进制形式的数值，把二进制数值转换十进制便可得到中心像素的 LBP 值，代码如下：

```
import cv2
import numpy as np
from matplotlib import pyplot as plt

def points_idx(windows, idx):
    '''
    根据双线性插值法找出圆形区域采样点的像素
    :param windows: 窗口
    :param idx:采样点坐标
    :return: 中心点的像素
    '''
    int_x, int_y = int(idx[0]), int(idx[1])
    dx, dy = idx[0] - int_x, idx[1] - int_y
    #如果采样点的坐标为整数,则不需要线性插值
    if dx==0:
        return windows[int_y, int_x]
    #根据线性插值矩阵表示
    X = np.array([1 - dx, dx]).reshape(1, 2)
    #注意取图像像素,先是纵坐标,后是横坐标
    F = np.array([[windows[int_y, int_x], windows[int_y + 1, int_x]],
                 [windows[int_y, int_x + 1], windows[int_y + 1, int_x + 1]]])
    Y = np.array([1 - dy, dy]).reshape(-1, 1)
    num = (X.dot(F)).dot(Y).item()
    return num

def circle_lbp(img_gray, n, r):
    '''
    圆形 LBP 算子
    :param img_gray : 输入的灰度图
    :param n: n 个采样点
    :param r: 采样点半径
    :return: 图像的 LBP 值
    '''
    h, w = img_gray.shape
    #存放图像的 LBP 特征
    dst = np.zeros_like(img_gray)
    #对原图边界填充零
    img = np.zeros([h + 2 *r, w + 2 *r], np.uint8)
    img[r:-r, r:-r] = img_gray
    #1. 处理采样点坐标
    #采样点 x 的坐标
    x_idx = np.array([r + r *np.cos(2 *np.pi / n *(i % n)) for i in range(n)]).round(2)
    #采样点 y 的坐标
    y_idx = np.array([r - r *np.sin(2 *np.pi / n *(i % n)) for i in range(n)]).round(2)
    #采样点 x 坐标和 y 坐标
```

```
    idxs = np.hstack([x_idx.reshape(-1, 1), y_idx.reshape(-1, 1)])
    #采样点距离窗口左上角距离的平方
    ls = [x_idx[i] **2 + y_idx[i] **2 for i in range(n)]
    #找出起始采样点
    t = np.argmin(ls)
    #顺时针排列采样点的序列号(索引)
    idx_re = np.roll(range(n),-t-1)[::-1]
    #按顺时针排列采样点
    idxs = idxs[idx_re]
    #十进制数值
    num = np.array([2 **i for i in range(n)])
    for i in range(r,h - r):
        for j in range(r,w - r):
            windows = img[i:i + 2 *r + 1, j:j + 2 *r + 1]
            center = windows[r, r]
            #2. 获取采样点像素
            pixels = np.array([points_idx(windows, i) for i in idxs])
            mask = (pixels > center).astype(int) #把布尔类型转换成数值类型
            lbp_value = np.array(mask.flatten())
            #3. 获取像素的 LBP 值
            dst[i, j] = (lbp_value *num).sum()
    return dst
```

【例 14-4】 获取圆形 LBP 算子的图像特征。

解：

(1) 读取图像。

(2) 生成图像特征。

(3) 显示图像,代码如下：

```
#chapter14_4.py 圆形 LBP 算子生成图像特征
import cv2
import numpy as np
from matplotlib import pyplot as plt

def points_idx(windows, idx):
    '''
    根据线性插值法找出圆形区域点 c 采样点的像素
    :param windows: 窗口
    :param idx:采样点坐标
    :return: 中心点的像素
    '''
    int_x, int_y = int(idx[0]), int(idx[1])
    dx, dy = idx[0] - int_x, idx[1] - int_y
    #如果采样点的坐标为整数,则不需要线性插值
    if dx == 0:
        return windows[int_y, int_x]
    #线性插值矩阵表示
    X = np.array([1 - dx, dx]).reshape(1, 2)
    #注意取图像像素,先是纵坐标,后是横坐标
```

```
    F = np.array([[windows[int_y, int_x], windows[int_y + 1, int_x]],
                  [windows[int_y, int_x + 1], windows[int_y + 1, int_x + 1]]])
    Y = np.array([1 - dy, dy]).reshape(-1, 1)
    num = (X.dot(F)).dot(Y).item()
    return num

def circle_lbp(img_gray, n, r):
    '''
    圆形 LBP 算子
    :param img_gray : 输入的灰度图
    :param n: n 个采样点
    :param r: 半径为 r 的圆形邻域内
    :return: 图片的 LBP 值
    '''
    h, w = img_gray.shape
    dst = np.zeros_like(img_gray)
    img = np.zeros([h + 2 * r, w + 2 * r], np.uint8)
    img[r:-r, r:-r] = img_gray
    #1. 处理采样点坐标
    x_idx = np.array([r + r *np.cos(2 *np.pi / n * (i % n)) for i in range(n)]).round(2)
    #采样点 y 的坐标
    y_idx = np.array([r - r *np.sin(2 *np.pi / n * (i % n)) for i in range(n)]).round(2)
    #采样点 x 坐标和 y 坐标
    idxs = np.hstack([x_idx.reshape(-1, 1), y_idx.reshape(-1, 1)])
    #采样点距离窗口左上角距离的平方
    ls = [x_idx[i] **2 + y_idx[i] **2 for i in range(n)]
    #找出起始采样点
    t = np.argmin(ls)
    #顺时针排列采样点的序列号
    idx_re = np.roll(range(n), -t - 1)[::-1]
    #按顺时针排列采样点
    idxs = idxs[idx_re]
    num = np.array([2 **i for i in range(n)])
    for i in range(r, h - r):
        for j in range(r, w - r):
            windows = img[i:i + 2 *r + 1, j:j + 2 *r + 1]
            center = windows[r, r]
            #2. 获取采样点像素
            pixels = np.array([points_idx(windows, i) for i in idxs])
            mask = (pixels > center).astype(int) #把布尔类型转换成数值类型
            lbp_value = np.array(mask.flatten())
            #3. 获取像素的 LBP 值
            dst[i, j] = (lbp_value *num).sum()
    return dst

if __name__ == '__main__':
    #1. 读取图像
    img_gray = cv2.imread('pictures/L1.png', 0)
    #2. 生成图像特征
    img_lbp_8_1 = circle_lbp(img_gray, n=8, r=1)
    img_lbp_16_2 = circle_lbp(img_gray, n=16, r=2)
    re = np.hstack([img_gray, img_lbp_8_1, img_lbp_16_2])
    #cv2.imwrite('pictures/p14_11.jpeg', re)
```

```
#3. 显示图像
plt.imshow(re, 'gray')
plt.show()
cv2.imwrite('pictures/p14_11.jpeg', re)
```

运行结果如图 14-11 所示。

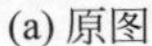
(a) 原图

(b) 圆形LBP_8^1特征

(c) 圆形LBP_{16}^2特征

图 14-11　圆形 LBP 算子

3. 旋转不变 LBP 算子

根据 LBP 算子定义计算的 LBP 的值是固定不变的，但是当图像旋转后，LBP 的值也随之发生变化。为了消除图像旋转带来的影响，Maenpaa 等又对 LBP 算子进行了扩展，提出了具有旋转不变性的 LBP 算子，即对初始定义的 LBP 不断旋转圆形邻域，从而得到一系列 LBP 值，取其最小值作为该中心像素的 LBP 值。LBP 计算公式：

$$\mathrm{LBP}_{P,R}=\min\{\mathrm{ROR}(\mathrm{LBP}_{P,R},i)\mid i=0,1,\cdots,P-1\} \tag{14-14}$$

其中，P 表示取中心像素邻域内的采样数，R 为采样半径，i 表示第 i 个采样点。函数 ROR() 表示对生成二进制形式的 LBP 进行旋转，min()表示取最小的 LBP 值。

如图 14-12 所示，图中有 8 种 LBP 模式，其中白色圆圈代表数值 1，黑色圆圈代表数值 0。以左上角为起点，随着图像旋转，中心像素的十进制 LBP 值也不同。具体做法为分别以二进制格式 LBP 的每个二进制值为起点，获取旋转的 LBP，再从各个旋转的 LBP 二进制串中找到最小的值作为中心像素 LBP 值，保证 LBP 值具有旋转不变性。

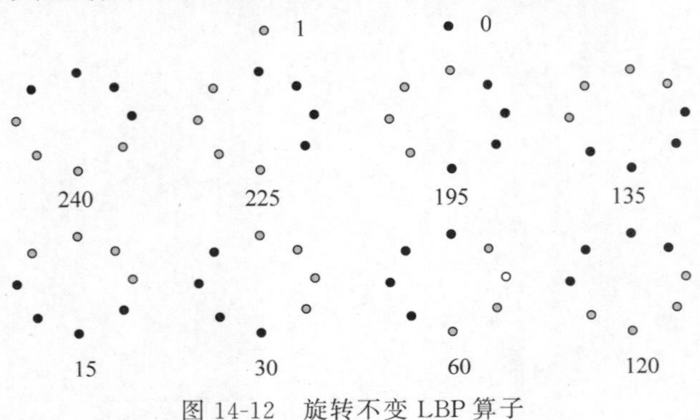

图 14-12　旋转不变 LBP 算子

1）找出最小的 LBP 值

获取最小的 LBP 值，如图 14-13 所示，假设中心像素与周围 8 个采样点比较大小后的值 mask＝[0,0,1,1,1,1,0,0]，把两个 mask 拼接在一起后的值为 mask_plus＝[0,0,1,1,1,1,0,0,0,0,1,1,1,1,0,0]，遍历 mask_plus 的前 8 个值，以当前第 i 个值为起点，取出 8 个连续的值，再把这 8 个值转换成十进制，得出一个 LBP 值。以此类推，得到一系列 LBP 值[60,30,15,135,195,225,240,120]，从中查找最小的 LBP 值 15 作为中心像素的最终 LBP 值。

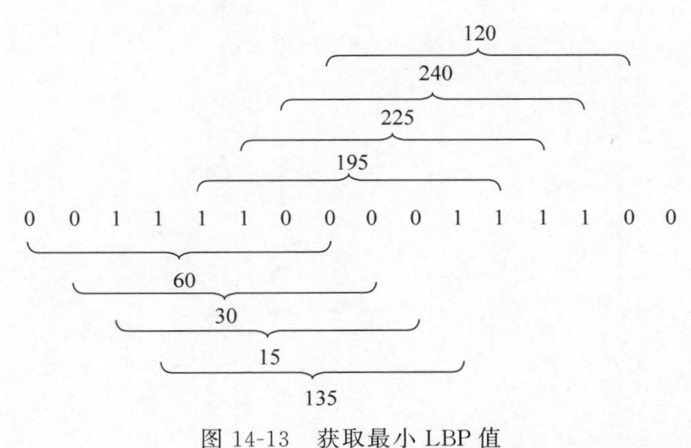

图 14-13　获取最小 LBP 值

代码如下：

```
def rotate(mask):
    '''
    查找最小的 LBP 值
    :param mask:中心像素与周围采样点比较大小的结果，布尔类型
    :return:最小的 LBP 值
    '''
    lbp_list = []
    n = len(mask)
    #用 two2ten 把二进制转换成十进制
    two2ten = np.array([2**i for i in range(n)])
    #mask 拼接
    mask_plus = np.hstack([mask,mask])
    #以 mask 中的每个值为起点，取出 n 值计算对应的 LBP 值
    for i in range(n):
        t = mask_plus[i:i+n]
        #把二进制转换成十进制
        lbp_list.append(sum(t *two2ten))
    #返回最小的 LBP 值
    return min(lbp_list)
```

2）计算旋转不变 LBP 算子

计算旋转不变 LBP 算子的步骤如下：

（1）处理采样点坐标。根据公式获取采样点坐标，并以左上角的采样点为起点，顺时针排列采样点。

（2）获取采样点像素。根据线性插值法获取采样点的像素。

（3）计算最小的 LBP 值。采样点与中心像素进行比较，得到初始 LBP 值，对初始 LBP 值进行旋转，得到一系列 LBP，取最小的 LBP 作为当前像素的 LBP 值，代码如下：

```
import cv2
import numpy as np
from matplotlib import pyplot as plt

def points_idx(windows, idx):
    '''
    根据双线性插值法找出圆形区域点上采样点的像素
    :param windows: 窗口
    :param idx:采样点坐标
    :return: 中心点的像素
    '''
    #采样点坐标的整数部分
    int_x, int_y = int(idx[0]), int(idx[1])
    #采样点坐标的小数部分
    dx, dy = idx[0] - int_x, idx[1] - int_y
    #如果采样点的坐标为整数,则不需要线性插值
    if dx==0:
        return windows[int_y, int_x]
    #根据线性插值矩阵表示
    X = np.array([1 - dx, dx]).reshape(1, 2)
    #注意取图像像素,先是纵坐标,后是横坐标
    F = np.array([[windows[int_y, int_x], windows[int_y + 1, int_x]],
                  [windows[int_y, int_x + 1], windows[int_y + 1, int_x + 1]]])
    Y = np.array([1 - dy, dy]).reshape(-1, 1)
    num = (X.dot(F)).dot(Y).item()
    return num

def rotate(mask):
    '''
    查找最小的 LBP 值
    :param mask:为中心像素与周围采样点比较大小的结果,布尔类型
    :return:最小的 LBP 值
    '''
    lbp_list = []
    n = len(mask)
    two2ten = np.array([2**i for i in range(n)])
    #mask 拼接
    mask_plus = np.hstack([mask,mask])
    #以 mask 中的每个值为起点,取出 n 值计算对应的 LBP 值
    for i in range(n):
        t = mask_plus[i:i+n]
        #把二进制转换成十进制
        lbp_list.append(sum(t * two2ten))
    #返回最小的 LBP 值
    return min(lbp_list)

def rota_lbp(img_gray,n,r):
    '''
```

```
    旋转不变 LBP
    :param img_gray: 输入的灰度图
    :param n: 采样点个数
    :param r: 采样半径
    :return: LBP 特征图
    '''
    h, w = img_gray.shape
    #dst 用于存放 LBP 特征图
    dst = np.zeros_like(img_gray)
    #图像填充
    img = np.zeros([h+2*r,w+2*r],np.uint8)
    img[r:-r,r:-r] = img_gray
    #1. 处理采样点坐标
    x_idx = np.array([r + r *np.cos(2*np.pi/n * (i%8)) for i in range(3,n+3)]).round(2)
    y_idx = np.array([r - r *np.sin(2 *np.pi / n * (i%8)) for i in range(3,n+3)]).round(2)
    #将采样点 x 坐标和 y 坐标合并成两列
    idxs = np.hstack([x_idx.reshape(-1, 1), y_idx.reshape(-1, 1)])
    #采样点距离窗口左上角距离的平方
    ls = [x_idx[i] **2 + y_idx[i] **2 for i in range(n)]
    #找出起始采样点
    t = np.argmin(ls)
    #按顺时针排列采样点的序列号
    idx_re = np.roll(range(n), -t - 1)[::-1]
    #按顺时针排列采样点
    idxs = idxs[idx_re]
    for i in range(r,h - r):
        for j in range(r,w - r):
            #中心点周围的像素
            windows = img[i:i+2*r+1,j:j+2*r+1]
            #中心点
            center = windows[r,r]
            #2. 获取采样点像素
            #线性插值获取采样点对应的像素
            pixels = np.array([points_idx(windows, i) for i in idxs])
            #采样点与中心像素的比较结果
            mask = (pixels > center).astype(int)
            #3. 计算最小的 LBP 值
            dst[i, j] = rotate(mask)
    return dst
```

【例 14-5】 生成旋转不变 LBP 算子图像特征。

解：

(1) 读取图像。

(2) 生成图像特征。

(3) 显示图像，代码如下：

```
#chapter14_5.py
import cv2
import numpy as np
from matplotlib import pyplot as plt
```

```
def points_idx(windows, idx):
    '''
    根据线性插值法找出圆形区域点上的坐标的像素
    :param windows: 窗口
    :param idx:采样点坐标
    :return: 中心点的像素
    '''
    int_x, int_y = int(idx[0]), int(idx[1])
    dx, dy = idx[0] - int_x, idx[1] - int_y
    #如果采样点的坐标为整数,则不需要线性插值
    if dx == 0:
        return windows[int_y, int_x]
    #根据线性插值矩阵表示
    X = np.array([1 - dx, dx]).reshape(1, 2)
    #注意取图像像素,先是纵坐标,后是横坐标
    F = np.array([[windows[int_y, int_x], windows[int_y + 1, int_x]],
                  [windows[int_y, int_x + 1], windows[int_y + 1, int_x + 1]]])
    Y = np.array([1 - dy, dy]).reshape(-1, 1)
    num = (X.dot(F)).dot(Y).item()
    return num

def rotate(mask):
    '''
    查找最小的 LBP 值
    :param mask:为中心像素与周围像素比较大小的布尔值
    :return:最小的 LBP 值
    '''
    lbp_list = []
    n = len(mask)
    two2ten = np.array([2 **i for i in range(n)])
    #mask 拼接
    mask_plus = np.hstack([mask, mask])
    #以 mask 中的每个值为起点,取出 n 值计算对应的 LBP 值
    for i in range(n):
        t = mask_plus[i:i + n]
        #把二进制转换成十进制
        lbp_list.append(sum(t *two2ten))
    #返回最小的 LBP 值
    return min(lbp_list)

def rota_lbp(img_gray, n, r):
    '''
    旋转不变 LBP
    :param img_gray: 输入的灰度图
    :param n: 采样点个数
    :param r: 半径
    :return: LBP 特征图
    '''
    h, w = img_gray.shape
    dst = np.zeros_like(img_gray)
    img = np.zeros([h + 2 *r, w + 2 *r], np.uint8)
    img[r:-r, r:-r] = img_gray
    #1. 处理采样点坐标
```

```
    x_idx = np.array([r + r * np.cos(2 * np.pi / n * (i % 8)) for i in range(3, n +
3)]).round(2)
    y_idx = np.array([r - r * np.sin(2 * np.pi / n * (i % 8)) for i in range(3, n +
3)]).round(2)
    #采样点 x 坐标和 y 坐标
    idxs = np.hstack([x_idx.reshape(-1, 1), y_idx.reshape(-1, 1)])
    #采样点距离窗口左上角距离的平方
    ls = [x_idx[i] **2 + y_idx[i] **2 for i in range(n)]
    #找出起始采样点
    t = np.argmin(ls)
    #按顺时针排列采样点的序列号
    idx_re = np.roll(range(n), -t - 1)[::-1]
    #按顺时针排列采样点
    idxs = idxs[idx_re]
    for i in range(r, h - r):
        for j in range(r, w - r):
            #中心点周围的像素
            windows = img[i:i + 2 *r + 1, j:j + 2 *r + 1]
            #中心点
            center = windows[r, r]
            #2. 获取采样点像素
            #线性插值获取采样点对应的像素
            pixels = np.array([points_idx(windows, i) for i in idxs])
            #采样点与中心像素的比较结果
            mask = (pixels > center).astype(int)
            #3. 计算最小的 LBP 值
            dst[i, j] = rotate(mask)
    return dst

if __name__ == '__main__':
    img_gray = cv2.imread('pictures/L1.png', 0)
    h, w = img_gray.shape
    M = cv2.getRotationMatrix2D((w / 2, h / 2), 30, 0.9)
    img_rotation = cv2.warpAffine(img_gray, M, (h, w))
    img_lbp2 = rota_lbp(img_rotation, n=8, r=1)
    re = np.hstack([img_rotation, img_lbp2])
    cv2.imwrite('pictures/p14_14.jpeg', re)
    plt.imshow(re, 'gray')
```

运行结果如图 14-14 所示。

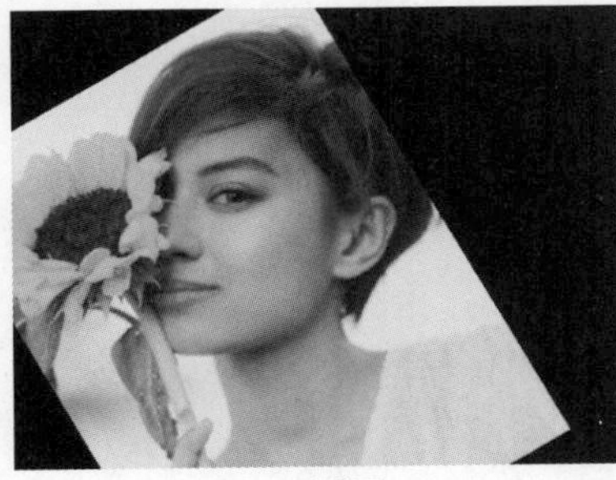

(a) 原图

(b) 旋转不变LBP特征

图 14-14　旋转不变 LBP 算子

4. 等价 LBP 算子

一个 LBP_R^P 算子可以产生 2^P 种模式，随着采样点的增加，二进制模式的数量是急剧增加的。为了解决二进制模式数量过多的问题，Ojala 提出采用一种"等价模式"(Uniform Pattern)来对 LBP 算子的模式进行降维。当某个 LBP 所对应二进制数从 0 到 1 或从 1 到 0 最多有两次跳变时(包括二进制数收尾跳变)，该 LBP 所对应的二进制就称为一个等价模式类。如 0000 0000、1111 1111 含 0 次跳变，0000 0011、1000 0001 含两次跳变，它们都是等价模式类。除等价模式以外的模式，即 LBP 所对应的二进制跳变次数大于 2 次的都称为混合模式类。通过"等价模式"，LBP_R^P 算子产生的二进制数量由原来的 2^P 种减少为 $P\times(P-1)+2$ 种。

在 3×3 区域内，采样 8 个点，一个中心像素的 LBP 可能有 256 种值，见表 14-2。二进制 LBP 跳变次数为 0、1、2 次的二进制有 58 种，对它们按照从小到大的顺序进行排列，每个二进制赋值为其对应的索引。跳变次数在 2 次以上的二进制都赋值为 58。如果一个 LBP 的值为 0，则它的二进制格式为 0000 0000，跳变次数为 0，这个数用 0 表示。

表 14-2　等价模式

十　进　制	二　进　制	下　　标
0	0000 0000	0
1	0000 0001	1
⋮	⋮	⋮
254	1111 1110	56
255	1111 1111	57

生成等价模式类的步骤如下：

(1) 获取采样点坐标。

(2) 生成旋转不变的 LBP。

(3) 生成等价的 LBP。假设在中心像素获取 n 个采样点，可能产生 2^n 种二进制，遍历 2^n-1 中的每个值，把十进制转换成二进制，保留跳变次数在 2 以内的十进制数值。把旋转不变的 LBP 转换成模式内的数值，即表 14-2 中十进制数值用第 3 列对应下标表示。把跳变次数大于 2 的数值用 $n\times(n-1)+2$ 表示。例如一像素的 LBP 值为 254，254 的二进制数值为 1111 1110，跳变次数 2，因此把 254 换为 56。如果一像素的 LBP 值为 20，20 的二进制数值为 0011 1001，跳变次数 4，因此把 20 转换为 58，代码如下：

```
import cv2
import numpy as np
from matplotlib import pyplot as plt

def points_idx(windows, idx):
    '''
    根据双线性插值法找出圆形区域点上采样点的像素
    :param windows: 窗口,中心像素及其邻域
    :param idx:采样点坐标
    :return: 中心点的像素
    '''
```

```
    #采样点坐标整数部分
    int_x, int_y = int(idx[0]), int(idx[1])
    #采样点坐标小数部分
    dx, dy = idx[0] - int_x, idx[1] - int_y
    #如果采样点的坐标为整数,则不需要线性插值
    if dx==0:
        return windows[int_y, int_x]
    #线性插值矩阵表示
    X = np.array([1 - dx, dx]).reshape(1, 2)
    #注意取图像像素,先是纵坐标,后是横坐标
    F = np.array([[windows[int_y, int_x], windows[int_y + 1, int_x]],
                  [windows[int_y, int_x + 1], windows[int_y + 1, int_x + 1]]])
    Y = np.array([1 - dy, dy]).reshape(-1, 1)
    num = (X.dot(F)).dot(Y).item()
    return num

def rotate(mask):
    '''
    查找最小的 LBP 值
    :param mask:为中心像素与周围像素比较大小的布尔值
    :return:最小的 LBP 值
    '''
    lbp_list = []
    n = len(mask)
    two2ten = np.array([2**i for i in range(n)])
    #mask 拼接
    mask_plus = np.hstack([mask,mask])
    #以 mask 中的每个值为起点,取出 n 值计算对应的 LBP 值
    for i in range(n):
        t = mask_plus[i:i+n]
        #把二进制转换成十进制
        lbp_list.append(sum(t * two2ten))
    #返回最小的 LBP 值
    return min(lbp_list)

def uniform(n):
    '''
    :param n:n 个采样点
    :return:返回跳变次数小于或等于 2 的 LBP 值
    '''
    #存放跳变次数小于或等于 2 的 LBP 值
    tmp = []
    for i in range(2 **n):
        #把十进制转换成二进制,取出数字部分。bin(2):'0b10'-->bin(i)[2:]:'10'
        bin_i = bin(i)[2:]
        #把二进制补成 8 位。'10'--> '0', '0', '0', '0', '0', '0', '1', '0'
        bin_i = ['0'] * (n - len(bin_i)) + list(bin_i)
        #记录跳变次数
        count = 0
        for j in range(n):
            #判断相邻两位是否出现跳变
            if bin_i[j%n] != bin_i[(j + 1) %n]:
                count += 1
```

```
        if count <= 2:
            tmp.append(i)
    return tmp

def uniform_lbp(img_gray, n, r):
    '''
    等价模式
    :param img_gray:输入的灰度图
    :param n:采样点数
    :param r:采样半径
    :return:返回不变模式的 LBP 值
    '''
    h, w = img_gray.shape
    dst = np.ones_like(img_gray)
    img = np.zeros([h + 2 *r, w + 2 *r], np.uint8)
    img[r:-r, r:-r] = img_gray
    #1. 获取采样点坐标
    x_idx = np.array([r + r *np.cos(2*np.pi/n * (i%8)) for i in range(3,n+3)]).round(2)
    y_idx = np.array([r - r *np.sin(2 *np.pi / n * (i%8)) for i in range(3,n+3)]).round(2)
    #采样点 x 坐标和 y 坐标
    idxs = np.hstack([x_idx.reshape(-1, 1), y_idx.reshape(-1, 1)])
    #采样点距离窗口左上角距离的平方
    ls = [x_idx[i] **2 + y_idx[i] **2 for i in range(n)]
    #找出起始采样点
    t = np.argmin(ls)
    #按顺时针排列采样点的序列号
    idx_re = np.roll(range(n), -t - 1)[::-1]
    #按顺时针排列采样点
    idxs = idxs[idx_re]
    for i in range(r,h - r):
        for j in range(r,w - r):
            windows = img[i:i + 2 *r + 1, j:j + 2 *r + 1]
            center = windows[r, r]
            pixels = np.array([points_idx(windows, i) for i in idxs])
            mask = (pixels > center).astype(int)
            lbp_value = np.array(mask.flatten())
            #2. 生成旋转不变的 LBP
            dst[i, j] = rotate(lbp_value)
    #3. 生成等价的 LBP
    #取出二进制跳变小于 3 的数
    u = uniform(n)
    for i, j in enumerate(u):
        #把等价模式的数换成对应的下标
        dst[dst == j] = i
    #把其他模式换成 n * (n - 1) + 2
    dst[dst > u[-1]] = n * (n - 1) + 2
    return dst
```

【例 14-6】 生成等价 LBP 图像特征。

解：

（1）读取图像。

（2）生成等价的 LBP 图像特征。

（3）显示图像，代码如下：

```
#chapter14_6.py
import cv2
import numpy as np
from matplotlib import pyplot as plt

def points_idx(windows, idx):
    '''
    根据线性插值法找出圆形区域点上的坐标的像素
    :param windows: 窗口
    :param idx:采样点坐标
    :return: 中心点的像素
    '''
    int_x, int_y = int(idx[0]), int(idx[1])
    dx, dy = idx[0] - int_x, idx[1] - int_y
    #如果采样点的坐标为整数，则不需要线性插值
    if dx==0:
        return windows[int_y, int_x]
    #根据线性插值矩阵表示
    X = np.array([1 - dx, dx]).reshape(1, 2)
    #注意取图像像素，先是纵坐标，后是横坐标
    F = np.array([[windows[int_y, int_x], windows[int_y + 1, int_x]],
                  [windows[int_y, int_x + 1], windows[int_y + 1, int_x + 1]]])
    Y = np.array([1 - dy, dy]).reshape(-1, 1)
    num = (X.dot(F)).dot(Y).item()
    return num

def rotate(mask):
    '''
    查找最小的 LBP 值
    :param mask:为中心像素与周围像素比较大小的布尔值
    :return:最小的 LBP 值
    '''
    lbp_list = []
    n = len(mask)
    two2ten = np.array([2**i for i in range(n)])
    #mask 拼接
    mask_plus = np.hstack([mask,mask])
    #以 mask 中的每个值为起点，取出 n 值计算对应的 LBP 值
    for i in range(n):
        t = mask_plus[i:i+n]
        #把二进制转换成十进制
        lbp_list.append(sum(t * two2ten))
    #返回最小的 LBP 值
    return min(lbp_list)

def uniform(n):
    '''
    :param n:n 个采样点
    :return:返回跳变次数小于或等于 2 的 LBP 值
    '''
    #存放跳变次数小于或等于 2 的 LBP 值
```

```
    tmp = []
    for i in range(2 **n):
        #把十进制转换成二进制,取出数字部分。bin(2):'0b10'-->bin(i)[2:]:'10'
        bin_i = bin(i)[2:]
        #把二进制补成 8 位。'10'--> '0', '0', '0', '0', '0', '0', '1', '0'
        bin_i = ['0'] * (n - len(bin_i)) + list(bin_i)
        #记录跳变次数
        count = 0
        for j in range(n):
            #判断相邻两位是否出现跳变
            if bin_i[j%n] != bin_i[(j + 1) %n]:
                count += 1
        if count <= 2:
            tmp.append(i)
    return tmp

def uniform_lbp(img_gray, n, r):
    '''
    等价模式
    :param img_gray:输入的灰度图
    :param n:采样点数
    :param r:采样半径
    :return:返回不变模式的 LBP 值
    '''
    h, w = img_gray.shape
    dst = np.ones_like(img_gray)
    img = np.zeros([h + 2 *r, w + 2 *r], np.uint8)
    img[r:-r, r:-r] = img_gray
    #1. 处理采样点坐标
    x_idx = np.array([r + r *np.cos(2*np.pi/n * (i%8)) for i in range(3,n+3)]).round(2)
    y_idx = np.array([r - r *np.sin(2 *np.pi / n * (i%8)) for i in range(3,n+3)]).round(2)
    #采样点 x 坐标和 y 坐标
    idxs = np.hstack([x_idx.reshape(-1, 1), y_idx.reshape(-1, 1)])
    #采样点距离窗口左上角距离的平方
    ls = [x_idx[i] **2 + y_idx[i] **2 for i in range(n)]
    #找出起始采样点
    t = np.argmin(ls)
    #按顺时针排列采样点的序列号
    idx_re = np.roll(range(n), -t - 1)[::-1]
    #按顺时针排列采样点
    idxs = idxs[idx_re]
    for i in range(r,h - r):
        for j in range(r,w - r):
            windows = img[i:i + 2 *r + 1, j:j + 2 *r + 1]
            center = windows[r, r]
            pixels = np.array([points_idx(windows, i) for i in idxs])
            mask = (pixels > center).astype(int)
            lbp_value = np.array(mask.flatten())
            #2. 生成旋转不变的 LBP
            dst[i, j] = rotate(lbp_value)
    #3. 生成等价的 LBP
    #取出二进制跳变小于 3 的数
    u = uniform(n)
```

```
    for i, j in enumerate(u):
        #把等价模式的数换成对应的下标
        dst[dst == j] = i
    #把其他模式换成 n * (n - 1) + 2
    dst[dst > u[-1]] = n * (n - 1) + 2
    return dst

if __name__ == '__main__':
    img_gray = cv2.imread('pictures/L1.png', 0)
    re = uniform_lbp(img_gray, n=8, r=1)
    plt.imshow(re, 'gray')
    cv2.imwrite('pictures/p14_15.jpeg', re)
```

运行结果如图 14-15 所示。

(a) 原图　(b) 等价LBP特征

图 14-15　等价 LBP 算子

5. LBPH

LBPH(Local Binary Patterns Histograms)为 LBP 特征的统计直方图。LBPH 将 LBP 特征与图像的空间信息结合在一起，即用 LBP 特征生成的统计直方图作为特征向量，用于分类。LBPH 的基本原理是将 LBP 特征图像分成 m 个局部块，并提取每个局部块的直方图，然后将这些直方图依次连接在一起，从而形成 LBPH 特征描述子，如图 14-16 所示。

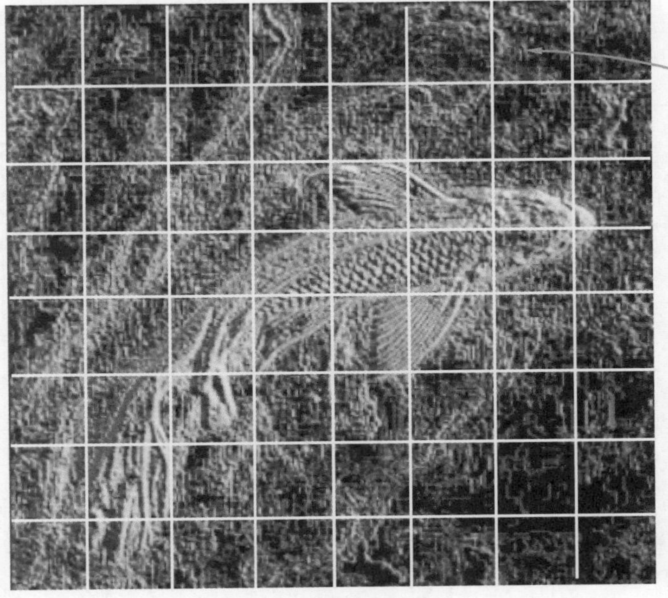

(a) LBP特征图

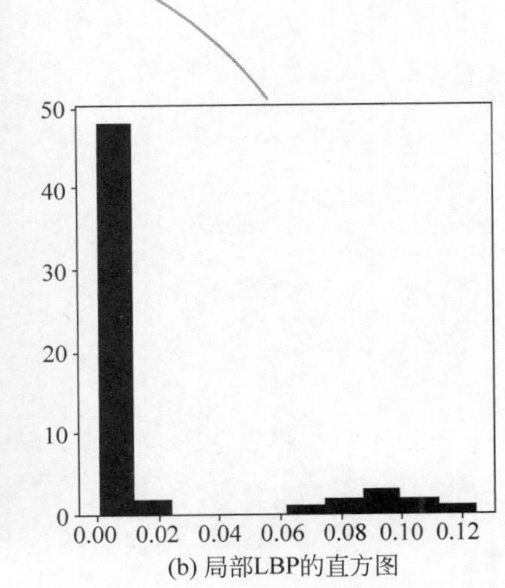

(b) 局部LBP的直方图

图 14-16　LBPH 特征

生成 LBPH 的步骤如下：

(1) 生成 LBP 特征图。使用圆形 LBP_8^1 算子，生成 LBP 特征图。

(2) 生成 LBPH。先把 LBP 特征图分成 $n \times n$ 的单元，计算每个单元的直方图，再把所有单元的直方图拼接在一起，然后归一化得到 LBPH。生成 LBPH 的代码如下：

```
import cv2
import numpy as np
from matplotlib import pyplot as plt

def points_idx(windows, idx):
    '''
    根据双线性插值法找出圆形区域点上采样点的像素
    :param windows: 窗口
    :param idx:采样点坐标
    :return: 中心点的像素
    '''
    #采样点坐标的整数部分
    int_x, int_y = int(idx[0]), int(idx[1])
    #采样点坐标的小数部分
    dx, dy = idx[0] - int_x, idx[1] - int_y
    #如果采样点的坐标为整数,则不需要线性插值
    if dx==0:
        return windows[int_y, int_x]
    #根据线性插值矩阵表示
    X = np.array([1 - dx, dx]).reshape(1, 2)
    #注意取图像像素,先是纵坐标,后是横坐标
    F = np.array([[windows[int_y, int_x], windows[int_y + 1, int_x]],
                  [windows[int_y, int_x + 1], windows[int_y + 1, int_x + 1]]])
    Y = np.array([1 - dy, dy]).reshape(-1, 1)
    num = (X.dot(F)).dot(Y).item()
    return num

def rotate(mask):
    '''
    查找最小的 LBP 值
    :param mask:为中心像素与周围像素比较大小的布尔值
    :return:最小的 LBP 值
    '''
    lbp_list = []
    n = len(mask)
    two2ten = np.array([2**i for i in range(n)])
    #mask 拼接
    mask_plus = np.hstack([mask,mask])
    #以 mask 中的每个值为起点,取出 n 值计算对应的 LBP 值
    for i in range(n):
        t = mask_plus[i:i+n]
        #把二进制转换成十进制
        lbp_list.append(sum(t *two2ten))
    #返回最小的 LBP 值
    return min(lbp_list)

def uniform(n):
```

```
    '''
    :param n:n 个采样点
    :return:返回跳变次数小于或等于 2 的 LBP 值
    '''
    #存放跳变次数小于或等于 2 的 LBP 值
    tmp = []
    for i in range(2 **n):
        #把十进制转换成二进制,取出数字部分。bin(2):'0b10'-->bin(i)[2:]:'10'
        bin_i = bin(i)[2:]
        #把二进制补成 8 位。'10'--> '0', '0', '0', '0', '0', '0', '1', '0'
        bin_i = ['0'] *(n - len(bin_i)) + list(bin_i)
        #记录跳变次数
        count = 0
        for j in range(n):
            #判断相邻两位是否出现跳变
            if bin_i[j%n] != bin_i[(j + 1) %n]:
               count += 1
        if count <= 2:
            tmp.append(i)
    return tmp

def uniform_lbp(img_gray, n, r):
    '''
    等价模式
    :param img_gray:输入的灰度图
    :param n:采样点数
    :param r:采样半径
    :return:返回不变模式的 LBP 值
    '''
    h, w = img_gray.shape
    dst = np.ones_like(img_gray)
    img = np.zeros([h + 2 *r, w + 2 *r], np.uint8)
    img[r:-r, r:-r] = img_gray
    #1. 处理采样点坐标
    x_idx = np.array([r + r *np.cos(2*np.pi/n *(i%8)) for i in range(3,n+3)]).round(2)
    y_idx = np.array([r - r *np.sin(2 *np.pi / n *(i%8)) for i in range(3,n+3)]).round(2)
    #采样点 x 坐标和 y 坐标
    idxs = np.hstack([x_idx.reshape(-1, 1), y_idx.reshape(-1, 1)])
    #采样点距离窗口左上角距离的平方
    ls = [x_idx[i] **2 + y_idx[i] **2 for i in range(n)]
    #找出起始采样点
    t = np.argmin(ls)
    #按顺时针排列采样点的序列号
    idx_re = np.roll(range(n), -t - 1)[::-1]
    #按顺时针排列采样点
    idxs = idxs[idx_re]
    for i in range(r,h - r):
        for j in range(r,w - r):
            windows = img[i:i + 2 *r + 1, j:j + 2 *r + 1]
            center = windows[r, r]
            pixels = np.array([points_idx(windows, i) for i in idxs])
            mask = (pixels > center).astype(int) #把布尔类型转换成数值类型
```

```
            lbp_value = np.array(mask.flatten())
            dst[i, j] = rotate(lbp_value)
    u = uniform(n)
    for i, j in enumerate(u):
        dst[dst == j] = i
    dst[dst > u[-1]] = n * (n - 1) + 2
    return dst

def LBPH(img_gray, n, r, gridx, gridy):
    '''
    生成 LBPH 描述子
    :param img_gray:输入的灰度图
    :param n: 采样点
    :param r: 采样半径
    :param gridx: 每个单元的宽,单元宽的元素数
    :param gridy: 每个单元的高,单元高的元素数
    :return:LBPH 描述子
    '''
    h, w = img_gray.shape
    #1. 生成 LBP 图
    lbp_img = uniform_lbp(img_gray, n, r)
    #直方图组数
    bins = n * (n - 1) + 3
    #图像划分 n_h * n_w 个单元
    n_h, n_w = h //gridy, w //gridx
    #存放 LBPH 描述子
    lbphist = []
    #2. 生成 LBPH
    #2.1 遍历每个单元
    for i in range(n_h):
        for j in range(n_w):
            #2.2 生成每个单元的特征直方图
            cell = lbp_img[i * (gridy):(i + 1) * (gridy), j * (gridx):(j + 1) * (gridx)]
            lbphist.append(cv2.calcHist([cell], [0], None, [bins], [0, bins]))
    #2.3 特征直方图拼接与归一化
    lbphist = np.array(lbphist).ravel() / (gridy * gridx)
    return lbphist
```

【例 14-7】 生成图像的 LBPH 特征。

解：

(1) 读取图像。

(2) 计算 LBPH。

(3) 输出 LBPH，代码如下：

```
#chapter14_7.py
import cv2
import numpy as np
from matplotlib import pyplot as plt

def points_idx(windows, idx):
```

```
    '''
    根据双线性插值法找出圆形区域点上采样点的像素
    :param windows: 窗口
    :param idx:采样点坐标
    :return: 中心点的像素
    '''
    #采样点坐标的整数部分
    int_x, int_y = int(idx[0]), int(idx[1])
    #采样点坐标的小数部分
    dx, dy = idx[0] - int_x, idx[1] - int_y
    #如果采样点的坐标为整数,则不需要线性插值
    if dx == 0:
        return windows[int_y, int_x]
    #根据线性插值矩阵表示
    X = np.array([1 - dx, dx]).reshape(1, 2)
    #注意取图像像素,先是纵坐标,后是横坐标
    F = np.array([[windows[int_y, int_x], windows[int_y + 1, int_x]],
                  [windows[int_y, int_x + 1], windows[int_y + 1, int_x + 1]]])
    Y = np.array([1 - dy, dy]).reshape(-1, 1)
    num = (X.dot(F)).dot(Y).item()
    return num

def rotate(mask):
    '''
    查找最小的 LBP 值
    :param mask:为中心像素与周围像素比较大小的布尔值
    :return:最小的 LBP 值
    '''
    lbp_list = []
    n = len(mask)
    two2ten = np.array([2 **i for i in range(n)])
    #mask 拼接
    mask_plus = np.hstack([mask, mask])
    #以 mask 中的每个值为起点,取出 n 值计算对应的 LBP 值
    for i in range(n):
        t = mask_plus[i:i + n]
        #把二进制转换成十进制
        lbp_list.append(sum(t *two2ten))
    #返回最小的 LBP 值
    return min(lbp_list)

def uniform(n):
    '''
    :param n:n 个采样点
    :return:返回跳变次数小于或等于 2 的 LBP 值
    '''
    #存放跳变次数小于或等于 2 的 LBP 值
    tmp = []
    for i in range(2 **n):
        #把十进制转换成二进制,取出数字部分。bin(2):'0b10'-->bin(i)[2:]:'10'
        bin_i = bin(i)[2:]
        #把二进制补成 8 位。'10'--> '0', '0', '0', '0', '0', '0', '1', '0'
```

```
        bin_i = ['0'] * (n - len(bin_i)) + list(bin_i)
        #记录跳变次数
        count = 0
        for j in range(n):
            #判断相邻两位是否出现跳变
            if bin_i[j % n] != bin_i[(j + 1) % n]:
                count += 1
        if count <= 2:
            tmp.append(i)
    return tmp

def uniform_lbp(img_gray, n, r):
    '''
    等价模式
    :param img_gray:输入的灰度图
    :param n:采样点数
    :param r:采样半径
    :return:返回不变模式的 LBP 值
    '''
    h, w = img_gray.shape
    dst = np.ones_like(img_gray)
    img = np.zeros([h + 2 * r, w + 2 * r], np.uint8)
    img[r:-r, r:-r] = img_gray
    #1. 处理采样点坐标
    x_idx = np.array([r + r * np.cos(2 * np.pi / n * (i % 8)) for i in range(3, n + 3)]).
round(2)
    y_idx = np.array([r - r * np.sin(2 * np.pi / n * (i % 8)) for i in range(3, n + 3)]).
round(2)
    #采样点 x 坐标和 y 坐标
    idxs = np.hstack([x_idx.reshape(-1, 1), y_idx.reshape(-1, 1)])
    #采样点距离窗口左上角距离的平方
    ls = [x_idx[i] ** 2 + y_idx[i] ** 2 for i in range(n)]
    #找出起始采样点
    t = np.argmin(ls)
    #按顺时针排列采样点的序列号
    idx_re = np.roll(range(n), -t - 1)[::-1]
    #按顺时针排列采样点
    idxs = idxs[idx_re]
    for i in range(r, h - r):
        for j in range(r, w - r):
            windows = img[i:i + 2 * r + 1, j:j + 2 * r + 1]
            center = windows[r, r]
            pixels = np.array([points_idx(windows, i) for i in idxs])
            mask = (pixels > center).astype(int) #把布尔类型转换成数值类型
            lbp_value = np.array(mask.flatten())
            dst[i, j] = rotate(lbp_value)
    u = uniform(n)
    for i, j in enumerate(u):
        dst[dst == j] = i
    dst[dst > u[-1]] = n * (n - 1) + 2
    return dst
```

```
def LBPH(img_gray, n, r, gridx, gridy):
    '''
    生成 LBPH 描述子
    :param img_gray:输入的灰度图
    :param n: 采样点
    :param r: 采样半径
    :param gridx: 每个单元的宽,单元宽的元素数
    :param gridy: 每个单元的高,单元高的元素数
    :return:LBPH 特征描述子
    '''
    h, w = img_gray.shape
    #1. 生成 LBP 图
    lbp_img = uniform_lbp(img_gray, n, r)
    #bins 为直方图组数,不变的 LBP 中有 n * (n - 1) + 3 种取值
    bins = n * (n - 1) + 3
    #图像划分 n_h * n_w 个单元
    n_h, n_w = h //gridy, w //gridx
    #存放 LBPH 描述子
    lbphist = []
    #2. 生成 LBPH
    #2.1 遍历每个单元
    for i in range(n_h):
        for j in range(n_w):
            #2.2 生成每个单元的特征直方图
            cell = lbp_img[i * (gridy):(i + 1) * (gridy), j * (gridx):(j + 1) * (gridx)]
            lbphist.append(cv2.calcHist([cell], [0], None, [bins], [0, bins]))
    #2.3 特征直方图拼接与归一化
    lbphist = np.array(lbphist).ravel() / (gridy * gridx)
    return lbphist

if __name__ == '__main__':
    img_gray = cv2.imread('pictures/L1.png', 0)
    h, w = img_gray.shape
    lbp_chra = LBPH(img_gray, n=8, r=1, gridx=33, gridy=33)
    print(f"lbp_chra.shape: (w//gridx) * (h//gridy) * (n * (n-1) +3) ={lbp_chra.
shape}")

#代码运行结果
'''
lbp_chra.shape: (w//gridx) * (h//gridy) * (n * (n-1) +3) =(7670,)
'''
```

14.2.2 语法函数

skimage 库调用函数 local_binary_pattern()提取 LBP 特征，其语法格式如下：

des=local_binary_pattern(image,P,R,method)

(1) des：LBP 特征图。

(2) image：输入的灰度图。

(3) P：采样点个数。

(4) R：采样点半径。

(5) method：采样模式，包括 5 种模式：default 为原始的局部二值模式，它是灰度不变的，但不是旋转不变的；ror 为扩展灰度和旋转不变模式；uniform 为灰度不变、改进旋转不变、均匀模式；nri_uniform 为非旋转不变的均匀模式；var 为局部对比度的旋转不变方差度量模式，图像纹理是旋转的，但不具有灰度不变性。

OpenCV 调用函数 cv2.face.LBPHFaceRecognizer_create()生成 LBPH 识别器，其语法格式为

retval = LBPHFaceRecognizer_create(radius, neighbors, grid_x, grid_y, threshold)

(1) retval：识别器，实例模型。

(2) radius：采样半径，默认值为 1。

(3) neighbors：邻域点的个数，默认采用 8 邻域，根据需要可以计算更多的邻域点。

(4) grid_x：当将 LBP 特征图像划分为一个个单元格时，每个单元格在水平方向上的像素个数。默认值为 8，即将 LBP 特征图像在行方向上以 8 像素为单位的分组。

(5) grid_y：当将 LBP 特征图像划分为一个个单元格时，每个单元格在垂直方向上的像素个数。默认值为 8，即将 LBP 特征图像在列方向上以 8 像素为单位的分组。

(6) threshold：预测时所使用的阈值。如果大于该阈值，就认为没有识别到任何目标对象。

OpenCV 调用函数 cv2.face_FaceRecognizer.train()完成训练，其语法格式为

None = cv2.face_FaceRecognizer.train(src, labels)

(1) src：训练图像，学习的人脸图像。

(2) labels：标签，人脸图像所对应的标签。

OpenCV 调用函数 cv2.face_FaceRecognizer.predict()完成人脸识别，其语法格式为

label, confidence = cv2.face_FaceRecognizer.predict(src)

(1) src：需要识别的人脸图像。

(2) label：返回识别结果的标签。

(3) confidence：返回的置信度评分。置信度评分用来衡量识别结果与原有模型之间的距离，0 表示完全匹配。通常情况下，认为置信度评分小于 50 的值是可以接受的，如果该值大于 80，则认为差别较大。

【例 14-8】 调用函数库生成 LBP 特征。

解：

(1) 读取图像。

(2) LBP 特征提取。

(3) 显示图像，代码如下：

```
#chapter14_8.py
import cv2
```

```
import matplotlib.pyplot as plt
from skimage.feature import local_binary_pattern

#1. 读取图像
img_gray = cv2.imread("pictures/L1.png", 0)
#2. LBP 特征提取
#设置需要的参数
#LBP 算法中的半径参数
radius = 1
#邻域像素个数
n_points = 8 *radius
lbp = local_binary_pattern(img_gray, 8, 1)
lbp_ror = local_binary_pattern(img_gray, n_points, radius, method="ror")
lbp_uniform = local_binary_pattern(img_gray, n_points, radius, method="uniform")
lbp_nri_uniform = local_binary_pattern(img_gray, n_points, radius, method="nri_
uniform")
lbp_var = local_binary_pattern(img_gray, n_points, radius, method="var")
#3. 显示图像
plt.subplot(151)
plt.axis('off')
plt.imshow(lbp, 'gray')
plt.subplot(152)
plt.axis('off')
plt.imshow(lbp_ror, 'gray')
plt.subplot(153)
plt.axis('off')
plt.imshow(lbp_uniform, 'gray')
plt.subplot(154)
plt.axis('off')
plt.imshow(lbp_nri_uniform, 'gray')
plt.subplot(155)
plt.axis('off')
plt.imshow(lbp_var, 'gray')
```

运行结果如图 14-17 所示。

(a) 图1

(b) 图2

(c) 图3

(d) 图4

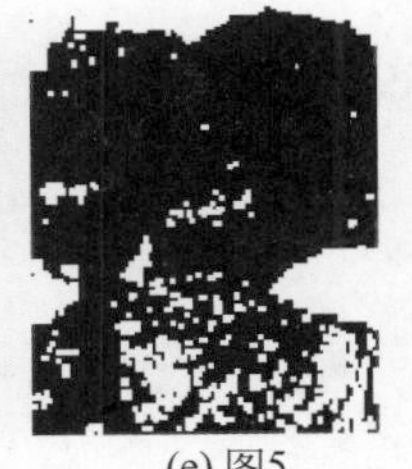
(e) 图5

图 14-17　LBP 特征

图 14-17(a)为 default 模式的 LBP 特征。图 14-17(b)为 ror 模式的 LBP 特征。图 14-17(c)为 uniform 模式的 LBP 特征。图 14-17(d)为 nri_uniform 模式的 LBP 特征。图 14-17(e)为 var 模式的 LBP 特征。

【例 14-9】 LBP 人脸检测。

解：

(1) 读取图像。

(2) 检测人脸。

(3) 显示图像，代码如下：

```
#chapter14_9.py
import cv2
import matplotlib.pyplot as plt

#1. 读取图像
img = cv2.imread('pictures/img1.png')
#2. 检测人脸
#灰度处理
img_gray = cv2.cvtColor(img, code=cv2.COLOR_BGR2GRAY)
#设置检测器
face_detect = cv2.CascadeClassifier("pictures/lbpcascade_frontalface.xml")
#检查人脸
face_zone = face_detect.detectMultiScale(img_gray, scaleFactor=2, minNeighbors=2)
#绘制矩形人脸区域
for x, y, w, h in face_zone:
    cv2.rectangle(img, pt1=(x, y), pt2=(x + w, y + h), color=[0, 0, 255], thickness=2)
#3. 显示图像
plt.imshow(img[..., ::-1])
#cv2.imwrite('pictures/p14_18.jpeg', img)
```

运行结果如图 14-18 所示。

图 14-18 LBP 人脸检测

14.3 Haar 特征

Haar-like 特征最早是由 Papageorgiou 等提出的，应用于人脸表示。Viola 和 Jones 在此基础上提出 3 种类型特征模板，包括 5 种 Basic 特征、3 种 Core 特征和 7 种 Titled(45°旋转)特征，如图 4-19 所示。Haar 特征用来检测边缘特征、线性特征、中心特征和对角线特征。特征模板内有白色和黑色两种矩形，并将该模板的特征值定义为白色矩形像素之和减去黑色矩形像素之和。Haar 特征反映了图像的灰度变化情况，具有旋转不变性、尺度不变性、亮度不变性。

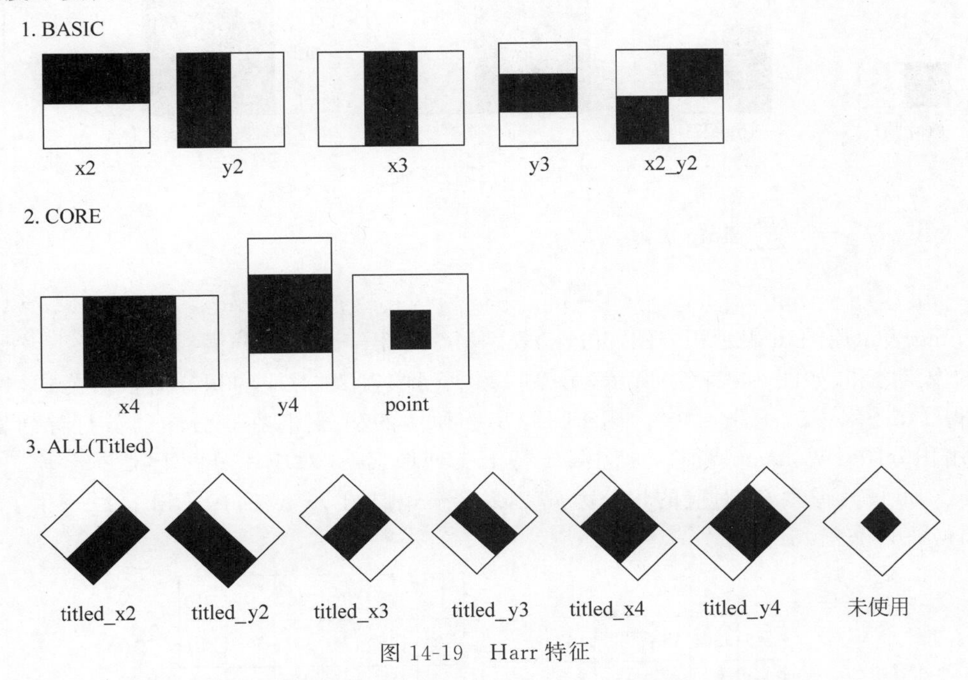

图 14-19　Harr 特征

用 Haar 特征模板扫描图像获取 Haar 特征，Haar 特征模板的计算公式为

$$\text{features}=\text{weight}_{\text{all}}\times\text{Harr}_{\text{all}}-\text{weight}_{\text{black}}\times\text{Harr}_{\text{black}} \tag{14-15}$$

其中，features 是 Haar 特征值，$\text{weight}_{\text{all}}$、$\text{weight}_{\text{black}}$ 为权重，Harr_{all} 为整个 Haar 区域内所有像素之和，$\text{Harr}_{\text{black}}$ 为黑色区域内像素之和，如图 14-19 所示，在 Basic 特征的 x_3 模板中，整个区域的权重 $\text{weight}_{\text{all}}$ 为 1，黑色区域的权重 $\text{weight}_{\text{black}}$ 为 3；对于 Core 特征中的 point 模板，$\text{weight}_{\text{all}}=1$，$\text{weight}_{\text{black}}=-9$。设置权值是为了抵消面积不等带来的影响，保证所有 Haar 特征值在灰度分布绝对均匀的图中为 0。

通过改变特征模板的大小和位置，可在图像子窗口中穷举出大量的特征。在实际中，Haar 特征可以在检测窗口中通过放大、平移产生一系列子特征，但是白与黑区域面积比始终保持不变，如图 14-20 所示，在 Basic 特征中的特征模板 y_2 由小到大，不断放大、平移，重复此过程，直到放大后的 y_2 和检测窗口一样大。这样特征模板 y_2 就产生了完整的 y_2 系列特征。

获取 Haar 特征需要计算区域内像素和，用不同的 Haar 模板计算 Haar 值时需要重复计算模板对应区域的像素和，因此会导致同一区域重复计算问题。积分图是一种只遍历一次图像就可以求出图像中所有区域像素之和的快速算法，大大地提高了图像特征值计算的效率。积分图的每个位置上的值都是原图位置左上角所有像素之和。积分图公式如下：

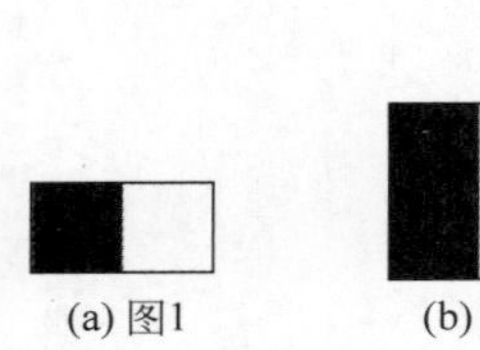
(a) 图1

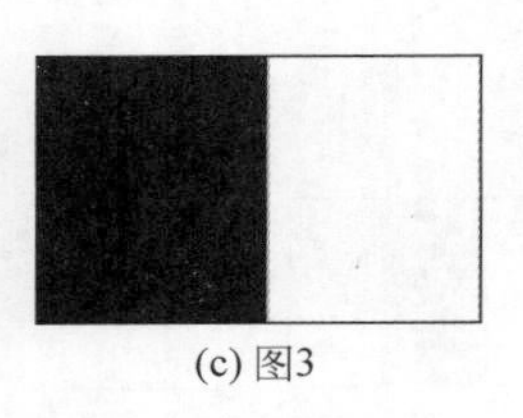
(b) 图2

(c) 图3

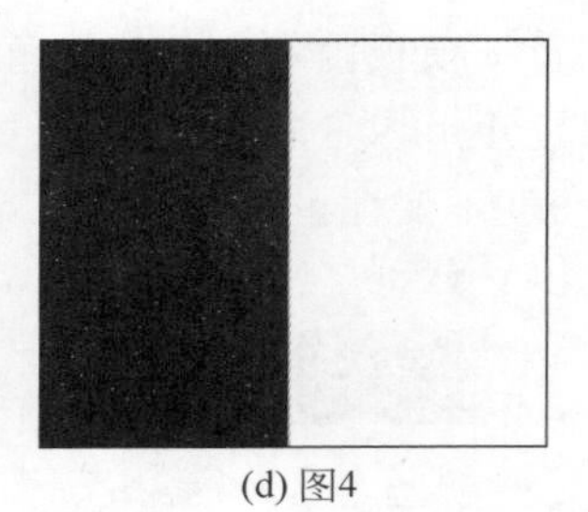
(d) 图4

图 14-20 特征模板 y_2

$$ii[i,j]=\sum_{k<i,l<j}img[k,l] \tag{14-16}$$

$$ii[i,j]=img[i-1,j-1]+ii[i-1,j]+ii[i,j-1]-ii[i-1,j-1] \tag{14-17}$$

其中,img 表示原图,ii 表示积分图,ii[i,j]表示第 i 行第 j 列的积分值,等于所有小于或等于 i,j 的像素之和,如图 14-21(a)所示,第 1 行第 1 列像素 76 对应的积分值根据公式(14-16)计算得 145+30+52+76=303。图 14-21(b)为原图的积分图,在积分图的首行首列填补 0 方便用积分图计算 haar 特征。原图第 1 行第 1 列像素 76 对应积分图上第 2 行第 2 列,根据公式(14-17),像素 76 对应的积分为 ii[2,2]=img[1,1]+ii[2,1]+ii[1,2]−ii[1,1]=76+197+175−145=303。

145	30	156	32	147
52	76	203	118	102
154	165	224	236	129
242	228	82	78	181
6	151	110	97	211

(a) 原图

0	0	0	0	0	0
0	145	175	331	363	510
0	197	303	662	812	1061
0	351	622	1205	1591	1969
0	593	1092	1757	2221	2780
0	599	1249	2024	2585	3355

(b) 积分图

图 14-21 计算积分图

计算积分图的代码如下:

```
def integral_img(img_gray):
    '''
    计算积分图,积分图的公式为
    integ_img[i,j] = img_gray[i,j]+integ_img[i-1,j] + integ_img[i,j-1] - integ_
img[i-1,j-1]
    :param img_gray: 原图[h,w]
    :return: integ_img 积分图[h+1,w+1]
    '''
    h,w = img_gray.shape
    integ_img = np.zeros([h+1,w+1])
    for i in range(1,h+1):
        for j in range(1,w+1):
```

```
            integ_img[i,j] = img_gray[i-1,j-1]+integ_img[i-1,j] +
integ_img[i,j-1] - integ_img[i-1,j-1]
    return integ_img
```

如图 14-22 所示，图 14-22(a)把图像划分为 4 个区域，区域 D 的像素和为 $D_s = \mathrm{ii}(D) - \mathrm{ii}(C) - \mathrm{ii}(B) + \mathrm{ii}(A)$。图 14-22(b)为 Haar 模板 Basic 特征中的 y_2 特征模板。特征 y_2 在图 14-22(c)上从上向下从左向右依次滑动求解对应的特征。当特征 y_2 在图像左上角时，用整个区域的像素之和减去黑色区域的像素之和便可得到特征值。具体做法为根据图 14-22(d)积分图 img_inte 计算特征 y_2 的特征值，特征 y_2 中的所有区域像素和为 img_inte[3,2]－img_inte[3,0]－img_inte[0,2]＋img_inte[0,0]＝622，黑色区域的像素和为 img_inte[3,1]－img_inte[3,0]－img_inte[0,1]＋img_inte[0,0]＝351，特征 y_2 中所有区域的权重为 1，黑色区域的权重为 2，y_2 特征值为 622－2×351＝－80。

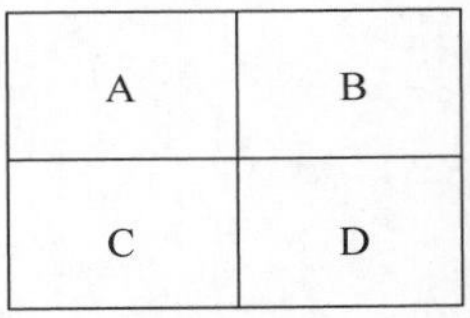

A	B
C	D

(a) 图1

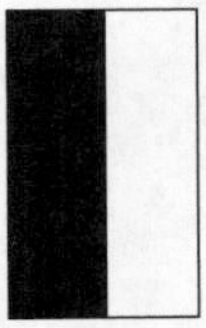

(b) y_2特征模板

145	30	156	32	147
52	76	203	118	102
154	165	224	236	129
242	228	82	78	181
6	151	110	97	211

(c) 图2

idx	0	1	2	3	4	5
0	0	0	0	0	0	0
1	0	145	175	331	363	510
2	0	197	303	662	812	1061
3	0	351	622	1205	1591	1969
4	0	593	1092	1757	2221	2780
5	0	599	1249	2024	2585	3355

(d) 积分图img_inte

图 14-22 y_2 特征模板

代码如下：

```
def haar_kernal(img_gray,integ_img,k_h=3,k_w=2):
    '''
    #计算 Haar 模板 Basic 特征中的 y2 特征
    :param img_gray: 原灰度图[h,w]
    :param integ_img: 积分图[h+1,w+1]
    :param k_h: Haar 特征模板的高度,3
    :param k_w: Haar 特征模板的宽度,2
    :return:harr_kernel_features[h-k_h+1,w-k_w+1]
    '''
    h, w = img_gray.shape
    img_haar = np.zeros([h-k_h+1,w-k_w+1])
    for i in range(img_haar.shape[0]):
        for j in range(img_haar.shape[1]):
            w_h = k_h + i #滑动窗口右下角坐标
            w_w = k_w + j
            haar_all = integ_img[w_h,w_w] - integ_img[w_h,j] - integ_img[i,w_w] +
integ_img[i,j]
            haar_black = integ_img[w_h,w_w-int(k_w//2)] - integ_img[w_h,j]-
integ_img[i,w_w-int(k_w//2)] + integ_img[i,j]
```

```
            img_haar[i,j] = 1 *haar_all - 2 *haar_black
    return img_haar.flatten()
```

【例 14-10】 计算 Haar 模板 Basic 特征中 y_2 的特征。

解：

(1) 读取图像。

(2) 计算特征。先获取计算积分图，再根据积分图获取 y_2 特征下每种尺度的特征值。

(3) 显示图像，代码如下：

```
#chapter14_10.py
import cv2
import numpy as np

def integral_img(img_gray):
    '''
    计算积分图，积分图的公式为
    integ_img[i,j] = img_gray[i,j]+integ_img[i-1,j] + integ_img[i,j-1] - integ_
img[i-1,j-1]
    :param img_gray: 原图[h,w]
    :return: integ_img 积分图[h+1,w+1]
    '''
    h,w = img_gray.shape
    integ_img = np.zeros([h+1,w+1])
    for i in range(1,h+1):
        for j in range(1,w+1):
            integ_img[i,j] = img_gray[i-1,j-1]+integ_img[i-1,j] + integ_img[i,
j-1] - integ_img[i-1,j-1]
    return integ_img

def haar_kernal(img_gray,integ_img,k_h=3,k_w=2):
    '''
    #计算 Haar 模板 Basic 特征中的 y2 特征
    :param img_gray: 原灰度图[h,w]
    :param integ_img: 积分图[h+1,w+1]
    :param k_h: Haar 特征模板的高度,3
    :param k_w: Haar 特征模板的宽度,2
    :return:harr_kernel_features[h-k_h+1,w-k_w+1]
    '''
    h, w = img_gray.shape
    img_haar = np.zeros([h-k_h+1,w-k_w+1])
    for i in range(img_haar.shape[0]):
        for j in range(img_haar.shape[1]):
            w_h = k_h + i #滑动窗口右下角坐标
            w_w = k_w + j
            haar_all = integ_img[w_h,w_w] - integ_img[w_h,j] - integ_img[i,w_w] +
integ_img[i,j]
            haar_black = integ_img[w_h,w_w-int(k_w//2)] - integ_img[w_h,j]-
integ_img[i,w_w-int(k_w//2)] + integ_img[i,j]
            img_haar[i,j] = 1 *haar_all - 2 *haar_black
    return img_haar.flatten()
```

```
def haar_features(img_gray,k_h,k_w):
    '''
    计算不同尺度模板的 y2 特征
    :param img_gray:灰度图
    :param k_h:初始模板的高
    :param k_w:初始模板的宽
    :return:不同尺度模板的 Haar 特征
    '''
    h, w = img_gray.shape
    #尺度因子,根据尺度因子变换模板的大小
    scale = min(int(h/k_h),int(w/k_w))
    features = []
    #1. 计算积分图
    integ_img = integral_img(img_gray)
    #2. 计算 y2 特征下每种尺度的特征值
    for i in range(1,scale+1):
        features.append(haar_kernal(img_gray,integ_img,k_h*i,k_w*i))
    return features

if __name__ == '__main__':
    img = cv2.imread('pictures/L1.png',0)
    re = haar_features(img, k_h=1, k_w=2)
    print(len(re))
#运行结果
'''
173
'''
```

【例 14-11】 Haar 人脸马赛克。

解：

（1）读取图像。

（2）检测人脸。用 Haar 特征和级联分类器检测人脸，对人脸做马赛克处理。

（3）显示图像，代码如下：

```
#chapter14_11.py 人脸马赛克
import cv2
import numpy as np
import matplotlib.pyplot as plt

def face_masic(face, step=10):
    '''
    给输入人脸打马赛克
    :param face: 输入人脸
    :param step: 人脸下采样步长
    :return: 打马赛克后的人脸
    '''
    #face 原始高宽
    h, w = face.shape[:2]
    #对人脸每隔 10 像素取值,间隔越大,人脸越模糊,相当于下采样
    #下采样让人脸失去一部分信息
    face = face[::step, ::step]
```

```
    #把下采样后的人脸每行像素重复 step 次,相当于上采样
    face = np.repeat(face, step, axis=0)
    #把上一步操作后人脸每列像素重复 step 次
    face = np.repeat(face, step, axis=1)
    #把上采样图像的尺寸设置为原尺寸
    face = cv2.resize(face, (w, h))
    return face

if __name__ == '__main__':
    #1. 读取图像
    img = cv2.imread('pictures/img1.png')
    img1 = img.copy()
    #2. 检测人脸
    #灰度处理
    img_gray = cv2.cvtColor(img, code=cv2.COLOR_BGR2GRAY)
    #人脸检测器
    face_cascade = cv2.CascadeClassifier(cv2.data.haarcascades + 'haarcascade_
frontalface_default.xml')
    #在灰度图上检测人脸
    face_zone = face_cascade.detectMultiScale(img_gray, scaleFactor=1.3,
minNeighbors=5)
    for (x, y, w, h) in face_zone:
        #2.1 人脸马赛克
        #2.1.1 取出人脸
        face = img[y:y + h, x:x + w]
        #2.1.2 人脸马赛克
        face = face_masic(face)
        #2.1.3 把马赛克后的图像放回 img1 上
        img1[y:y + h, x:x + w] = face
        #2.1.4 在 img1 上框出人脸
        img1 = cv2.rectangle(img1, (x, y), (x + w, y + h), (0, 0, 255), 2)
        #2.2 在原图上标记出人脸
        img = cv2.rectangle(img, (x, y), (x + w, y + h), (255, 0, 0), 2)
    #3. 显示图像
    re = np.hstack([img, img1])
    plt.imshow(re[..., ::-1])
    #cv2.imwrite('pictures/p14_23.jpeg', re)
```

运行结果如图 14-23 所示。

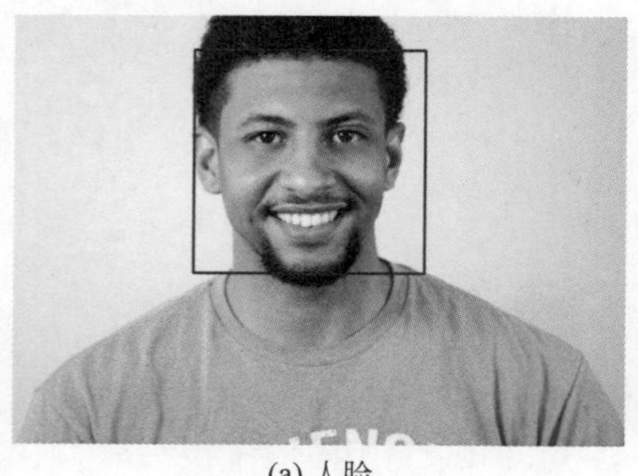

(a) 人脸

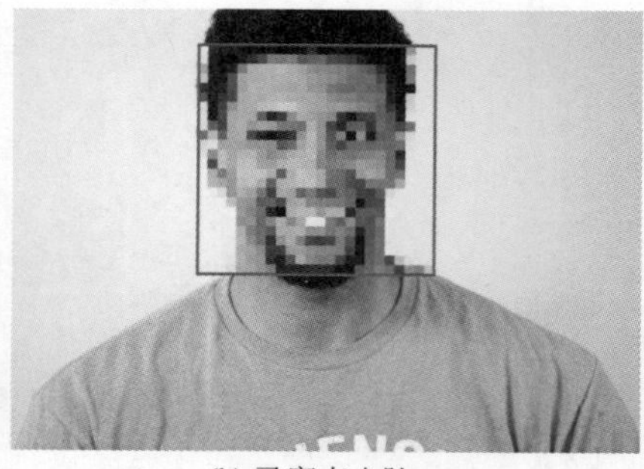

(b) 马赛克人脸

图 14-23　Haar 人脸马赛克

14.4 Harris 角点

如果某一点在任意方向上的一个微小变动都会引起灰度很大的变化，我们就把它称为角点。角点出现在图像边缘变化不连续或突变的地方，即边缘曲线上曲率极大值的地方。角点作为图像上的特征点，包含重要的信息，在图像融合、目标跟踪及三维重建中有重要的应用价值。

Harris 角点检测是一种直接基于灰度图像的角点提取算法。Harris 角点检测方法具有旋转不变性、光照不变性，但不具备尺度不变性。Harris 角点在检测中使用微分运算检测角点，微分运算对图像亮度和对比度不敏感，因此 Harris 角点检测具有光照不变性。使用特征值计算 Harris 角点，而特征值不随图像的旋转而发生变化，因此 Harris 角点检测具有旋转不变性。随着图像尺度的变化，角点会变成边缘，边缘会变成角点，因此 Harris 角点检测不具备尺度不变性。

14.4.1 基本原理

Harris 特征检测方法在假定的兴趣点周围放置了一个小窗口，并观察窗口内某个方向上强度值的平均变化。通过窗口位移向量(u,v)观察像素的变化，用均方差之和表示如下：

$$
\begin{aligned}
E(u,v) &= \sum_{x,y} w(x,y)[I(x+u,y+v)-I(x,y)]^2 \\
&= \sum_{x,y} w(x,y)[I(x,y)+I_x u+I_y v-I(x,y)]^2 \\
&= \sum_{x,y} w(x,y)[u\ v]\begin{bmatrix} I_x^2 & I_x I_y \\ I_x I_y & I_y^2 \end{bmatrix}\begin{bmatrix} u \\ v \end{bmatrix} \\
&= [u\ v]\sum_{x,y} w(x,y)\begin{bmatrix} I_x^2 & I_x I_y \\ I_x I_y & I_y^2 \end{bmatrix}\begin{bmatrix} u \\ v \end{bmatrix} \\
&= [u\ v]\boldsymbol{M}\begin{bmatrix} u \\ v \end{bmatrix}
\end{aligned} \tag{14-18}
$$

其中，$E(u,v)$将局部窗口向各个方向移动(u,v)，并计算所有灰度差异的总和。$I(x,y)$是局部窗口的图像灰度，$I(x+u,y+v)$是平移后的图像灰度，$w(x,y)$是像素系数，表示窗口内每个像素的权重。当像素的$w(x,y)$的值一样时，表示窗口内每个像素对灰度变化的贡献度一样；当$w(x,y)$呈高斯分布时，表示窗口内每个像素对灰度变化的贡献度不同。$\boldsymbol{M}$是关于I_x、I_y的二次项函数，决定了$E(u,v)$的值。矩阵$\boldsymbol{M}$的特征值分别用λ_1、λ_2表示，如果两个特征值都很小，并且近似相等，则表示周围像素是平面区域；如果其中一个特征值小，另一个特征值很大，则表明周围像素是一条直线；如果两个特征值都很大，则说明周围像素是角点。$E(u,v)$由矩阵 $\boldsymbol{M}$ 决定，矩阵受特征值影响，使用响应函数 R 判断角点，公式如下：

$$R=\det M-k(\operatorname{trace}(\boldsymbol{M}))^2=\lambda_1\lambda_2-(\lambda_1+\lambda_2)^2 \tag{14-19}$$

其中，$\det M$ 是矩阵 $\boldsymbol{M}$ 的行列式，$\operatorname{trace}(\boldsymbol{M})$是 $\boldsymbol{M}$ 的迹，阈值 k 为常数，取值范围为 0.04～0.06。阈值 k 决定角点的数量，k 值越大越会降低角点检测的灵敏度，减少检测角点的数量；减少 k 值会增加角点检测的灵敏度，增加检测角点的数量。当 R 为大的正数时，当前像素为角点；当 R 为大的负数时，当前像素为边界；当 R 为小数值时，当前像素为平坦区域。

Harris 角点检测的步骤如下：

(1) 图像灰度化、归一化。

(2) 计算每个像素的响应值 R。先计算 I_x、I_y、I_x^2、I_y^2、I_xI_y，用等权重 w 对 I_x^2、I_y^2、I_xI_y 滤波获取矩阵 $\boldsymbol{M}$。根据 $\boldsymbol{M}$ 计算响应函数 R，对 R 筛选获取角点，代码如下：

```
import cv2
import numpy as np
import matplotlib.pyplot as plt

def harri(img):
    img2 = img.copy()
    #1. 图像灰度化、归一化
    I = cv2.cvtColor(img, cv2.COLOR_BGR2GRAY)
    I = np.float32(I) / 255.
    #2. 计算每个像素的 p 值
    #2.1 计算图像在 x 和 y 方向的梯度(一阶偏导数)
    Ix = cv2.Sobel(I, cv2.CV_32F, 1, 0)
    Iy = cv2.Sobel(I, cv2.CV_32F, 0, 1)
    #2.3 计算各像素上梯度的积
    Ix2 = Ix * Ix
    Iy2 = Iy * Iy
    Ixy = Ix * Iy
    #2.4 对像素加权求和
    #令 w 为等权重
    W = np.ones((3, 3), np.float32) / 9
    Sx2 = cv2.filter2D(Ix2, cv2.CV_32F, W)
    Sy2 = cv2.filter2D(Iy2, cv2.CV_32F, W)
    Sxy = cv2.filter2D(Ixy, cv2.CV_32F, W)
    #2.5 遍历每个像素
    R = np.zeros_like(I, dtype=np.float32)
    k = 0.04
    for y in range(R.shape[0]):
        for x in range(R.shape[1]):
            M = np.array([
                [Sx2[y, x], Sxy[y, x]],
                [Sxy[y, x], Sy2[y, x]]
            ])
            R[y, x] = np.linalg.det(M) - k * np.trace(M) ** 2
```

```
    #阈值筛选
    th = 0.05 *R.max()
    #2.6 根据阈值找出角点
    #img2[R > th] = [255, 0, 0]
    for i in range(R.shape[0]):
        for j in range(R.shape[1]):
            #将响应矩阵中大于阈值的角点画出来
            if R[i, j] > th:
                cv2.circle(img2, (j, i), 4, (0, 0, 255), -1)
    return img2
```

14.4.2 语法函数

OpenCV 调用函数 cv2.cornerHarris()实现角点检测,其语法格式为

dst=cv2.cornerHarris(src,blocksSize,ksize,k)

(1) dst:返回图像角点。

(2) src:原图。

(3) blocksSize:中心点邻域的大小,窗口的尺寸。

(4) ksize:Sobel 算子使用的核的大小。

(5) k:角点检测的参数,取值范围为 0.04~0.06。

【例 14-12】 Harris 角点检测。

解:

(1) 读取图像。

(2) Harris 角点检测。分别用复现代码、OpenCV 函数实现 Harris 角点检测。

(3) 显示图像,代码如下:

```
#chapter14_12.py
import cv2
import numpy as np
import matplotlib.pyplot as plt

def harri(img):
    img2 = img.copy()
    #1. 图像灰度化、归一化
    I = cv2.cvtColor(img, cv2.COLOR_BGR2GRAY)
    I = np.float32(I) / 255.
    #2. 计算每个像素的 R 值
    #2.1 计算图像 I 在 x 和 y 方向的梯度(一阶偏导数)
    Ix = cv2.Sobel(I, cv2.CV_32F, 1, 0)
    Iy = cv2.Sobel(I, cv2.CV_32F, 0, 1)
    #2.3 计算各像素上梯度的积
    Ix2 = Ix *Ix
    Iy2 = Iy *Iy
    Ixy = Ix *Iy
```

```
        #2.4 对像素的加权求和
        #令 W 为等权重
        W = np.ones((3, 3), np.float32) / 9
        Sx2 = cv2.filter2D(Ix2, cv2.CV_32F, W)
        Sy2 = cv2.filter2D(Iy2, cv2.CV_32F, W)
        Sxy = cv2.filter2D(Ixy, cv2.CV_32F, W)
        #2.5 遍历每个像素
        R = np.zeros_like(I, dtype=np.float32)
        k = 0.04
        for y in range(R.shape[0]):
            for x in range(R.shape[1]):
                M = np.array([
                    [Sx2[y, x], Sxy[y, x]],
                    [Sxy[y, x], Sy2[y, x]]
                ])
                R[y, x] = np.linalg.det(M) - k *np.trace(M) **2
        #阈值
        th = 0.05 *R.max()
        #2.6 根据阈值找出角点
        #img2[R > th] = [255, 0, 0]
        for i in range(R.shape[0]):
            for j in range(R.shape[1]):
                if R[i, j] > th:
                    cv2.circle(img2, (j, i), 4, (0, 0, 255), -1)
        return img2

if __name__ == '__main__':
    #1. 读取图像
    img = cv2.imread('pictures/w.jpeg')
    gray = cv2.cvtColor(img, cv2.COLOR_BGR2GRAY).astype(np.float32)
    #2. 处理图像
    #2.1 代码复现
    img1 = harri(img)
    #2.2 调用 OpenCV 函数
    img_out = cv2.cornerHarris(gray, blockSize=2, ksize=3, k=0.04)
    th = 0.001 *img_out.max()
    h, w = img.shape[:2]
    img2 = img.copy()
    for i in range(h):
        for j in range(w):
            if img_out[i, j] > th:
                cv2.circle(img2, (j, i), 4, (255, 0, 0), -1)
    #3. 显示图像
    re = np.hstack([img1, img2])
    plt.imshow(re[..., ::-1])
    #cv2.imwrite('pictures/p14_24.jpeg', re)
```

运行结果如图 14-24 所示。

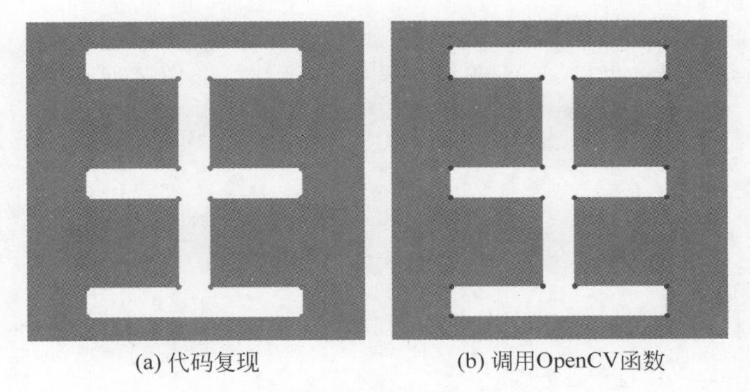

(a) 代码复现　　(b) 调用OpenCV函数

图 14-24　Harris 角点检测

14.5 Shi-Tomasi 角点

Shi-Tomasi 角点检测改进了 Harris 角点检测算法的 R 响应函数，使角点检测更加简单高效。Shi-Tomasi 发现角点的稳定性和矩阵 $\boldsymbol{M}$ 的较小特征值有关，于是直接用较小的那个特征值作为分数，这样就不用调整阈值 k 了。如果矩阵 $\boldsymbol{M}$ 的两个特征值中较小的那一个大于设定的阈值，则这个点是角点；如果两个特征值都小于阈值，则这个点就是平坦区域的点；如果其中一个特征值大于阈值而另外一个特征值小于阈值，则这个点就是边缘点，因此判断矩阵 $\boldsymbol{M}$ 的两个特征值中较小的特征值是否大于阈值作为判断角点的依据。

14.5.1 基本原理

Shi-Tomasi 角点检测在计算、判断矩阵 $\boldsymbol{M}$ 与 Harris 角点检测相同，但提取角点响应值 R 不同，公式如下：

$$R=\min\{\lambda_1,\lambda_2\} \tag{14-20}$$

其中，λ_1、λ_2 是判断矩阵 $\boldsymbol{M}$ 的两个特征值。

实现 Shi-Tomasi 算法的步骤如下：

（1）计算响应值 R。

（2）首次筛选。

（3）二次筛选。

```
def shi_tomasi(img):
    #1. 计算响应值
    R = get_R(img)
    #2. 首次筛选。筛选出 r * r 区域的最大响应值
    R = nms_max(R)
    #3. 二次筛选。根据距离进行二次筛选
    R = nms_distance(R)
    return R
```

1）计算响应值 R

先计算、判断矩阵 $\boldsymbol{M}$，再计算 $\boldsymbol{M}$ 的最小特征值。计算图像响应值 R 的代码如下：

```
import cv2
import numpy as np

def get_R(img,k=0.01):
    '''
    计算响应值 R
    :param img: 输入图像
    :param k: 阈值系数
    :return: 返回响应值矩阵 R
    '''
    img2 = img.copy()
    #1. 图像灰度化、归一化
    I = cv2.cvtColor(img, cv2.COLOR_BGR2GRAY)
    I = np.float32(I) / 255.
    #2. 计算每个像素的 R 值
    #2.1 计算图像在 x 和 y 方向的梯度(一阶偏导数)
    Ix = cv2.Sobel(I, cv2.CV_32F, 1, 0)
    Iy = cv2.Sobel(I, cv2.CV_32F, 0, 1)
    #2.3 计算各像素上梯度的积
    Ix2 = Ix * Ix
    Iy2 = Iy * Iy
    Ixy = Ix * Iy
    #2.4 对每个像素的加权和
    #权重
    W = np.ones((3, 3), np.float32) / 9
    Sxx = cv2.filter2D(Ix2, cv2.CV_32F, W)
    Syy = cv2.filter2D(Iy2, cv2.CV_32F, W)
    Sxy = cv2.filter2D(Ixy, cv2.CV_32F, W)
    #2.5 遍历每个像素
    R = np.zeros_like(I, dtype=np.float32)
    for y in range(R.shape[0]):
        for x in range(R.shape[1]):
            #求出最小的特征值
            R[y, x] = 0.5 * (Sxx[y, x] + Syy[y, x]) - 0.5 * (
                      (Sxx[y, x] - Syy[y, x]) **2 + 4 * Sxy[y, x] * Sxy[y, x]) **0.5
    #3. 阈值筛选
    th = max(k * R.max(),0)
    R[R < th] = 0
    return R
```

2）首次筛选

计算出图像的响应值 R 后，用 3×3 窗口在 R 上滑动，找出窗口内的最大非 0 响应值。具体做法是对响应值 R 做核为 $r \times r$ 的膨胀，通过比较膨胀前后的值找到最大值的下标，再筛选出非 0 最大值。首次筛选角点的代码如下：

```
def nms_max(R):
    '''
    找出 3×3 窗口内的最大响应值
    :param R: 响应值矩阵
```

```
    :return: 筛选后的响应值
    '''
    #存储筛选后的响应值
    R_nms1 = np.zeros_like(R)
    #3×3 膨胀窗口
    kernel = cv2.getStructuringElement(cv2.MORPH_RECT, (3, 3))
    #通过对 R 进行膨胀,R 最大值不变,每个位置的像素变成它邻域内的最大值
    dilate_val = cv2.dilate(R, kernel=kernel)
    #找到 3×3 窗口最大值的坐标。r:row ; c:column ;二维
    r, c = np.where(R == dilate_val)
    #一系列非 0 最大值的下标,一维
    index = np.where(R[r, c] != 0)
    #非 0 最大值的下标,二维
    r, c = r[index], c[index]
    R_nms1[r,c] = R[r,c]
    return R_nms1
```

3）再次筛选

根据距离对首次筛选的响应值矩阵 R_nms1 进行二次筛选。找出 R_nms1 中的最大值，把最大值保留到 R_nms2 中，并把 R_nms1 中的最大值与最大值周围半径 radius 内的元素都设为 0；再找出 R_nms1 中的最大值，重复同样的操作，直到 R_nms1 中所有元素为 0，如图 14-25 所示，图 14-25(a)为初始的 R_nms1，图 1 中第 1 个最大值为 8，假设 radius 为 1。先把 8 保存到图 14-25(d)中，再把 8 周围半径为 1 的数值 1、2、8 设置为 0 得到图 14-25(b)，图 2 为响应值矩阵 R_nms1 第 1 轮更新结果，在图 2 中找到最大值 8，把最大值 8 保存到图 4 中，再把 8 周围半径为 1 的数值 1、2、3、4、8 设置为 0 得到图 14-25(c)，图 3 为响应值矩阵

8	2	6	7	6	1
1	1	6	7	6	6
1	0	3	1	2	6
2	7	2	8	3	3
6	8	7	4	2	8
7	2	3	4	6	2

(a) 图1

0	0	6	7	6	1
0	1	6	7	6	6
1	0	3	1	2	6
2	7	2	8	3	3
6	8	7	4	2	8
7	2	3	4	6	2

(b) 图2

0	0	6	7	6	1
0	1	6	7	6	6
1	0	3	0	2	6
2	7	0	0	0	3
6	8	7	0	2	8
7	2	3	4	6	2

(c) 图3

8	0	0	0	0	0
0	0	0	0	0	0
0	0	0	0	0	0
0	0	0	8	0	0
0	0	0	0	0	0
0	0	0	0	0	0

(d) 图4

图 14-25 再次筛选

R_nms1 第 2 轮更新结果。对响应值矩阵 R_nms1 重复以上操作，直到 R_nms1 中的数值全部为 0，或者筛选的角点数满足预设的目标值 maxcounts，停止循环。

再次筛选角点的代码如下：

```
def nms_distance(R,radius=1,maxcounts=500):
    '''
    根据距离筛选角点
    :param R: 响应值矩阵
    :param radius: 最短距离
    :param maxcounts: 最大检测角点数
    :return: 筛选后的响应值矩阵
    '''
    #1. 计算以 radius 为半径的像素相对于中心点的相对偏移
    #距离筛选要求在(radius *2 + 1)*(radius *2 + 1)的窗口内只有一个角点
    #生成一个半径为 radius 的窗口
    distance = np.zeros((radius *2 + 1, radius *2 + 1))
    #窗口内每个点相对中心点的偏移
    x_label = np.arange(-radius, radius + 1)
    y_label = np.arange(-radius, radius + 1)
    #根据坐标偏移计算窗口内每个点到中心点的距离
    for i in range(0, 2 *radius + 1):
        distance[i, :] = x_label[i] **2 + y_label **2
    #筛选出窗口中心点 radius 内的点的位置
    r, c = np.where(distance <= radius **2)
    #计算每个位置相对于中心点的相对偏移
    #当中心点位置发生变化时,可以根据相对偏移得出中心点 radius 内的所有点
    dr, dc = r - radius, c - radius
    #2. 距离筛选
    RR = R.copy()
    h, w = RR.shape
    R_nms2 = np.zeros_like(RR)
    #统计角点数量
    c = 0
    while (np.max(RR) > 0):
        #获取最大值坐标
        idy, idx = np.unravel_index(RR.argmax(), RR.shape)
        #获取中心点 radius 内的像素的位置
        win_y, win_x = idy + dr, idx + dc
        #剔除越界的角点。如果坐标是负值,则说明坐标越界,通过逻辑与运算删除越界坐标
        index1 = np.logical_and(win_y >= 0, win_y < h)
        index2 = np.logical_and(win_x >= 0, win_x < w)
        index = np.logical_and(index1, index2)
        #最大值半径为 radius 邻域内的点
        win_r, win_c = win_y[index], win_x[index]
        #保留最大角点
        R_nms2[idy, idx] = RR[idy, idx]
        #当前最大角点周围半径以内的角点都为 0
        RR[win_r, win_c] = 0
        c += 1
        #如果超过最大数量,则跳出循环
        if (maxcounts != None and c >= maxcounts):
            break
    return R_nms2
```

14.5.2　语法函数

OpenCV 调用 cv2.goodFeaturesToTrack()实现 Shi-Tomasi 角点检测，其语法格式为

corners = cv2.goodFeaturesToTrack(image, maxCorners, qualityLevel, minDistance, corners, mask, blockSize, useHarrisDetector, k)

(1) corners：搜索到的角点。

(2) image：原始图像。

(3) maxCorners：要检测的最大角点数量，0 表示无限制。

(4) qualityLevel：角点的质量。qualityLevel 是小于 1.0 的正数，一般为 0.01～0.1，表示可接受角点的最低质量水平。该系数乘以最好的角点分数(也就是上面较小的那个特征值)，作为可接受的最小分数。

(5) minDistance：角点之间的最小欧氏距离，忽略小于此距离的点。

(6) corners：输出检测角点的一个向量值。

(7) mask：感兴趣的区域。

(8) blockSize：检测窗口的大小。

(9) userHarrisDetector：是否使用 Harris 算法，默认值为 False，表示不使用 Harris 算法。

(10) k：默认值为 0.04。

【例 14-13】 Shi-Tomasi 角点检测。

解：

(1) 读取图像。

(2) Shi-Tomasi 角点检测。分别用复现代码、OpenCV 函数实现角点检测。

(3) 显示图像，代码如下：

```
#chapter14_13.py
import cv2
import numpy as np
import matplotlib.pyplot as plt

def shi_tomasi(img):
    #1. 计算响应值
    R = get_R(img)
    #2. 筛选出 r*r 区域的最大响应值
    R = nms_max(R)
    #3. 根据距离进行二次筛选
    R = nms_distance(R)
    return R

def get_R(img, k=0.01):
    '''
    计算响应值 R
    :param img: 输入图像
    :param k: 阈值系数
```

```
    :return: 返回响应值矩阵 R
    '''
    img2 = img.copy()
    #1. 图像灰度化、归一化
    I = cv2.cvtColor(img, cv2.COLOR_BGR2GRAY)
    I = np.float32(I) / 255.
    #2. 计算每个像素的 R 值
    #2.1 计算图像在 x 和 y 方向的梯度(一阶偏导数)
    Ix = cv2.Sobel(I, cv2.CV_32F, 1, 0)
    Iy = cv2.Sobel(I, cv2.CV_32F, 0, 1)
    #2.3 计算各像素上梯度的积
    Ix2 = Ix * Ix
    Iy2 = Iy * Iy
    Ixy = Ix * Iy
    #2.4 对每个像素的加权和
    #权重
    W = np.ones((3, 3), np.float32) / 9
    Sxx = cv2.filter2D(Ix2, cv2.CV_32F, W)
    Syy = cv2.filter2D(Iy2, cv2.CV_32F, W)
    Sxy = cv2.filter2D(Ixy, cv2.CV_32F, W)
    #2.5 遍历每个像素
    R = np.zeros_like(I, dtype=np.float32)
    for y in range(R.shape[0]):
        for x in range(R.shape[1]):
            #根据求根公式,求出最小的特征值
            R[y, x] = 0.5 * (Sxx[y, x] + Syy[y, x]) - 0.5 * (
                    (Sxx[y, x] - Syy[y, x]) **2 + 4 *Sxy[y, x] *Sxy[y, x]) **0.5
    #3. 阈值筛选
    th = max(k *R.max(), 0)
    R[R < th] = 0
    return R

def nms_max(R):
    '''
    找出 3×3 窗口内的最大响应值
    :param R: 响应值矩阵
    :return: 筛选后的响应值
    '''
    #存储筛选后的响应值
    R_nms1 = np.zeros_like(R)
    #3×3 膨胀窗口
    kernel = cv2.getStructuringElement(cv2.MORPH_RECT, (3, 3))
    #膨胀
    dilate_val = cv2.dilate(R, kernel=kernel)
    #找到 3×3 窗口最大值的坐标。r:row ; c:column ;二维
    r, c = np.where(R == dilate_val)
    #一系列非 0 最大值的下标,一维
    index = np.where(R[r, c] != 0)
    #非 0 最大值的下标,二维
    r, c = r[index], c[index]
    R_nms1[r, c] = R[r, c]
    return R_nms1
```

```
def nms_distance(R, radius=1, maxcounts=500):
    '''
    根据距离筛选角点
    :param R: 响应值矩阵
    :param radius: 最短距离
    :param maxcounts: 最大检测角点数
    :return: 筛选后的响应值矩阵
    '''
    #1. 计算以 radius 为半径的像素相对于中心点的相对偏移
    #距离筛选要求在(radius *2 + 1)*(radius *2 + 1)的窗口内只有一个角点
    #生成一个半径为 radius 的窗口
    distance = np.zeros((radius *2 + 1, radius *2 + 1))
    #窗口内每个点相对中心点的偏移
    x_label = np.arange(-radius, radius + 1)
    y_label = np.arange(-radius, radius + 1)
    #根据坐标偏移计算窗口内每个点到中心点的距离
    for i in range(0, 2 *radius + 1):
        distance[i, :] = x_label[i] **2 + y_label **2
    #筛选出窗口中心点 radius 内的点的位置
    r, c = np.where(distance <= radius **2)
    #计算每个位置相对于中心点的相对偏移
    #当中心点位置发生变化时,可以根据相对偏移得出中心点 radius 内的所有点
    dr, dc = r - radius, c - radius
    #2. 距离筛选
    RR = R.copy()
    h, w = RR.shape
    R_nms2 = np.zeros_like(RR)
    #统计角点数量
    c = 0
    while (np.max(RR) > 0):
        #获取最大值坐标
        idy, idx = np.unravel_index(RR.argmax(), RR.shape)
        #获取中心点 radius 内的像素的位置
        win_y, win_x = idy + dr, idx + dc
        #剔除越界的角点。如果坐标是负值,则说明坐标越界,通过逻辑与运算删除越界坐标
        index1 = np.logical_and(win_y >= 0, win_y < h)
        index2 = np.logical_and(win_x >= 0, win_x < w)
        index = np.logical_and(index1, index2)
        #最大值半径为 radius 邻域内的点
        win_r, win_c = win_y[index], win_x[index]
        #保留最大角点
        R_nms2[idy, idx] = RR[idy, idx]
        #当前最大角点周围半径以内的角点都为 0
        RR[win_r, win_c] = 0
        c += 1
        #如果超过最大数量,则跳出循环
        if (maxcounts != None and c >= maxcounts):
            break
    return R_nms2

if __name__ == '__main__':
    #1. 读取图像
```

```
    img = cv2.imread('pictures/w.jpeg')
    #2. 处理图像
    #2.1 代码复现
    img1 = img.copy()
    R = shi_tomasi(img)
    for i in range(R.shape[0]):
        for j in range(R.shape[1]):
            if R[i, j] > 0:
                cv2.circle(img1, (j, i), 5, (0, 0, 255), -1)
    #2.2 调用 OpenCV 函数
    #转灰度图
    img2 = img.copy()
    gray = cv2.cvtColor(src=img2, code=cv2.COLOR_RGB2GRAY)
    tomasiCorners = cv2.goodFeaturesToTrack(image=gray, maxCorners=500,
qualityLevel=0.1, minDistance=10)
    #转换为整型
    tomasiCorners = np.int64(tomasiCorners)
    #遍历所有的角点
    for corner in tomasiCorners:
        #获取角点的坐标
        x, y = corner.ravel()
        cv2.circle(img=img2, center=(x, y), radius=5, color=(255, 0, 0), thickness=-1)
    #3. 显示图像
    re = np.hstack([img1, img2])
    plt.imshow(re[..., ::-1])
    #cv2.imwrite('pictures/p14_26.jpeg', re)
```

运行结果如图 14-26 所示。

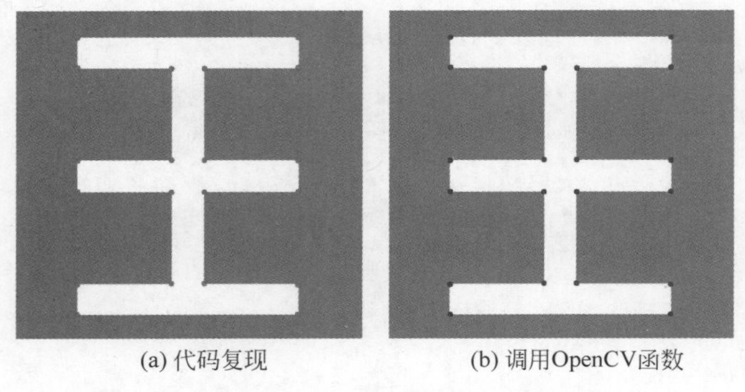

(a) 代码复现　　(b) 调用OpenCV函数

图 14-26　Shi-Tomasi 角点检测

14.6　FAST 角点

Rosten 和 Drummond 提出了 FAST 算子(Features from Accelerated Segment Test),用于图像兴趣点检测,此算法计算速度快,可以应用于实时场景中。自从提出 FAST 算子之后,计算机视觉应用中实时提取特征的性能才有显著改善,目前以其高计算效率、高可重复性成为计算机视觉领域最流行的角点检测方法。

14.6.1 基本原理

FAST 角点检测通过判断模板中像素与中心位置像素的偏离程度来判定中心位置是否为角点。若某像素与其周围邻域内足够多的像素相差较大，则该像素可能是角点。FAST 算法分为两部分：角点检测、非极大值抑制。

1）角点检测

如图 14-27 所示，以像素 p_0 为中心点，以 3 为半径画圆，取像素 p_0 圆周上的 16 像素。若 16 个像素中有连续 N 个点与中心位置像素 p_0 差的绝对值大于阈值，则 p_0 为角点。具体步骤如下：

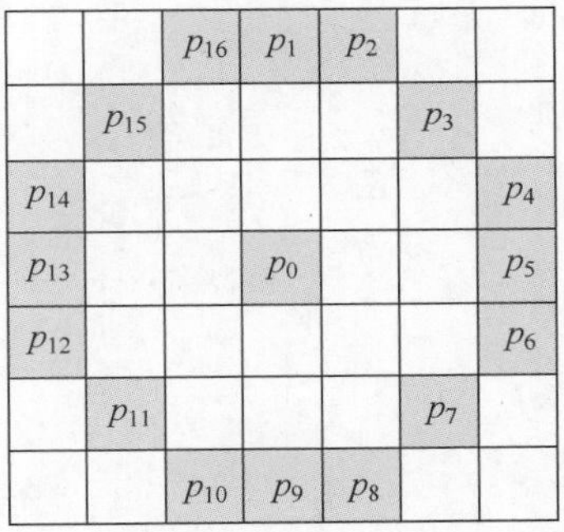

		p_{16}	p_1	p_2		
	p_{15}				p_3	
p_{14}						p_4
p_{13}			p_0			p_5
p_{12}						p_6
	p_{11}				p_7	
		p_{10}	p_9	p_8		

图 14-27　筛选角点

（1）初步判别。判断 p_1、p_9、p_5、p_{13} 与 p_0 差的绝对值是否大于阈值。当 $N=9$ 时，如果 p_1、p_9 中及 p_5、p_{13} 中至少各有一个点与像素 p_0 差的绝对值大于阈值，则通过初步筛选。当 $N=12$ 时，如果 p_1、p_9、p_5、p_{13} 至少有 3 个点与像素 p_0 差的绝对值大于阈值，则通过初步筛选。如果初次判断不成立，则避免二次判断，通过这样的操作可以提高检测速度。在 OpenCV 中默认选取 N 为 9。

（2）二次判别。判断是否有连续 N 个点，如果像素与中心点像素之差大于 t 或小于 $-t$，则中心点通过筛选。判断角点的条件：

$$I_x - I_p > t \tag{14-21}$$

$$I_x - I_p < -t \tag{14-22}$$

其中，I_x 为第 x 个点的像素，I_p 为中心点 p 的像素，t 为阈值。如果有连续 N 个点满足条件，则中心点 p 通过筛选。把 p 周围的连续 N 个点与中心点 p 差值的绝对值之和作为中心点 p 的响应值。

代码如下：

```
import cv2
import numpy as np
import matplotlib.pyplot as plt

def fast_detect(img,threshold=10,nms=False):
    '''
    检测 FAST 关键点，筛选关键点。
    :param img: 输入图像
    :param threshold: scale，阈值。
    :param nms: bool，是否筛选关键点。
    :return: img_score[h,w]，在有关键点的位置上是关键点的响应值
    '''
    #1.检测 FAST 关键点
    #N 为中心像素周围 16 像素中连续 N 像素满足判断条件。radius:半径
```

```
        N, radius = 9,3
        #按顺时针方向取中心像素周围的16个点的相对坐标
        y_idx = np.array([0, 0, 1, 2, 3, 4, 5, 6, 6, 6, 5, 4, 3, 2, 1, 0])
        x_idx = np.array([3, 4, 5, 6, 6, 6, 5, 4, 3, 2, 1, 0, 0, 0, 1, 2])
        #1.1 图片为灰度图片
        if len(img.shape)>2:
            img_gray = cv2.cvtColor(img,cv2.COLOR_BGR2GRAY).astype(np.float32)
        else:
            img_gray = img.copy().astype(np.float32)
        #1.2 遍历每个像素,判断是否满足条件
        #存储关键点的响应值
        img_score = np.zeros_like(img_gray,dtype=np.float32)
        for i in range(radius,img_score.shape[0]-radius):
            for j in range(radius, img_score.shape[1] - radius):
                #中心像素
                p = img_gray[i, j]
                #中心像素[7,7]区域内的所有像素
                wids = (img_gray[i-radius: i+radius+1, j-radius:j+radius+1]).astype
(np.float32)
                #中心像素周围半径为3的16像素
                pix_16 = wids[y_idx, x_idx]
                #判断条件1
                mask1 = (pix_16-p>threshold).astype(np.int_)
                #判断条件2
                mask2 = (pix_16-p<-threshold).astype(np.int_)
                #1.3 判断中心像素左右和上下的4个点中,左右和上下是否各有一个点满足条件
                if (mask1[0]+mask1[8]>=1 and mask1[4]+mask1[12]>=1) or (mask2[0]+
mask2[8]>=1 and mask2[4]+mask2[12]>=1):
                    #1.4 判断16像素中是否有连续的9个点都满足关键点的条件
                    for _ in range(16):
                        #以mask1中的每个值为起点,连续取9个值,判断9个值是否都为1
                        mask1 = np.roll(mask1, -1)
                        mask2 = np.roll(mask2, -1)
                        if mask1[:9].all() or mask2[:9].all():
                            #响应值
                            img_score[i, j] = (abs(pix_16 - p)).sum()
                            break
    #2 非极大值抑制
    if nms:
        img_score = fast_nms(img_score, kernel=3)
    return img_score
```

2）非极大值抑制

通过上述方法检测出角点后,会出现部分区域内角点聚集的现象,可以通过非极大值抑制过滤掉一部分重复角点。在特征点 p 的一个邻域(可以设为 3×3 或者 5×5)内,若有多个特征点,则获取每个特征点的响应值,如果 p 的响应值是其中最大的,则保留点 p,反之删除。如果在特征点 p 的邻域内只有一个特征点,则保留特征点 p,代码如下:

```
def fast_nms(img_score,kernel=3):
    '''
    非极大值抑制,根据角点响应值在 3×3 的区域内删除重复角点。
    如果角点的响应值在区域内是最大值,则保存角点,反之将角点的响应值设置为 0。
    :param img_score: 输入检测到角点的图片
    :param kernel: 在窗口是 3×3 的区域内判断角点
    :return: 过滤后的角点
    '''
    #用来存放过滤后的角点
    img_nms = img_score.copy()
    h,w = img_score.shape
    k = kernel //2
    #1. 遍历 img_nms 的每个数值
    for i in range(k,h - k):
        for j in range(k, w - k):
            c = img_score[i,j]
            #如果不是角点,则直接跳过
            if c == 0:
                continue
            #2. 取角点 3×3 的区域
            wids = img_score[i-k:i+k+1,j-k:j+k+1]
            #3. 判断当前角点是否是 3×3 的区域的最大值
            if wids.max() == c:
                #当前角点是 3×3 的区域的最大值,则把当前角点的响应值设为 255
                img_nms[i,j] = 255
            else:
                #如果当前角点不是 3×3 的区域的最大值,则把当前角点的响应值设为 0
                img_nms[i, j] = 0
    return img_nms
```

14.6.2 语法函数

OpenCV 调用函数 cv2.FastFeatureDetector_create()实例化 FAST 角点检测器,其语法格式为

retval=cv2.FastFeatureDetector_create([,threshold[,nonmaxSuppression]])

(1) retval:FAST 角点检测器。

(2) threshold:阈值,默认值为 10。

(3) nonmaxSuppression:是否开启非极大值抑制,默认为 True。

OpenCV 调用函数 cv2.FastFeatureDetector.detect()检测角点,其语法格式为

keypoints=cv2.FastFeatureDetector.detect(image)

(1) keypoints:列表形式的角点。

(2) image:原图。

OpenCV 调用函数 cv2.drawKeypoints()绘制角点,其语法函数为

outImage=cv2.drawKeypoints(image,keypoints,outImage[,color[,flags]])

(1) outImage:输出带角点的图像。

(2) image:原图。

(3) keypoints：角点。

(4) color：关键点的颜色。

(5) flags：绘图功能的标识设置，见表14-3。

表 14-3　绘图功能的标识

标　识	注　释
cv2.DRAW_MATCHES_FLAGS_DEFAULT	只绘制特征点的坐标点，显示在图像上就是一个个小圆点，每个小圆点的圆心坐标都是特征点的坐标
cv2.DRAW_MATCHES_FLAGS_DRAW_RICH_KEYPOINTS	当绘制特征点时绘制的是一个个带有方向的圆，这种方法会同时显示图像的坐标、size、方向，是最能显示特征的一种绘制方式
cv2.DRAW_MATCHES_FLAGS_DRAW_OVER_OUTIMG	函数不创建输出的图像，而是直接在输出图像变量空间绘制，要求本身输出图像变量就是一个初始化好的变量
cv2.DRAW_MATCHES_FLAGS_NOT_DRAW_SINGLE_POINTS	单点的特征点不被绘制

【例 14-14】 FAST 角点检测。

解：

(1) 读取图像。

(2) FAST 角点检测。分别用复现代码、OpenCV 函数实现角点检测。

(3) 显示图像，代码如下：

```
#chapter14_14.py
import cv2
import numpy as np
import matplotlib.pyplot as plt

def fast_detect(img, threshold=10, nms=False):
    '''
    检测 FAST 关键点，筛选关键点。
    :param img: 输入图像
    :param threshold: scale，阈值。
    :param nms: bool，是否筛选关键点。
    :return: img_score[h,w]，在有关键点的位置上是关键点的响应值
    '''
    #1.检测 FAST 关键点
    #N 为中心像素周围 16 像素中连续 N 像素满足判断条件。radius:半径
    N, radius = 9, 3
    #按顺时针方向取中心像素周围的 16 个点的相对坐标
    y_idx = np.array([0, 0, 1, 2, 3, 4, 5, 6, 6, 6, 5, 4, 3, 2, 1, 0])
    x_idx = np.array([3, 4, 5, 6, 6, 6, 5, 4, 3, 2, 1, 0, 0, 0, 1, 2])
    #1.1 图像为灰度图像
    if len(img.shape) > 2:
        img_gray = cv2.cvtColor(img, cv2.COLOR_BGR2GRAY).astype(np.float32)
    else:
        img_gray = img.copy().astype(np.float32)
    #1.2 遍历每个像素，判断是否满足条件
    #存储关键点的响应值
    img_score = np.zeros_like(img_gray, dtype=np.float32)
```

```
    for i in range(radius, img_score.shape[0] - radius):
        for j in range(radius, img_score.shape[1] - radius):
            #中心像素
            p = img_gray[i, j]
            #中心像素[7,7]区域内的所有像素
            wids = (img_gray[i - radius: i + radius + 1, j - radius:j + radius + 1]).
astype(np.float32)
            #中心像素周围半径为 3 的 16 像素
            pix_16 = wids[y_idx, x_idx]
            #判断条件 1
            mask1 = (pix_16 - p > threshold).astype(np.int_)
            #判断条件 2
            mask2 = (pix_16 - p < -threshold).astype(np.int_)
            #1.3 判断中心像素左右和上下的 4 个点中,左右和上下是否各有一个点满足条件
            if (mask1[0] + mask1[8] >= 1 and mask1[4] + mask1[12] >= 1) or (
                    mask2[0] + mask2[8] >= 1 and mask2[4] + mask2[12] >= 1):
                #1.4 判断 16 像素中是否有连续的 9 个点都满足关键点的条件
                for _ in range(16):
                    #以 mask1 中的每个值为起点,连续取 9 个值,判断 9 个值是否都为 1
                    mask1 = np.roll(mask1, -1)
                    mask2 = np.roll(mask2, -1)
                    if mask1[:9].all() or mask2[:9].all():
                        #响应值
                        img_score[i, j] = (abs(pix_16 - p)).sum()
                        break
    #2 非极大值抑制
    if nms:
        img_score = fast_nms(img_score, kernel=3)
    return img_score

def fast_nms(img_score, kernel=3):
    '''
    非极大值抑制,根据角点响应值在 3×3 的区域内删除重复角点。
    如果角点的响应值在区域内是最大值,则保存角点,反之将角点的响应值设置为 0。
    :param img_score: 输入检测到角点的图像
    :param kernel: 在窗口是 3×3 的区域内判断角点
    :return: 过滤后的角点
    '''
    #用来存放过滤后的角点
    img_nms = img_score.copy()
    h, w = img_score.shape
    k = kernel //2
    #1. 遍历 img_nms 的每个数值
    for i in range(k, h - k):
        for j in range(k, w - k):
            c = img_score[i, j]
            #如果不是角点,则直接跳过
            if c == 0:
                continue
            #2. 取角点 3×3 的区域
            wids = img_score[i - k:i + k + 1, j - k:j + k + 1]
```

```
            #3. 判断当前角点是否是 3×3 的区域的最大值
            if wids.max() == c:
                #如果当前角点是 3×3 的区域的最大值,则把当前角点的响应值设为 255
                img_nms[i, j] = 255
            else:
                #如果当前角点不是 3×3 的区域的最大值,则把当前角点的响应值设为 0
                img_nms[i, j] = 0
    return img_nms

if __name__ == '__main__':
    #1. 读取图像
    img = cv2.imread('pictures/w.jpeg')
    #2. 角点检测
    #2.1 代码复现
    #2.1.1 检测 FAST 角点
    img_score = fast_detect(img, threshold=10, nms=False)
    #2.1.2 取出响应值不为 0 的像素的坐标
    idx = np.nonzero(img_score)
    #2.1.3 在图像上画出关键点
    img1 = img.copy()
    for i, j in zip(idx[0], idx[1]):
        cv2.circle(img1, (j, i), 8, (255, 0, 0))
    #2.2 OpenCV 自带函数
    #实例化检测器
    fast = cv2.FastFeatureDetector_create()
    #检测
    kpts = fast.detect(img)
    img2 = img.copy()
    #绘制角点
    img2 = cv2.drawKeypoints(img2, kpts, (255, 0, 0), 2)
    #3. 显示图像
    re = np.hstack([img1, img2])
    plt.imshow(re)
    #cv2.imwrite('pictures/14_28.jpeg', re)
```

运行结果如图 14-28 所示。

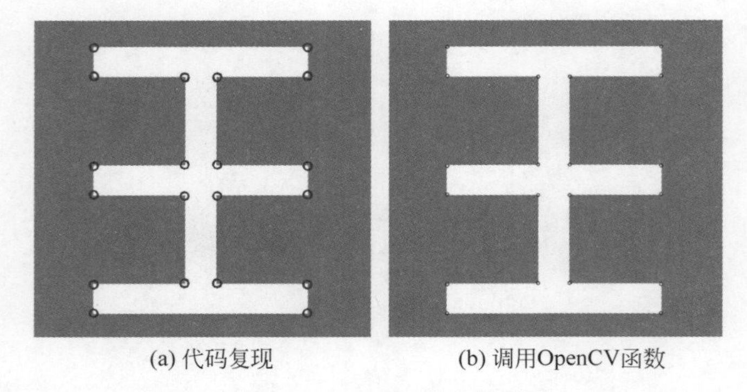

(a) 代码复现　　(b) 调用OpenCV函数

图 14-28　FAST 角点检测

14.7 SIFT 算法

SIFT(Scale-Invariant Feature Transform)用于描述图像特征,具有尺度不变性,是一种局部特征描述子。该方法于 1999 年由 David Lowe 首先发表于计算机视觉国际会议(International Conference on Computer Vision,ICCV),2004 年再次经 David Lowe 整理完善后发表于 International Journal of Computer Vision(IJCV)。SIFT 特征是图像的局部特征,具有旋转、尺度缩放、亮度不变性,对视角变化、仿射变换、噪声也保持一定程度的稳定性。

14.7.1 基本原理

SIFT 算法实际上是在不同的尺度空间上查找关键点,并计算出关键点的方向。SIFT 所查找到的关键点是一些十分突出,不会因光照、仿射变换和噪声等因素而变化的点,如角点、边缘点、暗区的亮点及亮区的暗点等。SIFT 代码参考 https://github.com/rmislam/PythonSIFT。

SIFT 算法分为 5 步实现:

(1) 图像初始化。

(2) 生成高斯图像金字塔图、高斯差分金字塔。

(3) 生成关键点。

(4) 删除重复关键点。

(5) 生成关键点描述子。

代码如下:

```
import cv2
import numpy as np
from functools import cmp_to_key
from matplotlib import pyplot as plt

def computeKeypointsAndDescriptors(image, sigma=1.6, num_features=3, init_
sigma=0.5, border_width=5):
    '''
    SIFT 特征描述子
    :param image: 原始图像
    :param sigma: 方差
    :param num_features: 生成极值点层数
    :param init_sigma: 初始值
    :param border_width: 边界宽度
    :return: 关键点、关键点描述子
    '''
    #1. 图像初始化
    img_int = image_init(image, sigma, init_sigma)
    #2. 生成高斯图像金字塔图像,高斯差分金字塔
```

```
    gau_imgs, dog_imgs = get_gau_dog_imgs(img_int, sigma, num_features)
    #3. 生成关键点
    kpts = get _keypoints (gau _imgs, dog _imgs, num _features, sigma, border _
width)
    #4. 删除重复关键点
    kpts = deal_keypoints(kpts)
    #5. 生成关键点描述子
    des = get_descriptors(kpts, gau_imgs)
    return kpts, des
```

1）图像初始化

图像初始化是为生成金字塔做准备的，初始化步骤如下：

（1）将图像转换为灰度图。在灰度图上检测特征点。

（2）图像上采样。将图像的宽和高变为原始图像的两倍。

（3）高斯模糊。通过高斯模糊删除噪声。

代码如下：

```
def image_init(img, sigma, init_sigma):
    '''
    图像初始化
    :param img: 原始图像
    :param sigma: 参数,用于高斯模糊的方差
    :param init_sigma: 参数
    :return:初始化后的图像
    '''
    #1. 将图像转换为灰度图
    if len(img.shape)>2:
        gray_img = cv2.cvtColor(img.copy(),cv2.COLOR_BGR2GRAY)
    else:
        gray_img = img.copy()
    img = np.array(gray_img,np.float32)
    #2. 图像上采样
    img = cv2.resize(img, (img.shape[1]*2,img.shape[0]*2), interpolation=cv2.
INTER_LINEAR)
    #3. 高斯模糊
    sigma_diff = np.sqrt(max(sigma **2 - 4 *init_sigma **2, 0.01))
    return cv2.GaussianBlur(img, (0, 0), sigmaX=sigma_diff, sigmaY=sigma_diff)
```

2）生成高斯图像金字塔与高斯差分金字塔

通过对图像进行下采样、高斯滤波、差分构造尺度空间。生成 $O=\log_2(\min(h,w))-t$，$t\in[0,\log_2(\min(h,w))]$组高斯图像金字塔，其中，$h$，$w$ 为图像的高和宽。第 1 组为初始化图像，对当前组图像进行下采样生成下一组图像，直到生成 O 组图像，然后使用不同的标准差 σ 对图像进行高斯滤波。第 1 组使用 σ_1、$K\sigma_1$、$K^2\sigma_1$、$K^3\sigma_1$…一系列标准差对图像进行滤波，见表 14-4。每组图像进行 s 次高斯滤波，尺度因子 $K=2^{1/s}$。第 1 组第 i 个标准差为 $\sigma_i=\sigma_0\times 2^{i/s}$，第 o 组第 i 个标准差为 $\sigma_{(s,o)}=\sigma_0\times 2^{o+i/s}$。得到高斯图像金字塔后，对金字塔内每组相邻高斯图片做差分，得到高斯差分金字塔，如图 14-29 所示。

表 14-4　高斯图像金字塔参数

层数	尺　寸	方　差	关　系
0	$[2h,2w]$	σ_0、$K\sigma_0$、$K^2\sigma_0$、$K^3\sigma_0$、$K^4\sigma_0\cdots$	—
1	$[2h/2^1,2w/2^1]$	σ_1、$K\sigma_1$、$K^2\sigma_1$、$K^3\sigma_1$、$K^4\sigma_1\cdots$	$\sigma_1=2\sigma_0$
2	$[2h/2^2,2w/2^2]$	σ_2、$K\sigma_2$、$K^2\sigma_2$、$K^3\sigma_2$、$K^4\sigma_2\cdots$	$\sigma_2=2\sigma_1$
⋮	⋮	⋮	⋮
o	$[2h/2^o,2w/2^o]$	σ_o、$K\sigma_o$、$K^2\sigma_o$、$K^3\sigma_o$、$K^4\sigma_o\cdots$	$\sigma_o=2\sigma_{o-1}$

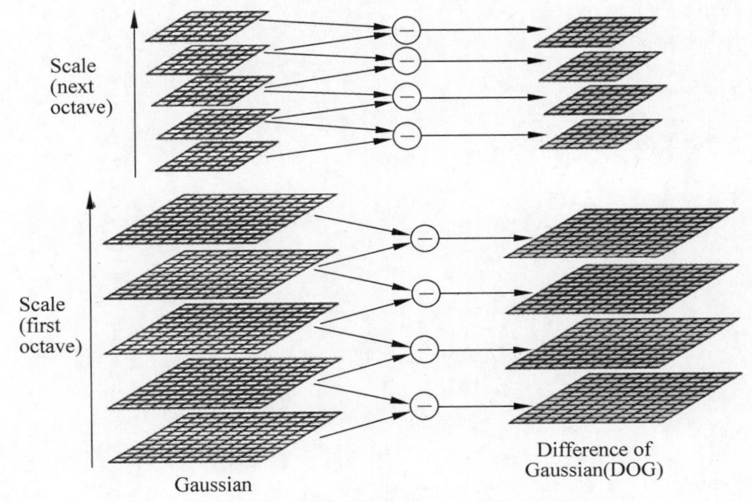

图 14-29　高斯图像金字塔与高斯差分金字塔

对金字塔的每组高斯滤波图像做差分，就可得到高斯差分金字塔。从每组高斯差分图像相邻的三张图像中找极值点，如果要生成 s 层极值点结果，则需要 $s+2$ 张高斯差分图像和 $s+3$ 张高斯滤波图像，因此每组图像需要进行 $s+3$ 次高斯滤波。论文中作者建议 $\sigma_0=1.6$，$s=3$。在代码中，各组金字塔图像用同样的方差进行高斯滤波。

生成高斯图像金字塔的步骤如下：

(1) 计算高斯滤波方差。假设生成 O 高斯图像金字塔，生成 s 层极值点，那么金字塔每层图像需要生成 $s+3$ 张高斯滤波图像。每层高斯滤波方差为 σ_0、$K\sigma_0$、$K^2\sigma_0$、……、$K^{s+3}\sigma_0$。根据高斯滤波的性质，对图像依次进行两次方差为 σ_1、σ_2 的高斯滤波，等同于对图像进行一次方差为 σ_3 的高斯滤波，并且满足 $\sigma_3^2=\sigma_1^2+\sigma_2^2$。对一张图片 img 要分别进行 σ_1、σ_3 高斯滤波，只需对图像 img 进行 σ_1 高斯滤波得到 img_1，再对 img_1 进行 σ_2 滤波，相当于图像 img 进行一次 σ_3 高斯滤波的效果，因此每层高斯滤波方差为 σ_0、$((K\sigma_0)^2-(\sigma_0)^2)^{0.5}$、……、$((K^{s+3}\sigma_0)^2-(K^{s+2}\sigma_0)^2)^{0.5}$。根据方差对初始化图像进行 $s+3$ 次高斯滤波，从而得到第 1 层高斯图像金字塔。

(2) 取第 1 层高斯图像金字塔的倒数第 3 张图像进行下采样，采样后的图像作为第 2 层的初始图像，然后按照 σ_0、$((K\sigma_0)^2-(\sigma_0)^2)^{0.5}$、……、$((K^{s+3}\sigma_0)^2-(K^{s+2}\sigma_0)^2)^{0.5}$ 方

差，生成第2层高斯图像金字塔，每层有 $s+3$ 张高斯模糊图像。

(3) 重复第2次操作，直到生成 O 层高斯图像金字塔。

代码如下：

```
def get_gau_dog_imgs(img, sigma=1.6, num_features=3):
    '''
    生成高斯图像金字塔、高斯差分金字塔
    :param img: 初始化图像
    :param sigma: 方差
    :param num_features: 生成极值点的层数
    :return: 高斯图像金字塔,高斯差分金字塔
    '''
    #高斯图像金字塔层数
    num_ots = int(np.round(np.log2(min(img.shape)) - 1))
    #每层金字塔的高斯滤波图像为 6
    num_layers = num_features + 3
    #尺度因子 1.26
    k = 2 **(1. / num_features)
    #sigma_3**2 = sigma_1**2 + sigma_2**2
    #( (sigma *k **(i))**2 - (sigma *k **(i-1))**2 )**0.5 = sigma *k **(i-1) *
(k *k-1)**(0.5)
    #len(kernel_list)=6
    kernel_list = np.array([sigma]+[sigma *k **(i-1) *(k *k-1) **(0.5) for i in
range(1,num_layers)])
    pyr = []
    #1.生成高斯图像金字塔
    #对第 i 层图像的倒数第 3 个高斯模糊图像进行下采样,作为第 i+1 层图像的初始图像
    for octave_index in range(num_ots):
        gau_imgs_layer = []
        gau_imgs_layer.append(img)
        for i in kernel_list[1:]:
            img = gau_imgs_layer[-1].copy()
            #对同一层图像用不同的方差进行高斯滤波
            image = cv2.GaussianBlur(img, (0, 0), sigmaX=i, sigmaY=i)
            gau_imgs_layer.append(image)
        octave_base = gau_imgs_layer[-3]
        img = cv2.resize(octave_base, (int(octave_base.shape[1] / 2), int
(octave_base.shape[0] / 2)),
                         interpolation=cv2.INTER_NEAREST)
        pyr.append(gau_imgs_layer)
    gau_imgs = np.array(pyr, dtype=object)
    #2.生成高斯差分金字塔
    dog_imgs = np.array([[pyr[i][j + 1] - pyr[i][j] for j in range(num_layers -
1)] for i in range(num_ots)], dtype=object)
    return gau_imgs,dog_imgs
```

3) 生成关键点

生成高斯图像金字塔和高斯差分金字塔后，先在高斯差分金字塔上确定极值点，再根据极值点用线性插值法找到关键点，最后计算关键点的方向。生成关键点的步骤如下：

(1) 确定极值点。

(2) 关键点(特征点)定位。根据极值点获取关键点。

（3）确定关键点方向，代码如下：

```
def get_keypoints(gau_imgs, dog_imgs, num_features, sigma, border_width, contr_
thr=0.04):
    '''
    查找极值点，生成关键点，确定关键点方向
    :param gau_imgs: 高斯图像金字塔
    :param dog_imgs: 高斯差分金字塔
    :param num_features: 极值点层数
    :param sigma: 方差
    :param border_width: 边界尺寸
    :param contr_thr: 阈值
    :return: 关键点
    '''
    #极值点阈值
    threshold = np.floor(0.5 * contr_thr / num_features * 255)
    #存放关键点
    kps_list = []
    #遍历高斯差分金字塔，dog_imgs[num_octave,num_features+2]
    for o_idx, layer_imgs in enumerate(dog_imgs):
        #取 layer_imgs 中相邻的 3 个高斯差分图像
        for layer_idx, (pre_img,mid_img,next_img) in enumerate(
                zip(layer_imgs, layer_imgs[1:], layer_imgs[2:])):
            #(i,j)是 tmp[3×3×3]的中心点
            for i in range(border_width, pre_img.shape[0] - border_width):
                for j in range(border_width, pre_img.shape[1] - border_width):
                    #中心点
                    center = mid_img[i, j]
                    #tmp 是相邻的 3 个高斯差分区域
                    tmp = np.stack([pre_img[i - 1:i + 2, j - 1:j + 2],mid_img[i - 1:
i + 2, j - 1:j + 2],next_img[i - 1:i + 2, j - 1:j + 2]])
                    #1. 确定极值点。判断当前中心点是否是极值点
                    if np.abs(center) > threshold and (
                            (center > 0 and (center >= tmp).all()) or (center < 0
and (center <= tmp).all())):
                        #2. 特征点的定位
                        re = adjustl_local_extrema(i, j, layer_idx + 1, o_idx,
num_features, layer_imgs, sigma, contr_thr, border_width)
                        if re is not None:
                            kp, local_idx = re
                            #3. 方向的确定
                            kp_dire= get_direction(kp, o_idx, gau_imgs[o_idx]
[local_idx])
                            for k in kp_dire:
                                kps_list.append(k)
    return kps_list
```

4）确定极值点

在第 i 组高斯差分金字塔相邻的 3 张图像上确定极值点。如果高斯图像金字塔的一个数值 p 超过阈值，并且是相邻 3 张高斯差分图 3×3 区域内的大于 0 且大于阈值的最大值或小于 0 且小于阈值的最小值，则数值 p 为极值点。如图 14-30 所示，遍历高斯差分金字塔非边缘图像的非边界点 p，找出点 p 所在图像 $n \times n$ 邻域像素和相邻图像同一位置的邻域像素。例如

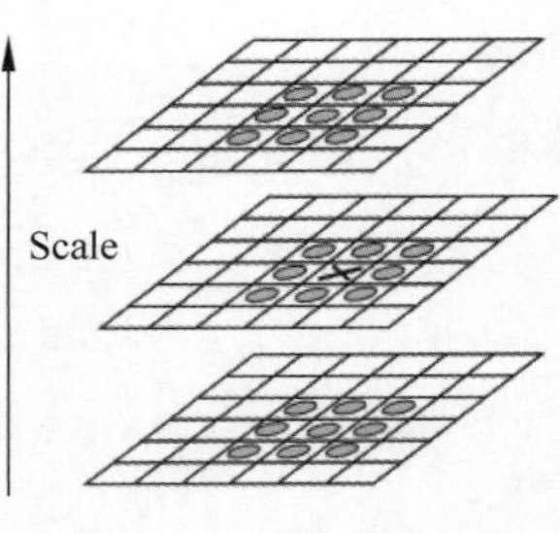

图 14-30 确定极值点

有高斯差分金字塔的一层有高斯查分图像 img_1、img_2、img_3、img_4、img_5，其中 img_1、img_5 为边缘图像，点 p 为 img_2 上非边缘点，假设点 p 的坐标为[50,60]，分别取出 img_2[50－1:50＋2,60－1:60＋2]、img_1[50－1:50＋2,60－1:60＋2]、img_3[50－1:50＋2,60－1:60＋2]这些区域的值，判断点 p 是否是邻域内大于阈值且大于 0 的最大值或者小于阈值且小于 0 的最小值，如果满足条件，则点 p 是极值点；反之，点 p 不是极值点。

判定极值点的部分代码如下：

```
#极值点阈值
threshold = np.floor(0.5 * contr_thr / num_features * 255)
#存放关键点
kps_list = []
#遍历高斯差分金字塔,dog_imgs[num_octave,num_features+2]
for o_idx, layer_imgs in enumerate(dog_imgs):
    #取 layer_imgs 中相邻的 3 个高斯差分图像
    for layer_idx, (pre_img, mid_img, next_img) in enumerate(
            zip(layer_imgs, layer_imgs[1:], layer_imgs[2:])):
        #(i,j)是 tmp[3×3×3]的中心点
        for i in range(border_width, pre_img.shape[0] - border_width):
            for j in range(border_width, pre_img.shape[1] - border_width):
                #中心点
                center = mid_img[i, j]
                #tmp 是相邻的 3 个高斯差分区域
                tmp = np.stack([pre_img[i - 1:i + 2, j - 1:j + 2], mid_img[i - 1:i + 2,
j - 1:j + 2],
                                next_img[i - 1:i + 2, j - 1:j + 2]])
                #1. 确定极值点,判断中心点是否是极值点
                if np.abs(center) > threshold and (
                        (center > 0 and (center >= tmp).all()) or (center < 0 and
(center <= tmp).all())):
                    pass
```

5）特征点的定位

上一步获取的极值点是候选的关键点。由于图像是离散的，如果要找到关键点，则需要对离散的点进行拟合，从而获取更精确的关键点。使用泰勒级数展开式作为拟合一个点的尺度坐标(x,y,σ)，其中 x,y,σ 分别为极值点的坐标和所在的高斯差分图像。

$$f\left(\begin{bmatrix}x\\y\\\sigma\end{bmatrix}\right)\approx f\left(\begin{bmatrix}x_0\\y_0\\\sigma_0\end{bmatrix}\right)+\begin{bmatrix}\frac{\partial f}{\partial x} & \frac{\partial f}{\partial y} & \frac{\partial f}{\partial \sigma}\end{bmatrix}\left(\begin{bmatrix}x\\y\\\sigma\end{bmatrix}-\begin{bmatrix}x_0\\y_0\\\sigma_0\end{bmatrix}\right)+\frac{1}{2}\left(\begin{bmatrix}x & y & \sigma\end{bmatrix}-\begin{bmatrix}x_0 & y_0 & \sigma_0\end{bmatrix}\right)\begin{bmatrix}\frac{\partial^2 f}{\partial x\partial x} & \frac{\partial^2 f}{\partial x\partial y} & \frac{\partial^2 f}{\partial x\partial \sigma}\\ \frac{\partial^2 f}{\partial y\partial x} & \frac{\partial^2 f}{\partial y\partial y} & \frac{\partial^2 f}{\partial y\partial \sigma}\\ \frac{\partial^2 f}{\partial \sigma\partial x} & \frac{\partial^2 f}{\partial \sigma\partial y} & \frac{\partial^2 f}{\partial \sigma\partial \sigma}\end{bmatrix}\left(\begin{bmatrix}x\\y\\\sigma\end{bmatrix}-\begin{bmatrix}x_0\\y_0\\\sigma_0\end{bmatrix}\right) \tag{14-23}$$

用矩阵表示：

$$f(\boldsymbol{X})=f(\boldsymbol{X}_0)+\frac{\partial f^{\mathrm{T}}}{\partial \boldsymbol{X}}(\boldsymbol{X}-\boldsymbol{X}_0)+\frac{1}{2}(\boldsymbol{X}-\boldsymbol{X}_0)^{\mathrm{T}}\frac{\partial f^2}{\partial \boldsymbol{X}^2}(\boldsymbol{X}-\boldsymbol{X}_0) \tag{14-24}$$

令 $\hat{\boldsymbol{X}}=(\boldsymbol{X}-\boldsymbol{X}_0)$，则

$$f(\boldsymbol{X})=f(\boldsymbol{X}_0)+\frac{\partial f^{\mathrm{T}}}{\partial \boldsymbol{X}}\hat{\boldsymbol{X}}+\frac{1}{2}\hat{\boldsymbol{X}}^{\mathrm{T}}\frac{\partial f^2}{\partial \boldsymbol{X}^2}\hat{\boldsymbol{X}} \tag{14-25}$$

对等式两边求导：

$$\frac{\partial f(\boldsymbol{X})}{\partial \hat{\boldsymbol{X}}}=\frac{\partial f^{\mathrm{T}}}{\partial \boldsymbol{X}}+\frac{1}{2}\hat{\boldsymbol{X}}^{\mathrm{T}}\left(\frac{\partial^2 f^2}{\partial \boldsymbol{X}^2}+\frac{\partial^2 f^2}{\partial \boldsymbol{X}^2}\right)\hat{\boldsymbol{X}} \tag{14-26}$$

令其为0，得到极值点：

$$\hat{\boldsymbol{X}}=\left(\frac{\partial f^2}{\partial \boldsymbol{X}^2}\right)^{-1}\frac{\partial f}{\partial \boldsymbol{X}} \tag{14-27}$$

把 $\hat{\boldsymbol{X}}$ 代入 $f(\boldsymbol{X})$ 中得

$$f(\hat{\boldsymbol{X}})=f(\boldsymbol{X}_0)+\frac{1}{2}\frac{\partial f^{\mathrm{T}}}{\partial \boldsymbol{X}}\hat{\boldsymbol{X}} \tag{14-28}$$

其中，

$$\begin{aligned}
&\frac{\partial f}{\partial x}=\frac{f(i,j+1)-f(i,j-1)}{2h},\frac{\partial f}{\partial y}=\frac{f(i+1,j)-f(i-1,j)}{2h}\\
&\frac{\partial f^2}{\partial x^2}=\frac{f(i,j+1)-f(i,j-1)-2f(i,j)}{h^2}\\
&\frac{\partial f^2}{\partial y^2}=\frac{f(i+1,j)-f(i-1,j)-2f(i,j)}{h^2}\\
&\frac{\partial f^2}{\partial x\partial y}=\frac{f(i+1,j+1)+f(i-1,j-1)-f(i-1,j+1)-f(i+1,j-1)}{4h^2}
\end{aligned} \tag{14-29}$$

$\hat{\boldsymbol{X}}$ 代表相对插值中心的偏移量，当它在任一维度上的偏移量大于0.5时，说明插值中心已经偏移到它的邻近点上，需要更新 X_0 的位置重新插值。如果迭代次数超过5次，则说明计算的位置超越了图形边界，差值失败。最后借助 Hessian 矩阵来剔除边缘响应点。

关键点定位步骤如下：

(1) 求关键点。先用泰勒级数展开式根据极值点找到关键点，判断极值坐标的偏移量 d_{xys} 的最大值是否小于0.5，如果满足条件，则说明找到关键点。再删除超过边缘的关键点。

(2) 借助 Hessian 矩阵 $\boldsymbol{H}$ 来剔除边缘响应点。$\boldsymbol{H}=\begin{bmatrix}D_{xx} & D_{xy}\\ D_{yx} & D_{yy}\end{bmatrix}$，其中，$D_{xx}$、$D_{xy}$、$D_{yx}$、$D_{yy}$ 分别是高斯差分金字塔DOG尺度空间图像在 x 轴、y 轴方向上的偏导数。删除

条件：$\frac{\mathrm{Tr}(H)}{\mathrm{Det}(H)}=\frac{D_{xx}+D_{yy}}{D_{xx}D_{yy}-D_{xx}{}^{2}}\leqslant\frac{(r+1)^2}{r}$，$r$ 的默认值为 10。

(3) 存储关键点，代码如下：

```
def adjustl_local_extrema(i, j, layer_idx, o_idx, num_features, layer_imgs,
sigma, contr_thr, border_width, eigenvalue_ratio=10, num_attempts=5):
    '''
    根据离散的极值点通过插值求全局极值点,获取的全局极值点为关键点
    :param i: 高斯差分金字塔图像第 i 行
    :param j: 高斯差分金字塔图像第 j 列
    :param layer_idx: 第 o_idx 组差分金字塔第 layer_idx 张图像
    :param o_idx: 高斯差分金字塔组数
    :param num_features: 特征数
    :param layer_imgs: 第 o_idx 组差分金字塔,每组有(num_features+2)张图像
    :param sigma: 1.6,用来计算关键点所在图像的高斯模糊的方差
    :param contr_thr: 阈值。用来筛选极值点
    :param border_width: 边缘尺寸
    :param eigenvalue_ratio: 用于筛选边缘无效点
    :param num_attempts: 差分次数
    :return: 关键点[坐标,关键点所在的组和层,高斯模糊的方差,极值]
    '''
    #假设关键点在边界外
    flag = False
    img_shape = layer_imgs[0].shape
    #最多尝试 num_attempts=5 次寻找关键点
    for idx in range(num_attempts):
        pre_img,mid_img,next_img = layer_imgs[layer_idx-1:layer_idx+2]
        #pixel.shape[3,3,3]
        pixel = np.stack([pre_img[i-1:i+2, j-1:j+2],
                          mid_img[i-1:i+2, j-1:j+2],
                          next_img[i-1:i+2, j-1:j+2]]).astype('float32') / 255.
        #1. 求关键点
        #1.1 计算 x̂ 的极值,x̂ 即 dxys
        #d、x、y、s 分别表示微分、极值点的横坐标、极值点的纵坐标、极值点所在的高斯差分图
        #片 layer_idx
        #计(x,y,layer_idx)一阶倒数,layer_idx 是差分金字塔图像索引
        grad= get_gradient(pixel)
        #计(x,y,layer_idx)二阶倒数,[3,3]
        hess = get_hessian(pixel)
        #极值坐标的偏移量,-inv(hess)*grad
        dxys = -np.linalg.lstsq(hess, grad, rcond=None)[0]
        #如果 dxys 的最大值小于 0.5,则说明求的是极值点
        if abs(dxys).max() < 0.5:
           break
        #更新极值坐标(x,y,layer_idx)
        j += int(np.round(dxys[0]))
        i += int(np.round(dxys[1]))
        layer_idx += int(np.round(dxys[2]))
        #1.2 删除超越边缘点
        if i < border_width or i >= img_shape[0] - border_width or j < border_width or
j >= img_shape[1] - border_width or layer_idx < 1 or layer_idx > num_features:
```

```
                flag = True
                break
        if flag:
            return None
        if idx >= num_attempts - 1:
            return None
        #2. 借助 Hessian 矩阵来剔除边缘响应点
        #极值 X=X_0+X̂,f(X) = ex_val
        ex_val = pixel[1, 1, 1] + 0.5 *np.dot(grad, dxys)
        if abs(ex_val) *num_features >= contr_thr:
            #Hessian 矩阵,[2,2]
            xy_h = hess[:2, :2]
            #Hessian 矩阵的迹
            xy_h_trace = np.trace(xy_h)
            #Hessian 矩阵的行列式
            xy_h_det = np.linalg.det(xy_h)
            if xy_h_det > 0 and eigenvalue_ratio * (xy_h_trace **2) < ((eigenvalue_
ratio + 1) **2) *xy_h_det:
                #3. 存储关键点
                kpt = cv2.KeyPoint()
                #极值点在初始图的坐标
                kpt.pt = ((j + dxys[0]) *(2 **o_idx), (i + dxys[1]) *(2 **o_idx))
                #关键点在高斯差分金字塔的第 o_idx 组第 layer_idx 张图像
                kpt.octave = o_idx + layer_idx *(2 **8) + int(np.round((dxys[2] +
0.5) *255)) *(2 **16)
                #尺度因子
                kpt.size = sigma * (2 ** ((layer_idx + dxys[2]) / np.float32(num_
features))) *(2 **(o_idx+1))
                return kpt, layer_idx
        return None

def get_gradient(pixel):
    """
     f'(x) = (f(x + 1) - f(x - 1)) / 2
    """
    dx = 0.5 *(pixel[1, 1, 2] - pixel[1, 1, 0])
    dy = 0.5 *(pixel[1, 2, 1] - pixel[1, 0, 1])
    ds = 0.5 *(pixel[2, 1, 1] - pixel[0, 1, 1])
    return np.array([dx, dy, ds])

def get_hessian(pixel):
    """
     f''(x) = (f(x + h) - 2 *f(x) + f(x - h)) / (h ^ 2)
     f''(x) = f(x + 1) - 2 *f(x) + f(x - 1)
     (d^2) f(x, y) / (dx dy) = (f(x + h, y + h) - f(x + h, y - h) - f(x - h, y + h) +
f(x - h, y - h)) / (4 *h ^ 2)
     (d^2) f(x, y) / (dx dy) = (f(x + 1, y + 1) - f(x + 1, y - 1) - f(x - 1, y + 1) +
f(x - 1, y - 1)) / 4
    """
    center_pixel_value = pixel[1, 1, 1]
    dxx = pixel[1, 1, 2] - 2 *center_pixel_value + pixel[1, 1, 0]
```

```
    dyy = pixel[1, 2, 1] - 2 * center_pixel_value + pixel[1, 0, 1]
    dss = pixel[2, 1, 1] - 2 * center_pixel_value + pixel[0, 1, 1]
    dxy = 0.25 * (pixel[1, 2, 2] - pixel[1, 2, 0] - pixel[1, 0, 2] + pixel[1, 0, 0])
    dxs = 0.25 * (pixel[2, 1, 2] - pixel[2, 1, 0] - pixel[0, 1, 2] + pixel[0, 1, 0])
    dys = 0.25 * (pixel[2, 2, 1] - pixel[2, 0, 1] - pixel[0, 2, 1] + pixel[0, 0, 1])
    return np.array([[dxx, dxy, dxs],
                     [dxy, dyy, dys],
                     [dxs, dys, dss]])
```

6）确定关键点方向

通过计算关键点的方向实现关键点旋转不变性。计算关键点方向的步骤如下：

（1）计算关键点的梯度和角度。在高斯模糊图像上以关键点为中心，以 $r=3\times1.5$ 为半径的区域内计算所有像素的梯度和角度。像素的梯度 $M(x,y)$ 和角度公式 $\theta(x,y)$ 如下：

$$M(x,y)=((L(x+1,y)-L(x-1,y))^2+(L(x,y+1)-L(x,y-1))^2)^{0.5} \tag{14-30}$$

$$\theta(x,y)=\tan^{-1}\frac{L(x,y+1)-L(x,y-1)}{L(x+1,y)-L(x-1,y)} \tag{14-31}$$

其中，L 是高斯图像，x、y 为像素坐标。

（2）生成直方图。直方图的横坐标为度数 θ，分为 36 个方向（组），每个方向区间为 10°。直方图的纵坐标为加权梯度，权重是高斯加权系数 $w=\mathrm{e}^{\frac{-(x^2+y^2)}{2\times(1.5\times\sigma)^2}}$，$x$、$y$ 为像素坐标，σ 为方差。在邻域中，离极值点远的点权重就小，离极值点近的点权重就大。每个像素的加权梯度依据像素方向与 10 的比值分配到 36 个组中，并对每个方向的梯度进行求和，从而得到关键点的梯度直方图。得到关键点梯度直方图后，需要对直方图进行平滑滤波，滤波公式为 $H(i)=\frac{h(i-2)-h(i+2)}{16}+\frac{4(h(i-1)+h(i+1))}{16}+\frac{6h(i)}{16}$，其中，$i$ 为直方图第 i 组，取值为 0～36，$H(i)$ 为第 i 组直方图对应的梯度。

（3）获取主方向和辅方向。算法中除了保存梯度直方图的最大方向作为主方向外，也保留梯度幅度大于主方向 80% 的方向作为辅方向。为了得到更精确的方向，还需要对方向的梯度做插值拟合，拟合公式为 $B=i+\frac{H(i-1)-H(i+1)}{2(H(i-1)+H(i+1)-2H(i))}$，$\theta=360-10B$。具体做法是先找到梯度直方图的最大值和极大值，极大值是比左右两边数值都大的梯度为极大值。再判断每个极大值是否大于主方向 80%，如果满足条件，就进行插值拟合，确定关键点的辅方向，因此一个关键点可以有多个方向，同一个关键点的多个方向都要保留下来。

```
def get_direction(kp, o_idx, gau_imgs, radius_factor=3, num_bins=36, peak_ratio=
0.8, scale_factor=1.5,
                  float_tolerance=1e-7):
    '''
```

```
    确定关键点方向
    :param kp: 关键点
    :param o_idx: 关键点所在的金字塔组
    :param gau_imgs: 关键点所在的高斯图像
    :param radius_factor: 系数
    :param num_bins: 直方图组数
    :param peak_ratio: 系数
    :param scale_factor: 尺度因子
    :param float_tolerance:阈值
    :return:关键点
    '''
    kp_direction = []
    image_shape = gau_imgs.shape
    #方差系数
    scale = scale_factor * kp.size / np.float32(2 ** (o_idx + 1))
    #在 radius 半径内计算像素的梯度和方向
    radius = int(np.round(radius_factor * scale)) #3*1.5*sigma
    #权重系数
    weight_factor = -0.5 / (scale ** 2)
    #存放梯度[36,]
    raw_hist = np.zeros(num_bins)
    #关键点所在的高斯模糊图像的位置
    cx, cy = int(np.round(kp.pt[0] / np.float32(2 **o_idx))), int(np.round(kp.
pt[1] / np.float32(2 **o_idx)))
    #1.计算 cx 和 cy 在[cy-radius:cy+radius + 1,cx-radius:cx+radius + 1]内所有像素
    #的梯度和方向,根据梯度方向建立梯度直方图
    for i in range(cy - radius, cy + radius + 1):
        for j in range(cx - radius, cx + radius + 1):
            if i > 0 and i < image_shape[0] - 1 and j > 0 and j < image_shape[1] - 1:
                dx = gau_imgs[i, j + 1] - gau_imgs[i, j - 1]
                dy = gau_imgs[i - 1, j] - gau_imgs[i + 1, j]
                #梯度
                grad_mag = np.sqrt(dx * dx + dy * dy)
                #方向
                grad_dir = np.rad2deg(np.arctan2(dy, dx))
                #权重
                weight = np.exp(weight_factor * ((i - cy) **2 + (j - cx) **2))
                #2. 生成直方图
                #直方图的水平坐标
                histogram_index = int(np.round(grad_dir * num_bins / 360.))
                #直方图的纵坐标
                raw_hist[histogram_index % num_bins] += weight * grad_mag
    #直方图平滑 smooth_hist[n] = (6 * raw_hist[n] + 4 * (raw_hist[n - 1] + raw_hist
    #[(n + 1) % num_bins]) + raw_hist[n - 2] + raw_hist[(n + 2) % num_bins]) / 16.
    smooth_hist = np.array(
        [((raw_hist[i - 2] + raw_hist[(i + 2) % 36]) + 4 * (raw_hist[i - 1] + raw_
hist[(i + 1) % 36]) + 6 * raw_hist[
             i]) / 16 for i in range(36)])
    #3. 获取主方向和辅方向
    #最大方向
    dir_max = max(smooth_hist)
    #找出极值点,极值点比两边的数都大
```

```
    dir_peaks = np.where(np.logical_and(smooth_hist > np.roll(smooth_hist, 1),
smooth_hist > np.roll(smooth_hist, -1)))[0] #极值点
    for p_idx in dir_peaks:
        peak_value = smooth_hist[p_idx]
        #若大于阈值,则保留,作为主/辅方向
        if peak_value >= peak_ratio * dir_max:
            #极值点,及其左、右两点 left_v、right_v,共计 3 点,进行抛物线二次插值,得到精
            #确的极大值的位置
            #主方向梯度插值:B= i+(H(i-1)-H(i+1))/(2*(h(i-1)+H(i+1)-2*H(i)))
            left_value = smooth_hist[(p_idx - 1) % num_bins]
            right_value = smooth_hist[(p_idx + 1) % num_bins]
            #插值得到精确极值位置
            interpolated_peak_index = (p_idx + 0.5 * (left_value - right_value) /
                        (left_value - 2 * peak_value + right_value)) % num_bins
            #方向
            dir = 360. - interpolated_peak_index * 360. / num_bins
            if abs(dir - 360.) < float_tolerance:
                dir = 0
            new_kpt = cv2.KeyPoint(*kp.pt, kp.size, dir, kp.response, kp.octave)
            kp_direction.append(new_kpt)
    return kp_direction
```

7）删除重复关键点

因为在生成关键点的过程中会产生重复关键点，因此需要删除冗余关键点，删除步骤如下：

（1）对关键点排序。

（2）去掉重复关键点。通过比较相邻的关键点的属性判断是否为同一关键点。

（3）把关键点映射到原图。

代码如下：

```
def compare_kpts(kp1, kp2):
    '''
    排序依据
    :param kp1: 关键点
    :param kp2: 关键点
    :return: 关键点属性差异
    '''
    if kp1.pt[0] != kp2.pt[0]:
        return kp1.pt[0] - kp2.pt[0]
    if kp1.pt[1] != kp2.pt[1]:
        return kp1.pt[1] - kp2.pt[1]
    if kp1.size != kp2.size:
        return kp2.size - kp1.size
    if kp1.angle != kp2.angle:
        return kp1.angle - kp2.angle
    if kp1.response != kp2.response:
        return kp2.response - kp1.response
    if kp1.octave != kp2.octave:
        return kp2.octave - kp1.octave
```

```
    return kp2.class_id - kp1.class_id

def deal_keypoints(kpts):
    '''
    删除重复的关键点
    :param kpts: 检测到的所有关键点
    :return: 过滤后的关键点
    '''
    if len(kpts) < 2:
        return kpts
    #1. 关键点排序
    kpts.sort(key=cmp_to_key(compare_kpts))
    unique_kpts = [kpts[0]]
    #2. 去掉重复的关键点
    for next_kpt in kpts[1:]:
        last_kpt = unique_kpts[-1]
        if last_kpt.pt[0] != next_kpt.pt[0] or \
                last_kpt.pt[1] != next_kpt.pt[1] or \
                last_kpt.size != next_kpt.size or \
                last_kpt.angle != next_kpt.angle:
            unique_kpts.append(next_kpt)
    #3. 将关键点(kpt)映射到原图
    converted_kpt = []
    for kpt in unique_kpts:
        kpt.pt = tuple(0.5 * np.array(kpt.pt))
        kpt.size *= 0.5
        kpt.octave = (kpt.octave & ~255) | ((kpt.octave - 1) & 255)
        converted_kpt.append(kpt)
    return converted_kpt
```

8）生成关键点描述子

通过以上步骤获取关键点的尺度、位置、方向信息，根据方向对关键点进行旋转，保证特征点具有旋转不变性，然后通过关键点周围的像素生成 128 维的特征向量，即关键点描述子。最后将特征向量归一化，除去光照影响，具体步骤如下：

(1) 坐标轴旋转。为了保证特征向量具有旋转不变性，以关键点为中心，在关键点邻域内将坐标轴按主方向 θ 旋转，(x,y)旋转后的坐标为(x',y')：

$$\begin{bmatrix} x' \\ y' \end{bmatrix} = \begin{bmatrix} \cos\theta & -\sin\theta \\ \sin\theta & \cos\theta \end{bmatrix} \begin{bmatrix} x \\ y \end{bmatrix} \tag{14-32}$$

(2) 生成特征向量。关键点邻域点在旋转后，计算邻域内每个像素的梯度、方向信息，如图 14-31 所示，对关键点周围像素的梯度信息先按照行方向的信息进行线性插值，得到 c_0、c_1，再对 c_0、c_1 按照列方向的信息进行线性插值，分别得到 c_{00}、c_{10}、c_{01}、c_{11}，然后对 c_{00}、c_{10}、c_{01}、c_{11} 按照方向信息插值，得到 c_{000}、c_{110}、c_{101}、c_{100}、c_{001}、c_{111}，这样一个关键点便可得到 8 个方向的信息。最后把关键点得到的 8 个方向的信息放到 $4\times4\times8$ 的数组中，即一个关键点用 128 维向量表示。

(3) 特征向量归一化。特征向量除以模长便可得到归一化后的特征向量。

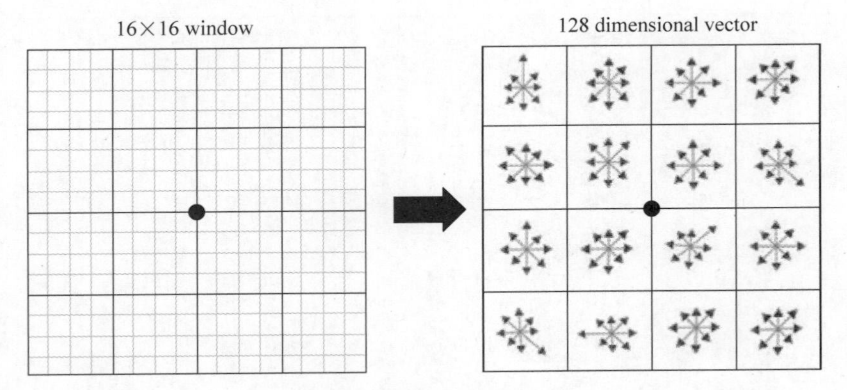

图 14-31　生成特征向量

生成关键点描述子的代码如下：

```
def get_descriptors(keypoints, gau_imgs, window_width=4, num_bins=8, scale_
multiplier=3, descriptor_max_value=0.2,
                    float_tolerance=1e-7):
    '''
    生成关键点描述子(特征向量)
    :param keypoints: 关键点
    :param gau_imgs: 高斯图像金字塔
    :param window_width: 窗口宽度
    :param num_bins: 直方图的组数
    :param scale_multiplier: 尺度缩放系数
    :param descriptor_max_value: 阈值
    :param float_tolerance: 阈值
    :return: 特征向量
    '''
    descriptors = []
    for kpt in keypoints:
        #关键点所在金字塔组数及高斯模糊图像的层数
        octave, layer = kpt.octave & 255, (kpt.octave >> 8) & 255
        if octave >= 128:
            octave = octave | -128
        #尺度因子
        scale = 1 / np.float32(1 << octave) if octave >= 0 else np.float32(1 << -octave)
        #关键点所在的高斯模糊图像
        g_img = gau_imgs[octave + 1, layer]
        num_rows, num_cols = g_img.shape
        #关键点的位置信息
        point = np.round(scale *np.array(kpt.pt)).astype('int')
        bins_per_degree = num_bins / 360.
        #关键点方向
        angle = 360. - kpt.angle
        cos_angle = np.cos(np.deg2rad(angle))
        sin_angle = np.sin(np.deg2rad(angle))
        #权重系数
        weight_multiplier = -0.5 / ((0.5 *window_width) **2)
        row_bin_list = []      #存放每个邻域点对应 4×4 个小窗口中的哪一个(行)
```

```
        col_bin_list = []                #存放每个邻域点对应 4×4 个小窗口中的哪一个(列)
        magnitude_list = []              #存放每个邻域点的梯度幅值
        orientation_bin_list = []        #存放每个邻域点的梯度方向角所处的方向组
        #存放 4×4×8 个描述符,为了防止计算时边界溢出,在行、列的首尾各扩展一次,从而得
        #到 6×6×8
        hist_tensor = np.zeros((window_width + 2, window_width + 2,num_bins))
        #3×sigma,每个小窗口的边长
        hist_width = scale_multiplier * 0.5 * scale * kpt.size
        half_width = int(round(
            hist_width * np.sqrt(2) * (window_width + 1) * 0.5))
        half_width = int(min(half_width, np.sqrt(num_rows ** 2 + num_cols ** 2)))
        for row in range(-half_width, half_width + 1):
            for col in range(-half_width, half_width + 1):
                #1. 坐标轴旋转
                #计算旋转后的坐标
                row_rot = col * sin_angle + row * cos_angle
                col_rot = col * cos_angle - row * sin_angle
                #对应 4×4 子区域的下标(行)
                row_bin = (row_rot / hist_width) + 0.5 * window_width - 0.5
                col_bin = (col_rot / hist_width) + 0.5 * window_width - 0.5
                #2. 生成特征向量
                #2.1 计算关键点邻域的点在旋转后仍然处于 4×4 的区域内的梯度
                if row_bin > -1 and row_bin < window_width and col_bin > -1 and
col_bin < window_width:
                    #计算对应原图的行坐标
                    window_row = int(round(point[1] + row))
                    window_col = int(round(point[0] + col))
                    if window_row > 0 and window_row < num_rows - 1 and window_col > 0
and window_col < num_cols - 1:
                        #计算梯度
                        dx = g_img[window_row, window_col + 1] - g_img[window_row,
window_col - 1]
                        dy = g_img[window_row - 1, window_col] - g_img[window_row + 1,
window_col]
                        mag = np.sqrt(dx * dx + dy * dy)
                        #方向
                        ori = np.rad2deg(np.arctan2(dy, dx)) % 360
                        #权重
                        weight = np.exp(weight_multiplier * ((row_rot / hist_
width) ** 2 + (col_rot / hist_width) ** 2))
                        row_bin_list.append(row_bin)
                        col_bin_list.append(col_bin)
                        magnitude_list.append(weight * mag)
                        #因为梯度角是旋转前的,所以还要叠加上旋转的角度
                        orientation_bin_list.append((ori - angle) * bins_per_degree)
        #2.2 将 magnitude 分配到 4×4×8(d×d×num_bins)的各区域中,即分配到 histogram_
        #tensor 数组中
        for row_bin, col_bin, magnitude, orientation_bin in zip(row_bin_list,
col_bin_list, magnitude_list,

orientation_bin_list):
```

```
            #行坐标、列坐标、方向的整数部分
            row_bin_floor, col_bin_floor, orientation_bin_floor = np.floor
([row_bin, col_bin, orientation_bin]).astype(
                int)
            #行坐标、列坐标、方向的小数部分
            row_fraction, col_fraction, orientation_fraction = row_bin - row_
bin_floor, col_bin - col_bin_floor, orientation_bin - orientation_bin_floor
            if orientation_bin_floor < 0:
                orientation_bin_floor += num_bins
            if orientation_bin_floor >= num_bins:
                orientation_bin_floor -= num_bins
            #对梯度按照行方向的信息进行线性插值,得到 c1 和 c0
            c1, c0 = magnitude * row_fraction, magnitude * (1 - row_fraction)
            #对 c1 和 c0 按照列方向的信息进行线性插值,分别得到 c11、c10、c01 和 c00
            c11, c10 = c1 * col_fraction, c1 * (1 - col_fraction)
            c01, c00 = c0 * col_fraction, c0 * (1 - col_fraction)
            #再对 c11、c10、c01 和 c00 按照方向信息插值,得到 c111、c110、c101、c100、
            #c001 和 c000
            #一个关键点得到的 8 个方向的信息
            c111, c110 = c11 * orientation_fraction, c11 * (1 - orientation_fraction)
            c101, c100 = c10 * orientation_fraction, c10 * (1 - orientation_fraction)
            c011, c010 = c01 * orientation_fraction, c01 * (1 - orientation_fraction)
            c001, c000 = c00 * orientation_fraction, c00 * (1 - orientation_fraction)
            #把关键点得到的 8 个方向的信息放到 4×4×8 的数组中,即一个关键点用 128 维
            #向量表示
            hist_tensor[row_bin_floor + 1, col_bin_floor + 1, orientation_bin_
floor] += c000
            hist_tensor[row_bin_floor + 1, col_bin_floor + 1, (orientation_bin_
floor + 1) % num_bins] += c001
            hist_tensor[row_bin_floor + 1, col_bin_floor + 2, orientation_bin_
floor] += c010
            hist_tensor[row_bin_floor + 1, col_bin_floor + 2, (orientation_bin_
floor + 1) % num_bins] += c011
            hist_tensor[row_bin_floor + 2, col_bin_floor + 1, orientation_bin_
floor] += c100
            hist_tensor[row_bin_floor + 2, col_bin_floor + 1, (orientation_bin_
floor + 1) % num_bins] += c101
            hist_tensor[row_bin_floor + 2, col_bin_floor + 2, orientation_bin_
floor] += c110
            hist_tensor[row_bin_floor + 2, col_bin_floor + 2, (orientation_bin_
floor + 1) % num_bins] += c111
        #剔除边界的数值
        descriptor_vector = hist_tensor[1:-1, 1:-1, :].flatten()
        #3. 阈值过滤、归一化
        threshold = np.linalg.norm(descriptor_vector) * descriptor_max_value
        descriptor_vector[descriptor_vector > threshold] = threshold
        descriptor_vector /= max(np.linalg.norm(descriptor_vector), float_tolerance)
        descriptor_vector = np.round(512 * descriptor_vector)
        descriptor_vector = np.clip(descriptor_vector, 0, 255)
        descriptors.append(descriptor_vector)
    return np.array(descriptors, dtype='float32')
```

14.7.2　语法函数

OpenCV 调用 cv2.SIFT_create()创建实例化对象，其语法格式为

sift=cv2.SIFT_create(nfeatures,nOctaveLayers,contrastThreshold,edgeThreshold,sigma)

(1) sift：实例化对象。

(2) nfeatures：需要保留特征点的个数，特征按分数排序(分数取决于局部对比度)。

(3) nOctaveLayers：每一组高斯差分金字塔的层数，SIFT 论文中用的是 3。

(4) contrastThreshold：对比度阈值，用于过滤低对比度区域中的特征点。阈值越大，返回特征点越少。

(5) edgeThreshold：用于过滤掉类似图像边界处特征的阈值(边缘效应产生的特征)。

(6) sigma：第 1 组高斯图像金字塔高斯核的 sigma 值，SIFT 论文中用的 1.6。

OpenCV 调用 cv2.Feature2D.detectAndCompute()找出关键点并生成关键点描述子(关键点用向量表示)，其语法格式为

keypoints,descriptors=cv2.Feature2D.detectAndCompute(image,None)

(1) keypoints：找出关键点。每个关键点包括 pt(关键点坐标)、size(描述关键点区域)、angle(关键点方向)、response(响应程度，代表关键点品质好坏，数值越大越好。)、octave(从哪一层取的关键点)、class_id(如果对图像进行分类，则通过关键点进行区分，默认值为−1)。

(2) descriptors：关键点的描述子。

(3) image：原图。

OpenCV 调用函数 cv2.drawKeypoints() 绘制关键点，其语法格式为

img=cv2.drawKeypoints(image,keypoints,color,flags)

(1) img：带关键点的图像。

(2) image：原图。

(3) keypoints：关键点。

(4) color：关键点颜色。

(5) flags：绘制关键点的类型。

【例 14-15】 SIFT 关键点检测并匹配。

解：

(1) 读取图像。

(2) SIFT 关键点检测。检测两幅图中的关键点并进行匹配。

(3) 显示图像，代码如下：

```
#chapter14_15.py
import cv2
import numpy as np
from functools import cmp_to_key
```

```
from matplotlib import pyplot as plt

def computeKeypointsAndDescriptors(image, sigma=1.6, num_features=3, init_
sigma=0.5, border_width=5):
    '''
    SIFT 特征描述子
    :param image: 原始图像
    :param sigma: 方差
    :param num_features: 生成极值点层数
    :param init_sigma: 初始值
    :param border_width: 边界宽度
    :return: 关键点、关键点描述子
    '''
    #(1) 图像初始化
    img_int = image_init(image, sigma, init_sigma)
    #(2) 生成高斯图像金字塔图像,高斯差分金字塔
    gau_imgs, dog_imgs = get_gau_dog_imgs(img_int, sigma, num_features)
    #(3) 生成关键点
    kpts = get_keypoints(gau_imgs, dog_imgs, num_features, sigma, border_width)
    #(4) 删除重复关键点
    kpts = deal_keypoints(kpts)
    #(5) 生成关键点描述子
    des = get_descriptors(kpts, gau_imgs)
    return kpts, des

#1. 图像初始化
def image_init(img, sigma=1.6, init_sigma=0.5):
    '''
    图像初始化
    :param img: 原始图像
    :param sigma: 参数,用于高斯模糊的方差
    :param init_sigma: 参数
    :return:初始化后的图片
    '''
    #(1) 将图像转换为灰度图
    if len(img.shape) > 2:
        gray_img = cv2.cvtColor(img.copy(), cv2.COLOR_BGR2GRAY)
    else:
        gray_img = img.copy()
    #(2) 图像上采样
    img = np.array(gray_img, np.float32)
    img = cv2.resize(img, (img.shape[1] *2, img.shape[0] *2), interpolation=
cv2.INTER_LINEAR)
    #(3) 高斯模糊
    sigma_diff = np.sqrt(max(sigma **2 - 4 *init_sigma **2, 0.01))
    return cv2.GaussianBlur(img, (0, 0), sigmaX=sigma_diff, sigmaY=sigma_diff)

#2. 高斯图像金字塔图像,高斯差分金字塔
def get_gau_dog_imgs(img, sigma=1.6, num_features=3):
    '''
    生成高斯图像金字塔,高斯差分金字塔
    :param img: 初始化图像
```

```
    :param sigma: 方差
    :param num_features: 生成极值点的层数
    :return: 高斯图像金字塔,高斯差分金字塔
    '''
    #金字塔层数 9
    num_ots = int(np.round(np.log2(min(img.shape)) - 1))
    #每层金字塔的高斯滤波图像 6
    num_layers = num_features + 3
    #尺度因子 1.26
    k = 2 ** (1. / num_features)
    #高斯滤波方差:sigma_3**2 = sigma_1**2 + sigma_2**2
    #( (sigma * k ** (i)) ** 2 - (sigma * k ** (i-1)) ** 2 ) ** 0.5 = sigma * k ** (i-1) *
    #(k * k-1) ** (0.5)
    kernel_list = np.array([sigma] + [sigma * k ** (i - 1) * (k * k - 1) ** (0.5) for i
in range(1, num_layers)])
    pyr = []
    #(1) 生成高斯图像金字塔
    #对第 i 层图像的倒数第 3 个高斯模糊图像进行下采样,作为第 i+1 层图像的初始图像
    for octave_index in range(num_ots):
        gau_imgs_layer = []
        gau_imgs_layer.append(img)
        for i in kernel_list[1:]:
            img = gau_imgs_layer[-1].copy()
            image = cv2.GaussianBlur(img, (0, 0), sigmaX=i, sigmaY=i)
            gau_imgs_layer.append(image)
        octave_base = gau_imgs_layer[-3]
        img = cv2.resize(octave_base, (int(octave_base.shape[1] / 2), int(octave_
base.shape[0] / 2)),interpolation=cv2.INTER_NEAREST)
        pyr.append(gau_imgs_layer)
    gau_imgs = np.array(pyr, dtype=object)
    #(2) 生成高斯差分金字塔
    dog_imgs = np.array([[pyr[i][j + 1] - pyr[i][j] for j in range(num_layers - 1)]
for i in range(num_ots)], dtype=object)
    return gau_imgs, dog_imgs

#3. 生成关键点
def get_keypoints(gau_imgs, dog_imgs, num_features, sigma, border_width, contr_
thr=0.04):
    '''
    查找极值点,生成关键点,确定关键点方向
    :param gau_imgs: 高斯图像金字塔
    :param dog_imgs: 高斯差分金字塔
    :param num_features: 极值点层数
    :param sigma: 方差
    :param border_width: 边界尺寸
    :param contr_thr: 阈值
    :return: 关键点
    '''
    #极值点阈值
    threshold = np.floor(0.5 * contr_thr / num_features * 255)
 #threshold = 1.0 keypointsfrom OpenCV implementation
```

```
    #存放关键点
    kps_list = []
    #遍历高斯差分金字塔,dog_imgs[num_octave,num_features+2]
    for o_idx, layer_imgs in enumerate(dog_imgs):
        #取 layer_imgs 中相邻的 3 个高斯差分图像
        for layer_idx, (pre_img, mid_img, next_img) in enumerate(
                zip(layer_imgs, layer_imgs[1:], layer_imgs[2:])):
            #(i,j)是 tmp[3×3×3]的中心点
            for i in range(border_width, pre_img.shape[0] - border_width):
                for j in range(border_width, pre_img.shape[1] - border_width):
                    #中心点
                    center = mid_img[i, j]
                    #tmp 是相邻的 3 个高斯差分区域
                    tmp = np.stack([pre_img[i - 1:i + 2, j - 1:j + 2], mid_img[i - 1:
i + 2, j - 1:j + 2], next_img[i - 1:i + 2, j - 1:j + 2]])
                    #(1) 确定极值点,判断中心点是否是极值点
                    if np.abs(center) > threshold and (
                            (center > 0 and (center >= tmp).all()) or (center < 0
and (center <= tmp).all())):
                        #(2) 特征点的定位
                        re = adjustl_local_extrema(i, j, layer_idx + 1, o_idx,
num_features, layer_imgs, sigma, contr_thr, border_width)
                        if re is not None:
                            kp, local_idx = re
                            #(3) 方向的确定
                            kp_dire = get_direction(kp, o_idx, gau_imgs[o_idx]
[local_idx])
                            for k in kp_dire:
                                kps_list.append(k)
    return kps_list

def adjustl_local_extrema(i, j, layer_idx, o_idx, num_features, layer_imgs,
sigma, contr_thr, border_width, eigenvalue_ratio=10, num_attempts=5):
    '''
    根据离散的极值点通过插值求真正的极值点
    :param i: 高斯差分金字塔图像第 i 行
    :param j: 高斯差分金字塔图像第 j 列
    :param layer_idx: 第 o_idx 组差分金字塔第 layer_idx 张图像
    :param o_idx: 高斯差分金字塔组数
    :param num_features: 特征数
    :param layer_imgs: 第 o_idx 组差分金字塔,每组有(num_features+2)张图像
    :param sigma: 1.6,用来计算关键点所在图像的高斯模糊的方差
    :param contr_thr: 阈值,用来筛选极值点
    :param border_width: 边缘尺寸
    :param eigenvalue_ratio: 用于筛选边缘无效点
    :param num_attempts: 差分次数
    :return: 关键点[坐标,关键点所在的组和层,高斯模糊的方差,极值]
    '''
    #假设关键点在边界外
```

```
    flag = False
    img_shape = layer_imgs[0].shape
    for idx in range(num_attempts):
        pre_img, mid_img, next_img = layer_imgs[layer_idx - 1:layer_idx + 2]
        #pixel[3,3,3]
        pixel = np.stack ([pre_img[i - 1:i + 2, j - 1:j + 2],
                          mid_img[i - 1:i + 2, j - 1:j + 2],
                          next_img[i - 1:i + 2, j - 1:j + 2]]).astype('float32')/255.
        #(1) 求关键点
        #计(x,y,layer_idx)一阶导数,layer_idx 是差分金字塔的层数,[3,]
        grad = get_gradient(pixel)
        #计(x,y,layer_idx)二阶导数,[3,3]
        hess = get_hessian(pixel)
        #极值坐标的偏移量,-inv(hess)*grad
        dxys = -np.linalg.lstsq(hess, grad, rcond=None)[0]
        #如果 dxys 的最大值小于 0.5,则说明求的是极值点
        if abs(dxys).max() < 0.5:
            break
        #更新极值坐标(x,y,layer_idx)
        j += int(np.round(dxys[0]))
        i += int(np.round(dxys[1]))
        layer_idx += int(np.round(dxys[2]))
        #删除超越边缘点
        if i < border_width or i >= img_shape[0] - border_width or j < border_
width or j >= img_shape[
            1] - border_width or layer_idx < 1 or layer_idx > num_features:
            flag = True
            break
    if flag:
        return None
    if idx >= num_attempts - 1:
        return None
    #极值
    ex_val = pixel[1, 1, 1] + 0.5 *np.dot(grad, dxys)
    if abs(ex_val) *num_features >= contr_thr:
        #Hessian 矩阵,[2,2]
        xy_h = hess[:2, :2]
        #Hessian 矩阵的迹
        xy_h_trace = np.trace(xy_h)
        #Hessian 矩阵的行列式
        xy_h_det = np.linalg.det(xy_h)
        #(2) 借助 Hessian 矩阵来剔除边缘响应点
        if xy_h_det > 0 and eigenvalue_ratio * (xy_h_trace **2) < ((eigenvalue_
ratio + 1) **2) *xy_h_det:
            #(3) 存储关键点
            kpt = cv2.KeyPoint()
            #极值点在初始图中的坐标
            kpt.pt = ((j + dxys[0]) *(2 **o_idx), (i + dxys[1]) *(2 **o_idx))
            #o_idx, layer_idx
            kpt.octave = o_idx + layer_idx *(2 **8) + int(np.round((dxys[2] +
0.5) *255)) *(2 **16)
            #尺度因子
```

```
            kpt.size = sigma * (2 ** ((layer_idx + dxys[2]) / np.float32(num_
features))) * (2 ** (o_idx + 1))
            return kpt, layer_idx
    return None
def get_gradient(pixel):
    """
     f'(x) = (f(x + 1) - f(x - 1)) / 2
    """
    dx = 0.5 * (pixel[1, 1, 2] - pixel[1, 1, 0])
    dy = 0.5 * (pixel[1, 2, 1] - pixel[1, 0, 1])
    ds = 0.5 * (pixel[2, 1, 1] - pixel[0, 1, 1])
    return np.array([dx, dy, ds])
def get_hessian(pixel):
    """
     f''(x) is (f(x + h) - 2 *f(x) + f(x - h)) / (h ^ 2)
     f''(x) = f(x + 1) - 2 *f(x) + f(x - 1)
     (d^2) f(x, y) / (dx dy) = (f(x + h, y + h) - f(x + h, y - h) - f(x - h, y + h) +
f(x - h, y - h)) / (4 *h ^ 2)
     (d^2) f(x, y) / (dx dy) = (f(x + 1, y + 1) - f(x + 1, y - 1) - f(x - 1, y + 1) +
f(x - 1, y - 1)) / 4
    """
    center_pixel_value = pixel[1, 1, 1]
    dxx = pixel[1, 1, 2] - 2 *center_pixel_value + pixel[1, 1, 0]
    dyy = pixel[1, 2, 1] - 2 *center_pixel_value + pixel[1, 0, 1]
    dss = pixel[2, 1, 1] - 2 *center_pixel_value + pixel[0, 1, 1]
    dxy = 0.25 * (pixel[1, 2, 2] - pixel[1, 2, 0] - pixel[1, 0, 2] + pixel[1, 0, 0])
    dxs = 0.25 * (pixel[2, 1, 2] - pixel[2, 1, 0] - pixel[0, 1, 2] + pixel[0, 1, 0])
    dys = 0.25 * (pixel[2, 2, 1] - pixel[2, 0, 1] - pixel[0, 2, 1] + pixel[0, 0, 1])
    return np.array([[dxx, dxy, dxs],
                     [dxy, dyy, dys],
                     [dxs, dys, dss]])

def get_direction(kp, o_idx, gau_imgs, radius_factor=3, num_bins=36, peak_ratio=
0.8, scale_factor=1.5,
                  float_tolerance=1e-7):
    '''
    确定关键点方向
    :param kp: 关键点
    :param o_idx: 关键点所在的金字塔组
    :param gau_imgs: 关键点所在的高斯图像
    :param radius_factor: 系数
    :param num_bins: 直方图组数
    :param peak_ratio: 系数
    :param scale_factor: 尺度因子
    :param float_tolerance:阈值
    :return:关键点
    '''
    kp_direction = []
    image_shape = gau_imgs.shape
    #方差系数
    scale = scale_factor * kp.size / np.float32(2 ** (o_idx + 1))
    #在 radius 半径内计算像素的梯度和方向
```

```
    radius = int(np.round(radius_factor *scale)) #3*1.5*sigma
    #权重系数
    weight_factor = -0.5 / (scale **2)
    #存放梯度[36,]
    raw_hist = np.zeros(num_bins)
    #关键点在高斯模糊图像中的位置
    cx, cy = int(np.round(kp.pt[0] / np.float32(2 **o_idx))), int(np.round(kp.
pt[1] / np.float32(2 **o_idx)))
    #(1) 计算 cx 和 cy 在[cy-radius:cy+radius + 1,cx-radius:cx+radius + 1]内所有
    #像素的梯度和方向,根据梯度方向建立梯度直方图
    for i in range(cy - radius, cy + radius + 1):
        for j in range(cx - radius, cx + radius + 1):
            if i > 0 and i < image_shape[0] - 1 and j > 0 and j < image_shape[1] - 1:
                dx = gau_imgs[i, j + 1] - gau_imgs[i, j - 1]
                dy = gau_imgs[i - 1, j] - gau_imgs[i + 1, j]
                #梯度
                grad_mag = np.sqrt(dx *dx + dy *dy)
                #方向
                grad_dir = np.rad2deg(np.arctan2(dy, dx))
                #权重
                weight = np.exp(weight_factor * ((i - cy) **2 + (j - cx) **2))
                #(2) 生成直方图
                #直方图的水平坐标
                histogram_index = int(np.round(grad_dir *num_bins / 360.))
                #直方图的纵坐标
                raw_hist[histogram_index % num_bins] += weight *grad_mag
    #直方图平滑 smooth_hist[n] = (6 *raw_hist[n] + 4 *(raw_hist[n - 1] + raw_hist
    #[(n + 1) % num_bins]) + raw_hist[n - 2] + raw_hist[(n + 2) % num_bins]) / 16.
    smooth_hist = np.array(
        [((raw_hist[i - 2] + raw_hist[(i + 2) % 36]) + 4 *(raw_hist[i - 1] + raw_
hist[(i + 1) % 36]) + 6 *raw_hist[
            i]) / 16 for i in range(36)])
    #(3) 获取主方向和辅方向
    #最大方向
    dir_max = max(smooth_hist)
    #找出极值点,极值点比两边的数都大
    dir_peaks = np.where(np.logical_and(smooth_hist > np.roll(smooth_hist, 1),
smooth_hist > np.roll(smooth_hist, -1)))[
        0] #极值点
    for p_idx in dir_peaks:
        peak_value = smooth_hist[p_idx]
        #若大于阈值,则保留,作为主/辅方向
        if peak_value >= peak_ratio *dir_max:
            #极值点,及其左、右两点 left_v、right_v,共计 3 点,进行抛物线二次插值,得到精
            #确的极大值的位置
            #主方向梯度插值:B= i+(H(i-1)-H(i+1))/(2*(h(i-1)+H(i+1)-2*H(i)))
            left_value = smooth_hist[(p_idx - 1) % num_bins]
            right_value = smooth_hist[(p_idx + 1) % num_bins]
            #梯度插值得到精确极值位置
            interpolated_peak_index = (p_idx + 0.5 *(left_value - right_value) / (
                    left_value - 2 *peak_value + right_value)) % num_bins
            #方向
```

```
            dir = 360. - interpolated_peak_index * 360. / num_bins
            if abs(dir - 360.) < float_tolerance:
                dir = 0
            new_kpt = cv2.KeyPoint(*kp.pt, kp.size, dir, kp.response, kp.octave)
            kp_direction.append(new_kpt)
    return kp_direction

#4. 删除重复关键点
def compare_kpts(kp1, kp2):
    '''
    排序依据
    :param kp1: 关键点
    :param kp2: 关键点
    :return: 关键点属性差异
    '''
    if kp1.pt[0] != kp2.pt[0]:
        return kp1.pt[0] - kp2.pt[0]
    if kp1.pt[1] != kp2.pt[1]:
        return kp1.pt[1] - kp2.pt[1]
    if kp1.size != kp2.size:
        return kp2.size - kp1.size
    if kp1.angle != kp2.angle:
        return kp1.angle - kp2.angle
    if kp1.response != kp2.response:
        return kp2.response - kp1.response
    if kp1.octave != kp2.octave:
        return kp2.octave - kp1.octave
    return kp2.class_id - kp1.class_id

def deal_keypoints(kpts):
    '''
    删除重复关键点
    :param kpts: 检测到的所有关键点
    :return: 过滤后的关键点
    '''
    #(1) 去掉重复的 kpt
    if len(kpts) < 2:
        return kpts
    kpts.sort(key=cmp_to_key(compare_kpts))
    unique_kpts = [kpts[0]]
    for next_kpt in kpts[1:]:
        last_kpt = unique_kpts[-1]
        if last_kpt.pt[0] != next_kpt.pt[0] or \
                last_kpt.pt[1] != next_kpt.pt[1] or \
                last_kpt.size != next_kpt.size or \
                last_kpt.angle != next_kpt.angle:
            unique_kpts.append(next_kpt)
    #(2) 将 kpt 映射到原图
    converted_kpt = []
    for kpt in unique_kpts:
        kpt.pt = tuple(0.5 * np.array(kpt.pt))
        kpt.size *= 0.5
```

```
        kpt.octave = (kpt.octave & ~255) | ((kpt.octave - 1) & 255)
        converted_kpt.append(kpt)
    return converted_kpt

#5. 生成关键点描述子
def get_descriptors(keypoints, gau_imgs, window_width=4, num_bins=8, scale_
multiplier=3, descriptor_max_value=0.2,
                    float_tolerance=1e-7):
    '''
    生成关键点描述子(特征向量)
    :param keypoints: 关键点
    :param gau_imgs: 高斯图像金字塔
    :param window_width: 窗口宽度
    :param num_bins: 直方图的组数
    :param scale_multiplier: 尺度缩放系数
    :param descriptor_max_value: 阈值
    :param float_tolerance: 阈值
    :return: 特征向量
    '''
    descriptors = []
    for kpt in keypoints:
        #关键点所在金字塔组数及高斯模糊图像的层数
        octave, layer = kpt.octave & 255, (kpt.octave >> 8) & 255
        if octave >= 128:
            octave = octave | -128
        #尺度因子
        scale = 1 / np.float32(1 << octave) if octave >= 0 else np.float32(1 << -octave)
        #关键点所在的高斯模糊图片
        g_img = gau_imgs[octave + 1, layer]
        num_rows, num_cols = g_img.shape
        #关键点位置信息
        point = np.round(scale * np.array(kpt.pt)).astype('int')
        bins_per_degree = num_bins / 360.
        #关键点方向
        angle = 360. - kpt.angle
        cos_angle = np.cos(np.deg2rad(angle))
        sin_angle = np.sin(np.deg2rad(angle))
        #权重系数
        weight_multiplier = -0.5 / ((0.5 * window_width) ** 2)
        row_bin_list = [] #存放每个邻域点对应 4×4 个小窗口中的哪一个(行)
        col_bin_list = [] #存放每个邻域点对应 4×4 个小窗口中的哪一个(列)
        magnitude_list = [] #存放每个邻域点的梯度幅值
        orientation_bin_list = [] #存放每个邻域点的梯度方向角所处的方向组
        #存放 4×4×8 个描述符,但为了防止计算时边界溢出,在行、列的首尾各扩展一次 6×6×8
        hist_tensor = np.zeros((window_width + 2, window_width + 2, num_bins))
        #3×sigma,每个小窗口的边长
        hist_width = scale_multiplier * 0.5 * scale * kpt.size
        half_width = int(round(
            hist_width * np.sqrt(2) * (window_width + 1) * 0.5))
        half_width = int(min(half_width, np.sqrt(num_rows ** 2 + num_cols ** 2)))
        for row in range(-half_width, half_width + 1):
            for col in range(-half_width, half_width + 1):
```

```
                #(1) 坐标轴旋转
                #计算旋转后的坐标
                row_rot = col * sin_angle + row * cos_angle
                col_rot = col * cos_angle - row * sin_angle
                #对应 4×4 子区域的下标(行)
                row_bin = (row_rot / hist_width) + 0.5 * window_width - 0.5
                col_bin = (col_rot / hist_width) + 0.5 * window_width - 0.5
                #(2) 生成特征向量
                #计算关键点邻域的点在旋转后仍然处于 4×4 的区域内的梯度
                if row_bin > -1 and row_bin < window_width and col_bin > -1 and col_
bin < window_width:
                    #计算对应原图的行坐标
                    window_row = int(round(point[1] + row))
                    window_col = int(round(point[0] + col))
                    if window_row > 0 and window_row < num_rows - 1 and window_col >
0 and window_col < num_cols - 1:
                        #计算梯度
                        dx = g_img[window_row, window_col + 1] - g_img[window_
row, window_col - 1]
                        dy = g_img[window_row - 1, window_col] - g_img[window_
row + 1, window_col]
                        mag = np.sqrt(dx * dx + dy * dy)
                        #方向
                        ori = np.rad2deg(np.arctan2(dy, dx)) % 360
                        #权重
                        weight = np.exp(weight_multiplier * ((row_rot / hist_
width) ** 2 + (col_rot / hist_width) ** 2))
                        row_bin_list.append(row_bin)
                        col_bin_list.append(col_bin)
                        magnitude_list.append(weight * mag)
                        #因为梯度角是旋转前的,所以还要叠加上旋转的角度
                        orientation_bin_list.append((ori - angle) * bins_per_degree)
        #将 magnitude 分配到 4×4×8(d×d×num_bins)的各区域中,即分配到 histogram_
#tensor 数组中
        for row_bin, col_bin, magnitude, orientation_bin in zip(row_bin_list,
col_bin_list, magnitude_list,

orientation_bin_list):
            #行坐标、列坐标、方向的整数部分
            row_bin_floor, col_bin_floor, orientation_bin_floor = np.floor
([row_bin, col_bin, orientation_bin]).astype(
                int)
            #行坐标、列坐标、方向的小数部分
            row_fraction, col_fraction, orientation_fraction = row_bin - row_
bin_floor, col_bin - col_bin_floor, orientation_bin - orientation_bin_floor
            if orientation_bin_floor < 0:
                orientation_bin_floor += num_bins
            if orientation_bin_floor >= num_bins:
                orientation_bin_floor -= num_bins
            #对梯度按照行方向的信息进行线性插值,得到 c1 和 c0
            c1, c0 = magnitude * row_fraction, magnitude * (1 - row_fraction)
            #对 c1 和 c0 按照列方向的信息进行线性插值,分别得到 c11、c10、c01 和 c00
            c11, c10 = c1 * col_fraction, c1 * (1 - col_fraction)
```

```
                c01, c00 = c0 *col_fraction, c0 *(1 - col_fraction)
                #再对 c11、c10、c01 和 c00 按照方向信息插值,得到 c111、c110、c101、c100、c001 和 c000
                #一个关键点得到的 8 个方向的信息
                c111, c110 = c11 *orientation_fraction, c11 *(1 - orientation_fraction)
                c101, c100 = c10 *orientation_fraction, c10 *(1 - orientation_fraction)
                c011, c010 = c01 *orientation_fraction, c01 *(1 - orientation_fraction)
                c001, c000 = c00 *orientation_fraction, c00 *(1 - orientation_fraction)
                #把关键点得到的 8 个方向的信息放到 4×4×8 的数组中,即一个关键点用 128 维
                #向量表示
                hist_tensor[row_bin_floor + 1, col_bin_floor + 1, orientation_bin_
floor] += c000
                hist_tensor[row_bin_floor + 1, col_bin_floor + 1, (orientation_bin_
floor + 1) % num_bins] += c001
                hist_tensor[row_bin_floor + 1, col_bin_floor + 2, orientation_bin_
floor] += c010
                hist_tensor[row_bin_floor + 1, col_bin_floor + 2, (orientation_bin_
floor + 1) % num_bins] += c011
                hist_tensor[row_bin_floor + 2, col_bin_floor + 1, orientation_bin_
floor] += c100
                hist_tensor[row_bin_floor + 2, col_bin_floor + 1, (orientation_bin_
floor + 1) % num_bins] += c101
                hist_tensor[row_bin_floor + 2, col_bin_floor + 2, orientation_bin_
floor] += c110
                hist_tensor[row_bin_floor + 2, col_bin_floor + 2, (orientation_bin_
floor + 1) % num_bins] += c111
            #剔除边界的数值
            descriptor_vector = hist_tensor[1:-1, 1:-1, :].flatten()
            #(3) 阈值过滤、归一化
            threshold = np.linalg.norm(descriptor_vector) *descriptor_max_value
            descriptor_vector[descriptor_vector > threshold] = threshold
            descriptor_vector /= max(np.linalg.norm(descriptor_vector), float_tolerance)
            descriptor_vector = np.round(512 *descriptor_vector)
            descriptor_vector = np.clip(descriptor_vector, 0, 255)
            descriptors.append(descriptor_vector)
return np.array(descriptors, dtype='float32')

if __name__ == '__main__':
    MIN_MATCH_COUNT = 10
    img1 = cv2.imread('pictures/L1_01.png', 1)
    img2 = cv2.imread('pictures/L1_02.png', 1)
    kp1, des1 = computeKeypointsAndDescriptors(img1)
    kp2, des2 = computeKeypointsAndDescriptors(img2)
    FLANN_INDEX_KDTREE = 0
    index_params = dict(algorithm=FLANN_INDEX_KDTREE, trees=5)
    search_params = dict(checks=50)
    flann = cv2.FlannBasedMatcher(index_params, search_params)
    matches = flann.knnMatch(des1, des2, k=2)
    #Lowe's ratio test
    good = []
    for m, n in matches:
        if m.distance < 0.7 *n.distance:
            good.append(m)
```

```
    if len(good) > MIN_MATCH_COUNT:
        src_pts = np.float32([kp1[m.queryIdx].pt for m in good]).reshape(-1, 1, 2)
        dst_pts = np.float32([kp2[m.trainIdx].pt for m in good]).reshape(-1, 1, 2)
        M = cv2.findHomography(src_pts, dst_pts, cv2.RANSAC, 5.0)[0]
        #Draw detected template in scene image
        h, w = img1.shape[:2]
        pts = np.float32([[0, 0],
                          [0, h - 1],
                          [w - 1, h - 1],
                          [w - 1, 0]]).reshape(-1, 1, 2)
        dst = cv2.perspectiveTransform(pts, M)
        #img2 = cv2.polylines(img2, [np.int32(dst)], True, 255, 3, cv2.LINE_AA)
        h1, w1 = img1.shape[:2]
        h2, w2 = img2.shape[:2]
        nWidth = w1 + w2
        nHeight = max(h1, h2)
        hdif = int((h2 - h1) / 2)
        newimg = np.zeros((nHeight, nWidth, 3), np.uint8)
        newimg[hdif:hdif + h1, :w1] = img1
        newimg[:h2, w1:w1 + w2] = img2
        #Draw SIFT keypoint matches
        for m in good:
            pt1 = (int(kp1[m.queryIdx].pt[0]), int(kp1[m.queryIdx].pt[1] + hdif))
            pt2 = (int(kp2[m.trainIdx].pt[0] + w1), int(kp2[m.trainIdx].pt[1]))
            cv2.line(newimg, pt1, pt2, (255, 255, 0))
        plt.axis('off')
        plt.imshow(newimg[..., ::-1])
        plt.show()
        #cv2.imwrite('pictures/p14_32.jpeg',newimg)
    else:
        print("Not enough matches are found - %d/%d" % (len(good), MIN_MATCH_COUNT))
```

运行结果如图 14-32 所示。

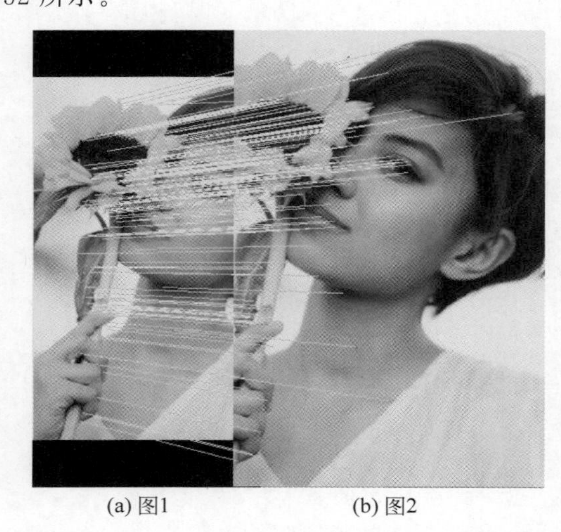

(a) 图1　　　　(b) 图2

图 14-32　SIFT 关键点检测并匹配

【例 14-16】 图像查找。

解：

（1）读取图像。

（2）图像处理。先获取图 1 和图 2 的 SIFT 特征点，再对两幅图中检测的特征点进行匹配，找到共有的特征点。根据共有特征点找到图 1 特征点和图 2 特征点的变换矩阵，求图 1 的 4 个角坐标在图 2 上对应的坐标，这样就找到了图 1 在图 2 上对应的位置。

（3）显示图像，代码如下：

```
#chapter14_16.py 图像查找
import cv2
import numpy as np
import matplotlib.pyplot as plt

#1.读取图像
#模板,图 1
img1 = cv2.imread('pictures/che2.png', 1)
#目标图像,在目标图像中查找模板,图 2
img2 = cv2.imread('pictures/che.png', 1)
#2.图像处理
#灰度图
img1_gray = cv2.imread('pictures/che2.png', 0)
img2_gray = cv2.imread('pictures/che.png', 0)
#2.1 SIFT 特征检测器
sift = cv2.SIFT_create()
#生成关键点和描述子
kp1, des1 = sift.detectAndCompute(img1_gray, None)
kp2, des2 = sift.detectAndCompute(img2_gray, None)
#2.2 创建匹配器
#idx_para 和 search_para 为参数
idx_para = dict(algorithm=1, trees=5)
search_para = dict(checks=50)
flann = cv2.FlannBasedMatcher(idx_para, search_para)
#匹配描述子
matchs = flann.knnMatch(des1, des2, k=2)
#2.3 获取匹配的关键点
good = []
for i, (p, q) in enumerate(matchs):
    if p.distance < 0.85 *q.distance:
        good.append(p)
if len(good) > 4:
    #2.4 找到两张图中共有的特征点
    srcPts = np.float32([kp1[i.queryIdx].pt for i in good]).reshape(-1, 1, 2)
    dstPts = np.float32([kp2[i.trainIdx].pt for i in good]).reshape(-1, 1, 2)
    #2.5 获取单应性矩阵,特征点变换矩阵
    H, _ = cv2.findHomography(srcPts, dstPts, cv2.RANSAC, 5.0)
    h, w = img1.shape[:2]
    #图 1 中 4 个角的坐标
    pts = np.float64([[0, 0], [0, h - 1], [w - 1, h - 1], [w - 1, 0]]).reshape(-1, 1, 2)
    #图 1 中 4 个角的坐标在图 2 中对应的点
    dst = cv2.perspectiveTransform(pts, H)
```

```
        i = img2.copy()
        #画出图 1 在图 2 中的位置
        i = cv2.polylines(i, [(dst).astype(int)], True, (0, 0, 255), 5)
    else:
        print("the num of good is less than 4.")
    #3. 显示图像
    plt.subplot(131)
    plt.axis("off")
    plt.imshow(img1[..., ::-1])
    plt.subplot(132)
    plt.axis("off")
    plt.imshow(img2[..., ::-1])
    plt.subplot(133)
    plt.axis("off")
    plt.imshow(i[..., ::-1])
```

运行结果如图 14-33 所示。

(a) 图1

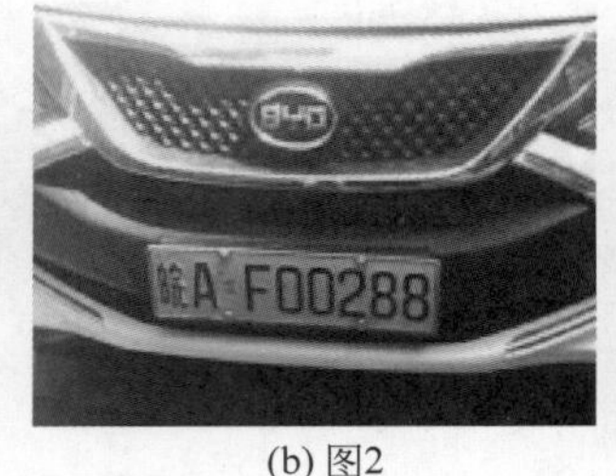

(b) 图2

(c) 查找结果

图 14-33　图像查找

14.8　ORB 特征点

Ethan Rublee 等 2011 年在 *ORB*：*An Efficient Alternative to SIFT or SURF* 文章中提出了 ORB(Oriented Fast and Rotated Brief) 算法，包括定向 FAST 和可旋转 BRIEF。算法先通过 FAST 算法寻找特征点，再通过 BRIEF 算法描述特征点。ORB 算法的创新点主要有在 FAST 算法中构造金字塔方法，解决尺度不变性问题；计算特征点的方向，把特征点旋转到主方向上，使特征点具有旋转不变性。ORB 相对于 SIFT、SURF 是一种为满足实时特征匹配而提出的算子，运行速度较前两者有很大提升，缺点是牺牲了一部分特征点和准确度。

14.8.1　基本原理

ORB 算法包含定向 FAST 和可旋转 BRIEF。FAST 算法的原理可参考之前的章节，实现 ORB 算法的步骤如下：

(1) 构建图像金字塔。

(2) 检测关键点。

(3) 生成关键点的描述符子。

```
def my_orb_detectAndCompute(img):
    #1.建立图像金字塔
    img_pyr,para = img_pyramid(img)
    #2.检测关键点
    kpts = get_key_points(img_pyr,para)
    #3.生成关键点的描述子
    des = get_orb_descriptors(img_pyr,kpts,para)
    return kpts ,des
```

1. 构建图像金字塔

为了解决尺度不变性问题，对原始待检测图片构建金字塔，再从每层图像金字塔提取特征。在构建图像金字塔的过程中要对图像进行填充，方便之后提取特征和高斯模糊等操作，具体步骤如下：

(1) 判断图像是否为灰度图，如果输入图像不是灰度图，则转换成灰度图像。

(2) 建立层数为 8 的图像金字塔。先按照缩放系数对每层图像进行缩放，再对图像的宽和高进行填充后存放在金字塔列表中，具体参数见表 14-5。

表 14-5　金字塔参数

层数	缩放系数	缩放后图像尺寸	填充后的图像尺寸
0	1.2^0	$[h/1.2^0, w/1.2^0]$	$[h/1.2^0+2b, w/1.2^0+2b]$
1	1.2^1	$[h/1.2^1, w/1.2^1]$	$[h/1.2^1+2b, w/1.2^1+2b]$
2	1.2^2	$[h/1.2^2, w/1.2^2]$	$[h/1.2^2+2b, w/1.2^2+2b]$
3	1.2^3	$[h/1.2^3, w/1.2^3]$	$[h/1.2^3+2b, w/1.2^3+2b]$
4	1.2^4	$[h/1.2^4, w/1.2^4]$	$[h/1.2^4+2b, w/1.2^4+2b]$
5	1.2^5	$[h/1.2^5, w/1.2^5]$	$[h/1.2^5+2b, w/1.2^5+2b]$
6	1.2^6	$[h/1.2^6, w/1.2^6]$	$[h/1.2^6+2b, w/1.2^6+2b]$
7	1.2^7	$[h/1.2^7, w/1.2^7]$	$[h/1.2^7+2b, w/1.2^7+2b]$

构建金字塔，代码如下：

```
def img_pyramid(img, scale_factor = 1.2, first_level=0, patch_size = 31, edge_
threshold=31, harrisblock_size=9, levels_num=8):
    '''
    建立金字塔
    :param img: 输入图像
    :param scale_factor: 缩放尺度
    :param first_level: 起始层参数
    :param patch_size: 用于计算填充程度
    :param edge_threshold: 用于计算填充程度
    :param harrisblock_size: 用于计算填充程度
    :param levels_num: 金字塔层数
    :return: img_pyrd(图像金字塔列表)、layers_scale(存放金字塔每层图像缩放系数)、
layers_shape(存放金字塔每层图像尺寸)、border(填充边界值)
    '''
```

```
    #1. 判断图像是否为灰度图像
    if len(img.shape)>2:
        img_gray = cv2.cvtColor(img.copy(),cv2.COLOR_BGR2GRAY)
    else:
        img_gray = img.copy()
    #2. 构建金字塔。计算金字塔每层的缩放尺度,根据缩放尺度确定每层图像的尺寸,再对图
    #像进行填充
    #2.1 计算 border,本例中 border=32
    desc_patch_size = int(np.ceil(int(patch_size / 2) *np.sqrt(2.0)))
    border = int(np.max((edge_threshold, desc_patch_size, harrisblock_size /
2)) + 1)
    #2.2 构建 img_pyrd 列表,用来存放图像金字塔
    img_pyrd = [cv2.copyMakeBorder(img_gray, border, border, border, border,
cv2.BORDER_REFLECT_101)]
    img_prev = img_gray.copy()
    #2.3 layers_scale 存放每层图像的缩放系数
    layers_scale = [1.0]
    #2.4 layers_scale 存放每层图像的尺寸
    layers_shape = [img_gray.shape]
    #2.5 遍历图像金字塔
    for level in range(1,levels_num):
        #2.5.1 计算每层的缩放系数
        scale = scale_factor **(level-first_level)
        layers_scale.append(scale)
        #2.5.2 根据缩放系数确定每层图像尺寸
        sz = int(np.round(img_gray.shape[1]/scale_factor ** level)),int(np.
round(img_gray.shape[0]/scale_factor **level))#(x,y)
        layers_shape.append(sz)
        #2.5.3 把灰度图像缩放到固定尺寸
        img_scaled = cv2.resize(img_prev, tuple(sz), 0, 0, cv2.INTER_LINEAR_EXACT)
        img_prev = img_scaled.copy()
        #2.5.4 填充
        img_padd = cv2.copyMakeBorder(img_scaled, border, border, border, border,
cv2.BORDER_REFLECT_101 + cv2.BORDER_ISOLATED)
        img_pyrd.append(img_padd)
    return img_pyrd,[layers_scale,layers_shape,border]

#运行结果
```
1. 金字塔中每张图像的尺寸 img_pyrd:
(576, 576), (491, 491), (420, 420), (360, 360), (311, 311), (270, 270), (235, 235),
(207, 207)
2. 缩放系数 layers_scale:
[1.0, 1.2, 1.44, 1.7279999999999998, 2.0736, 2.4883199999999994,
2.9859839999999993, 3.583180799999999]
3. 缩放后图像尺寸(无填充)layers_shape:
[(512, 512), (427, 427), (356, 356), (296, 296), (247, 247), (206, 206), (171, 171),
(143, 143)]
4. border:32
```
```

运行结果如图 14-34 所示。

图 14-34 图像金字塔

2. 检测关键点

关键点检测的步骤如下：

(1) 计算关键点数量。

(2) 检测关键点。

(3) 筛选关键点。

(4) 计算关键点方向。

1) 计算关键点数量

默认要在图像上检测 N 个关键点，因此根据图像金字塔的面积占总面积的比例分配每张图像要检测关键点的数量。金字塔层数越多，图像面积越小，要提取的关键点数量就越少。假设第 0 层图像的尺寸为 $[H,W]$，缩放因子为 $s(0<s<1)$。金字塔的总面积为

$$S = H \times W \times (s^2)^0 + H \times W \times (s^2)^1 + \cdots + H \times W \times (s^2)^{n-1}$$
$$= H \times W \times \frac{1-(s^2)^n}{1-s^2} \tag{14-33}$$

金字塔单位面积上关键点的数量 N_{avg}：

$$N_{\text{avg}} = \frac{N}{S} = \frac{N}{H \times W \times \dfrac{1-(s^2)^n}{1-(s^2)}} = \frac{N(1-s^2)}{H \times W \times (1-(s^2)^n)} \tag{14-34}$$

第 0 层应分配的特征点数量：

$$N_0 = \frac{N(1-s^2)}{1-(s^2)^n} \tag{14-35}$$

第 i 层应分配的特征点数量：

$$N_i = \frac{N(1-s^2)}{1-(s^2)^n}(s^2)^i \tag{14-36}$$

代码如下：

```
#1.计算每层金字塔的关键点数量
'''
features_num = 500              #默认检测数量
scale_factor = 1.2              #缩放因子
'''
#1.1 factor 为缩放因子的平方，即 factor = s **2
```

```
factor = (float)(1.0 / scale_factor) #scale_factor=1.2;factor = 0.833
#1.2 计算单位面积关键点的数量
num_avg = (int)(np.round(features_num * (1 - factor) / (1 - np.power(factor,
levels_num))))
#1.3 每层金字塔检测的关键点数量
features_per_level = [int(num_avg * factor ** i) for i in range(levels_num)]
#1.4 如果根据公式计算的总检测数量不足默认要检测的数量,则可把不足的点补充到最后一层
features_per_level[-1] += int(max(features_num - sum(features_per_level), 0))
#运行结果
'''
num_avg = 109
features_per_level = [109, 90, 75, 63, 52, 43, 36, 32]
'''
```

2）检测关键点

遍历每层金字塔图像，对不包含填充区域的图像进行 FAST 关键点检测，代码如下：

```
#2. 提取关键点
half_patch_size = (int)(patch_size / 2)
kptss = [] #存放每层金字塔实际检测到的关键点
conts = [] #存放每层金字塔实际检测到的关键点的数量
#2.1 遍历每层金字塔
for level in range(0, levels_num):
    #2.1.1 每层要检测的关键点的数量
    features_level = int(features_per_level[level])
    #2.1.2 从金字塔中提取该层的图像,不包括填充的边界
    img = img_pyrd[level][border:-border, border:-border]
    mask = None
    #2.1.3 FAST 关键点检测
    fd = cv2.FastFeatureDetector_create(threshold=fast_threshold, nonmaxSuppression=
True,type=cv2.FastFeatureDetector_TYPE_9_16)
    kpt = fd.detect(img, mask=mask)
```

3）筛选关键点

对每层检测的关键点进行三轮筛选。

(1) 剔除越界的点。获取边界临界值，遍历每个关键点，如果关键点坐标落在边界临界值之外，则删除关键点，代码如下：

```
#2. 剔除越界的点
#kpt = delete_border_kpts(kpt, img, edge_threshold)
def delete_border_kpts(kps,img_src,border_size=31):
    '''
    剔除越界的关键点
    :param kps: 关键点
    :param img_src: 无填充的图像
    :param border_size: 边界阈值
    :return: 无越界的关键点
    '''
    #获取边界临界值
```

```
    b = [border_size, border_size, img_src.shape[1] - border_size, img_src.
shape[0] - border_size]
    newkp = []
    for kp in kps:
        x, y = kp.pt
        if x >= b[0] and y >= b[1] and x < b[2] and y < b[3]:
            newkp.append(kp)
    return newkp
```

（2）保留前 n_points 个关键点。根据关键点的响应值对关键点进行排序，如果关键点的数量小于指定保留数量，则保存全部关键点；反之，只保存 n_points 个关键点，代码如下：

```
#kpt = retainBest(kpt, (2 * features_level) if (score_type == 0) else features_level)
def retainBest(kpts, n_points):
    '''
    根据关键点的响应值对关键点从大到小进行排序，保留前 n_points 个关键点
    :param kpts: 关键点
    :param n_points: 预保留的关键点
    :return: 返回前 n_points 个关键点
    '''
    if n_points >= 0 and len(kpts) > n_points:
        #1. 把关键点的响应值转换成数组，方便排序
        res = np.array([kp.response for kp in kpts])
        #2. 按关键点响应值从大到小排列关键点，取前 n_points 个关键点的下标
        index = np.argsort(res)[::-1]
        #3. 取前 npoints 个关键点
        new_kps = np.array(kpts)[index[0:n_points]]
        #4. 把数组形式关键点的关键点转换成列表
        new_kps = list(new_kps)
    #5. 若允许保留的数量大于本身 keypoints 的数量，则全部保留
    else:
        new_kps = kpts
    return new_kps
```

（3）用 Harris 算子筛选关键点。首先计算每个关键点的 Harris 响应值，再根据响应值对关键点进行排序，取前 n 个关键点，代码如下：

```
#1. 计算每个关键点的 Harris 响应值
#kptss = HarrisResponses(img_pyrd, border, kptss, block_size=7, #harris_k=0.04)
def HarrisResponses(img_pyr, border, pts, block_size=7, harris_k=0.04):
    '''
    计算每个关键点的 Harris 响应值
    :param img_pyr: 金字塔图像
    :param border: 边缘填充尺寸
    :param pts:关键点
    :param block_size: 计算 Harris 响应值的窗口大小，7×7
    :param harris_k: 系数
    :return: 带 Harris 响应值的关键点
    '''
    radius = (int)(block_size / 2)
    scale = 1.0 / ((1 << 2) *block_size *255.0)
```

```
    scale_4 = scale **4
    #1. 遍历每个关键点,计算关键点的 Harris 响应值
    for pt_idx in range(0, len(pts)):
        #1.1 获取关键点坐标(x0,y0),关键点所在的金字塔的第 level 层
        x0 = (int)(np.round(pts[pt_idx].pt[0]))        #得到关键点的 pt.x 223
        y0 = (int)(np.round(pts[pt_idx].pt[1]))        #得到关键点的 pt.y 45
        level = (int)(pts[pt_idx].octave)
        #1.2 关键点在含填充图像上的位置 center_y, center_x
        center_y, center_x = y0 + border, x0 + border  #(180, 434) --> (466, 212)
        img = img_pyr[level]
        gxx, gyy, gxy = 0, 0, 0
        #1.3 计算关键点周围 7×7 区域内每个像素水平和垂直方向的梯度
        for index_r in range(-radius, block_size - radius):
            for index_c in range(-radius, block_size - radius):
                cy, cx = center_y + index_r, center_x + index_c
                Ix = (1.0 *img[cy, cx + 1] - img[cy, cx - 1]) *2 + (
                        1.0 *img[cy - 1, cx + 1] - img[cy - 1, cx - 1]) + (
                            1.0 *img[cy + 1, cx + 1] - img[cy + 1, cx - 1])
                Iy = (1.0 *img[cy + 1, cx] - img[cy - 1, cx]) *2 + (
                        1.0 *img[cy + 1, cx - 1] - img[cy - 1, cx - 1]) + (
                            1.0 *img[cy + 1, cx + 1] - img[cy - 1, cx + 1])
                gxx += Ix *Ix
                gyy += Iy *Iy
                gxy += Ix *Iy
        #1.4 关键点的 Harris 响应值
        pts[pt_idx].response = (gxx *gyy - gxy **2 - harris_k *(gxx + gyy) **2)
*scale_4
    return pts

#2. 根据 Harris 响应值对每层金字塔的 keypoints 进行重新筛选
new_key_points = []
#conts_cum 用于存储关键点的累计值,根据累计值截取每层图像检测的关键点的起始值
conts_cum = np.cumsum([0]+conts)
#2.1 根据 Harris 响应值对每层金字塔的 keypoints 进行重新筛选
for level in range(0, levels_num):
    features_level = int(features_per_level[level])
    #取出每层实际检测的关键点
    kpt = kptss[conts_cum[level]:conts_cum[level + 1]]
    #对 Harris 响应值按从大到小进行排序,保留前 features_num 个关键点
    new_key_points.extend(retainBest(kpt, features_level))
```

4）计算关键点方向

ORB 算法先计算关键点的方向，再根据关键点的方向对特征描述子进行旋转，使关键点具有旋转不变性。使用灰度质心法计算特征点的方向，计算灰度质心首先要计算关键点圆形邻域的坐标，再根据坐标计算灰度质心。

(1) 计算关键点圆形邻域坐标，如图 14-35 所示，像素的坐标是离散的，ORB 里面计算了 1/4 个圆的边界，并通过圆的对称关系得到整个圆的横纵坐标。横纵坐标分别为 u、v，见表 14-6，纵坐标 v 已知，分别取 0～16 的整数，圆的半径为 15。当 $0<v<vmax$ 时，通过三角形 AGH，利用勾股定理计算 umax[v]。当 $v>vmax$ 时，利用圆的对称性，互换 u、v 值，从而得

到余下的 umax[v]。umax[0]=15 表示当 v 取值为 0 时，u 的取值范围是[−15，+15]。

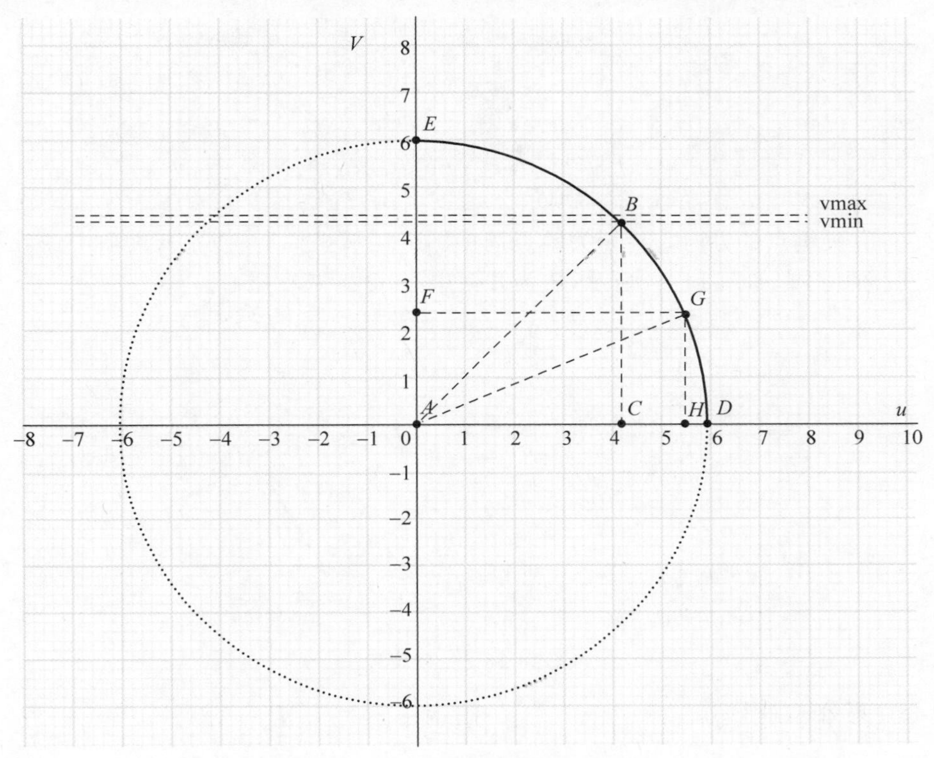

图 14-35　关键点圆形邻域坐标

表 14-6　圆的坐标

v	0	1	2	3	4	5	6	7	8	9	10	11	12	13	14	15	16
u	15	15	15	15	14	14	14	13	13	12	11	10	9	8	6	3	0

获取关键点圆形邻域坐标的代码如下：

```
#1.计算半圆的横轴和纵轴坐标
#初始化圆的横坐标,圆的半径 half_patch_size=15
umax = np.zeros((half_patch_size + 2,)).astype(int)
#圆的角点在 45°圆心角的一边上是 vmax 的值
vmax = (int)(np.floor((half_patch_size *np.sqrt(2.) / 2 + 1)))
#当 0<v<vmax 时,利用勾股定理计算 umax[v]
for v in range(0, vmax + 1):
    umax[v] = (np.round(np.sqrt((np.float64)(half_patch_size **2) - v **2)))
#当 v>vmax 时,利用圆的对称性,互换 u、v 值,从而得到余下的 umax[v]
vmin = np.ceil(half_patch_size *np.sqrt(2.0) / 2)
v, v0 = half_patch_size, 0
while (v >= vmin):
    while (umax[v0] == umax[v0 + 1]):
        v0 += 1
```

```
        umax[v] = v0
        v0 += 1
        v -= 1
    #运行结果
    '''
    umax:
    array([15, 15, 15, 15, 14, 14, 14, 13, 13, 12, 11, 10, 9, 8, 6, 3, 0])
    '''
```

(2) 计算关键点的方向。计算关键点周围圆形区域坐标后，使用灰度质心法计算特征点(关键点)的方向，如图 14-36 所示，P 为几何中心，Q 为灰度质心。

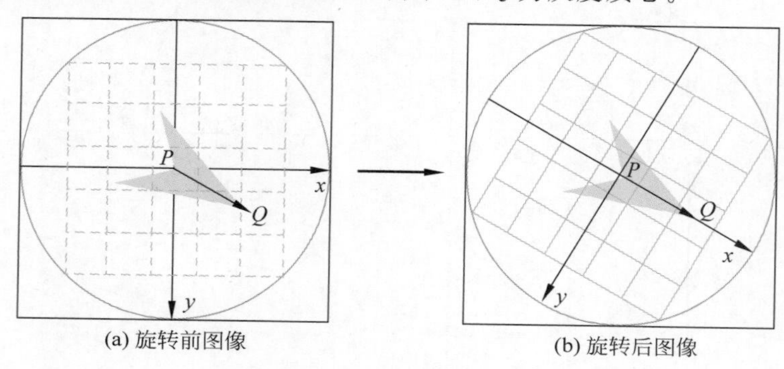

图 14-36　坐标旋转

质心计算公式如下：

$$M_{00}=\sum_{x=-R}^{R}\sum_{y=-R}^{R} I(x,y) \tag{14-37}$$

$$M_{10}=\sum_{x=-R}^{R}\sum_{y=-R}^{R} x\cdot I(x,y) \tag{14-38}$$

$$M_{01}=\sum_{x=-R}^{R}\sum_{y=-R}^{R} y\cdot I(x,y) \tag{14-39}$$

$$c_x=\frac{M_{10}}{M_{00}} \tag{14-40}$$

$$c_y=\frac{M_{01}}{M_{00}} \tag{14-41}$$

$$\theta=\arctan2(c_y,c_x)=\arctan2(M_{01},M_{10}) \tag{14-42}$$

其中，x,y 为像素坐标，$I(x,y)$为像素，R 为半径。M_{00}、M_{10}、M_{01} 为图像矩特征，用于计算以(x,y)邻域像素的质心。(c_y,c_x)为质心坐标，θ 为质心方向，获取关键点方向的代码如下：

```
#计算关键点的方向
kptss = my_ICAngles(img_pyrd, border, kptss, umax, half_patch_size)
```

```
def my_ICAngles(img_pyrd, border, all_key_points, umax, half_patch_size):
    '''
    用灰度质心法,计算 keypoint 的方向
    :param img_pyrd: 图像金字塔
    :param border: 边界,默认值为 32
    :param all_key_points: 关键点
    :param umax: 坐标
    :param half_patch_size: 圆的半径,默认值为 15
    :return: 返回关键点的方向
    '''
    ptsize = len(all_key_points)
    for pt_idx in range(ptsize):
        level = all_key_points[pt_idx].octave
        img = img_pyrd[level]
        #关键点在填充后图像上的位置
        center_r, center_c = np.round(all_key_points[pt_idx].pt[1]) + border,
np.round(
            all_key_points[pt_idx].pt[0]) + border
        m_01, m_10 = 0, 0
        #1.计算 m_10 和 m_01
        #计算当 v = 0 时 m_10 的值。此时 m_01=0
        for u in range(-half_patch_size, half_patch_size + 1):
            r, c = int(center_r), int(center_c + u)
            m_10 += u * img[r, c]
        #计算 v 取值[1, half_patch_size + 1)时 m_10,m_01 的值
        for v in range(1, half_patch_size + 1):
            #v_sum 存取 x 轴对称像素的差值,用于计算 m10。d 表示 y 轴取 v 时,x 的取值的
            #最大值
            v_sum, d = 0, umax[v]
            #x 轴可取[-d, d ]上的值,即圆的左边、右边
            for u in range(-d, d + 1):
                #取圆下半部分的像素
                r, c = int(center_r + v), int(center_c + u)
                val_plus = int(img[r, c])
                #取圆上半部分的像素
                r, c = int(center_r - v), int(center_c + u)
                val_minus = int(img[r, c])
                #计算 m_10
                v_sum += (val_plus - val_minus)
                m_10 += u * (val_plus + val_minus)
            #计算 m_01
            m_01 += v * v_sum
        #2. 计算关键点的方向
        all_key_points[pt_idx].angle = cv2.fastAtan2((float)(m_01), (float)(m_10))
    return all_key_points
```

3. 生成关键点描述子

为了保证关键点有旋转不变性,ORB 算法利用关键点的方向对关键点进行旋转,再用 BRIEF 算法生成描述子。BRIEF(Binary Robust Independent Elementary Features)由 Calonder M 等于 2010 年提出。BRIEF 算法以特征点为中心,通过选取特征点周围符合高斯分布的点对进行像素强度对比,将对比的结果记录为二进制字符串,这个二进制字符串就

称为该特征点的 BRIEF 描述子。

实现 BRIEF 描述子的主要步骤如下：

(1) 除噪。对原始图像进行平滑处理。

(2) 采样。选取以关键点为中心的 $s \times s$ 正方形区域作为采样窗口进行采样，随机获取选择 n 组点对(采样点的坐标已预先定义)。

(3) 生成二进制。在采样窗口内，对每组点对进行式(14-43)的运算：

$$\tau(I;x,y)=\begin{cases}1, & 当\ I(x)<I(y)\\ 0, & 其他\end{cases} \tag{14-43}$$

其中，I 是平滑处理后的图像，x、y 为采样点坐标。

(4) 将二进制数据转换成十进制。将每组点对得到的 τ 串起来，再转换成十进制就得到了 BRIEF 描述子，公式如下：

$$f(x)=\sum_{1\leqslant i\leqslant n_d} 2^{i-1}\tau(I;x,y) \tag{14-44}$$

1) 获取采样点

获取关键点邻域内的 512 个采样点，用于生成关键点描述子，获取采样点的代码如下：

```
#1.生成关键点的描述子
def get_orb_descriptors(img_pyrd, kpts, para, kBytes = 32, wta_k=2):
    '''
    生成关键点的描述子
    :param img_pyrd: 金字塔图像
    :param kpts: 关键点
    :param para: 参数
    :param kBytes: 每个 keypoint 的描述符由 32 字节组成
    :param wta_k: 采用两个点对比较的方法
    :return: 关键点的描述子
    '''
    layer_scale, layer_info ,border = para
    levels_num = len(layer_scale)
    num_kptss = len(kpts)
    #共计 512 个点,每个点位置由 x 坐标和 y 坐标组成,共计 1024 个数值
    npoints = 512
    #(1) 读取预先定义好的 256 对随机点集[256,4]
    bitpattern_31 = get_bitpattern_31()
    if (num_kptss == 0):
        return ([], [])
    #存放每个点位的 x 坐标和 y 坐标
    pattern = []
    if (wta_k == 2):
        #共计 256 对比较点,即 512 个点,从 bit_pattern_31 数组中将每个点位按顺序提取出来
        for i in range(npoints):
            x, y = bitpattern_31[2 *i], bitpattern_31[2 *i + 1]
            pattern.append([x, y])
    #(2) 对于每层金字塔图像进行高斯滤波
    for level in range(0, levels_num):
        #获取金字塔的每层图像
```

```
        img_gau = (img_pyrd[level][border:-border,border:-border]).astype(np.
float32)
        #高斯模糊,剔除噪声
        img_gau = cv2.GaussianBlur(img_gau, (7, 7), sigmaX=2, sigmaY=2,
borderType=cv2.BORDER_REFLECT_101)
        img_gau = (np.round(img_gau)).astype(np.uint8)
        #将高斯滤波后的图像存到金字塔数组中
        img_pyrd[level][border:-border, border:-border] = img_gau
    #(3) 计算 keypoint 的描述子
    des = computeOrbDescriptors(img_pyrd, layer_scale,border,kpts, pattern,
kBytes, wta_k)
    return kpts, des
```

2）生成关键点描述子

代码如下：

```
#对关键点进行旋转
def GET_VALUE(idx,pattern,cos_v,sin_v,img_level,cy,cx):
    '''
    对关键点进行旋转
    :param idx:随机点对下标
    :param pattern:随机点对
    :param cos_v:旋转系数
    :param sin_v:旋转系数
    :param img_level:关键点所在的图像
    :param cy:关键点在金字塔图像上的位置
    :param cx:关键点在金字塔图像上的位置
    :return: 返回旋转后的像素
    '''
    x = pattern[idx][0]*cos_v - pattern[idx][1] *sin_v
    y = pattern[idx][0]*sin_v + pattern[idx][1] *cos_v
    ix = int(np.round(x))               #得到旋转后的坐标
    iy = int(np.round(y))               #得到旋转后的坐标
    return img_level[cy+iy,cx+ix]       #返回像素

#计算关键点描述子
def computeOrbDescriptors(img_pyr, layer_scale, border, keypoints, pattern,
dsize, wta_k):
    '''
    计算关键点描述子
    :param img_pyr: 金字塔图像
    :param layer_scale: 每层金字塔的缩放尺度
    :param border: 边界填充值,默认值为 32
    :param keypoints: 关键点
    :param pattern: 256 个点对,用于生成描述子
    :param dsize: 每个 keypoint 的描述符由 32 字节组成
    :param wta_k: 采用两个点对比较的方法
    :return: 关键点描述子
    '''
    descriptors = []
    for i in range(0,len(keypoints)):#对于每个 keypoint [ 32, 32, 512, 512]
        #取出关键点,此时关键点是在原图上的位置
```

```
        kpt = keypoints[i]
        #取出关键点对应的图像
        img_level = img_pyr[int(kpt.octave)]
        #得到缩放系数
        scale = 1.0/layer_scale[int(kpt.octave)]
        #得到方向角
        angle = kpt.angle/180.0*np.pi
        #计算 sin 和 cos
        cos_v,sin_v = np.cos(angle),np.sin(angle)
        #关键点在金字塔图像上的位置
        cy,cx = int(np.round(kpt.pt[1]*scale) + border), int(np.round(kpt.pt[0]*
scale)+border)
        pattern_idx = 0
        #256 个点对的起始位置
        pa = pattern[pattern_idx:]
        #存放关键点描述子
        des=[]
        if wta_k==2:
            for j in range(0,dsize):
                byte_v = 0
                #每次取 8 个点对比较大小,生成二进制数
                for nn in range(0,8):
                    t0 ,t1 = GET_VALUE(2*nn, pa, cos_v,sin_v, img_level, cy, cx),
GET_VALUE(2*nn+1, pa, cos_v,sin_v, img_level, cy, cx)
                    bit_v = int(t0<t1)
                    byte_v += (bit_v<<nn)
                #得到一个 byte
                des.append(byte_v)
                #每次取 8 个点对,共 16 个点,pattern_idx 索引加上 16 后跳到下一轮点对
                #的起点
                pattern_idx += 16
                pa = pattern[pattern_idx:]
            descriptors.append(np.array(des))
        else:
            raise("only wta_k=2 supported here")
    return descriptors
```

14.8.2 语法函数

OpenCV 调用 cv2.ORB_create()创建 ORB 检测器,其语法格式为

orb = cv2.ORB_create(nfeatures, scaleFactor, nlevels, edgeThreshold, firstLevel, WTA_K, scoreType, patchSize, fastThreshold)

(1) orb:实例化对象。

(2) nfeatures:设置要查找的最大关键点数量,默认 500。

(3) scaleFactor:金字塔缩放比例,必须大于 1,默认值为 1.2。ORB 使用图像金字塔来查找要素,因此必须提供金字塔中每个图层与金字塔所具有的级别数之间的比例因子。

(4) nlevels:金字塔层数,nlevels 与 scaleFactor 成反比,默认值为 8。

(5) edgeThreshold:未检测到要素的边框大小,默认值为 31。由于关键点具有特定的

像素大小，因此必须从搜索中排除图像的边缘。edgeThreshold 的大小应该大于或等于 patchSize。

(6) firstLevel：此参数确定应将哪个级别视为金字塔中的第一级别，默认值为 0。

(7) WTA_K：用于生成定向的 BRIEF 描述子的每个元素的随机像素的数量。可能的值为 2、3、4，默认值为 2。

(8) scoreType：使用的匹配分数计算方式。默认为 HARRIS_SCORE，此参数可以设置为 HARRIS_SCORE 或 FAST_SCORE。HARRIS_SCORE 表示 Harris 角算法用于对要素进行排名。该分数仅用于保留最佳功能。FAST_SCORE 生成的关键点稍差，但计算起来要快一些。

(9) patchSize：计算定向的 BRIEF 描述子使用的邻域大小。在较小的金字塔层上，由特征覆盖的感知图像区域将更大，默认值为 31。

(10) fastThreshold：FAST 算法提取特征点的阈值，默认值为 20。

OpenCV 调用函数 cv2.ORB_create().detectAndCompute()检测特征点，并返回特征点描述子，其语法格式为

KeyPoint,descriptors=cv2.ORB_create().detectAndCompute(img,None)

(1) KeyPoint：特征点。

(2) descriptors：特征点描述子。

(3) img：原图。

【例 14-17】 ORB 特征点检测。

解：

(1) 读取图像。

(2) 图像处理。分别用复现代码和 OpenCV 自带函数实现 ORB 特征点检测。

(3) 显示图像，代码如下：

```
#chapter14_17.py ORB 特征点检测
import cv2
import numpy as np
import matplotlib.pyplot as plt

def my_orb_detectAndCompute(img):
    #(1) 建立图像金字塔
    img_pyr, para = img_pyramid(img)
    #(2) 检测关键点
    kpts = get_key_points(img_pyr, para)
    #(3) 生成关键点的描述符子
    des = get_orb_descriptors(img_pyr, kpts, para)
    return kpts, des

#1.建立金字塔
def img_pyramid(img, scale_factor=1.2, first_level=0, patch_size=31, edge_
threshold=31, harrisblock_size=9,
               levels_num=8):
```

```
    '''
    建立金字塔
    :param img: 输入图像
    :param scale_factor: 缩放尺度
    :param first_level: 起始层参数
    :param patch_size: 用于计算填充程度
    :param edge_threshold: 用于计算填充程度
    :param harrisblock_size: 用于计算填充程度
    :param levels_num: 金字塔层数
    :return: img_pyrd(图像金字塔列表)、layers_scale(金字塔每层图像缩放系数)、
layers_shape(金字塔每层图像尺寸)、border(填充边界值)
    '''
    #(1) 判断图像是否为灰度图像
    if len(img.shape) > 2:
        img_gray = cv2.cvtColor(img.copy(), cv2.COLOR_BGR2GRAY)
#img_gray.shape [h,w] (512, 512)
    else:
        img_gray = img.copy()
    #(2) 构建金字塔。计算金字塔每层缩放尺度,根据缩放尺度确定每层图像的尺寸,再对图像
#进行填充
    #计算 border
    desc_patch_size = int(np.ceil(int(patch_size / 2) *np.sqrt(2.0)))
    border = int(np.max((edge_threshold, desc_patch_size, harrisblock_size /
2)) + 1) #32
    #构建 img_pyrd 列表,用来存放图像金字塔
    img_pyrd = [cv2.copyMakeBorder(img_gray, border, border, border, border,
cv2.BORDER_REFLECT_101)]
    img_prev = img_gray #用来缩放图像
    #layers_scale 存放每层图像的缩放系数
    layers_scale = [1.0]
    #layers_scale 存放每层图像的缩放系数
    layers_shape = [img_gray.shape]
    #遍历图像金字塔
    for level in range(1, levels_num):
        #计算每层的缩放系数
        scale = scale_factor **(level - first_level)
        layers_scale.append(scale)
        #根据缩放系数确定每层图像的尺寸
        sz = int(np.round(img_gray.shape[1] / scale_factor **level)), int(
            np.round(img_gray.shape[0] / scale_factor **level)) #(x,y)
        layers_shape.append(sz)
        #把灰度图像缩放到固定尺寸
        img_scaled = cv2.resize(img_prev, tuple(sz), 0, 0, cv2.INTER_LINEAR_EXACT)
        img_prev = img_scaled.copy()
        #2.5.4 填充
        img_padd = cv2.copyMakeBorder(img_scaled, border, border, border, border,
                                      cv2.BORDER_REFLECT_101 + cv2.BORDER_ISOLATED)
        img_pyrd.append(img_padd)
    return img_pyrd, [layers_scale, layers_shape, border]

#2.检测关键点
def get_key_points(img_pyrd, paras, features_num=500, scale_factor=1.2,
                   edge_threshold=31, patch_size=31, score_type=0, fast_threshold=20):
```

```
    layers_scale, layers_shape, border = paras
    levels_num = len(layers_scale)
    #(1) 计算每层金字塔的关键点数量
    #factor 为缩放因子的平方,即 factor = s **2
    factor = (float)(1.0 / scale_factor) #0.833
    #计算单位面积关键点数量
    num_avg = (int)(np.round(features_num * (1 - factor) / (1 - np.power(factor,
levels_num))))
    #每层金字塔检测的关键点数量
    features_per_level = [int(num_avg * factor **i) for i in range(levels_num)]
    #如果根据公式计算的总检测数量不足默认要检测的数量,则可把不足的点补充到最后一层
    features_per_level[-1] += int(max(features_num - sum(features_per_level), 0))
    #(2) 提取关键点
    half_patch_size = (int)(patch_size / 2) #15
    kptss = []                                      #存放每层金字塔实际检测到的关键点
    conts = []                                      #实际检测到的每层金字塔的关键点数
    #遍历每层金字塔
    for level in range(0, levels_num):
        #每层要检测的关键点数量
        features_level = int(features_per_level[level])
        #从金字塔中提取该层的图像,不包括填充的边界
        img = img_pyrd[level][border:-border, border:-border]
                                            #从金字塔中提取该层的图像,不包括填充的边界
        mask = None
        #FAST 关键点检测
        fd = cv2.FastFeatureDetector_create(threshold=fast_threshold,
nonmaxSuppression=True,

type=cv2.FastFeatureDetector_TYPE_9_16)
        kpt = fd.detect(img, mask=mask)
        #(3) 筛选关键点
        #剔除越界的关键点
        kpt = delete_border_kpts(kpt, img, edge_threshold)
        #保留前(2 *features_level)个关键点
        kpt = retainBest(kpt, (2 *features_level) if (score_type == 0) else
features_level)
        num_kptss = len(kpt)
        #记录每层金字塔图像的关键点数量
        conts.append(num_kptss)
        #获取每层金字塔图像的缩放系数,layer_scale[1.0, 1.2, 1.44, 1.728, 2.074,
        #2.488, 2.986, 3.583]
        sf = float(layers_scale[level])
        for i in range(0, num_kptss):
            #记录关键点所在的金字塔层数
            kpt[i].octave = level
            #每层金字塔图像的尺寸会按 sf 进行缩放
            kpt[i].size = patch_size *sf
        kptss.extend(kpt)
    num_kptss = len(kptss)
    if (num_kptss == 0):
        return
    #用 Harris 算子筛选关键点
    #计算每个关键点的 Harris 响应值
```

```
    kptss = HarrisResponses(img_pyrd, border, kptss, block_size=7, harris_k=0.04)
    new_key_points = []
    #conts_cum 用于存储关键点的累计值,根据累计值截取每层图像检测的关键点
    conts_cum = np.cumsum([0] + conts)
    #根据 Harris 响应值对每层金字塔的 keypoints 进行重新筛选
    for level in range(0, levels_num): #对于每层金字塔
        features_level = int(features_per_level[level])
        #取出每层实际检测的关键点
        kpt = kptss[conts_cum[level]:conts_cum[level + 1]]
        #对 Harris 响应值按从大到小的顺序进行排序,保留前 features_num 个关键点
        new_key_points.extend(retainBest(kpt, features_level))
    #(4) 计算方向
    #计算半圆的横轴和纵轴坐标
    kptss = new_key_points
    #初始化圆的横坐标,圆的半径 half_patch_size=15
    umax = np.zeros((half_patch_size + 2,)).astype(int)
    #圆的角点在 45°圆心角的一边上是 vmax 的值
    vmax = (int)(np.floor((half_patch_size *np.sqrt(2.) / 2 + 1)))
    #当 0<v<vmax 时,利用勾股定理计算 umax[v]
    for v in range(0, vmax + 1):
        umax[v] = (np.round(np.sqrt((np.float64)(half_patch_size **2) - v **2)))
    #当 v>vmax 时,利用圆的对称性,互换 u、v 值,从而得到余下的 umax[v]
    vmin = np.ceil(half_patch_size *np.sqrt(2.0) / 2)
    v, v0 = half_patch_size, 0
    while (v >= vmin):
        while (umax[v0] == umax[v0 + 1]):
            v0 += 1
        umax[v] = v0
        v0 += 1
        v -= 1
    #计算 keypoints 的方向
    kptss = my_ICAngles(img_pyrd, border, kptss, umax, half_patch_size)
    num_kptss = len(kptss)
    for i in range(0, num_kptss):
        #octave 代表所在的 level 信息
        scale = layers_scale[kptss[i].octave]
        #将 pt 折算到原始图像尺寸对应的位置
        kptss[i].pt = (kptss[i].pt[0] *scale, kptss[i].pt[1] *scale)
    return kptss

def delete_border_kpts(kps, img_src, border_size=31):
    '''
    剔除越界的关键点
    :param kps: 关键点
    :param img_src: 无填充的图像
    :param border_size: 边界阈值
    :return: 无越界的关键点
    '''
    b = [border_size, border_size, img_src.shape[1] - border_size, img_src.
shape[0] - border_size]
    newkp = []
    for kp in kps:
```

```
            x, y = kp.pt
            if x >= b[0] and y >= b[1] and x < b[2] and y < b[3]:
                newkp.append(kp)
        return newkp
def retainBest(kpts, n_points):
    '''
    根据关键点的响应值对关键点按从大到小的顺序进行排序,保留前 n_points 个关键点
    :param kpts: 关键点
    :param n_points: 预保留的关键点
    :return: 返回前 n_points 个关键点
    '''
    if n_points >= 0 and len(kpts) > n_points:
        #(1) 把关键点的响应值转换成数组,方便排序
        res = np.array([kp.response for kp in kpts])
        #(2) 按关键点响应值从大到小排列关键点,取前 n_points 个关键点的下标
        index = np.argsort(res)[::-1]
        #(3) 取前 npoints 个关键点
        new_kps = np.array(kpts)[index[0:n_points]]
        #(4) 把数组形式关键点的关键点转换成列表
        new_kps = list(new_kps)
    #(5) 若允许保留的数量大于本身 keypoints 的数量,则全部保留
    else:
        new_kps = kpts
    return new_kps

def HarrisResponses(img_pyr, border, pts, block_size=7, harris_k=0.04):
    '''
    计算每个关键点的 Harris 响应值
    :param img_pyr: 金字塔图像
    :param border: 边缘填充尺寸
    :param pts:关键点
    :param block_size: 计算 Harris 响应值的窗口大小,7×7
    :param harris_k: 系数
    :return: 带 Harris 响应值的关键点
    '''
    radius = (int)(block_size / 2)
    scale = 1.0 / ((1 << 2) *block_size *255.0)
    scale_4 = scale **4
    #(1) 遍历每个关键点,计算关键点的 Harris 响应值
    for pt_idx in range(0, len(pts)):
        #获取关键点坐标(x0,y0),关键点所在的金字塔的第 level 层
        x0 = (int)(np.round(pts[pt_idx].pt[0])) #得到关键点的 pt.x 223
        y0 = (int)(np.round(pts[pt_idx].pt[1])) #得到关键点的 pt.y 45
        level = (int)(pts[pt_idx].octave)
        #关键点在含填充图像上的位置 center_y, center_x
        center_y, center_x = y0 + border, x0 + border #(180, 434) --> (466, 212)
        img = img_pyr[level]
        gxx, gyy, gxy = 0, 0, 0
        #计算关键点周围 7×7 区域内每个像素水平和垂直方向的梯度
        for index_r in range(-radius, block_size - radius):
            for index_c in range(-radius, block_size - radius):
                cy, cx = center_y + index_r, center_x + index_c
```

```
                Ix = (1.0 * img[cy, cx + 1] - img[cy, cx - 1]) * 2 + (
                        1.0 * img[cy - 1, cx + 1] - img[cy - 1, cx - 1]) + (
                            1.0 * img[cy + 1, cx + 1] - img[cy + 1, cx - 1])
                Iy = (1.0 * img[cy + 1, cx] - img[cy - 1, cx]) * 2 + (
                        1.0 * img[cy + 1, cx - 1] - img[cy - 1, cx - 1]) + (
                            1.0 * img[cy + 1, cx + 1] - img[cy - 1, cx + 1])
                gxx += Ix * Ix
                gyy += Iy * Iy
                gxy += Ix * Iy
        #关键点的 Harris 响应值
        pts[pt_idx].response = (gxx * gyy - gxy ** 2 - harris_k * (gxx + gyy) ** 2)
* scale_4
    return pts

def my_ICAngles(img_pyrd, border, all_key_points, umax, half_patch_size):
    '''
    用灰度质心法,计算 keypoint 的方向
    :param img_pyrd: 图像金字塔
    :param border: 边界,默认值为 32
    :param all_key_points: 关键点
    :param umax: 坐标
    :param half_patch_size: 圆的半径,默认值为 15
    :return: 返回关键点的方向
    '''
    ptsize = len(all_key_points)
    for pt_idx in range(ptsize):
        level = all_key_points[pt_idx].octave
        img = img_pyrd[level]
        #关键点在填充后图像上的位置
        center_r, center_c = np.round(all_key_points[pt_idx].pt[1]) + border,
np.round(
            all_key_points[pt_idx].pt[0]) + border
        m_01, m_10 = 0, 0
        #(1) 计算 m_10,m_01
        #计算当 v = 0 时,m_10 的值。此时 m_01=0
        for u in range(-half_patch_size, half_patch_size + 1):
            r, c = int(center_r), int(center_c + u)
            m_10 += u * img[r, c]
        #计算当 v 取值[1, half_patch_size + 1)时,m_10,m_01 的值
        for v in range(1, half_patch_size + 1):
            #v_sum 存取 x 轴对称像素的差值,用于计算 m10。d 表示 y 轴取 v 时,x 的取值的
            #最大值
            v_sum, d = 0, umax[v]
            #x 轴可取[-d, d]上的值,即圆的左边、右边
            for u in range(-d, d + 1):
                #取圆下半部分的像素
                r, c = int(center_r + v), int(center_c + u)
                val_plus = int(img[r, c])
                #取圆上半部分的像素
                r, c = int(center_r - v), int(center_c + u)
                val_minus = int(img[r, c])
                #计算 m_10
```

```
                v_sum += (val_plus - val_minus)
                m_10 += u * (val_plus + val_minus)
            #计算 m_01
            m_01 += v * v_sum
        #(2) 计算关键点的方向
        all_key_points[pt_idx].angle = cv2.fastAtan2((float)(m_01), (float)(m_10))
    return all_key_points

#3.生成关键点的描述子
def get_orb_descriptors(img_pyrd, kpts, para, kBytes=32, wta_k=2):
    '''
    生成关键点的描述子
    :param img_pyrd: 金字塔图像
    :param kpts: 关键点
    :param para: 参数
    :param kBytes: 每个 keypoint 的描述符由 32 字节组成
    :param wta_k: 采用两个点对比较的方法
    :return: 关键点的描述子
    '''
    layer_scale, layer_info, border = para
    levels_num = len(layer_scale)
    num_kptss = len(kpts)
    #共计 512 个点,每个点位置由 x 坐标和 y 坐标组成,共计 1024 个数值
    npoints = 512
    #(1) 读取预先定义好的 256 对随机点集[256,4]
    bitpattern_31 = get_bitpattern_31()
    if (num_kptss == 0):
        return ([], [])
    #存放每个点位的 x 坐标和 y 坐标
    pattern = []
    if (wta_k == 2):
        #共计 256 对比较点,即 512 个点,从 bit_pattern_31 数组中将每个点位按顺序提取出来
        for i in range(npoints):
            x, y = bitpattern_31[2 * i], bitpattern_31[2 * i + 1]
            pattern.append([x, y])
    #(2) 对于每层金字塔图像进行高斯滤波
    for level in range(0, levels_num):
        #获取金字塔每层的图像
        img_gau = (img_pyrd[level][border:-border, border:-border]).astype(np.
float32)
        #高斯模糊,剔除噪声
        img_gau = cv2.GaussianBlur(img_gau, (7, 7), sigmaX=2, sigmaY=2,
borderType=cv2.BORDER_REFLECT_101)
        img_gau = (np.round(img_gau)).astype(np.uint8)
        #将高斯滤波后的图像存到金字塔数组中
        img_pyrd[level][border:-border, border:-border] = img_gau
    #(3) 开始计算 keypoint 的描述符
    des = computeOrbDescriptors(img_pyrd, layer_scale, border, kpts, pattern,
kBytes, wta_k)
    return kpts, des
def get_bitpattern_31():
    #预先定义好的随机点集
```

```
    with open('pictures/chapter_14/orb/data.txt') as f:
        rawtxt = f.read()
    data = np.array([int(i) for i in rawtxt.split(' ')])
    return data

def computeOrbDescriptors(img_pyr, layer_scale, border, keypoints, pattern,
dsize, wta_k):
    '''
    计算关键点描述子
    :param img_pyr: 金字塔图像
    :param layer_scale: 每层金字塔的缩放尺度
    :param border: 边界填充值,默认值为 32
    :param keypoints: 关键点
    :param pattern: 256 个点对,用于生成描述子
    :param dsize: 每个 keypoint 的描述符由 32 字节组成
    :param wta_k: 采用两个点对比较的方法
    :return: 关键点描述子
    '''
    descriptors = []
    for i in range(0, len(keypoints)): #对于每个 keypoint [ 32, 32, 512, 512]
        #取出关键点,此时关键点是在原图上的位置
        kpt = keypoints[i]
        #取出关键点对应的图像
        img_level = img_pyr[int(kpt.octave)]
        #得到缩放系数
        scale = 1.0 / layer_scale[int(kpt.octave)]
        #得到方向角
        angle = kpt.angle / 180.0 *np.pi
        #计算 sin 和 cos
        cos_v, sin_v = np.cos(angle), np.sin(angle)
        #关键点在金字塔图像上的位置
        cy, cx = int(np.round(kpt.pt[1] * scale) + border), int(np.round(kpt.pt
[0] * scale) + border)
        pattern_idx = 0
        #256 个点对的起始位置
        pa = pattern[pattern_idx:]
        #存放关键点描述子
        des = []
        if wta_k == 2:
            for j in range(0, dsize):
                byte_v = 0
                #每次取 8 个点对比较大小,生成二进制数
                for nn in range(0, 8):
                    t0, t1 = GET_VALUE(2 *nn, pa, cos_v, sin_v, img_level, cy, cx),
GET_VALUE(2 *nn + 1, pa, cos_v,

sin_v, img_level, cy, cx)
                    bit_v = int(t0 < t1)
                    byte_v += (bit_v << nn)
                #得到一个 byte
                des.append(byte_v)
                #每次取 8 个点对,共 16 个点,pattern_idx 索引加上 16 后跳到下一轮点对
                #的起点
```

```
                pattern_idx += 16
                pa = pattern[pattern_idx:]
            descriptors.append(np.array(des))
        else:
            raise ("only wta_k=2 supported here")
    return descriptors

def GET_VALUE(idx, pattern, cos_v, sin_v, img_level, cy, cx):
    '''
    对关键点旋转
    :param idx:随机点对下标
    :param pattern:随机点对
    :param cos_v:旋转系数
    :param sin_v:旋转系数
    :param img_level:关键点所在的图像
    :param cy:关键点在金字塔图像上的位置
    :param cx:关键点在金字塔图像上的位置
    :return: #返回旋转后的像素
    '''
    x = pattern[idx][0] * cos_v - pattern[idx][1] * sin_v
    y = pattern[idx][0] * sin_v + pattern[idx][1] * cos_v
    ix = int(np.round(x)) #得到旋转后的坐标
    iy = int(np.round(y)) #得到旋转后的坐标
    return img_level[cy + iy, cx + ix] #返回像素

if __name__ == '__main__':
    #(1) 读取图像
    img = cv2.imread('pictures/L1.png')
    #(2) 检测特征点
    #ORB 代码复现
    kpts, des = my_orb_detectAndCompute(img)
    re1 = cv2.drawKeypoints(img, kpts, None, (255, 0, 0), 4) #cv2.drawKeypoints
    #OpenCV 自带函数
    orb = cv2.ORB_create()
    img_gray = cv2.cvtColor(img, cv2.COLOR_BGR2GRAY)
    kp2, des2 = orb.detectAndCompute(cv2.cvtColor(img, cv2.COLOR_BGR2GRAY), None)
    re2 = cv2.drawKeypoints(img, kp2, None, (255, 0, 0), 4) #cv2.drawKeypoints
    #(3) 显示图像
    re = np.hstack([re1, re2])
    plt.imshow(re[..., ::-1])
    cv2.imwrite('pictures/p14_37.jpeg', re)
```

运行结果如图 14-37 所示。

【例 14-18】 图像拼接。

解：

(1) 读取图像。读入要拼接的图像 img_l 和 img_r。

(2) 图像处理。对读入图像进行缩放，从而得到 $image_L$、$image_R$，再计算两幅图像各自的关键点和关键点描述子。对图像的关键点进行暴力匹配，得到两幅图共有的关键点。根据共有关键点获取关键点变换的单应性矩阵，再根据单应性矩阵对 $image_R$ 进行变换，从而得到图 re，最后把 $image_L$ 粘贴到图 re 对应的位置上。

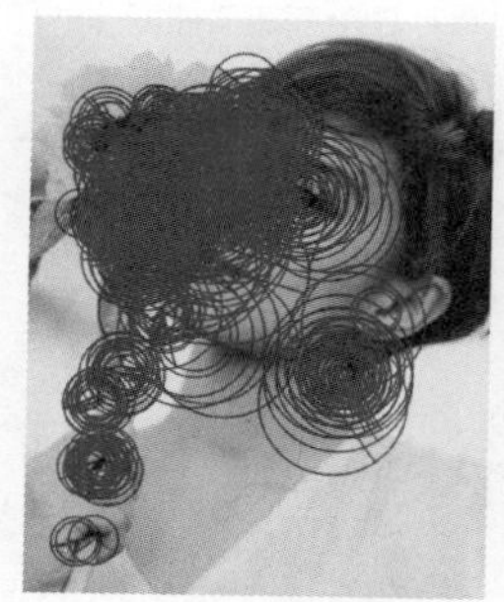

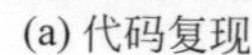

(a) 代码复现

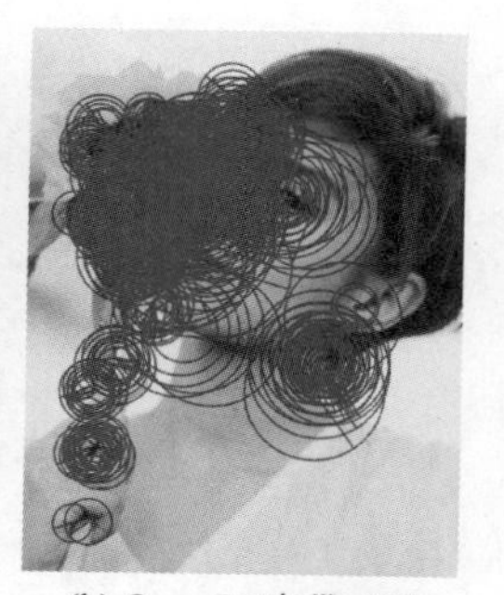

(b) OpenCV自带函数

图 14-37　ORB 特征点

（3）显示图像，代码如下：

```
#chapter14_18.py
import cv2
import numpy as np
import matplotlib.pyplot as plt
def detectAndDescribe(image):
    '''
    ORB 特征点检测
    :param image: 图像
    :return: 图像特征点及描述子
    '''
    #建立 ORB 生成器
    orb = cv2.ORB_create()
    #检测 ORB 特征点,并计算描述子
    (kps, features) = orb.detectAndCompute(image, None)
    kps = np.float32([kp.pt for kp in kps])
    return (kps, features)
#1. 读取图像
#左部分
imgl = cv2.imread("pictures/L0_01.png")
#右部分
imgr = cv2.imread("pictures/L0_02.png")
L = imgl.copy()
R = imgr.copy()
#2. 图像处理
imageL = cv2.resize(L, (0, 0), fx=0.9, fy=0.9)
imageR = cv2.resize(R, (0, 0), fx=0.9, fy=1.2)
#(1) 检测图像的 ORB 关键特征点,并计算特征描述子
kpsR, featuresR = detectAndDescribe(imageR)
kpsL, featuresL = detectAndDescribe(imageL)
#(2) 建立暴力匹配器
bf = cv2.BFMatcher(cv2.NORM_HAMMING, True)
#暴力匹配
matches = bf.match(featuresR, featuresL)
good = []
for m in matches:
    good.append((m.trainIdx, m.queryIdx))
```

```
#当筛选后的匹配对大于 4 时,计算变换矩阵
if len(good) > 4:
    #获取匹配对的点坐标
    ptsR = np.float32([kpsR[i] for (_, i) in good])
    ptsL = np.float32([kpsL[i] for (i, _) in good])
    #(3) 计算视角变换矩阵
    H, status = cv2.findHomography(ptsR, ptsL, cv2.RANSAC, 4.0)
#(4) 对右边图像进行视角变换,re 是变换后的图像
height = max(imageR.shape[0],imageL.shape[0])
re = cv2.warpPerspective(imageR, H, (imageR.shape[1] + imageL.shape[1], height))
#(5) 将图像 imageL 传入 re 图像的最左端
re[0:imageL.shape[0], 0:imageL.shape[1]] = imageL
#3. 显示图像
plt.subplot(131)
plt.axis('off')
plt.imshow(imgl[..., ::-1])
plt.subplot(132)
plt.axis('off')
plt.imshow(imgr[..., ::-1])
plt.subplot(133)
plt.axis('off')
plt.imshow(re[..., ::-1])
```

运行结果如图 14-38 所示。

(a) 左图　　(b) 右图　　(c) 拼接图

图 14-38　图像拼接

【例 14-19】　查找图像中的相似物体。

原图中有字母、数字和物体,要找出图中相似的两个物体。根据观察可知,原图物体形状颜色各异,其中有两个字母 r,这两个字母的大小不一,因此可以根据关键点选出两个相似的字母 r。

解：

(1) 读取图像。

(2) 图像处理。先对原图除去阴影,再生成灰度图。根据灰度图对图像阈值进行分割,在分割的图像上找到物体轮廓。根据物体轮廓获取物体的外接矩形并抠出每个物体,对物体按两两关键点进行匹配,根据匹配关键点的数量获取最匹配的物体对。

(3) 显示图像,代码如下：

```
#chapter14_19.py
import cv2
import numpy as np
import matplotlib.pyplot as plt

def detectAndDescribe(image):
    '''
    SIFT 特征点检测
    :param image: 图像
    :return: 图像特征点及描述子
    '''
    #建立 SIFT 生成器
    sift = cv2.SIFT_create()
    #生成关键点和描述子
    kps, features = sift.detectAndCompute(image, None)
    return features

def sift_match(img1, img2):
    features1 = detectAndDescribe(img1)
    features2 = detectAndDescribe(img2)
    #建立暴力匹配器
    bf = cv2.BFMatcher(cv2.NORM_HAMMING, True)
    #暴力匹配
    matches = bf.match(features1.astype(np.uint8), features2.astype(np.uint8))
    #返回匹配点
    return len(matches)

#1. 读取图像
img = cv2.imread("pictures/p14.png", 1)
#2. 图像处理
#用 SIFT 关键点匹配图像,根据匹配点的个数获取形状相同的两个目标物体
#(1) 除去图像阴影
tmp = np.ones_like(img)
img_a = cv2.add(img, tmp * 60)
img_gray = cv2.cvtColor(img_a, cv2.COLOR_BGR2GRAY)
#(2) 阈值分割获取前景中的物体
_, binary = cv2.threshold(img_gray, 250, 255, cv2.THRESH_BINARY_INV)
#(3) 获取图像中所有物体的轮廓
contours, hierarchy = cv2.findContours(binary, cv2.RETR_EXTERNAL, cv2.CHAIN_
APPROX_SIMPLE)
#n 表示轮廓个数,也是物体个数
n = len(contours)
#(4) 根据每个物体的轮廓获取物体的外接矩形、抠图
#把物体抠出来后存放在 img_ls 列表中
img_ls = []
#存放物体外接矩形的坐标
idxs = []
for i in contours:
    #获取物体的外接矩形的左上角坐标、宽和高
    x, y, w, h = cv2.boundingRect(i)
    #把物体外接矩形的坐标存放在列表 idxs 中
    idxs.append(np.array([[[x, y]], [[x + w, y]], [[x + w, y + h]], [[x, y + h]]]))
```

```
        #给抠图补 0,方便后面找关键点
        tmp = np.zeros([h + 10, w + 10], np.uint8)
        tmp[5:5 + h, 5:5 + w] = binary[y:y + h, x:x + w]
        img_ls.append(tmp)
    #(5) 关键点匹配
    #用来存放图像中物体的匹配点
    score = np.ones([n, n]) * (-1)
    #遍历每个物体,计算物体间的匹配点个数
    for i in range(n):
        for j in range(i + 1, n):
            #计算第[i,j]个物体的匹配点个数
            score[i, j] = sift_match(img_ls[i], img_ls[j])
    #找到匹配点最多的物体的下标
    idx = np.where(score == score.max())
    #获取每个轮廓的外接矩形
    img_out = img.copy()
    for i in (idx):
        #取出第 i 个物体的外接矩形坐标
        brcnt = idxs[i.item()]
        #画出最匹配物体的外接矩形框
        cv2.drawContours(img_out, [brcnt], -1, (0, 0, 255), 6)
    #3. 显示图像
    img_gray_ = cv2.cvtColor(img_gray, cv2.COLOR_GRAY2BGR)
    binary_ = cv2.cvtColor(binary, cv2.COLOR_GRAY2BGR)
    #画出每个轮廓
    img_ = img.copy()
    for i in range(n):
        cv2.drawContours(img_, contours, i, (255, 0, 0), 4)
    cv2.putText(img_, f'{i}', (idxs[i][0][0][0] - 3, idxs[i][0][0][1] - 3), cv2.FONT_
    HERSHEY_COMPLEX, 1.5, (0, 0, 255), 4)
    #显示原图 img、除去阴影的图像 img_a,灰度图 img_gray_,二值图 binary_,标记每个轮廓的
    #次序 img_,最终结果 img_out
    re = np.hstack([img, img_a, img_gray_, binary_, img_, img_out])
    plt.imshow(re[..., ::-1])
    #cv2.imwrite('pictures/p14_39.jpeg', re)
    #运行结果如下
    '''
    score:
    [[-1. 5. 8. 6. 4. 3. 5.]
     [-1. -1. 4. 4. 1. 3. 5.]
     [-1. -1. -1. 4. 2. 3. 4.]
     [-1. -1. -1. -1. 2. 4. 5.]
     [-1. -1. -1. -1. -1. 4. 1.]
     [-1. -1. -1. -1. -1. -1. 3.]
     [-1. -1. -1. -1. -1. -1. -1.]]
    idx:
    (array([0]), array([2]))
    '''
```

运行结果如图 14-39 所示。

如图 14-39 所示,图 14-39(a)为原图,图 14-39(b)为对原图去除阴影后的结果,如果不除去阴影,则会影响获取图像中每个物体的轮廓。图 14-39(c)为图 2 的灰度图,图 14-39(d)

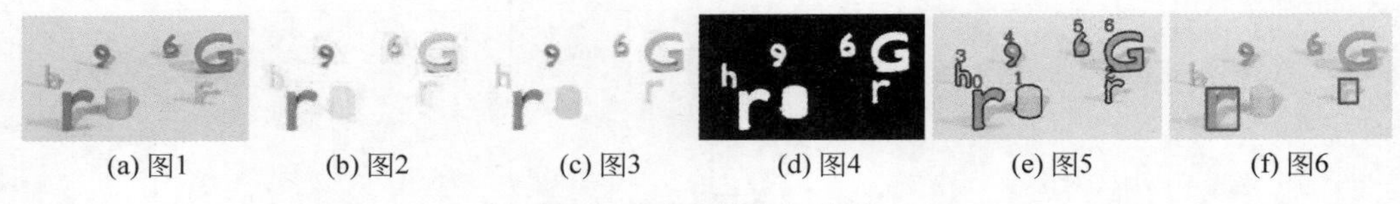

(a) 图1　(b) 图2　(c) 图3　(d) 图4　(e) 图5　(f) 图6

图 14-39　查找相似物体

为灰度图的二值图，用于获取图像轮廓。图 14-39(e)为每个轮廓对应的物体，每个轮廓均用数字在物体上方标出。图 14-39(f)为最终结果，两个相似的字母 *r* 用红色矩形标记。从代码的运行结果来看，score 用于存放物体之间关键点匹配的个数，其行列下标代表对应的物体，参考图 14-39(e)。因为要求取最大的关键点匹配数，因此 score 被初始化为－1。idx 的结果为 0、2，表示第 0 个物体和第 2 个物体的匹配度最高，检测结果与实事相符。在根据物体的外接矩形抠图时需要对图像边缘进行填充，否则检测效果大幅下滑，边缘填充尺寸也会影响检测效果。

参考文献

扫描下方二维码可下载本书参考文献。

图书推荐

书　　名	作　　者
HuggingFace 自然语言处理详解——基于 BERT 中文模型的任务实战	李福林
动手学推荐系统——基于 PyTorch 的算法实现(微课视频版)	於方仁
轻松学数字图像处理——基于 Python 语言和 NumPy 库(微课视频版)	侯伟、马燕芹
自然语言处理——基于深度学习的理论和实践(微课视频版)	杨华 等
Diffusion AI 绘图模型构造与训练实战	李福林
图像识别——深度学习模型理论与实战	于浩文
深度学习——从零基础快速入门到项目实践	文青山
AI 驱动下的量化策略构建(微课视频版)	江建武、季枫、梁举
TensorFlow 计算机视觉原理与实战	欧阳鹏程、任浩然
自然语言处理——原理、方法与应用	王志立、雷鹏斌、吴宇凡
人工智能算法——原理、技巧及应用	韩龙、张娜、汝洪芳
ChatGPT 应用解析	崔世杰
跟我一起学机器学习	王成、黄晓辉
深度强化学习理论与实践	龙强、章胜
Java+OpenCV 高效入门	姚利民
Java+OpenCV 案例佳作选	姚利民
计算机视觉——基于 OpenCV 与 TensorFlow 的深度学习方法	余海林、翟中华
深度学习——理论、方法与 PyTorch 实践	翟中华、孟翔宇
量子人工智能	金贤敏、胡俊杰
Flink 原理深入与编程实战——Scala+Java(微课视频版)	辛立伟
Spark 原理深入与编程实战(微课视频版)	辛立伟、张帆、张会娟
PySpark 原理深入与编程实战(微课视频版)	辛立伟、辛雨桐
Python 预测分析与机器学习	王沁晨
Python 人工智能——原理、实践及应用	杨博雄 等
Python 深度学习	王志立
Python Streamlit 从入门到实战——快速构建机器学习和数据科学 Web 应用(微课视频版)	王鑫
编程改变生活——用 Python 提升你的能力(基础篇·微课视频版)	邢世通
编程改变生活——用 Python 提升你的能力(进阶篇·微课视频版)	邢世通
编程改变生活——用 PySide6/PyQt6 创建 GUI 程序(基础篇·微课视频版)	邢世通
编程改变生活——用 PySide6/PyQt6 创建 GUI 程序(进阶篇·微课视频版)	邢世通
Python 语言实训教程(微课视频版)	董运成 等
Python 量化交易实战——使用 vn.py 构建交易系统	欧阳鹏程
Python 从入门到全栈开发	钱超
Python 全栈开发——基础入门	夏正东
Python 全栈开发——高阶编程	夏正东
Python 全栈开发——数据分析	夏正东
Python 编程与科学计算(微课视频版)	李志远、黄化人、姚明菊 等
Python 游戏编程项目开发实战	李志远
Python 概率统计	李爽
Python Web 数据分析可视化——基于 Django 框架的开发实战	韩伟、赵盼
Python 玩转数学问题——轻松学习 NumPy、SciPy 和 Matplotlib	张骞

续表

书　　名	作　　者
仓颉语言实战(微课视频版)	张磊
仓颉语言核心编程——入门、进阶与实战	徐礼文
仓颉语言程序设计	董昱
仓颉程序设计语言	刘安战
仓颉语言元编程	张磊
仓颉语言极速入门——UI全场景实战	张云波
HarmonyOS移动应用开发(ArkTS版)	刘安战、余雨萍、陈争艳 等
openEuler操作系统管理入门	陈争艳、刘安战、贾玉祥 等
AR Foundation增强现实开发实战(ARKit版)	汪祥春
AR Foundation增强现实开发实战(ARCore版)	汪祥春
ARKit原生开发入门精粹——RealityKit+Swift+SwiftUI	汪祥春
HoloLens 2开发入门精要——基于Unity和MRTK	汪祥春
Octave AR应用实战	于红博
Octave GUI开发实战	于红博
Octave程序设计	于红博
JavaScript修炼之路	张云鹏、戚爱斌
深度探索Vue.js——原理剖析与实战应用	张云鹏
前端三剑客——HTML5+CSS3+JavaScript从入门到实战	贾志杰
剑指大前端全栈工程师	贾志杰、史广、赵东彦
从数据科学看懂数字化转型——数据如何改变世界	刘通
JavaScript基础语法详解	张旭乾
5G核心网原理与实践	易飞、何宇、刘子琦
恶意代码逆向分析基础详解	刘晓阳
深度探索Go语言——对象模型与runtime的原理、特性及应用	封幼林
深入理解Go语言	刘丹冰
Vue+Spring Boot前后端分离开发实战(第2版·微课视频版)	贾志杰
Spring Boot 3.0开发实战	李西明、陈立为
Flutter组件精讲与实战	赵龙
Flutter组件详解与实战	[加]王浩然(Bradley Wang)
Dart语言实战——基于Flutter框架的程序开发(第2版)	亢少军
Dart语言实战——基于Angular框架的Web开发	刘仕文
IntelliJ IDEA软件开发与应用	乔国辉
Power Query M函数应用技巧与实战	邹慧
Pandas通关实战	黄福星
深入浅出Power Query M语言	黄福星
深入浅出DAX——Excel Power Pivot和Power BI高效数据分析	黄福星
从Excel到Python数据分析：Pandas、xlwings、openpyxl、Matplotlib的交互与应用	黄福星
云原生开发实践	高尚衡
云计算管理配置与实战	杨昌家
虚拟化KVM极速入门	陈涛
虚拟化KVM进阶实践	陈涛